B. Eckert · W. Stetzenbach · H.-J. Jodl

Low Cost – High Tech

Freihandversuche Physik

B. Eckert
W. Stetzenbach
H.-J. Jodl

Low Cost – High Tech

Freihandversuche Physik

Anregungen für einen zeitgemäßen Unterricht

Aulis Verlag Deubner

Die Deutsche Bibliothek – CIP-Einheitsaufnahme

Eckert, Bodo:
Low Cost – High Tech : Freihandversuche Physik ; Anregungen für einen zeitgemäßen Unterricht /
B. Eckert ; W. Stetzenbach ; H.-J. Jodl. – Sonderausg. im Rahmen der Initiative Think-Ing. –
Köln : Aulis-Verl. Deubner, 2001
ISBN 3-7614-2356-X

Autoren:

StR *Bodo Eckert*
Fachbereich Physik
Universität Kaiserslautern
67663 Kaiserslautern

StD *Werner Stetzenbach*
Wilhelm-Erb-Gymnasium
67722 Winnweiler

Prof. Dr. *Hans-Jörg Jodl*
Fachbereich Physik
Universität Kaiserslautern
67663 Kaiserslautern

Sonderausgabe im Rahmen der Initiative Think-Ing.
Getragen von den Arbeitgebern der Metall- und Elektro-Industrie

Einbandgestaltung: *Sybille Hübener*
Druck und Einband: DELO Tiskarna, Ljubljana/Slowenien
ISBN 3-7614-2356-X

Inhaltsverzeichnis

Vorwort

In Ihrem neuen Auto ist ein Regensensor eingebaut, der bei Regen automatisch den Scheibenwischer einschaltet. Aber wie erkennt er, daß es regnet? Ihre elektrische Zahnbürste, die Sie brav in die "power station" setzen, erhält ohne Kabel Energie aus dem Netz. Aber wie? An die Computermaus haben Sie sich schon gewöhnt. Aber wie hängt der bewegliche Pfeil am Bildschirm mit der Mausposition zusammen? Wie funktioniert eine Fernbedienung?

Fragen, die sicher nicht nur Sie, sondern auch Ihre Schüler und Schülerinnen interessieren. Eine Antwort könnte und müßte im Physikunterricht gegeben werden. Dieser ist aber überwiegend wissenschafts- bzw. fachorientiert ausgerichtet, die Antworten unbefriedigend. Wer deshalb fordert, alltagsbezogene "moderne" Lerninhalte und Lehrmethoden verstärkt in den Physikunterricht zu integrieren, um damit Interesse und Motivation für dieses Fach zu steigern, findet meist sofort Zustimmung. Schwieriger wird es, wenn der Lehrplan diskutiert werden muß. Gilt es doch, die Balance zwischen Fachsystematik, einem Grundkanon an Pflichtwissen und den Themen zu finden, die Schüler und Schülerinnen ansprechen. Auch die Unterrichtszeit ist endlich und somit begrenzt. Für jeden neuen Inhalt müßte eigentlich ein traditioneller aus dem Lehrplan herausgenommen werden.

Genauso problematisch gestaltet sich aber auch die Suche nach geeigneten Versuchen, die solche Fragestellungen behandeln. Geräteanleitungen oder Hochglanzbroschüren von Herstellern geben in der Regel zu wenig oder zu viel Auskunft. Hinweise auf zugrundeliegende physikalische Prinzipien sind oft nicht vorhanden, obwohl viele High Tech-Anwendungen auf elementare Grundprinzipien zurückzuführen sind. Ganz zu schweigen von der fehlenden didaktischen und methodischen Aufbereitung für den unterrichtlichen Einsatz.

Mit der Ausarbeitung von sogenannten **Low Cost - High Tech-Freihandversuchen** haben wir ein Lösungskonzept entwickelt, das ausgehend von Alltagsgeräten grundlegende physikalische Phänomene mit Hilfe von Experimenten motiviert und erschließt. Damit kann ein an aktuellen Fragestellungen orientierter Physikunterricht gestaltet werden, ohne daß dieser in einen reinen Technikunterricht umgewandelt wird. Zusätzlich wird ein wesentlicher Beitrag zum Erreichen der von allen Seiten geforderten Schlüsselqualifikationen, wie z. B. Methodenkompetenz, Teamarbeit, etc., geleistet. Aspekte der "modernen" Pädagogik, wie offener Unterricht, Team Teaching, etc., werden ebenfalls berücksichtigt. Wir meinen damit auch einen Weg gefunden zu haben, um den Physikunterricht aus dem unteren Bereich der Beliebtheitsskala bei Schüler und Schülerinnen herauszuholen. Ist doch der problemorientierte Unterricht bekannterweise diejenige Unterrichtsform, von der die höchste Motivation ausgeht - Schüler und Schülerinnen wollen und sollen die Welt im Physikunterricht so erleben, wie sie um uns ist.

Unter diesen Aspekten haben wir deshalb besonderen Wert auf folgende Punkte gelegt:

- Berücksichtigung der Alltags- und Erfahrungswelt der Lernenden,
- möglichst breiter methodischer Einsatzbereich,
- kostengünstige Realisierung (**Low Cost**) durch Verwendung leicht zu beschaffender Materialien (zum Beispiel aus Haushalt oder Schulsammlung), gegebenenfalls Hinweise auf Bezugsquellen,
- Rückführung einer **High Tech** - Realisierung auf deren elementare physikalische Grundlagen,
- gut dokumentierte Beschreibung von Aufbau und Durchführung mit Illustrationen und Materialliste sowie physikalischer Erklärung,
- Durchführung innerhalb kurzer Zeit als Freihandversuch - der Einsatz kann damit schon in der immens wichtigen Motivationsphase des Unterrichts erfolgen,
- Berücksichtigung von interdisziplinären Fragestellungen,
- Verstehen der technischen Umwelt sowie Abbau von Ängsten und Technikfeindlichkeit,
- Vorbereitung auf Zukunft und moderne Arbeitswelt.

Wir wenden uns in erster Linie an Lehrer und Lehrerinnen. Für sie sollen die vorliegenden Versuche eine Handreichung sein, mit deren Hilfe Zeit für eigene Entwürfe eingespart werden kann, andererseits aber auch Anregungen geschaffen werden sollen, gerade für eigene Versuchsentwicklungen. Aber auch Schüler und Schülerinnen aller Klassen von weiterführenden Schulen, Studierende der ersten Semester und naturwissenschaftlich interessierte Laien finden sicher vielfältige Informationen. Die ausgearbeiteten Versuche bieten den interessierten Lesern und Leserinnen nicht nur die Chance, die eigenen Fähigkeiten zu testen und Ideen umzusetzen, sondern insbesondere anhand praktischer Erfahrungen auch zu überprüfen.

Technik ist innovativ. Aus diesem Grund muß sich das Buch in der Hand der Leser und Leserinnen ständig weiterentwickeln. Anregungen für weitere mögliche Experimente kann man deshalb aus einer Themenliste im Anhang entnehmen. Als Strukturrahmen zur Neuentwicklung von eigenen **Low Cost - High Tech-Freihandversuchen** können unsere Hinweise zum Aufbau der vorliegenden Versuchsanleitungen dienen.

"Den Schülern und Schülerinnen werden in der Schule ständig Fragen beantwortet, die sie nie gestellt haben."

Danksagung

Danken möchten wir allen Mitarbeitern und Mitarbeiterinnen, die hilfreiche Anmerkungen und Vorschläge beigesteuert haben.

Unser besonderer Dank gilt vor allem den studentischen Mitarbeitern und Mitarbeiterinnen der Arbeitsgruppe von Prof. Dr. Jodl, die im Rahmen ihrer Wissenschaftlichen Prüfungsarbeiten für das Lehramt an Gymnasien und Realschulen sowie den Studierenden, die jeweils in einem experimentell ausgerichteten Seminar im WS 1997/98 und SS 1998 wesentlich zum Gelingen dieses Buches beigetragen haben. Namentlich genannt seien: Claudia Backes, Martina Dieringer, Christoph Emrich, Claus Peter Hübl, Thorsten Körner, Klaus Kunz, Alwin Lenz, Susanne Scheffler-Hausbrandt, Heinrich Siebert und Karin Weiss. Ihre Arbeiten setzten jeweils unterschiedliche Akzente - siehe Literaturverzeichnis im Anhang. Danke auch an Herrn Prof. Dr. A. Vancura für die Zweitkorrektur der o. g. Arbeiten sowie die dabei gegebenen Anregungen und Verbesserungsvorschläge.

Viele Kollegen und Kolleginnen haben uns im Rahmen von Fortbildungen und privaten Kontakten geholfen, Versuchsanleitungen gelesen, Versuche erprobt und wertvolle Anregungen zur Verbesserung gegeben. Schüler und Schülerinnen dienten unbewußt als Testpersonen; sie erstellten Facharbeiten zu verschiedenen Themengebieten oder führten im Unterricht bzw. in Projektwochen eine Reihe von Versuchen anhand vorgegebener Versuchsanleitungen durch.

Den größten Teil des Manuskripts hat uns Frau C. Hofmann trotz Arbeitsüberlastung in die elektronische Form gebracht. Ihr gilt ein ganz besonders herzlicher Dank.

Ebenso danken wir den technischen Angestellten Herrn B. Stabel und Herrn H. Hick für ihre Hilfestellung bei Aufbau und Durchführung der Versuche, Vorbereitung von Tagungen sowie beim späteren Aufräumen.

Zuguterletzt ein besonderes Dankeschön an alle in den Versuchsanleitungen bzw. im Anhang genannten Firmen und Institutionen, die durch ihre Hilfe bei der Beschaffung von Informationsmaterial oder durch Geräte, die uns teilweise kostenlos zur Verfügung gestellt wurden, wesentlich zum Gelingen des Buches beigetragen haben.

I. Einleitung

Neue Materialien (Glasfaser, Klettverschlüsse, Gore-Tex usw.) und **neue Techniken** (z. B. CD, Handy, Fernbedienung, Computermaus) haben in den letzten Jahren Einzug in den Alltag und Gebrauch von Schülern und Schülerinnen gehalten. Demgegenüber besteht ein Defizit an experimentell-methodischer Aufbereitung, was einerseits einen möglichst breiten unterrichtlichen Einsatz derartiger neuer Materialien und Geräte betrifft, und was andererseits eine möglichst einfache und kostengünstige Realisierung angeht. Das **Ziel** dieses Buches ist es, Experimente aus dem Bereich **High Tech**, die sich als **Low Cost-Experimente** durchführen lassen, exemplarisch vorzustellen und in die Reihe der klassischen Freihandversuche einzuordnen. Wir wollen damit auch der oftmals berechtigten Kritik am Physikunterricht

- zuviel Kreidephysik,
- "zerrechnete" Physik,
- mangelnder Alltagsbezug,
- zu wenige Experimente,
- "Diktat" des Lehrplans

offensiv begegnen, ohne dabei das eigentliche Unterrichtsziel - **Physik zu unterrichten** - aus den Augen zu verlieren.

High Tech, Low Cost und Freihandversuch, paßt das eigentlich zusammen? Wir glauben schon, stieß das im folgenden dargestellte Konzept doch auf äußerst positive Resonanz bei mehreren Veranstaltungen im Rahmen der Lehrerfortbildung - mit weit mehr als 100 Teilnehmern - , im Workshop einer internationalen Tagung und beim vielfältigen unterrichtlichen Einsatz. Ein äußerst positives Echo kam auch von zahlreichen Schülern und Schülerinnen, die Versuche im Rahmen verschiedener Informationstage am Fachbereich Physik der Universität Kaiserslautern durchführten. Ermutigende Zustimmung erhielten wir auch bei vielen Vorträgen.

Freihandversuche haben eine lange Tradition. Ihre Geschichte geht zurück bis in die Antike. Von dieser Zeit an waren sie eher als Zaubertricks bekannt, bei denen weniger die Physik, als vielmehr die Unterhaltung und Verblüffung im Vordergrund standen. Im 19. Jahrhundert zog die klassische Form des Freihandversuchs in den Schulunterricht ein, wobei die Versuche von dem Engagement des einzelnen Lehrers in Bezug auf Auswahl von Experimenten, auf die verwendeten Geräte (in der Regel Alltagsgegenstände) usw. abhing. Seitdem wird der **klassische Freihandversuch** definiert als ein Versuch, der mit Gegenständen des täglichen Gebrauchs, oder mit Vorrichtungen, die leicht selbst herzustellen sind, durchgeführt werden kann. Zum Thema Freihandversuche und deren Einsatz bzw. Behandlung von Alltagsgegenständen im Rahmen des Physikunterrichts, wie z. B. Spielzeug, existieren etwa 40 Bücher, die zum Teil als Sammlung von Experimenten ausgelegt sind. Viele (Größenordnung 1000) Anregungen zu Experimenten finden sich darüber hinaus in deutsch- und englischsprachigen Zeitschriften, allerdings unsystematisch und verstreut. Eine Zusammenstellung und Neubearbeitung von über 400 klassischen Freihandversuchen befindet sich auf einer CD-ROM[1].

Low Cost - High Tech-Freihandversuche orientieren sich hingegen vollständig an aktuellen Fragestellungen, um damit grundlegende physikalische Phänomene zu erfassen. Ausgehend von einem den Schülern und Schülerinnen bekannten Alltagsgerät (z. B. Fahrradtacho) soll das zugrundeliegende physikalische Prinzip (hier: elektromagnetische Induktion) erfaßt werden. Dies ist eine Abkehr von der Vorgehensweise, die typischerweise viele Physikstunden prägt: Charakteristisch ist dabei, vom physikalischen Phänomen in einer "akademischen" Weise auszugehen (beispielsweise die Standarddemonstration der elektromagnetischen Induktion mittels Spule, Magnet und Drehspul-

[1] Physikalische Freihandexperimente, Multimedia Physik Verlag, Alte Salzstraße 1, D-88175 Scheidegg (http://www.multimedia-physik.com).

instrument) und dann abschließend auf die Anwendung im Alltag lediglich hinzuweisen. Nicht verwunderlich war es deshalb für uns, für die angestrebte neue Konzeption praktisch kein didaktisch und methodisch aufbereitetes Material zu finden. Aus diesem Grund wurden von uns Versuche entwickelt, die dazu dienen sollen, die den modernen **High Tech**-Anwendungen zugrundeliegenden physikalischen Prinzipien punktuell zu erschließen. Dies schafft mehr Motivation und läßt die Grundfrage "Wozu lerne ich Physik?" erst gar nicht aufkommen.
Sicher, moderne technische Anwendungen sind komplex und verlangen oft tiefergreifende Kenntnisse aus mehreren Bereichen der Physik, was Lehrer und Lehrerinnen von der unterrichtlichen Behandlung abschreckt und sie doch lieber zu den Standardversuchen greifen läßt. Ein Schulversuch muß aber - unserer Meinung nach - nicht aus einem exakten Nachbau der technischen Anwendung bestehen, er kann und soll es auch nicht. Uns kam es darauf an, das physikalische Grundprinzip herauszuarbeiten, nicht die technische Realisierung in den Vordergrund zu rücken.

Zum Beispiel: Man zerlegt eine elektrische Zahnbürste, sieht sich das Innenleben an und versucht mit leicht zugänglichen Materialien ein funktionierendes Modell nachzubauen und erschließt in diesem Beispiel somit das physikalische Prinzip der Energieübertragung mittels elektromagnetischer Induktion. Oder, man zeigt ein Tonbandgerät, geht aber nur auf das physikalische Prinzip des Tonkopfes ein und erschließt damit die Physik des Magnetismus.
Eine andere Vorgehensweise ist dadurch gegeben, daß man die Wirkung eines Gerätes betrachtet und damit physikalische Phänomene erklärt. So lassen sich z. B. mit einem Handy oder einer Infrarot-Fernbedienung Eigenschaften elektromagnetischer Wellen untersuchen.

Schüler und Schülerinnen lernen so die Funktionsweise von technischen Alltagsgeräten kennen, aber insbesondere auch deren physikalische Grundprinzipien - oft ganz elementar und für jeden verständlich. Diese erarbeiteten und verstandenen Grundprinzipien lassen sich im günstigeren Fall wieder auf andere Anwendungen übertragen (z. B. Münzgeldsortierer – Schatzsuchgerät – Ampelsensor).

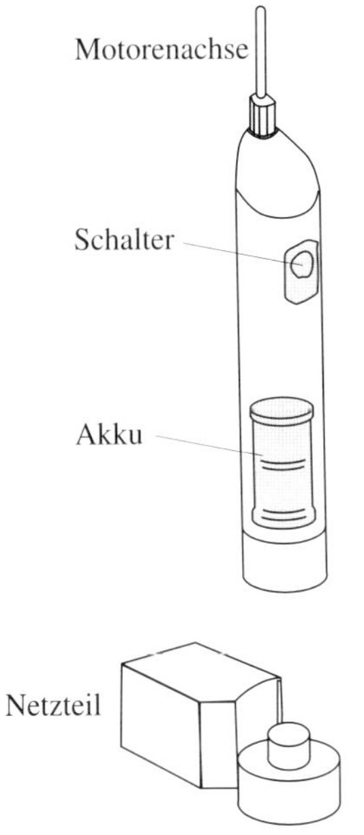

Darstellung einer elektrischen Zahnbürste in einer Bedienungsanleitung. Zwar sind Anordnung und Akkus zu erkennen, die Art und Weise der Energieübertragung bleibt ein Geheimnis.

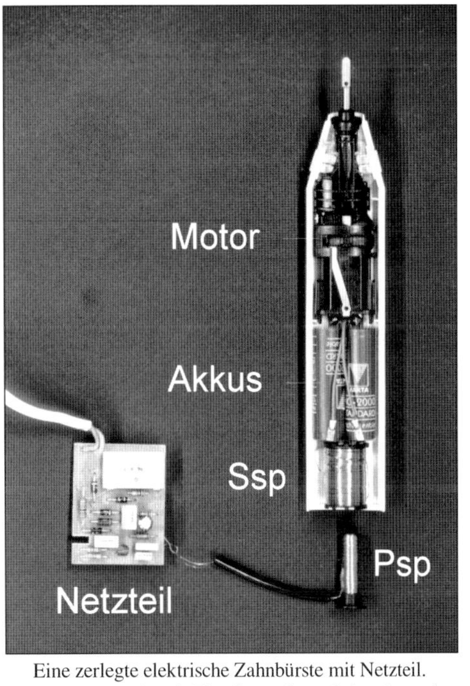

Eine zerlegte elektrische Zahnbürste mit Netzteil.
Psp = Primärspule mit Eisenkern, Ssp = Sekundärspule.
Um Energie vom Netzteil zu den Akkus zu übertragen, benötigt man zwei Spulen, die ineinander geschoben werden. Um die Akkus auch aufzuladen, ist außerdem eine Diode notwendig, da dies mit Wechselstrom nicht gelingt.

Physikalische Forschung und technische Entwicklung stehen in einem wechselseitigen Prozeß. Durch unseren Ansatz wollen wir moderne Anwendungen der Physik und nicht die Technik als solche in den Unterricht hineintragen. Dadurch erkennen Schüler und Schülerinnen auch einen wesentlichen Aspekt, warum es heute besonders notwendig ist, sich physikalisches Grundwissen anzueignen. Es wird ihnen verdeutlicht, daß die meisten technischen Errungenschaften ohne Physik nicht realisierbar wären. Weiterhin tritt klar hervor, physikalische Bildung ist nicht isoliert und ausschließlich fachbezogen; sie ist immer vernetzt. Letztendlich soll den Schülern und Schülerinnen die Angst vor der Beschäftigung mit modernen Alltagsgegenständen genommen werden. Ein wichtiges Fernziel ist hierbei, das Urteilsvermögen der Schüler und Schülerinnen bezüglich der künftigen technischen Entwicklungen auf physikalische Grundlagen zu stellen und damit zu stärken.

Selbständige und **aktive Beschäftigung** mit den Unterrichtsgegenständen wird ein wesentliches Element der Unterrichtsgestaltung. Die Schüler und Schülerinnen können nachvollziehen, wie physikalisches Denken bei der Bewältigung von Problemsituationen eingesetzt wird. Sie sind zum Mitdenken während des Erkenntnis- und Bearbeitungsweges aufgefordert. Das ist wesentlich mehr als Schülerübungen mit üblichen Lehrgeräten leisten können, weil man dabei auf von der Lehrmittelindustrie entwickelte Geräte zurückgreift, die darauf optimiert sind, bestimmte physikalische Effekte auf zuverlässige und damit künstliche Weise zu demonstrieren und Messungen zu erleichtern. **Low Cost - High Tech-Freihandversuche** zeigen Schülern und Schülerinnen hingegen, daß Physik nicht nur etwas ist, das mit speziellen Geräten in speziellen Physikräumen veranstaltet werden muß, sondern mit dem Leben außerhalb der Schule unmittelbar zu tun hat. Als Erinnerung an Physikstunden in der Schule bleibt nicht nur das Arbeiten mit einem Sammelsurium von isolierten, unverstandenen und toten Formeln oder idealisierten, "unrealistischen" Experimenten. Angstgefühle, die Jugendliche und hier insbesondere Mädchen bei der Beschäftigung mit Physik bzw. der Technik oft haben, treten durch diesen handlungsorientierten Zugang zu einzelnen Themengebieten weit in den Hintergrund. Teilweise fachübergreifende Fragestellungen ermöglichen es, fächerverbindend zu arbeiten, wodurch einerseits charakteristische Denkstrukturen und Arbeitsweisen der jeweiligen Fächer und andererseits die notwendige Vernetzung der Einzelwissenschaften deutlich werden.

Low Cost - High Tech-Freihandversuche umfassen drei Arten von Experimenten:

- Freihandversuche im **traditionellen** Sinn mit modernen Materialien und Gegenständen; wie z. B. CDs, Laserpointer, Kontaktlinsen, Energiesparlampen, ...
- **Low Cost - High Tech-Experimente zu und mit neuen Materialien**; wie z. B. Gore-Tex, Kontaktlinsen, Klettverschlüssen, Textmarker, ...
- **Low Cost - High Tech-Experimente zu und mit neuen Techniken**; wie z. B. Airbag, Fahrradcomputer, Joystick, Computermaus, ABS, Touchscreen, ...

Mit den von uns entwickelten über 90 Versuchen stellen wir Anleitungen zur Verfügung, die den gesamten Physikunterricht - begonnen von der Orientierungsstufe bis zur Sekundarstufe II - von der Mechanik bis zur Quantenphysik – exemplarisch abdecken. Diese sollen auch Anregungen geben, um Arbeitsgemeinschaften oder Projektarbeit zu erleichtern. Für Facharbeiten und Arbeiten im Rahmen von "Schüler experimentieren" bzw. "Jugend forscht" können sie ebenfalls die Grundidee liefern. Das gleiche gilt für experimentell ausgerichtete Hausaufgaben.

Wir meinen, daß das vorgestellte Konzept es erlaubt, die Schüler und Schülerinnen intensiver in das Unterrichtsgeschehen einzubeziehen - stärker, als dies mit üblichen Schulversuchen möglich ist. Zugleich können Lehrer und Lehrerinnen in den Zeiten des knapper werdenden Budgets einen an modernen Fragestellungen orientierten Unterricht liefern, vielleicht auch eine Brücke bilden zwischen Kerzen und Glühlampen auf der einen Seite - Gameboys und Videospielen auf der anderen Seite. Auch die Tendenz, (teure) Versuche am Computer zu simulieren sowie neue Fragestellungen durch Simulation zu erörtern, hat ohne konkrete Vorstellung vom Ganzen wenig mit Physik gemeinsam. Auch hier können entsprechend sorgfältig ausgewählte Freihandexperimente die theoretisch gewonnenen Ergebnisse bestätigen bzw. widerlegen oder eine Abschätzung der Größenordnung eines Effektes liefern.

Im folgenden wird kurz die Struktur der Versuchsbeschreibungen vorgestellt. Im Anschluß daran, findet sich eine alphabetisch geordnete, tabellarische Übersicht über alle Versuchsanleitungen. Die Übersicht gibt Auskunft über Einsatzmöglichkeiten bzgl. der Klassenstufe und bzgl. eines oder mehrerer physikalischer Sachgebiete. Weiterführende Informationen (Anspruchsniveau, Durchführung, Zeitbedarf usw.) finden sich dann in den jeweiligen Versuchsanleitungen.

Bei einigen Versuchen wurde als Computer-Interface das CASSY-E-System der Firma Leybold verwendet; die beschriebenen Versuche funktionieren dann so, wie dargestellt. Prinzipiell lassen sich die Versuche auch mit anderen kommerziellen Interface-Systemen (z. B. COBRA der Firma PHYWE) oder eigenen Realisierungen durchführen. Allerdings müssen dann Durchführbarkeit und Ergebnis selbst getestet bzw. überprüft werden.

Exemplarisch haben wir rund 10 Versuche als Video vorliegen: Airbagsensor, Barcode, Computermaus, Elektrische Zahnbürste, Elektronische Waage, Fahrradtacho, Münzgeldsortierer, Rauchmelder, Regensensor, Sicherungsetikette, Tonabnehmer. Die Videoclips von nur wenigen Minuten Dauer waren zunächst dafür gedacht, bei Vorträgen Realexperimente zu ersetzen, können aber ebenso auch im Unterricht eingesetzt werden. Zu Beginn eines solchen Clips steht eine Sequenz aus dem Alltag, die verdeutlicht, wo die Technik zu finden ist, anschließend wird das für den Unterricht aufbereitete Experiment gezeigt, zunächst der Aufbau, dann Durchführung und Ergebnis. Die Kurzfilme sind auf Wunsch als CD-ROM bei den Autoren zu erhalten.

II. Aufbau der Versuchsanleitungen

Die Beschreibung der Versuche umfaßt typisch zwei Seiten und ist der Übersichtlichkeit halber nach einem Standardschema aufgebaut.[1] Zuoberst befindet sich der Versuchstitel, gleich darunter eine Kopfleiste; die Angaben darin sollen den Lehrenden die Vorauswahl eines Experimentes auf einen Blick ermöglichen.

Beispiel:

Airbagsensor: Modell

Charakterisierende Überschrift.

Klassenstufenbereich, ab dem das Experiment sinnvoll einsetzbar ist, d. h. ab dem die physikalische Erklärung des Phänomens in Grundzügen verstanden werden kann.

Schwierigkeitsgrad des physikalischen Sachverhaltes für Lernende, wird mit einem bis drei schwarzen Punkten gekennzeichnet (s. S. 9).

Klassenstufe	Oberthemen	Unterthemen	Anforderungs-niveau	Durchführungs-niveau	Vorlauf Vorbereitung Durchführung
SI, SII	Mechanik Elektrik	Trägheit inelastischer Stoß Piezoeffekt	●●	■	Tage ca. 15 min. ca. 15 min.

Die Funktionsweise des Airbagsensors (Auslösemechanismus) soll simuliert werden.

Hier werden physikalische Begriffe angegeben, mit deren Hilfe der Effekt oder das Phänomen abgegrenzt werden können. Die an dieser Stelle verwendeten Fachtermini sind auf Lehrbücher und Lehrpläne abgestimmt.

Ein bis drei schwarze Quadrate geben ein Maß für das notwendige manuelle Geschick des oder der Experimentierenden bei der Durchführung an. Ein Ausrufezeichen weist auf ein Sicherheitsrisiko im Rahmen der Versuchsdurchführung hin. *Sicherheitshinweise werden im Text kursiv angegeben* (s. S. 9).

Ziel des Versuchs bzw. experimentelle Methode.

Nennung der klassischen physikalischen Themengebiete, in denen das Experiment angesiedelt ist.

[1] An geeigneten Stellen werden exemplarisch verschiedene Versuchsvarianten im Detail vorgestellt, was den Umfang der Versuchsbeschreibung auf vier Seiten erhöht.

Vorlauf/Vorbereitung/Durchführung:
Die **Vorlaufzeit** ist eine grob bemessene Zeitangabe (Monate, Wochen, Tage), die berücksichtigt, daß für einige Experimente Informationsmaterialien, Muster oder Materialien von einschlägigen Firmen beschafft werden müssen. Falls notwendig, wird diese Zeitangabe zusätzlich im Text oder in einer Fußnote erläutert.
Die **Vorbereitungszeit** ist die Zeitspanne, die zur direkten Vorbereitung des Versuches (Versuchsaufbau) ungefähr notwendig ist, unter der Voraussetzung, daß die benötigten Materialien vorhanden sind.
Die **Durchführungsdauer** ist die Zeit, die der Versuch als Demonstrationsexperiment in Anspruch nimmt. In der Regel liegt sie zwischen 1 und 15 Minuten.

Anforderungsniveau:

● Der Effekt ist mit minimalen physikalischen Grundkenntnissen und intuitivem Verständnis oder Alltagserfahrung zu bewältigen.

●● Der Effekt ist mit Kenntnis der Schulphysik der angegebenen Klassenstufe nachvollziehbar.

●●● Der Effekt ist mit guter Kenntnis der Schulphysik und Zusatzinformationen zu verstehen.

Durchführungsniveau:

■ Steht für "niedrig". Der Versuch ist auch ohne Bedenken als Schüler- und Schülerinnenversuch einsetzbar.

■■ Steht für "mittel".

■■■ Steht für "hoch". Diese Versuche sind hauptsächlich als Demonstrationsexperimente gedacht, aber auch im Rahmen einer Fach- oder Projektarbeit realisierbar.

! Steht bei Versuchen, die ein Gefahrenpotential besitzen (z. B. Laser, siedendes Wasser, Hochspannung usw.).

Des weiteren beinhaltet eine Anleitung:

- **Materialliste** evtl. mit Bezugsquellennachweis,
- **Versuchsskizze** und/oder **Photo**, zur Ergänzung der schriftlichen Anleitung und zur Erleichterung des Nachbaus,
- Beschreibung von **Vorbereitung** und Arbeiten, die im Vorfeld des Experiments, einschließlich des Aufbaus, zu erledigen sind,
- präzise Beschreibung der **Durchführung** mit Tips und Hinweisen,
- Beschreibung der auftretenden Effekte oder **Beobachtungen** als Hilfe zur Erfolgskontrolle,
- solide **physikalische Erklärung**, evtl. mit Literaturhinweisen,
- **Abschätzungen**,
- Angaben zum **methodischen Einsatz** im Unterricht,
- mögliche **Varianten**, Erweiterungen oder Vertiefungen.

III. Tabellarische Übersicht über die Versuche

Auf den folgenden Seiten 10 bis 17 sind alle Versuche tabellarisch zusammengefaßt. Die Tabelle gibt Informationen über Klassenstufen und Einsatzmöglichkeiten des jeweiligen Experiments sowie über die betreffenden physikalischen Ober- und Unterthemen.
Aus Gründen der Übersichtlichkeit und des Platzbedarfs ist die Tabelle im Querformat abgedruckt.

Nr.	Titel	Klassenstufe / Einsatz					Mechanik	Wärme	Elektrik Magnetismus	Optik	Quanten Atome	S.
		O	SI	SII	PAF	I						
1	Abstandswarner: Ultraschallreflexion			●	●		stehende Wellen Interferenz Reflexion					**18**
2	Airbagsensor: Modell		●	●		●	Trägheit inelastischer Stoß		Piezoeffekt			**20**
3	Airbagsensor: real		●	●	●	●	Trägheit inelastischer Stoß		Piezoeffekt			**22**
4	Aluminiumfolie: Kondensator		●	●					Kondensator			**26**
5	Anti-Blockier-System (ABS)		●	●	●	●	beschleunigte Bewegungen					**28**
6	Barcodeleser: Demonstrationsmodell		●						Photoelement Binärcode	Reflexion		**32**
7	Barcodeleser: Demonstrationsmodell mit Laserpointer		●			●			Photohalbleiter Binärcode	Reflexion		**34**
8	Barcodeleser: Handscanner		●		●	●			Photohalbleiter Binärcode	Reflexion		**36**
9	Bergkristall: Piezoeffekt			●	●	●			Piezoeffekt		Festkörper	**38**
10	Blutdruckmeßgerät		●		●	●	Druck Schall					**40**
11	Brandschutz-Aufschäummaterial	●	●		●	●	Druck	Ausdehnung				**42**
	Bremse (siehe Nr. 38-42 "Hydraulische Bremsanlage")											
	Bremse (siehe Nr. 74 "Retarder")											
12	Brillengläser: Bestimmung der Brennweite		●	●	●	●				Brechung Linsengesetze		**44**
13	Chipkartenleser			●	●	●			elektronische Schaltungen Computer			**46**
14	Compact Disc (CD) als Reflexionsgitter			●	●					Reflexionsgitter Interferenz		**48**

O = Orientierungsstufe, SI = Sekundarstufe, SII = Sekundarstufe II, PAF = Projekt, Arbeitsgemeinschaft, Facharbeit, I = Interdisziplinär

Nr.	Titel	Klassenstufe / Einsatz					Mechanik	Wärme	Elektrik Magnetismus	Optik	Quanten Atome	S.
		O	SI	SII	PAF	I						
15	Compact Disc (CD) als Transmissionsgitter			●	●					Transmissions-gitter Interferenz		**50**
16	Compact Disc (CD) als Spektrometer: Lampenvergleich		●	●	●					Spektrum Reflexionsgitter Interferenz	diskretes und kontinuierliches Spektrum	**52**
17	Computermaus			●	●	●			Spannungsteiler Photodiode Binärcode			**54**
18	Computertomographie: Absorption von Röntgenstrahlung			●	●	●					Absorption von Röntgenstrahlung	**56**
19	Computertomographie: optische Methode			●	●	●				Absorption		**58**
20	Dehnungsmeßstreifen: Sportforschung		●	●	●	●	Druck Newton-Kraftgesetz		elektrischer Widerstand Sensoren			**60**
21	Differential-transformator: Wegmessung		●	●	●	●			Induktion Transformator			**64**
22	Drucksensor: Alarmanlage		●	●	●	●	Druck		elektrischer Widerstand Sensoren			**66**
23	Drucksensor: Quellungsdruck bei Erbsen		●		●	●	Druck		elektrischer Widerstand			**68**
24	Elektrische Zahnbürste		●	●					Induktion Diode			**70**
25	Elektronische Präzisionswaage: Funktionsprinzip		●						Permanent-/ Elektromagnet			**72**
26	Energiesparlampen: Vergleich der Hellig-keit von Lampen mit Fettfleckphotometer	●	●	●	●	●			Wirkungsgrad	Licht Beleuchtungs-stärke		**74**

O = Orientierungsstufe, SI = Sekundarstufe, SII = Sekundarstufe II, PAF = Projekt, Arbeitsgemeinschaft, Facharbeit, I = Interdisziplinär

Nr.	Titel	Klassenstufe / Einsatz					Mechanik	Wärme	Elektrik Magnetismus	Optik	Quanten Atome	S.
		O	SI	SII	PAF	I						
27	Erdbeben: Modellierung eines sicheren Hauses			●	●	●	erzwungene Schwingungen Resonanz Dämpfung					76
28	Fahrradtacho		●	●			Kreisbewegung		Induktion			78
29	Fehlerstrom: Schutzschalter		●	●	●				Induktion magnetischer Fluß			80
30	Füllstandsanzeige: kapazitiv			●	●				Wechselstrom kapazitiver Widerstand Dielektrikum			82
31	Füllstandsanzeige: resistiv		●						Ohmsches Gesetz Leitfähigkeit in Flüssigkeiten			84
32	Funkuhr: Funktionsprinzip			●	●	●	Zeitmessung, Schwingungen und Wellen					86
33	Fußabdruck: elektrostatische Spurensicherung		●		●	●			Elektrostatik Kräfte zwischen Ladungen			88
34	Gläser: Transmission und Reflexion von Wärmestrahlung		●	●	●	●		Wärmestrahlung Energiesparen	Thermo-elektrizität			90
35	Gore-Tex: Diffusion durch eine Membran	●	●					Aggregatzustände Diffusion durch Membran				92
36	Handy			●		●			Mikrowellen			94
37	Härte nach Brinell		●		●	●	Härte Druck					96
38	Helmholtzresonanz in der Glasflasche (siehe auch Nr. 88 ("Vitrinenschutzmelder")			●	●		Helmholtz-resonanz					98

O = Orientierungsstufe, SI = Sekundarstufe, SII = Sekundarstufe II, PAF = Projekt, Arbeitsgemeinschaft, Facharbeit, I = Interdisziplinär

Nr.	Titel	Klassenstufe / Einsatz					Mechanik	Wärme	Elektrik Magnetismus	Optik	Quanten Atome	S.
		O	SI	SII	PAF	I						
39	Hydraulische Bremsanlage I: Vorbereitung und Gesamtaufbau		●		●		Zusammenspiel von Hebel, Druck und Reibung					100
40	Hydraulische Bremsanlage II: Hebelgesetz		●		●		Hebel					104
41	Hydraulische Bremsanlage III: Druckausbreitung in Flüssigkeiten		●		●		Druck					106
42	Hydraulische Bremsanlage IV: Reibung		●		●		Reibung					108
43	Infrarot-Bewegungsmelder		●	●	●	●		IR-Strahlung	Sensor-schaltungen	Fresnellinse		110
44	Infrarot-Fernbedienung: Eigenschaften der Strahlung		●	●	●	●				IR-Strahlung		112
45	Infrarot-Fernbedienung: Signalform			●	●	●			Digitalisierung Binärcode	IR-Strahlung		114
46	Joystick		●		●				Ohmsches Gesetz el. Widerstände Reihenschaltung			116
47	Katzenaugen: Reflektorfolie		●			●				Reflexion Brechung		118
48	Kaugummipapier: Isolator in Alarmanlage	●	●						Stromkreis Isolator/Leiter Magnetismus			120
49	Kaugummipapier: Leiter in Alarmanlage	●	●						Stromkreis Leiter/Isolator Magnetismus			122

O = Orientierungsstufe, SI = Sekundarstufe, SII = Sekundarstufe II, PAF = Projekt, Arbeitsgemeinschaft, Facharbeit, I = Interdisziplinär

Nr.	Titel	Klassenstufe / Einsatz					Mechanik	Wärme	Elektrik Magnetismus	Optik	Quanten Atome	S.
		O	SI	SII	PAF	I						
50	Kaugummipapier: Schmelzsicherung		●						Wärmewirkung des elektrischen Stromes Ohmsches Gesetz			124
51	Klettverschluß	●	●		●	●	Kräfte Zugspannung					126
52	Kontaktlinsen: Bestimmung der Adhäsionskräfte	●	●		●		Oberflächen-spannung Kapillarität					128
53	Kontaktlinsen: Brennweite		●	●	●	●				Brechung Linsengesetz		130
54	Laser-Abhöranlage / Optisches Mikrophon		●	●	●	●	Schwingungen		Reflexion Photoelektrik			132
55	Leuchtfarben: Lumineszenz (siehe auch Nr. 79 "Textmarker")		●	●	●	●				Farbenlehre	Atommodell Lumineszenz	136
56	Lichterkette: Heißleiter	●	●						Heißleiter Reihenschaltung Parallelschaltung			138
57	Lichtgeschwindigkeit: Satelliten		●	●	●	●	Raumfahrt geostationäre Bahn			Licht-geschwindigkeit		140
58	Luftfeuchtigkeits-messer: kapazitiv			●	●	●			kapazitiver Widerstand Dielektrikum			142
59	Mikrowelle		●	●	●	●			Mikrowellen			144
60	Mikrowelle und Wasserkocher: Wirkungsgrade		●	●	●	●		Wärmekapazität Wirkungsgrad	Mikrowellen Joulesche Wärme			146
61	Müllsortierung I: Materialarten	●	●		●	●	Dichte		Magnetismus			148
62	Müllsortierung II: Kunststoffe		●		●	●	Dichte Auftrieb					150

O = Orientierungsstufe, SI = Sekundarstufe, SII = Sekundarstufe II, PAF = Projekt, Arbeitsgemeinschaft, Facharbeit, I = Interdisziplinär

Nr.	Titel	Klassenstufe / Einsatz					Mechanik	Wärme	Elektrik Magnetismus	Optik	Quanten Atome	S.
		O	SI	SII	PAF	I						
63	Münzgeldsortierer: induktiv			●	●				elektro- magnetische Schwingungen Schwingkreis			**152**
64	Münzgeldsortierer: piezoelektrisch		●	●	●		freier Fall Impuls		Piezoeffekt			**154**
65	Ohrthermometer I: Wärmestrahlung			●	●	●		IR-Strahlung	Thermo- elektrizität Thermosäule			**156**
66	Ohrthermometer II: Modell			●	●	●		IR-Strahlung	Thermo- elektrizität Thermosäule			**158**
	Optisches Mikrophon (siehe Nr. 54 "Laser-Abhöranlage")											
67	Phototrope Gläser			●	●	●					Absorption	**160**
68	Piezozünder		●	●	●				Piezoeffekt Hochspannung			**162**
69	Polarisationsfilter		●	●		●				Polarisation		**164**
70	Pulsmesser: Reflexionsverfahren		●		●	●			Photohalbleiter	IR-Strahlung Reflexion		**166**
71	Radarpistole			●	●	●	Dopplereffekt Ultraschall					**168**
72	Rauchmelder		●		●	●			Photohalbleiter	Reflexion Streuung		**170**
	Reflektorfolie (siehe Nr. 47 "Katzenaugen")											
73	Regensensor		●		●					Brechung Reflexion Totalreflexion		**172**
74	Retarder: hydrodynamische Bremse		●		●		Arbeit/Energie Energie- umwandlung					**174**
	Satelliten (siehe Nr. 57 "Lichtgeschwindigkeit")											
75	Sicherungsetiketten			●		●			Induktion Schwingkreis			**176**

O = Orientierungsstufe, SI = Sekundarstufe, SII = Sekundarstufe II, PAF = Projekt, Arbeitsgemeinschaft, Facharbeit, I = Interdisziplinär

Nr.	Titel	Klassenstufe / Einsatz					Mechanik	Wärme	Elektrik Magnetismus	Optik	Quanten Atome	S.
		O	SI	SII	PAF	I						
76	Sonnenbrille I: UV-Schutz (qualitativ)		●	●	●	●				Farbenlehre Spektrum UV-Licht	Fluoreszenz	**178**
77	Sonnenbrille II: UV-Schutz (quantitativ)			●	●	●			Photohalbleiter	Spektrum UV-Licht		**180**
78	Teflon: Reibung	●	●		●		Haft- und Gleitreibung					**182**
79	Textmarker: Fluoreszenz (siehe auch Nr. 55 "Leuchtfarben")			●	●	●					Fluoreszenz Phosphoreszenz Energieniveaus	**184**
80	Toaster: Bräunungsgrad		●	●	●			Wärmestrahlung	Infrarotsensor			**186**
81	Toaster: Regelung der Heizung		●	●	●			Wärmestrahlung	Infrarotsensor Thermo-elektrizität Regelkreis			**188**
82	Tonabnehmer: elektromagnetisch		●	●	●	●	Saiten-schwingungen		Induktion			**190**
83	Tonbandgerät: elektromagnetische Tonaufzeichnung		●		●				Magnetfeld Induktion			**192**
84	Touchscreen: Drahtgittermodell		●	●	●				Stromkreise Dioden			**194**
85	Touchscreen: resistive Technik		●		●				Ohmsches Gesetz Potentiometer			**196**
86	Transparente Wärmedämmung: Energiegewinnung		●	●	●	●		Energie-umwandlung		Brechung Absorption		**198**
87	Ultraviolett-Detektor		●		●					UV-Strahlung	Fluoreszenz Energieniveaus	**200**
88	Vitrinenschutzmelder: Helmholtzresonanz			●	●	●	Helmholtz-resonanz Schwingungen					**202**
	Waage (siehe Nr. 25 "Elektronische Präzisionswaage")											

O = Orientierungsstufe, SI = Sekundarstufe, SII = Sekundarstufe II, PAF = Projekt, Arbeitsgemeinschaft, Facharbeit, I = Interdisziplinär

Nr.	Titel	Klassenstufe / Einsatz					Mechanik	Wärme	Elektrik Magnetismus	Optik	Quanten Atome	S.
		O	SI	SII	PAF	I						
89	Wärmedämmstoffe (siehe auch Nr. 86 "Transparente Wärmedämmung")		●		●	●		Wärmeleitung Energiesparen				**204**
90	Wasserkocher: Temperaturregelung	●	●					Bimetall Wärmemenge	Regelkreis			**206**
	Zahnbürste (siehe Nr. 24 "Elektrische Zahnbürste")											
91	Zaubertafel	●								Reflexion optischer Kontakt Brechungsindex		**208**
92	Zentralverriegelung		●		●	●	Druck					**210**

O = Orientierungsstufe. SI = Sekundarstufe. SII = Sekundarstufe II. PAF = Projekt. Arbeitsgemeinschaft. Facharbeit. I = Interdisziplinär

IV. Versuchsanleitungen A-Z

1. Abstandswarner: Ultraschall-Reflexion

Klassenstufe	Oberthemen	Unterthemen	Anforderungs-niveau	Durchführungs-niveau	Vorlauf Vorbereitung Durchführung
SII	Akustik	stehende Wellen Interferenz Reflexion	●●	■■■	einige Tage ca. 1 Stunde ca. 15 min.

Anhand eines selbstgebauten Ultraschall-Abstandswarners können dessen Arbeitsweise und die bei Reflexion auftretenden Effekte wie Interferenz und stehende Wellen gezeigt werden.

Materialien

- Bausatz für Ultraschall-Parkhilfe (z. B. Elektronik-Versandhandel)
- Batterie 9 V mit Clip
- Meßlatte
- Wagen (z. B. Märklin)
- Platte (z. B. aus Kunststoff)

Vorbereitung

Zuerst wird die elektronische Schaltung (Ultraschallsensor) erstellt, indem die einzelnen Teile nach Beschriftung auf die vorgesehene Platine gelötet werden. Alle Leitungsbahnen sind dort bereits vorgefertigt. Mit Hilfe der Batterie wird eine Spannung von 9 V an die vorgesehenen Lötstellen angelegt.

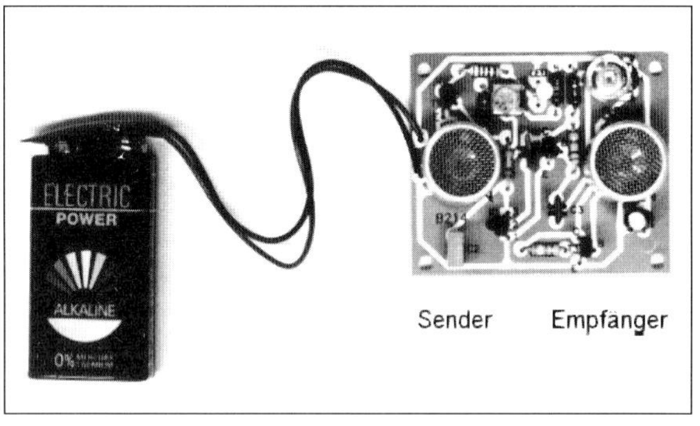

Abb. 1: Platine und Batterie

Abb. 2: Versuchsaufbau

Aufbau/Durchführung

Der Versuchsaufbau stellt den Fall dar, daß sich ein Auto, langsam fahrend, einem Hindernis nähert. Dazu werden der fertige Ultraschall-Abstandswarner und die 9 V Batterie auf den Wagen gestellt bzw. daran befestigt. Der Wagen wird neben eine liegende Meßlatte gestellt, senkrecht zur Fahrtrichtung des Wagens wird im Abstand von ca. 60 cm die Kunststoffplatte plaziert.

Nun bewegt man den Wagen mit der Hand langsam in Richtung der Kunststoffplatte und beobachtet dabei die LED auf der Platine, die bei Unterschreiten eines gewissen Abstandes aufleuchtet.

Fährt man den Wagen wieder zurück, so verschwindet das Signal beim Überschreiten des kritischen Abstandes von der Platte. Nun kann dasselbe noch einmal mit veränderter Empfindlichkeit des Sensors durchgeführt werden. Je nach Einstellung des Potentiometers vergrößert oder verkleinert sich der kritische Abstand Sensor - Platte.

Wenn man den Wagen auch nach dem ersten Aufleuchten der LED weiterhin langsam auf das Hindernis zu bewegt und die LED genau beobachtet, erkennt man, daß die Intensität des Lichtes nicht konstant ist, sondern periodisch fast auf Null sinkt und wieder maximal wird. Man mißt nun die Abstände zwischen den Orten solcher Minima, indem man den Wagen sehr langsam bewegt.

Ergebnis/Erklärung

Vom Sender des Abstandswarners werden Ultraschallwellen ausgesandt, deren Intensität mit der Laufstrecke abnehmen. Die an der Platte reflektierten Wellen werden vom Empfänger registriert. Ab einer gewissen, mit dem Potentiometer regelbaren Intensitätsschwelle des empfangenen Signals leuchtet die LED auf.

Die beobachteten Minima und Maxima entstehen durch konstruktive bzw. destruktive Interferenz der hin- und zurücklaufenden Wellen. Beim Ausmessen der Abstände zwischen den Minima erhält man als Mittelwert $d = 4{,}8$ mm.

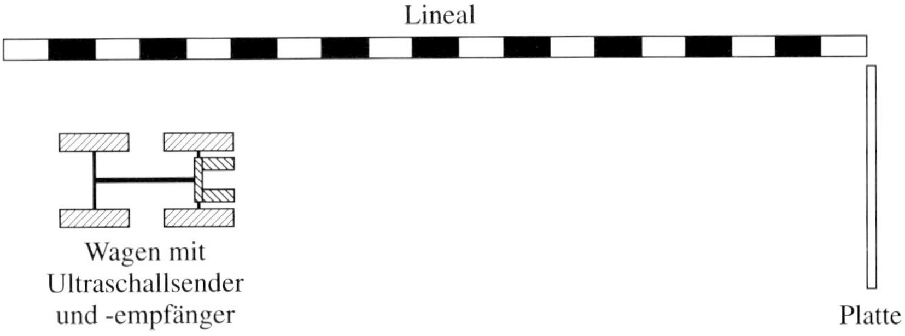

Abb. 3: Versuchsaufbau von oben

Eine Verschiebung des Wagens um den Weg d zwischen zwei Minima bedeutet für die Wegstrecke der Welle eine Veränderung um $2d$ wobei $2d = \lambda$ gelten muß. Die Ultraschall-Wellenlänge in Luft beträgt also $\lambda = 9{,}6$ mm, die Frequenz des Senders etwa 35 000 Hz.

Variationen

Statt an einer Kunststoffplatte kann man auch die Reflexion an anderen Materialien testen. Für verschiedene Platten ergeben sich folgende kritische Abstände a:

Material	**Modell für**	**a/cm**
Kunststoff	z. B. Mauer	43
Styropor		42
Pappkarton		43
Schaumstoff	z. B. Fußgänger	-
Baumwollstoff		29

Die Werte für Kunststoff, Styropor und Pappkarton sind im Rahmen der Fehlertoleranz ($\Delta a \approx 2$ cm) gleich, deutlich niedriger ist hingegen der kritische Abstand beim Baumwollstoff, mit Schaumstoff wird selbst beim Abstand von 0 cm kein Signal beobachtet.

Weitere mögliche Versuche, sind: Nachweis des Abstandsgesetzes $I \sim 1/r^2$ für punktförmige Sender, Bestimmung der Schallgeschwindigkeit nach der Phasendifferenzmethode, Entfernungsbestimmung nach der Laufzeitmethode, Beugung am Doppelspalt etc. Für diese Experimente empfehlen sich qualitativ bessere Sender und Empfänger (vgl. Versuch "Radarfalle").

Benutzt man ein elektromotorgetriebenes Fahrzeug (z. B. Fernsteuerauto), kann die Stromversorgung durch ein Relais unterbrochen werden, so daß das Fahrzeug rechtzeitig vor einem Hindernis stoppt.

Methodische Hinweise

Der beschriebene Versuch kann sowohl als Demonstrationsexperiment, als auch als Schüler- und Schülerinnenexperiment durchgeführt werden.

2. Airbagsensor: Modell

Klassenstufe	Oberthemen	Unterthemen	Anforderungs-niveau	Durchführungs-niveau	Vorlauf Vorbereitung Durchführung
SI, SII	Mechanik Elektrik	Trägheit inelastischer Stoß Piezoeffekt	●●	■	Tage ca. 15 min. ca. 15 min.

Die Funktionsweise des Airbagsensors (Auslösemechanismus) soll simuliert werden.

Materialien

- Piezokristall (Seignette-Kristall)
- Wägelchen (selbstgebaut aus Märklinbaukasten)
- Holzbrett (1 m lang, 20 cm breit)
- Rolle mit Halterung
- Glühbirne mit Fassung
- Gleichspannungsverstärker
- Schnur (1 m)
- Schnur (10 cm)
- Holzklotz mit dünnem Schaumstoff
- 2 Kabel (200 cm)
- 2 Kabel (30 cm)
- Klebestreifen
- Fahrradöl
- Massestück (100 g)
- Stahlkugel (m = 100 g, r = 1 cm)
- Metermaßstab

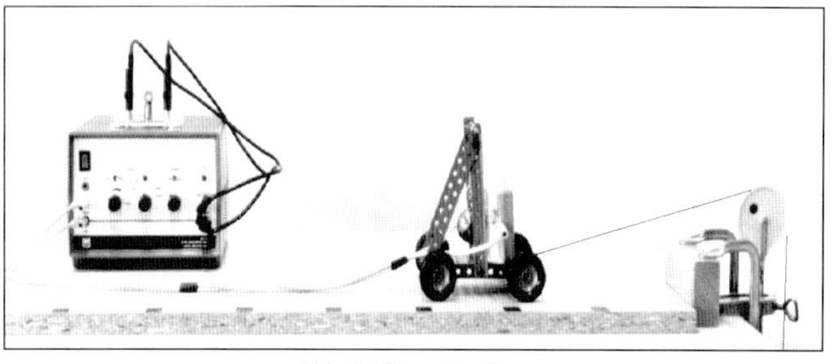

Abb. 1: Gesamtaufbau

Abb. 2: Wagen mit Kugel und Piezokristall

Aufbau/Vorbereitung

Die durch kurzes, aber festes Drücken des Piezokristalls erzeugte Spannung muß zunächst so verstärkt werden, damit die Glühbirne zum Leuchten gebracht werden kann.
Auf das Wägelchen schraubt man mit Bauteilen aus dem Märklinbaukasten eine Halterung, an der man die Stahlkugel aufhängen kann. Bevor man nun den Piezokristall auf dem Wägelchen über den Verstärker mit der Glühbirne verbindet, klebt man das Kästchen mit dem Piezokristall so auf das Wägelchen, daß es ungefähr einen Abstand von 0,5 cm zur Kugel hat. Die Kugel sollte nun so positioniert werden, daß sie bei einer Auslenkung genau das Ende des Kristalls trifft. Danach verklebt man die beiden 2 m langen Kabel zwischen Piezokristall und Verstärker zu einem Strang, damit man sie später hochhalten kann und sie nicht hinderlich sind.
Das Holzbrett ist in 10 cm Schritte einzuteilen, das Aufbringen der Skalierung geschieht mittels kurzen Klebestreifen. An einem Ende wird der mit Schaumstoff beklebte Holzklotz positioniert, der nun als Aufprallkörper dient.
Eine Masse von 100 g wird mit einer Schnur über eine Rolle hängend am Wägelchen befestigt, wodurch dieses beschleunigt wird.

Durchführung

Das Wägelchen wird nun aus bestimmten Abständen zum Holzklotz rollen gelassen. Damit es besser rollt, können die Achsenaufhängungen noch geölt werden. Die Verbindungskabel können mit einer Hand in die Höhe gehalten werden, damit sie keinen Einfluß auf die gleichmäßig beschleunigte Bewegung des Wägelchens haben. Der Wagen rollt nun gegen den Aufprallkörper, und die Stahlkugel schlägt gegen das eine Ende des Piezokristalls, das Glühbirnchen leuchtet auf. Wie hell es

aufleuchtet, hängt unmittelbar von der zurückgelegten Strecke ab. Je länger die Strecke, desto heller leuchtet es beim Aufprall. Eine bestimmte Leuchtstärke, die zuvor als Auslösemoment des Airbags definiert wurde, wird nach der Strecke h erreicht.
Die Geschwindigkeit des Wägelchens mit Masse M, auf die es nach der Strecke h durch das Massestück m beschleunigt wurde bzw. mit der es aufprallt und somit der Airbag gezündet würde, läßt sich leicht mit dem Energieerhaltungssatz $1/2\ Mv^2 = mgh$ bestimmen. Die zu Beginn festgelegte Leuchtstärke wurde in diesem speziellen Fall nach $h = 40$ cm erreicht, d. h. bei $v \approx 10$ km/h hätte dann der Airbag gezündet.

Erklärung/Funktionsweise
Wird der Piezokristall durch mechanische Kräfte deformiert, so werden die Ladungen in seinem Innern verschoben bzw. umverteilt. Die durch den Piezoeffekt bedingte Ladungsverteilung ist von der Art der mechanischen Deformation, also Zug oder Druck, abhängig.
Im simulierten Airbagsensor ist die Intensität der Glühbirne proportional zu der Größe der Kraft, die durch die Stahlkugel auf den Piezokristall wirkt. Diese Kraft wiederum ist abhängig von der Beschleunigung des Wägelchens.
In der Realität[1] wird die Karosseriebeschleunigung des Fahrzeugs in Längsrichtung mittels eines piezoelektrischen Biegebalkens registriert, d. h. eine bestimmte Masse bewegt sich ab einer definierten Bremsbeschleunigung und deformiert den Kristall. Diese Ausführung von Airbagsensoren liefert Spannungswerte, die, nachdem sie einem Analog-Digital-Umsetzer zugeführt wurden, von einem Rechner ausgewertet werden. Erreicht die Spannung einen bestimmten Wert, d. h. ist die Bremsbeschleunigung des Wagens entsprechend hoch, dann wird der Airbag ausgelöst.

Variation
Alternativ zum Glühbirnchen läßt sich auch ein Speicheroszilloskop (oder ein PC mit Interface) anschließen. Die auf ihm zu beobachtenden Spannungsausschläge nehmen mit zunehmender Rollstrecke zu. Es läßt sich anschaulich ein Schwellwert (Spannungswert) bestimmen, ab dem der Airbag zünden würde.
Die Beschleunigung des Wagens ist auch ohne ziehendes Gewicht zu realisieren, indem man ihn eine schiefe Ebene herunterrollen läßt. Das Wägelchen wird dann ohne den Aufbau mit der Kugel, d. h. nur mit dem am vorderen Ende befestigten Piezokristall, gegen den Aufprallkörper laufen gelassen. Die beschleunigte Masse des Wägelchens würde somit den Airbag auslösen.
Unterschiedlich dicker Schaumstoff am Holzklotz simuliert unterschiedliche Knautschzonen.

Abschätzung
Warum zündet der Airbag nicht, wenn ein Auto in einem bestimmten Winkel gegen ein Hindernis prallt? Dieser Aspekt läßt sich aufgreifen, indem man den Wagen nicht senkrecht, sondern etwas schräg auf den Aufprallkörper rollen läßt. Der Airbag zündet nicht wie im vorherigen Experiment, sondern erst bei höheren Beschleunigungen, da die Kraft auf den Piezokristall, mit zunehmendem Winkel abnimmt. Auch die Richtungen und Beträge der Kraftvektoren und die Energien, die in der Realität wirken, lassen sich abschätzen (z. B.: die Energie beim Aufprall, die Bremsbeschleunigung, die Zeit des Auslösens etc.).

Methodischer Einsatz
Dieser Versuch kann sowohl bei der Behandlung der Energieerhaltung auf motivierende Art und Weise eingesetzt werden, als auch zur Darstellung einer Einsatzmöglichkeit des Piezokristalls. Auch Schüler und Schülerinnen können den Versuch vorbereiten und durchführen (z. B. in Form eines Projekts).

[1] Vgl.. Mercedes Benz. Der Airbag, von der Idee zur Serie, Mercedes Benz AG, Öffentlichkeitsarbeit, Abteilung PR/UP, D-70322 Stuttgart.

3. Airbagsensor: real

Klassenstufe	Oberthemen	Unterthemen	Anforderungs-niveau	Durchführungs-niveau	Vorlauf Vorbereitung Durchführung
SI, SII	Mechanik Elektrik	Trägheit inelastischer Stoß Piezoeffekt	●●	■■	Wochen ca. 15 min. ca. 10 min.

Mit Hilfe eines einfachen Versuchsaufbaus soll ein realer Airbagsensor untersucht werden.

Materialien

- Airbagsensor (Bosch 123 29770[1])
- Wägelchen (selbstgebaut aus Märklinbaukasten)
- Umlenkrolle mit Halterung
- Netzgerät 0 ... 12 V –
- Massestücke
- Schnur (1 m)
- Metermaß
- Klebeband
- Experimentierkabel
- diverse Klemmen
- Stativstangen
- CASSY-Interface o. ä.
- Computer

Abb. 1: Wägelchen mit Airbagsensor

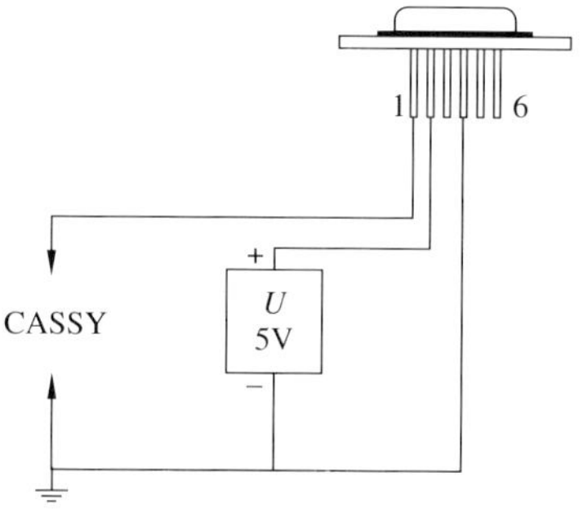

PINNING

1	Signal B
2	V_{CC}
3	Test
4	Ground
5	Signal A
6	Case

Abb. 2: Schaltskizze

Vorbereitung

Zunächst werden die Anschlußpins des Airbagsensors mit dünnen Kabeln verlötet, die nicht kürzer als 50 cm sein sollten. Es bietet sich an, die anderen Enden dieser Kabel mit Buchsen zu versehen, in die Experimentierkabel eingesteckt werden können. Der Airbagsensor wird nun auf eine Trägerplatte geschraubt, die man auf dem Wägelchen befestigt. Anschließend verbindet man den Sensor nach der Schaltskizze von Abb. 2 mit dem CASSY-Interface und dem Netzgerät. Zur Aufnahme und Auswertung der Meßwerte dient das Programm "Universelle Meßwerterfassung".

Der Wagen wird von einem geeigneten Massestück gezogen. Diese Masse wird an einer Schnur befestigt, die man über eine Rolle am Wagen einhängt, so daß der Wagen von der Gewichtskraft beschleunigt wird (vgl. Versuch 2 "Airbagsensor: Modell"). Als Aufprallkörper für das Wägelchen bietet sich eine Stativstange an. Ausgehend von dieser Stange bringt man nun abschließend in 10 cm Schritten Markierungen auf der Arbeitsfläche an.

Versuchsdurchführung

Man bringt nun das Wägelchen in seine durch die Markierungen gekennzeichneten Ausgangspositionen und startet die Meßwertaufnahme. Danach läßt man den Wagen rollen, so daß er auf den Aufprallkörper stößt. Der Computer zeichnet den zeitlichen Verlauf des Spannungssignals des Airbagsensors in ein Diagramm ein. Es läßt sich zunächst feststellen, daß dieses Spannungssignal beim Aufprall einen "Peak" aufweist. Dieser ist um so höher, je länger die Anlaufstrecke ist. Dabei nimmt

[1] Dieser Sensortyp wurde uns freundlicherweise von der Robert Bosch GmbH, RtW/FIV1, Postfach 1342, D-72703 Reutlingen zur Verfügung gestellt.

die "Höhe" des Peaks schließlich einen konstanten Wert an, der sich auch durch eine weitere Vergrößerung der Fahrstrecke des Wagens nicht ändert.

Erklärung/Funktionsweise

Der Airbagsensor enthält einen Piezokristall.[2] Dieser wird beim Aufprall des Wägelchens durch mechanische Kräfte deformiert, wobei die Ladungen in seinem Inneren verschoben bzw. umverteilt werden. Die Kraft, die auf den Piezokristall übertragen wird, ist abhängig von der Beschleunigung des Wagens.

Der Airbagsensor ist nun mit einer elektrischen Schaltung zur Verstärkung und Auswertung der Piezo-Spannung ausgestattet. Wenn die Bremsbeschleunigung des Wagens einen bestimmten Wert erreicht bzw. überschreitet, so stellt sich für den Peak des Spannungssignals des Sensors der maximale Wert ein. In Abhängigkeit von der "Höhe" dieses Spannungs-Peaks entscheidet nun die Fahrzeugelektronik, ob der Airbag ausgelöst wird oder nicht.

Variation

In weiteren Meßreihen ließe sich nun auch der Einfluß des Aufprallwinkels näher untersuchen. Dazu läßt man das Wägelchen bei unveränderter Anlaufstrecke unter verschiedenen Winkeln auf das Hindernis prallen und vergleicht die entsprechenden Meßdiagramme.

Daneben erscheint es auch interessant, den Aufprallkörper mit Gegenständen unterschiedlichen Materials zu "polstern" und so den Effekt einer "Knautschzone" zu demonstrieren.[3]

Methodischer Einsatz

Der Versuch läßt sich in jede Phase des Unterrichts integrieren und kann auch von Schülern und Schülerinnen durchgeführt und ausgewertet werden. Eine Stärke dieses Experiments liegt dabei in der Möglichkeit, Beschleunigungen mit recht einfachen Mitteln zumindest indirekt messen zu können. Daneben bietet sich der Versuch zum Einsatz in einem Unterrichtsprojekt, etwa zur Sicherheitstechnik beim Automobil oder zur Steuer- und Regeltechnik an. Es lassen sich hierbei auch gut die bei einem Crash tatsächlich zur Verfügung stehenden Zeitspannen in Beziehung zueinander bringen. Auch Möglichkeiten und Folgen einer Fehlauslösung können diskutiert werden.

0 ms	Crash
0-5 ms	Steuereinheit erkennt, daß Zusammenstoß erfolgt
5 ms	Gasgenerator für Luftsack wird entzündet
25 ms	Körper bewegt sich aufgrund seiner Massenträgheit nach vorne
35 ms	Luftsack gefüllt
60 ms	Körper taucht in Luftsack ein; Gas entweicht bereits wieder
100 ms	Fahrzeug kommt zum Stillstand
110 ms	Körper fällt in den Sitz zurück, Luftkissen hat sich weitgehend entleert

Abb. 3: Etwa 5 ms nach Crash[4]

Abb. 4: Etwa 30 ms nach Crash[4]

Abb. 5: Etwa 60 ms nach Crash[4]

---

[2] B. Freytag: Keinen Augenblick ohne Physik, Praxis der Naturwissenschaften – Physik 7/1997, S. 43-45.

[3] W. Rensch, D. Heuer: Knautschzone und Hammerschlag, Praxis der Naturwissenschaften – Physik 6/1999, S. 43-47.

[4] Mercedes-Benz AG, Stuttgart-UntertürkheimVP/PSMS 6510 · 2819 · 00/0493.

Interessant ist in diesem Zusammenhang auch die Diskussion der wirkenden Kräfte bzw. Beschleunigungen bei einem realen Unfall. Zur weiteren Information verweisen wir auf die entsprechenden Testunterlagen des ADAC.

Erweiterung
Besonders eindrucksvoll läßt sich das Auslöseverhalten des Airbagsensors auch wie in Abb. 6 gezeigt demonstrieren. Nach dem Crash wird mit Hilfe eines Steuergerätes eine elektrische Luftmatratzenpumpe in Betrieb gesetzt, die wiederum einen Wasserball aufbläst. Damit hat man eine vollständige Analogie zum realen Einsatz.
Zum Aufbau der entsprechenden Schaltung eignet sich eine Europlatine (3-Loch). Etwas aufwendiger ist die Herstellung einer geeigneten Platine. Die Verschaltung erfolgt entsprechend der angegebenen Schaltpläne (Abb. 7 bis 10).

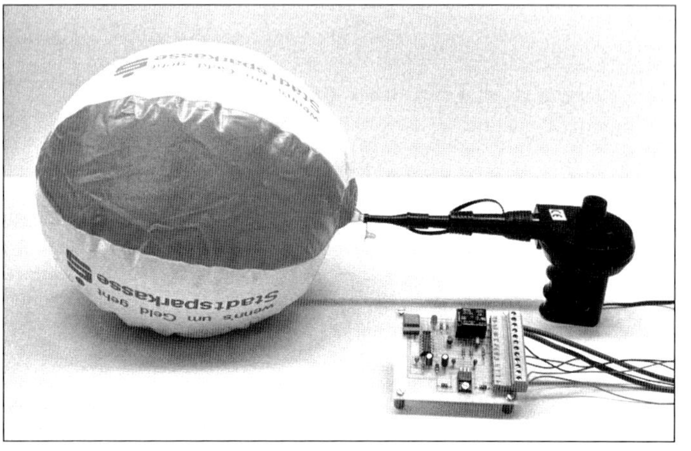

Abb. 6: Steuergerät (im Vordergrund) und elektrische Luftpumpe mit auf blasbarem Ball

Funktionsprüfung
Läßt man den Airbagsensor fallen bzw. schlägt man mit einem Schraubendreher kurz darauf, zeigt die aufleuchtende LED die Funktionstüchtigkeit an. Zusatzgeräte werden über das Relais angeschlossen. Zur Deaktivierung dient die Reset-Taste.

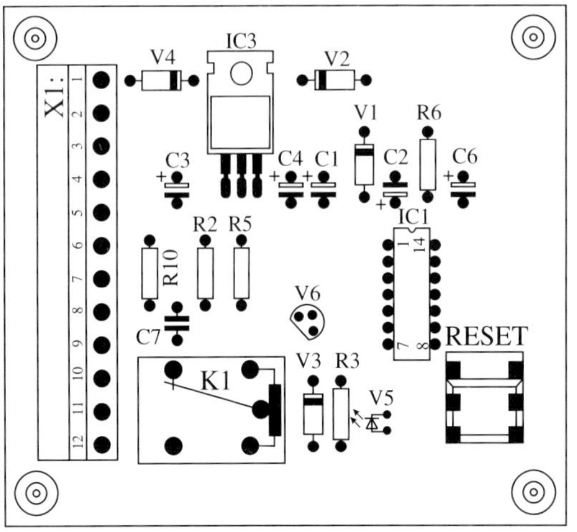

Abb. 7: Platine von oben

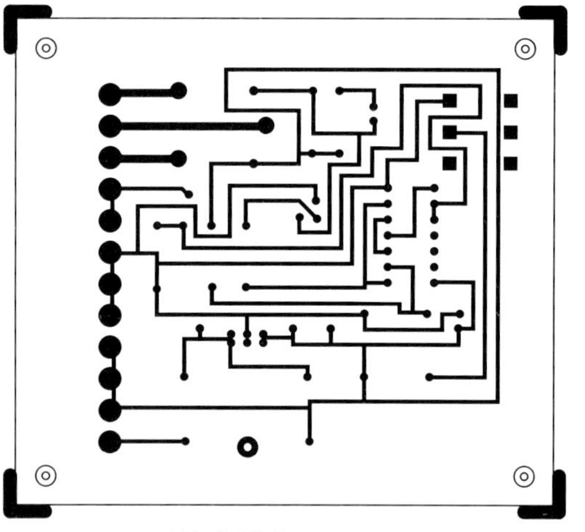

Abb. 8: Platine von unten

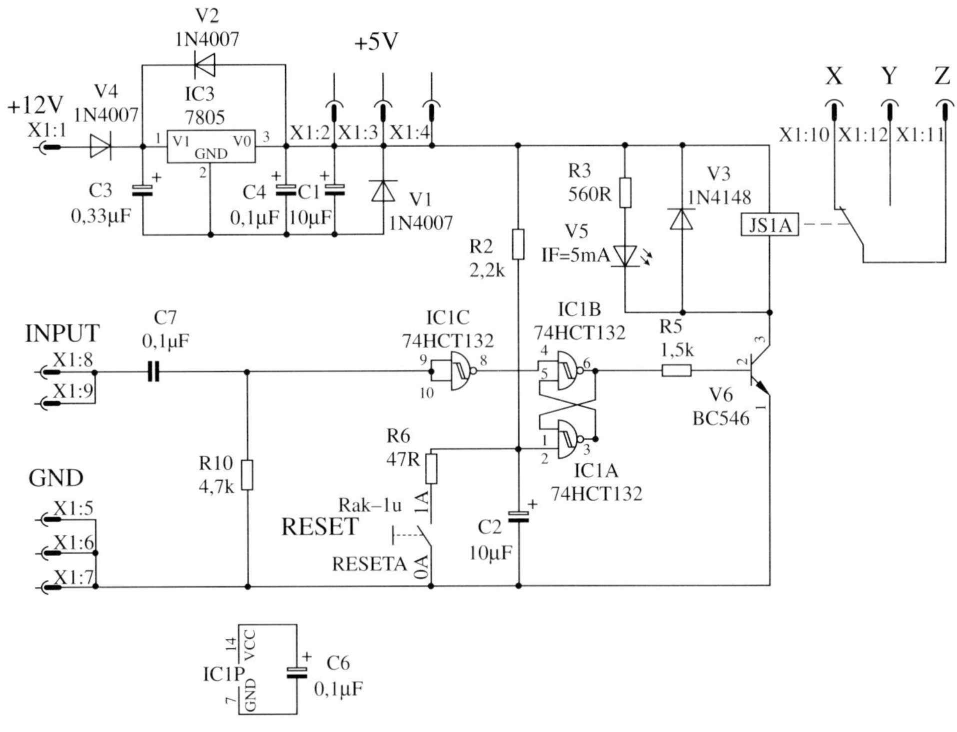

Abb. 9: Schaltplan[5]

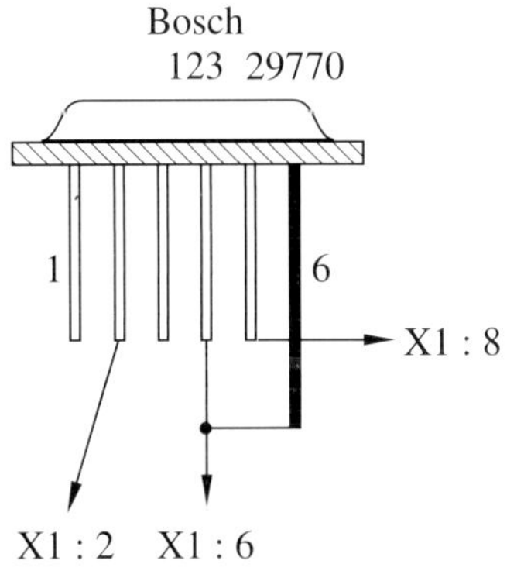

Abb. 10: Anschluß an Steuergerät

[5] Entwurf: Peter Stetzenbach, Meisterschule für Handwerker, Elektromechaniker-Abteilung, Am Turnerheim1, D-67657 Kaiserslautern, Tel.: 0631/3647423 (http://www.schulen.kaiserslautern.de/mhk).

4. Aluminiumfolie: Kondensator

Klassenstufe	Oberthemen	Unterthemen	Anforderungs-niveau	Durchführungs-niveau	Vorlauf Vorbereitung Durchführung
SI, SII	Elektrik	Kondensator	●●	■■	- ca. 30 min. ca. 5 min.

Das Prinzip eines Kondensators und die Proportionalität zwischen der Ladung Q und angelegter Spannung U sollen demonstriert werden.

Materialien

- Netzgerät 0 ... 20 V – / 1 A
- Meßverstärker, mit passendem Drehspulmeßinstrument
- Wechselschalter
- diverse Verbindungskabel
- 2 Krokodilklemmen
- Aluminiumfolie
- Papier mit etwas größerer Breite als die Aluminiumfolie
- Klebeband
- runder, länglicher Gegenstand (z. B. Glasmeßzylinder, Leuchtstoffröhre)

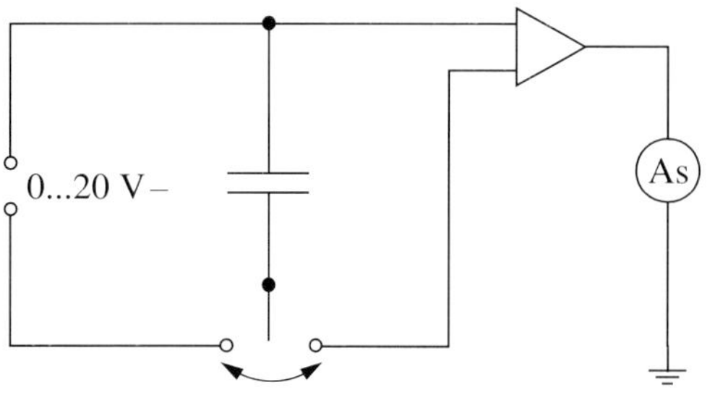

Abb. 1: Schaltskizze

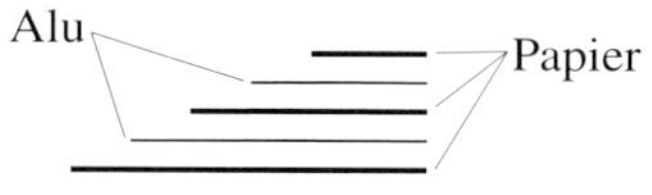

Abb. 2: Schema der Kondensatorschichten

Vorbereitung

Von der Aluminiumfolie werden zwei Stücke mit je einer Länge von 1 m abgeschnitten. Diese werden dann mittels einer inneren Lage von Papier gegeneinander isoliert. Damit die Folien nicht mit sich selbst beim Aufwickeln kurzschließen, wird noch jeweils eine äußere Lage Papier (oben und unten) zur Isolation benötigt. Das Ganze wird auf einen runden Gegenstand (z. B. Glasmeßzylinder) so fest wie möglich aufgewickelt und mit dem Klebeband gegen das Wiederaufrollen gesichert.
Mit Hilfe der Krokodilklemmen werden dann die überstehenden Enden der beiden Aluminiumfolien mit der Spannungsquelle (bzw. nach dem Umschalten mit dem Meßverstärker) gemäß Abb. 1 verbunden. Hierbei sollte darauf geachtet werden, daß kein Kurzschluß, insbesondere bei den beiden Aluminiumfolien, entsteht.

Durchführung/Beobachtung

Die beiden Aluminiumfolien werden mit der Spannungsquelle verbunden und auf die Spannung U aufgeladen.
Nach dem Umlegen des Schalters wird die gespeicherte Ladung Q mit dem Meßverstärker gemessen.
Anschließend wird der Versuch für verschiedene Spannungen U wiederholt.
Man stellt fest, daß der Quotient Q/U für die verschiedenen Wertepaare in etwa konstant ist, d. h. zwischen der Ladung Q und der angelegten Spannung U besteht eine Proportionalität.

Erklärung

Der Quotient Q/U ist die für einen Kondensator charakteristische Größe, sie stellt die Fähigkeit eines Kondensators (oder generell eines Körpers) dar, Ladungen zu speichern.
Man nennt diese Größe die Kapazität C, also: $C = Q/U$.
Die Einheit der Kapazität ist 1 C/V = 1 F (1 Farad).

Variation

Durch kürzere oder längere Folienstücke kann die Plattenfläche A verändert werden, um die Proportionalität zwischen der Kapazität C und Plattenfläche A nachzuweisen. Entsprechendes gilt für die Proportionalität zwischen C und $1/d$, wobei d der Abstand der beiden Folien bedeutet, welcher z. B. durch zwei Lagen Papier als Dielektrikum verändert werden könnte. Mittels einem oder zwei weiteren Kondensatoren sind Parallel- und Reihenschaltungen mit anschließender Bestimmung der Ersatzkapazitäten möglich.
Anwendungen des Kondensators findet man in den Versuchen Nr. 30 ("Füllstandsanzeige: kapazitiv") und Nr. 58 ("Luftfeuchtigkeitsmesser: kapazitiv").

Methodischer Einsatz

Die verschiedenen Variationen des Versuchs lassen sich auch von Schülern und Schülerinnen vorbereiten und durchführen.

5. Anti-Blockier-System (ABS)

Klassenstufe	Oberthemen	Unterthemen	Anforderungs-niveau	Durchführungs-niveau	Vorlauf Vorbereitung Durchführung
SII	Mechanik	beschleunigte Bewegungen	●●	■■	- ca. 20 min. ca. 20 min.

Die Funktionsweise des Anti-Blockier-Systems (ABS) soll anhand eines Versuchsaufbaus demonstriert werden.

Materialien

- Experimentiermotor
- Antriebsscheibe
- Fahrradreifen, in Gabel eingespannt
- Riemenscheibe (Ø ca. 10 cm, gelagert)
- Gleichstrommotor 12 V
- Haushaltsgummi
- Netzgerät 0 ... 15 V –
- Amperemeter 0 ... 300 mA –
- Relais (Schaltstrom < 100 mA)
- Steckbrett
- Glühlampe in Steckbrettfassung
- Batterie 4,5 V
- Experimentierkabel
- Krokodilklemmen
- Stativmaterial
- Schraubzwingen (für Fahrradgabel)

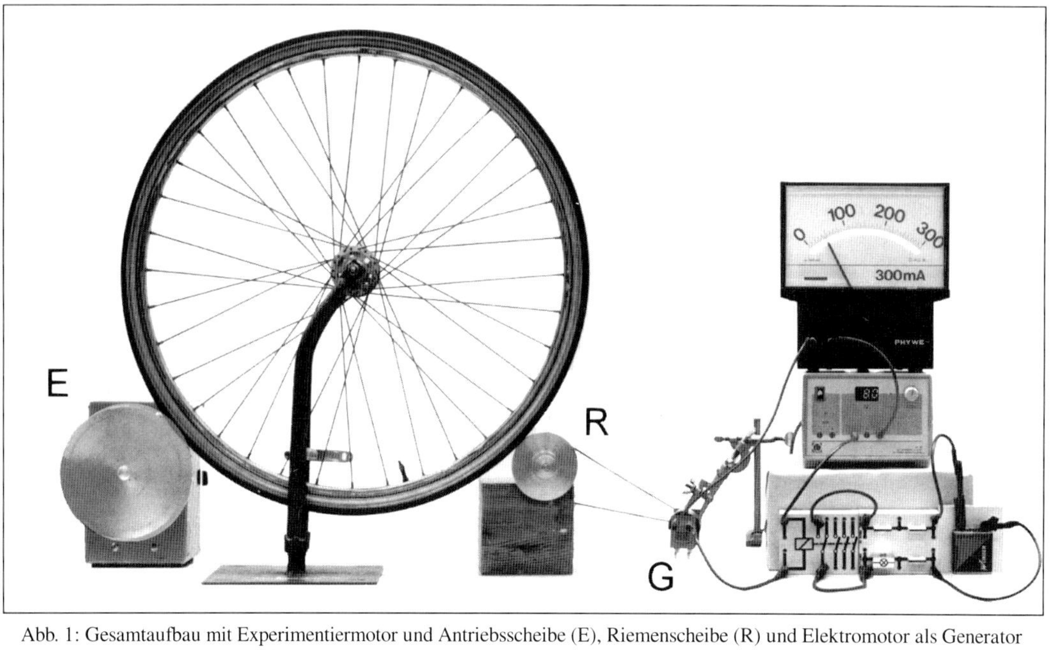

Abb. 1: Gesamtaufbau mit Experimentiermotor und Antriebsscheibe (E), Riemenscheibe (R) und Elektromotor als Generator (G); rechts sind Steuer- und Arbeitskreis dargestellt (vgl. Abb. 2)

Vorbereitung

Zunächst werden die einzelnen Bestandteile entsprechend Abb. 1 auf der Arbeitsfläche angebracht. Der Experimentiermotor sollte mit einer großen Antriebsscheibe versehen werden, um aufgrund des Übersetzungsverhältnisses eine möglichst große Drehzahl des Reifens zu erzielen. Es ist darauf zu achten, daß die rotierenden Teile fest auf der Arbeitsfläche fixiert werden. Der Fahrradreifen weist unter Umständen einen "Seitenschlag" auf, so daß der Einsatz einer gelagerten Riemenscheibe oder auch einer geeigneten Umlenkrolle unumgänglich ist. Bei präzisem Radlauf kann auf diese Komponente allerdings auch verzichtet werden. Die Antriebs- und die Riemenscheiben werden leicht an die Lauffläche des nicht zu stark aufgepumpten Reifens angepreßt.

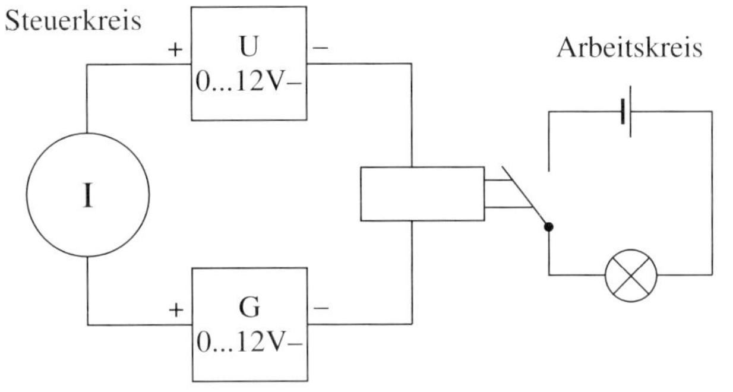

Abb. 2: Schaltskizze

Der Elektromotor dient im Versuchsaufbau als Generator (Abb. 2) und wird mit Hilfe eines gewöhnlichen Haushaltsgummis durch die Riemenscheibe angetrieben. Zum Betrieb der Glühlampe im Arbeitskreis des Relais bietet sich eine Batterie an.

Versuchsdurchführung

Der Fahrradreifen wird nun mit Hilfe des Experimentiermotors in Rotation versetzt. Gleichzeitig wird über die Riemenscheibe auch der Generator angetrieben, der somit eine Spannung erzeugt, die in einem Bereich von ca. 8 V liegen sollte. Dadurch fließt im Steuerkreis des Relais ein Strom. Am Netzgerät wird nun eine Gegenspannung zu der durch den Generator erzeugten Spannung angelegt und so eingestellt, daß im Steuerkreis des Relais gerade kein Strom mehr fließt. Im nächsten Schritt wird der Fahrradreifen in möglichst kurzer Zeit auf eine deutlich geringere Drehzahl heruntergebremst. *Dazu sollte man auf keinen Fall in die Speichen greifen, sondern einen Gegenstand gegen die Lauffläche pressen.* Aufgrund der geringeren Drehzahl des Rades nimmt die durch den Generator erzeugte Spannung ab und es fließt infolge der angelegten Gegenspannung ein Strom im Arbeitskreis des Relais. Wenn nun die Drehzahl des Rades einen gewissen Wert unterschreitet, wird der Arbeitskreis geschlossen und die Glühlampe leuchtet auf, noch bevor das Rad vollständig zum Stehen gekommen ist.

Funktionsweise/Erklärung

Optimierung der Bremsung heißt, den Bremsweg - unter Ausnutzung der von Straßenverhältnissen gebotenen maximalen Haftung - so weit wie möglich zu verringern. Beim ABS werden dazu die Bremsen so gesteuert, daß die Räder auch bei einer plötzlichen "Vollbremsung" nicht blockieren. Dadurch wird zudem gewährleistet, daß das Fahrzeug auch in einer solchen Extremsituation lenkbar und somit beherrschbar bleibt.

Das ABS mißt dazu während des Bremsvorgangs die Beschleunigung (Verzögerung) der Räder und vergleicht sie mit einem festen Bezugswert. Sofern dieser Wert überschritten wird, greift die Elektronik in den Bremsvorgang ein. Diesen "Eingriff" der Elektronik signalisiert das Aufleuchten der Glühlampe. Der Arbeitskreis des Relais wird geschlossen, wenn der Fahrradreifen in einer Zeitspanne Δt zu stark abgebremst wurde. Die Notwendigkeit einer Bezugszeit Δt läßt sich durch mehrmaliges Anhalten des Reifens in jeweils unterschiedlichen Zeitspannen verdeutlichen. Die Drehzahl stellt ein Maß für die Bahngeschwindigkeit des Rads dar. Die Glühlampe leuchtet also auf, wenn die Bahngeschwindigkeit des Rads in der Bezugszeit Δt zu stark abnimmt, wenn also die Beschleunigung des Rads einen bestimmten Wert überschreitet.

Theoretische Grundlagen

Das wesentliche Kriterium zur Ansteuerung der Bremsen basiert auf dem Vergleich zwischen der tatsächlichen Verzögerung eines einzelnen Rades und der dabei maximal möglichen Radverzögerung während des Bremsvorgangs.

Mit Hilfe eines induktiven Sensors werden die Winkelgeschwindigkeiten der einzelnen Räder ermittelt. Bei inaktiver Bremse läßt sich so auch die Fahrzeuggeschwindigkeit feststellen. Die Elektronik des Systems kann diese Größen anhand eines Differentialquotienten numerisch annähern.

Dabei gilt:

$$v_{\text{Rad}} = \frac{\Delta s_{\text{Rad}}}{\Delta t} = \frac{r\Delta\varphi}{\Delta t} = r\omega \qquad \text{und} \qquad v_{\text{Auto}} = \frac{\Delta s_{\text{Rad, ungebremst}}}{\Delta t}$$

mit:

v_{Auto} = Geschwindigkeit des Autos
v_{Rad} = Bahngeschwindigkeit des Rades
s_{Rad} = Wegstrecke, die das Rad abrollt
r = Radius des Rades
ω = Winkelgeschwindigkeit
φ = Drehwinkel
t = Zeit

Bei Betätigung der Bremse werden nun die Räder mit der Beschleunigung a_{Rad} verzögert:

$$a_{\text{Rad}} = \frac{\Delta v_{\text{Rad, Brems}}}{\Delta t} = \frac{v_{\text{Auto}} - v_{\text{Rad, Brems}}}{\Delta t}, \text{ da vor der Bremsung } v_{\text{Auto}} = v_{\text{Rad}}.$$

Für die maximal mögliche Radverzögerung gilt:

$$a_{\text{Rad, max}} = \frac{\Delta v_{\text{Rad, max}}}{\Delta t} = \frac{v_{\text{Auto}} - v_{\text{Rad, min}}}{\Delta t} = \frac{v_{\text{Auto}} - 0}{\Delta t} = \frac{v_{\text{Auto}}}{\Delta t} \qquad \text{(das Rad blockiert).}$$

Hieraus ergibt sich das Verhältnis:

$$\frac{a_{\text{Rad}}}{a_{\text{Rad, max}}} = \frac{\frac{v_{\text{Auto}} - v_{\text{Rad, gemessen}}}{\Delta t}}{\frac{v_{\text{Auto}}}{\Delta t}} = \frac{v_{\text{Auto}} - v_{\text{Rad, gemessen}}}{v_{\text{Auto}}} = \lambda .$$

Diese dimensionslose Größe λ wird als "Schlupf" bezeichnet.

Beispiel: $\lambda = 0$, falls das Rad schlupffrei auf der Fahrbahn rollt.
$\lambda = 1$, wenn das Rad blockiert und auf der Fahrbahn rutscht.

Die Bremskraft, die zur Verzögerung des Fahrzeuges führt, ergibt sich aus:

$$F_{\text{Brems}} = \mu \cdot F_N \qquad \text{mit } \mu = \text{Bremskraftbeiwert, } F_N = \text{Normalkraft.}$$

Der Zusammenhang zwischen dem Schlupf λ und dem Bremskraftbeiwert μ wird in Abb. 3 dargestellt.
Aus Abb. 3 ergibt sich, daß der Bremskraftbeiwert (und damit auch die Bremskraft F_{Brems}) den Maximalwert erreicht, wenn der Schlupf λ zwischen 0,15 und 0,3 liegt. Daraus folgt, daß λ zur Minimierung des Bremswegs in diesem Intervall gehalten werden muß.
Wenn nun das Bremspedal betätigt wird, verringert sich die Bahngeschwindigkeit v_{Rad} des Rads. Nach Ablauf der Zeitspanne Δt wird mit Hilfe der ursprünglichen Fahrzeuggeschwindigkeit v_{Auto} die Differenz ($v_{\text{Auto}} - v_{\text{Rad}}$) berechnet. Mit $a_{\text{Rad}} = \frac{v_{\text{Auto}} - v_{\text{Rad}}}{\Delta t}$ ergibt sich hieraus ein Maß für die Radbeschleunigung. Diese wird anschließend mit der maximal möglichen Verzögerung $a_{\text{Rad, max}} = \frac{v_{\text{Auto}}}{\Delta t}$ verglichen und gemäß $\lambda = \frac{a_{\text{Rad}}}{a_{\text{Rad, max}}}$ der "Schlupf" berechnet. Sofern dieser den definierten Wertebereich überschreitet, greift die Elektronik in den Bremsvorgang ein. Dabei wird die Bremse kurz gelöst. Dadurch dreht das Rad wieder frei und die Fahrzeuggeschwindigkeit wird neu bestimmt. Im Anschluß daran wird das Rad erneut abgebremst und der Vorgang beginnt wieder von vorne. Dieser gesamte Ablauf wiederholt sich bis zu 10mal je Sekunde.

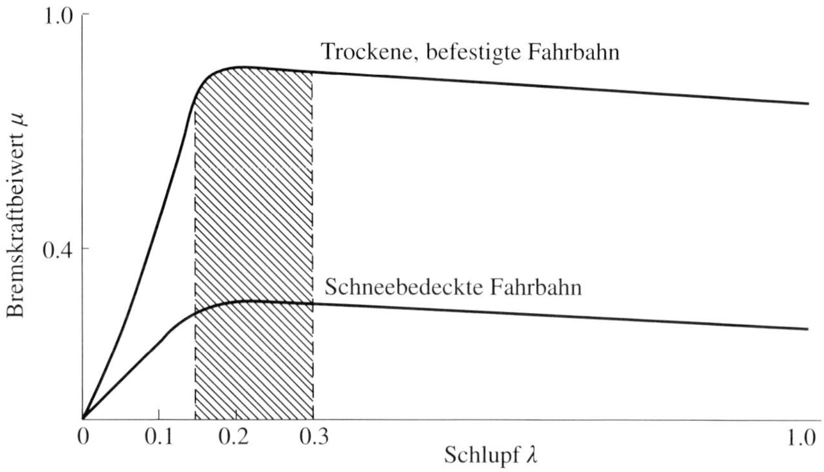

Abb. 3: Abhängigkeit des Bremskraftbeiwerts μ vom Schlupf λ
(Quelle: Nissan Technologie, Informationsbroschüre zum ABS, 1990)

Viele Autofahrer und -fahrerinnen glauben, mit ABS immer kurze Bremswege erreichen zu können. Das ist ein Mißverständnis, denn auch bei ABS ist der Bremsweg abhängig von der erreichbaren Verzögerung, und diese ist bei schneebedeckter Fahrbahn oder Glatteis eben immer kleiner als bei trockener Straße.
Aufgrund ihrer Kenntnisse über die Reibung ($\mu_{\text{Haft}} > \mu_{\text{Gleit}}$) dürfte es für die Schüler und Schülerinnen bei der näheren Untersuchung der Grundlagen darüber hinaus auch interessant sein, daß zur Minimierung des Bremswegs ein "leichtes" Radieren der Räder über den Asphalt ($\mu_{\text{soll}} \in [0{,}15; 0{,}30]$) gezielt angestrebt wird. Dieses Phänomen kann dadurch erklärt werden, daß sich der Reifen beim Bremsen erwärmt, wodurch aufgrund der Materialeigenschaften des Gummis eine bessere Bodenhaftung erreicht wird (im Motorsport werden die Reifen vor dem Rennen sogar aufgeheizt). Es erscheint durchaus angebracht, dies mit in die Betrachtungen einzubeziehen.

Variation
Durch die Versuchsanordnung kann auch die Funktionsweise der Anti-Schlupf-Regelung (ASR) verdeutlicht werden. Bei kleiner Drehzahl des Rads stellt man dazu die Gegenspannung so ein, daß im Arbeitskreis des Relais kein Strom fließt. Danach erhöht man die Drehzahl. Durch das Aufleuchten der Glühlampe wird signalisiert, daß die Beschleunigung des Rads einen festen Wert überschreitet, was bei der ASR die Aktivierung der Bremse zur Verzögerung des "durchdrehenden" Rads zur Folge hat.

Methodischer Einsatz
Bei der Durchführung des Versuchs lassen sich durchaus auch Meßwerte aufnehmen, so daß die Auswertung nicht auf qualitative Betrachtungen beschränkt bleiben muß. Das Experiment bietet sich vor allem als Ergänzung zu den idealisierten Versuchen mit der Luftkissenfahrbahn an und kann in jeder Phase des Unterrichts eingesetzt werden. In Abstimmung mit dem Mathematikunterricht der Oberstufe könnte der Versuch auch im Rahmen eines fächerübergreifenden Ansatzes zur Einführung des Grenzwertbegriffs und der Ableitung einer Funktion herangezogen werden. Dieser Zusammenhang wird durch Betrachtung des eigentlichen Meßwertzyklus offensichtlich. Dabei können auch Fragen der Verkehrssicherheit motivierend erörtert werden.

6. Barcodeleser: Demonstrationsmodell

Klassenstufe	Oberthemen	Unterthemen	Anforderungs-niveau	Durchführungs-niveau	Vorlauf Vorbereitung Durchführung
SI	Optik Elektrik	Reflexion Photoelement Binärcode	●●	■	- ca. 45 min. ca. 5 min.

Mit diesem Funktionsmodell soll grob die Umsetzung der schwarz-weißen Balkenfolge eines Barcodes in elektrische Signale demonstriert werden.

Materialien

- Kunststoff- oder Holzplatte (ca. 100 cm x 60 cm)
- schwarzes und weißes Papier oder Karton
- Halogenlampe (z. B. 12 V/50 W) mit passendem Netzgerät
- Photoelement (z. B. Siemens TP 60)
- Amperemeter (mA)
- optische Bank mit Reitern

Vorbereitung

Aus dem schwarzen und weißen Papier werden etwa 10 cm breite Streifen ausgeschnitten und auf die Platte geklebt, so daß ein großer Balkencode entsteht (vgl. Abb. 1).

Aufbau/Durchführung

Die Halogenlampe und das Photoelement werden nebeneinander auf der optischen Bank befestigt. Um den Abstand zwischen ihnen konstant zu halten, kann man einige Reiter dazwischenstellen. Das Photoelement verbindet man mit dem Amperemeter. Der Balkencode wird in nicht zu großer Entfernung parallel zur optischen Bank aufgestellt (ca. 20-30 cm), so daß der Lichtfleck der Halogenlampe auf dem Strichcodeplakat nicht breiter ist, als der schmalste Balken. Dies kann gegebenenfalls auch durch geeignete Einstellung des Kondensors der Lampe erreicht werden. Dann wird das Photoelement durch leichte Drehung in Richtung der Halogenlampe so justiert, daß bei Betrachtung eines weiten Balkens maximaler Strom fließt.

Man beginnt an der linken Seite den Strichcode "abzufahren", d. h. Lichtquelle und Detektor werden (in konstantem Abstand zueinander) auf der optischen Bank langsam verschoben. Dabei registriert man die Anzeige des Amperemeters bei schwarzen und bei weißen Streifen.

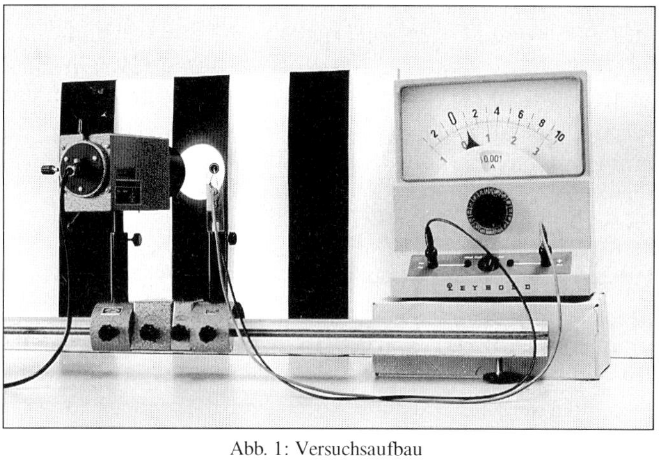

Abb. 1: Versuchsaufbau

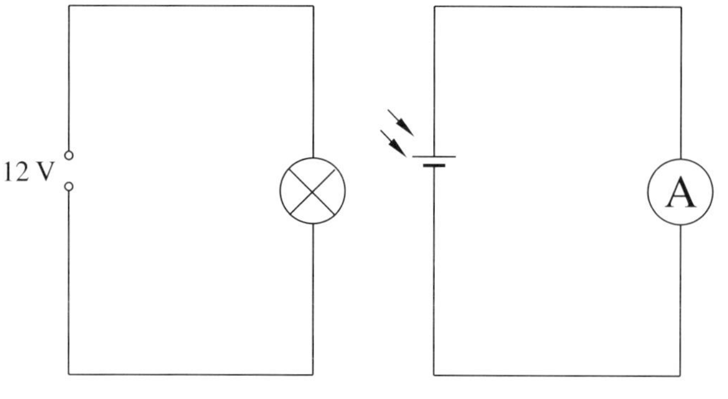

Abb. 2: Schaltskizze

Ergebnis
Beim Abfahren des Strichcodes erhält man etwa folgende Werte für den Strom:

Balken	schwarz	weiß	schwarz	weiß	schwarz	weiß
Strom/mA	0,09	0,75	0,1	0,75	0,1	0,75

Man sieht deutlich, daß der Photostrom bei Reflexion an weißen Balken wesentlich höher ist als bei Reflexion an schwarzen Balken. Den oberen Stromwerten (0,75 mA) kann man die duale 0, den unteren Werten (ca. 0,1 mA) die duale 1 zuordnen und erhält damit eine digitale Information über die Strichcodebalken.

Erklärung
Das Lichtbündel der Halogenlampe trifft auf das Strichcode-Plakat und wird dort zum größten Teil reflektiert (weiße Balken) oder absorbiert (schwarze Balken). Entsprechend gering oder stark ist die vom Photoelement empfangene Lichtintensität. Die im Photoelement erzeugte Spannung fließt über ein Amperemeter ab, so daß man die Stromstärke in Abhängigkeit von der Lichtintensität messen kann. Der Photostrom hängt in erster Näherung linear von der absorbierten Strahlungsleistung ab.

Variationen
Statt eines Photoelementes kann auch ein Phototransistor verwendet werden, an dem die entstehende Spannung abgegriffen und gemessen wird.

Methodische Hinweise
Das Experiment kann in unterschiedlichem Kontext angesiedelt werden. Es könnte z. B. als Anwendungsbeispiel für Halbleitertechnik dienen oder als motivierender Einstieg in das Thema Elektronik. Im Bereich der Optik veranschaulicht es anhand einer alltäglichen Technik die Reflexion und Absorption des Lichtes.

Fächerübergreifende Ansätze wären:
- Mathematik: In Verbindung mit dem Dualsystem.
- ITG/Informatik: Im Zusammenhang mit Codierung und elektronischer Information.
- Gemeinschaftskundliche Fächer: In Verbindung mit Rationalisierung in Einkaufszentren.

Als Schüler- und Schülerinnenexperiment ist dieser Versuch weniger geeignet, er ist speziell als Demonstrationsexperiment konzipiert (übermäßig großer Strichcode, leistungsstarke Lampe usw.). Daher eignet er sich gut als Präsentation bei Projekttagen o. ä. Eine verkleinerte Variante ist ebenso möglich (siehe Versuch 8 "Barcodeleser: Handscanner").

7. Barcodeleser: Demonstrationsmodell mit Laserpointer

Klassenstufe	Oberthemen	Unterthemen	Anforderungs-niveau	Durchführungs-niveau	Vorlauf Vorbereitung Durchführung
SI	Optik Elektronik	Reflexion Photohalbleiter Binärcode	●●	■■ !	- ca. 45 min. ca. 10 min.

Ziel des Experimentes ist der Aufnahmevorgang eines "echten" (hochkopierten) Barcodes mit einem Diodenlaser (Laserpointer).

Materialien

- Laserpointer (z. B. INFINITER, 4 mW)
- Phototransistor SFH 300-III (alternativ: Photoelement)
- Schirm oder ähnliches zum Befestigen der Strichcode-Kopie
- Widerstand 4,7 kΩ
- *x-t*-Schreiber (oder PC-Interface)
- Strichcode-Kopie (vergrößert auf eine Breite von ca. 40 cm)

Vorbereitung

Ein Strichcode wird aus einer Papier- oder Kartonverpackung ausgeschnitten und mit einem Kopierer stark vergrößert (Breite: mindestens 40 cm). Die Kopie wird dann an einem Schirm befestigt.

Aufbau/Durchführung

Mit Hilfe von Stativmaterial wird eine Laser-Phototransistor-Einheit gebaut, deren Stativfuß fest auf eine Tischplatte gestellt wird. Der Laserpointer und der Phototransistor werden so ausgerichtet, daß bei Reflexion des Laserlichtbündels an einem Schirm in ca. 1 cm Entfernung maximale Intensität des reflektierten Strahls vom Phototransistor empfangen wird. Der Phototransistor selbst wird mit einem Widerstand (ca. 4,7 kΩ) in einem Stromkreis geschaltet. Die am Widerstand abfallende Spannung wird abgegriffen und an einen *x-t*-Schreiber geführt. Nun wird der Schirm mit dem daran befestigten Strichcode möglichst mit konstanter Geschwindigkeit mit der Hand in ca. 1 cm Abstand an der Laser-Phototransistor-Einheit vorbeigezogen, so daß der Lichtstrahl am Barcode reflektiert wird. Der *x-t*-Schreiber nimmt dabei die am Widerstand *R* abfallende Spannung in Abhängigkeit vom abgefahrenen Weg auf. Hinweis: Die besten Ergebnisse erhält man bei abgedunkeltem Raum, weil sonst die Zimmerbeleuchtung die geringe Intensität des Laserpointers überstrahlt. Es ist auch möglich, mit Hilfe einer Röhre aus schwarzem Bastelkarton vor dem Phototransistor, das Raumlicht auszublenden.

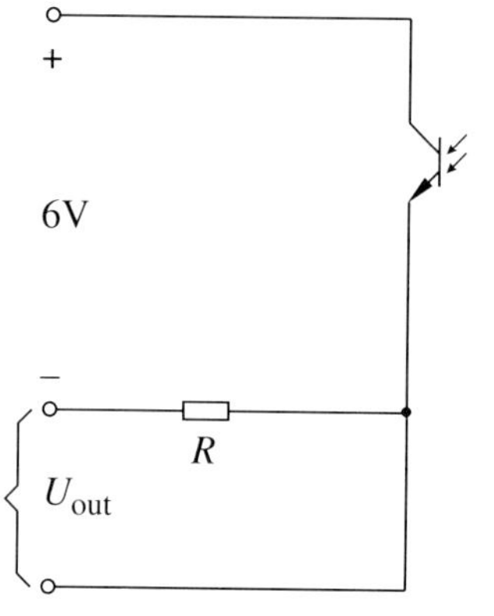

Abb. 1: Schaltskizze

Ergebnis/Fehlerbetrachtung

Vergleicht man das Spannungs-Weg-Diagramm des *x-t*-Schreibers mit dem aufgenommenen Barcode (Originalgröße DIN A4 quer), so kann man den weißen und schwarzen Balken eindeutig Spannungsmaxima und -minima zuordenen (hier: maximale Differenz ca. 60 mV), die sich in der Breite unterscheiden.Allerdings ist beim manuellen Abfahren des Barcodes die Geschwindigkeit nicht ganz konstant, so daß Breiten von z. B. 2 und 3 Einheiten nicht genau zu unterscheiden sind. Hat man jedoch den entsprechenden Strichcode vor sich liegen, so ist die Zuordnung sehr einfach.

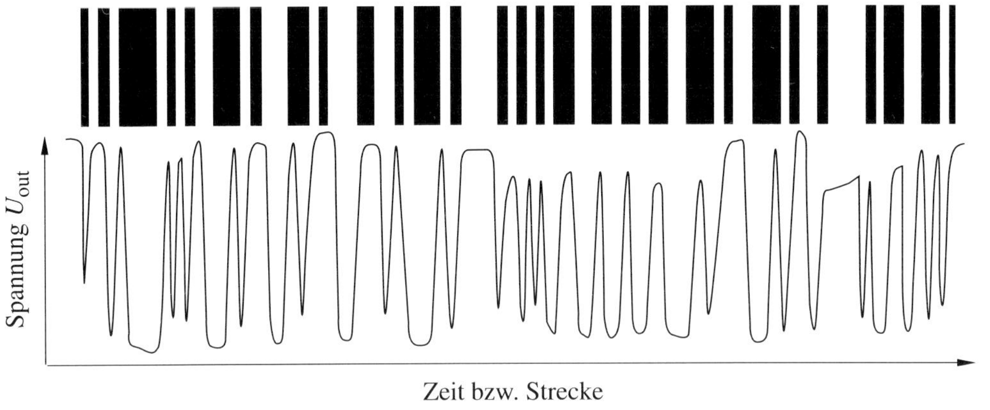

Abb. 2: Barcode (oben) und Spannungs-Weg-Diagramm (unten)

Variationen

Statt des Phototransistors ist auch die Verwendung eines Photoelements möglich. Als Thema für eine Facharbeit bietet sich beispielsweise an, die Streckenmessung als Spannungsmessung zu verwirklichen (z. B. mittels einer Drehspindel und eines Drehpotentiometers oder mittels eines Widerstandsdrahtes). Damit könnte ein Diagramm wie Abb. 2 präziser gemessen werden und mit Hilfe eines kleinen Computerprogrammes ausgewertet werden.

Abschätzung

Benutzt man anstelle des Phototransistors ein Photoelement, so kann anhand des gemessenen Photostroms (Kurzschlußstroms) und der bekannten Leistung des Laserpointers ($P = 4$ mW) die Empfindlichkeit des verwendeten Photoelements für diese Wellenlänge abgeschätzt werden. (Es kann keine genaue Messung werden, weil wir die tatsächlich unbekannte Strahlungsleistung mit der bekannten elektrischen Leistung nähern). Dazu mißt man den Photostrom bei direkter Einstrahlung des Laserpointers auf das Photoelement (und nicht über Reflexion).
Für die Empfindlichkeit S gilt mit dem Photostrom I und der Strahlungsleistung P:

$$S = \frac{I}{P},$$

so daß wir erhalten:

$$S = \frac{26\,\mu\text{A}}{4\,\text{mW}} = 0{,}0065\frac{\text{A}}{\text{W}}.$$

Für Ganglienzellen in der Netzhaut des menschlichen Auges genügen Lichtblitze der Energie 10^{17} Ws, um Aktionspotentiale auszulösen[1]. Wenn man annimmt, daß ein Lichtblitz 10^{-4} s dauert, dann hat er eine Strahlungsleistung von 10^{-13} W. Diese Strahlungsleistung würde im Photoelement einen Strom von $6{,}5 \cdot 10^{-16}$ A generieren. Daran sieht man die weitaus größere Empfindlichkeit der Netzhautzellen in Relation zum Photoelement.

Methodische Hinweise

Dieses Experiment kann motivationsfördernd in der Optik oder Elektronik durchgeführt und auch fächerübergreifend eingesetzt werden.
Es eignet sich bedingt auch als Schüler- und Schülerinnenversuch, *wobei die Sicherheitsbestimmungen für den Umgang mit Lasern beachtet werden müssen. Insbesondere muß davor gewarnt werden, daß der Strahl ins Auge trifft.*

[1] Linder Biologie, Metzler, Stuttgart 1977, 18. Aufl.

8. Barcodeleser: Handscanner

Klassenstufe	Oberthemen	Unterthemen	Anforderungs-niveau	Durchführungs-niveau	Vorlauf Vorbereitung Durchführung
SI	Optik Elektrik	Reflexion Photohalbleiter Binärcode	●●	■■■	ca. 1 Woche 1 Stunde 90 min.

Schüler und Schülerinnen stellen selbst einen Barcode-Leser her, mit dem sie elektrische Ströme in Abhängigkeit von weißen oder schwarzen Balken eines Strichcodes messen.

Materialien

- Phototransistor BPY 62-3
- Linsenlämpchen 3,7 V
- 1,5 V-Batterie mit Halterung
- 9 V-Block mit Clip
- Amperemeter (100 µA)
- Holz- oder Kunststoffklotz
  (ca. 70 mm x 25 mm x 25 mm)
- ein schwarz-weißer EAN-Strichcode (Abb. 1)
- Kabelmaterial
- Lötkolben mit Zubehör
- Lineal mit Bleistift
- schwarzes Papier
- Klebeband
- Bohrmaschine mit Bohrern:
  4 mm, 6 mm, 10 mm

Vorbereitung

Die elektrischen Bauteile können im Elektronikversand zu günstigen Preisen bestellt werden. Holz bzw. Kunststoff ist im Baumarkt erhältlich, evtl. kann der Lehrer oder die Lehrerin auch schon passende Klötze zusägen bzw. zusägen lassen.

4 008113 322206

Abb. 1: Typischer Barcode (EAN)

Durchführung

1. Anfertigen des Lesekopfes[1]

Dazu muß ein Holz- oder Kunststoffklotz in etwa der oben angegebenen Größe zurechtgesägt werden, falls dies noch nicht vorbereitet wurde. Dann werden mit einer Bohrmaschine Löcher nach Abb. 2 in den Klotz gebohrt (Bemaßung in mm).

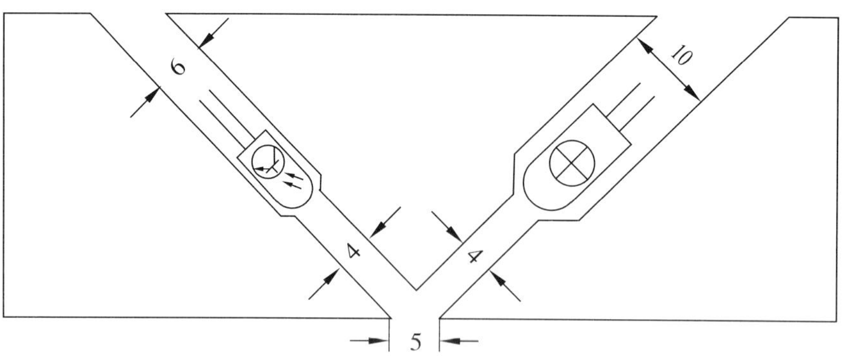

Abb. 2: Aufbau des Handscanners im Schnitt

[1] Idee von H. Schmidt: Moderne Technologien im Physikunterricht; Aulis Verlag Deubner, Köln 1986. Vgl. auch R. Götz, M. Dahnecke, F. Langensiepen (Hrsg.): Handbuch des Physikunterrichts SI, Band 4/II: Optik, Aulis Verlag Deubner, Köln 1995.

Wenn die untere Öffnung, an der beide Bohrungen zusammenlaufen, breiter als 5 mm wird, kann man sie mit schwarzem Papier und Klebeband zu einem schmalen Schlitz teilweise abkleben (Verbesserung der Ortsauflösung). Nun fertigt man mit Hilfe von Lötkolben und Leitungen zwei elektrische Schaltkreise an (Abb. 3).

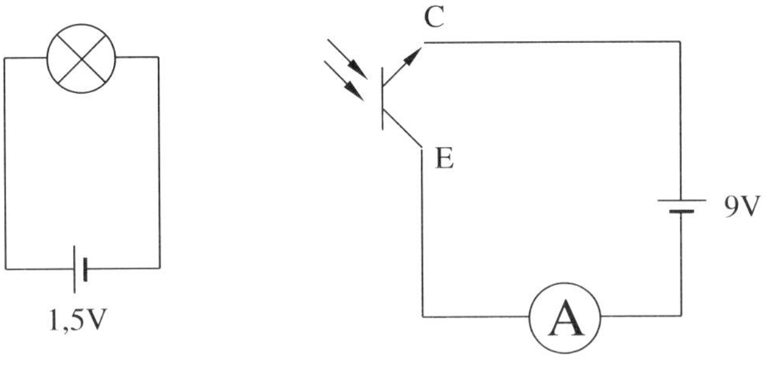

Abb. 3: Schaltskizzen

Der Phototransistor wird nun in die 6 mm starke Öffnung gesteckt, das Linsenlämpchen in die 10 mm starke.
Außerdem muß auf dem Holz- oder Kunststoffblock an der Frontseite eine Markierung angebracht werden, und zwar an der Stelle, wo auf der Unterseite die schlitzförmige Öffnung ist.

2. Anfertigen des Strichcodes
Dazu wird z. B. der beigefügte EAN-Code hochkopiert (möglichst schwarz-weiß). Der so vergrößerte Strichcode sollte etwa die Größe eines DIN A4-Blattes im Querformat haben.
Auf diesem Blatt klebt man eine Millimeterskala knapp unterhalb des Barcodes auf, beginnend am linken Rand.

3. Einlesen des Strichcodes
Man setzt den Scanner auf den Strichcode, fährt ihn mit Hilfe der Markierung auf dem Klotz und der Skala auf dem Papier in Millimeterschritten ab, und liest jeweils die Stromstärke ab.

Auswertung
Man erhält eine Abbildung des Schwarz-Weiß-Musters auf eine Berg- und Tal-Folge der Stromstärke in Abhängigkeit des Weges (die Stromwerte liegen zwischen 10 und 40 µA). Wenn man dem schmalsten Maximum die 0 und dem schmalsten Minimum die 1 zuordnet, erhält man mit Rücksicht auf verschiedene Streifendicken eine 1-0-Kette, also eine digitale Information.

Variationen
Statt das Signal mit einem Amperemeter aufzunehmen und die Meßwerte in ein Diagramm einzutragen, kann auch ein *x*-*y*-Schreiber eingesetzt werden, um die Weg-Strom-Kurve zu erhalten.
Im übrigen gelten auch die für Versuch 7 angegebenen Vorschläge.

Methodische Hinweise
Das Experiment kann in unterschiedlichem Ausmaß von Lehrer oder Lehrerin vorbereitet werden.
Fächerübergreifend kann die Holz- oder Kunststoffbearbeitung des Scanners auch parallel im Werkunterricht erfolgen.
In der Informatik oder der Mathematik lassen sich die Codierung und die Digitalisierung besprechen.

9. Bergkristall: Piezoeffekt

Klassenstufe	Oberthemen	Unterthemen	Anforderungs-niveau	Durchführungs-niveau	Vorlauf Vorbereitung Durchführung
SII	Elektrik Festkörper	Piezoeffekt Gitterstruktur	●●●	■■■	1 Tag ca. 10 min. ca. 10 min.

An einem natürlichen Bergkristall wird der Piezoeffekt nachgewiesen. Die dabei entstehenden Ladungen können berechnet werden.

Materialien
- Bergkristall (mit 2 möglichst parallelen Flächen)
- 2 Kupferbleche (ca. 1 cm x 4 cm)
- Isolierband
- 2 Krokodilklemmen
- Netzgerät 0 ... 15 V –
- Operationsverstärker
- 2 Widerstände 10 MΩ
- 2 Kondensatoren 100 pF
- Voltmeter 20 V –
- Steckbrett
- Überbrücker
- Kabel

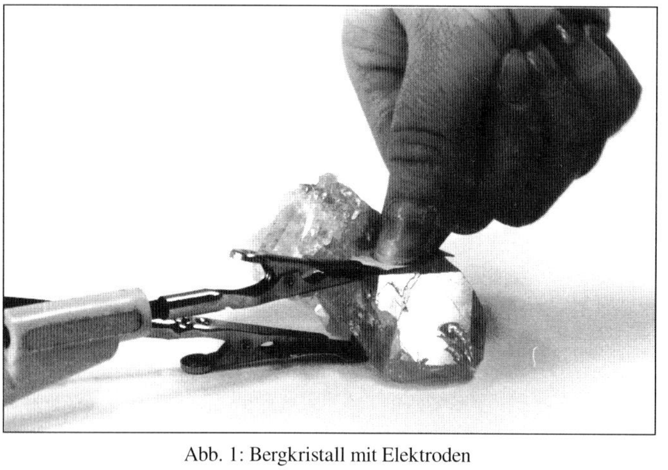

Abb. 1: Bergkristall mit Elektroden

Vorbereitung
Nach Aufbau der Schaltung gemäß Abb. 2, den Operationsverstärker auf Null eichen. Zwei Kupferbleche auf 1 cm x 4 cm zuschneiden. Die Krokodilklemmen anschließen, mit Isolierband die Bleche einseitig bekleben.

Durchführung
Der Bergkristall wird auf eine Kupferelektrode gelegt, die andere Kupferelektrode wird auf die gegenüberliegende Seite gelegt. Mit dem Daumen drückt man die obere Kupferelektrode fest auf den Kristall (siehe Abb. 1).

Beobachtung
Durch das Ausüben des Drucks ist am Voltmeter ein Ausschlag - hier von etwa 0,4 V - ablesbar.

Erklärung
Quarz zeigt piezoelektrische Eigenschaften. Dies bedeutet, durch mechanische Deformation kommt es zu einer elektrischen Polarisation und damit zu Ladungsverschiebungen, die an die Kristalloberfläche und von dort an die Elektroden und die Kondensatoren weitergetragen werden. Ursache der Piezoelektrizität sind unterschiedliche Elastizitätsmodule der negativen und positiven Ionenuntergitter.

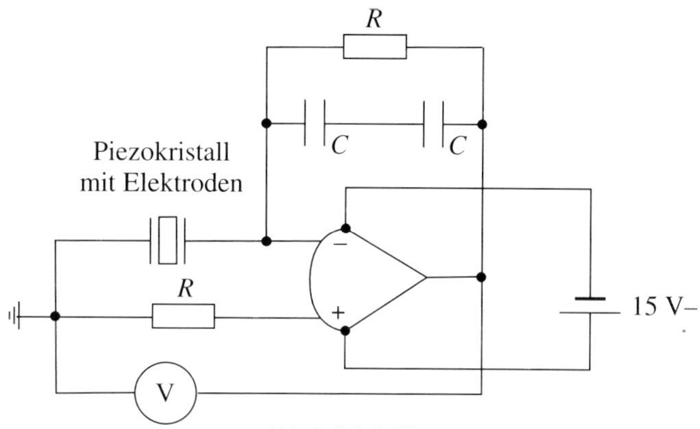

Abb. 2: Schaltskizze

Die hervorgerufene Oberflächenladung ist proportional zur aufgebrachten Kraft. Theoretisch ist $Q = k \cdot F$, $k = 2{,}3 \times 10^{-12}$ As/N. Aufgrund der hohen Ladungsverluste in Kabeln, und Schaltungselementen ist dieser Zusammenhang mit dieser relativ einfachen Anordnung nicht zu verifizieren. Dennoch kann man die dabei entstehenden Ladungen über $Q = U \cdot C$ abschätzen.

Abschätzung
Nach $Q_{exp} = U \cdot C$ läßt sich mit der abgelesenen Spannung ($U = 0{,}4$ V) und der berechenbaren Gesamtkapazität der Kondensatoren ($C = 50$ pF) die im Experiment erhaltene Ladung zu etwa $Q_{exp} = 2 \times 10^{-11}$ *C* bestimmen. Rechnet man nun auf die laut Theorie nötige Kraft mit $Q = k \cdot F_{theor}$ zurück, wobei $k = 2{,}3 \times 10^{-12}$ ist, erhält man dafür $F_{theor} \approx 9$ N.

Probleme
Bei sogenannten Zwillingsverwachsungen oder Zwillingskristallen, die in der Natur sehr häufig vorkommen, sind die Strukturen im Inneren des Zwillingskristalls derart gewachsen, daß eine Krafteinwirkung auf einen der Kristalle durch den Zwilling gerade kompensiert wird, da dessen polare Achse in die andere Richtung weist.
Nicht immer ist es möglich die Richtung der polaren Achse an der Gestalt des Kristalls eindeutig zu erkennen, da es durch Verwachsungen und Baufehler zu Unterbrechungen in der Symmetrie des Kristalls kommen kann. Die Piezoelektrizität kann dann noch immer gezeigt werden, da eine Kraftkomponente in der korrekten Richtung genügt. Eine Korrektur der aufgebrachten Kraft zur effektiv wirksamen Kraft ist schwierig, da die genauen Symmetrieverhältnisse im Kristall mit Schulmitteln nicht zu klären sind.
Zu den oben aufgeführten Problemen kommt noch hinzu, daß Ladungsverluste in Bauteilen und Kabeln wegen der insgesamt relativ geringen Ladungen nicht vernachlässigt werden können.

Methodischer Einsatz
Für den Einsatz im Unterricht gibt es zwei Möglichkeiten: Zum einen im Themenumfeld Festkörper und Kristallaufbau, und zum anderen kann die Benutzung des Operationsverstärkers im Rahmen eines Elektronikpraktikums genutzt werden.
Der Piezoeffekt wird bei Haushaltsgeräten (Piezozünder) und Feuerzeugen eingesetzt (vgl. Versuch Nr. 68 "Piezozünder"). Häufig ist der Mechanismus oder der Kristall sehr klein bzw. schwer sichtbar. Das vorliegende Beispiel stellt einen "vergrößerten" Zugang zur Problematik dar.

10. Blutdruckmeßgerät

Klassenstufe	Oberthemen	Unterthemen	Anforderungs-niveau	Durchführungs-niveau	Vorlauf Vorbereitung Durchführung
SI	Mechanik Akustik	Druck Schall	●	■	1 Woche ca. 30 min. ca. 5 min.

Die Funktionsweise eines automatischen Blutdruckmeßgeräts soll anhand eines Modellversuchs demonstriert werden.

Materialien

- Oberarmmanschette, mit integrierter Stethoskopmembran (beim Roten Kreuz zu leihen)
- Drucksensor 200 kPa (z. B. Bosch, Elektronik-Versandhandel)
- diverse Schläuche unterschiedlichen Querschnitts
- Netzgerät 0 ... 15 V –
- Stativ- und Klemmenmaterial
- Experimentierkabel
- Manometer (Zeigerinstrument, wie z. B. bei der Blutdruckmessung üblich)
- Rohrstück mit Verschlußhahn (Glas, z. B. aus Chemie-Sammlung)
- 3 Rohrverzweigungen (Glas, z. B. aus Chemie-Sammlung)
- Pumpenbalg
- Richtmikrophon (z. B. Leybold)
- CASSY-Interface mit PC

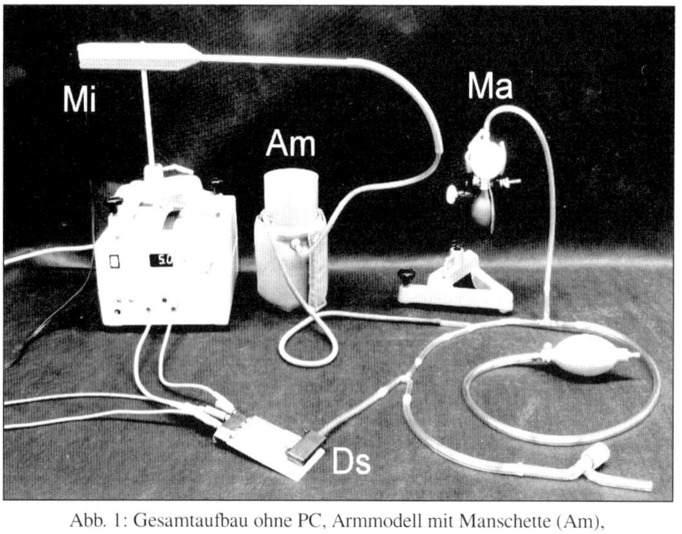

Abb. 1: Gesamtaufbau ohne PC, Armmodell mit Manschette (Am), Mikrophon (Mi), Manometer (Ma) und Drucksensor (Ds)

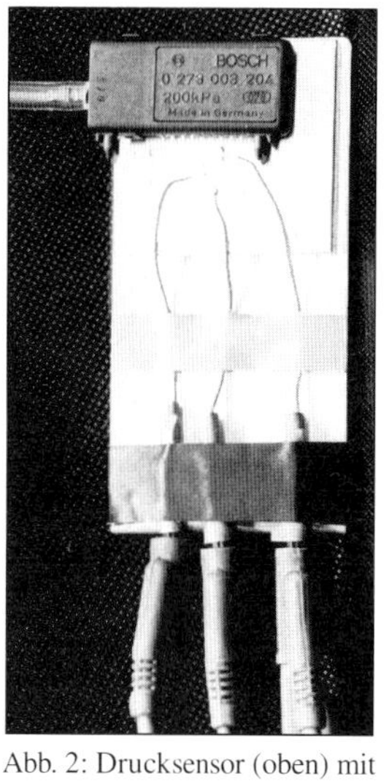

Abb. 2: Drucksensor (oben) mit auf einer Platte aufgeklebten Anschlüssen (unten)

Vorbereitung

Zunächst schließt man mit Hilfe der Schläuche und Rohrverzweigungen die Manschette, den Drucksensor, das Manometer, den Pumpenbalg und das Rohrstück mit Hahn zu einem abgeschlossenen System zusammen. In der Oberarmmanschette ist die Membran eines Stethoskops integriert. Die Verwendung einer solchen Membran ist empfehlenswert, um die bei der Messung auftretenden "Geräusche" besser aufnehmen zu können.
Man schiebt nun einen Schlauch über die Mikrophonkapsel des Richtmikrophons und verbindet diesen mit der Membran.

Der Drucksensor und das Richtmikrophon werden nach der Schaltskizze von Abb. 3 an das CASSY-Interface angeschlossen. Zur Aufnahme und Auswertung der Meßreihen benutzt man das Programm "Universelle Meßwerterfassung".

Zum Betrieb des Drucksensors ist eine Versorgungsspannung von exakt 5 V notwendig.

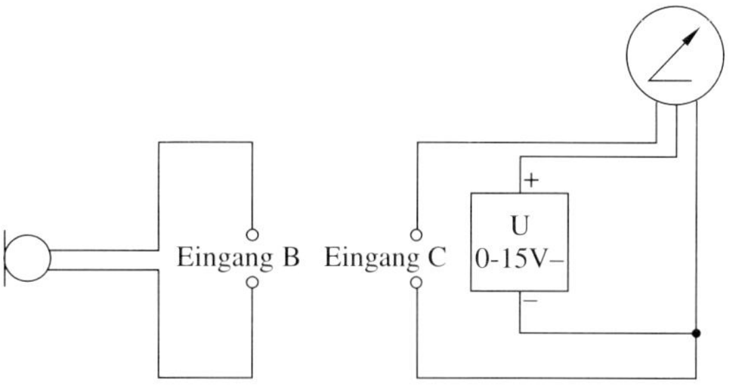

Abb. 3: Schaltskizze

Versuchsdurchführung

Man legt nun die Manschette um den Oberarm eines sitzenden Probanden. Dabei muß beachtet werden, daß die Stethoskop-Membran an der Innenseite des Arms, also nahe der Arterie anliegt. Anschließend wird mit Hilfe des Pumpenbalgs die Manschette aufgepumpt, bis die Anzeige des Manometers etwa 270 mbar (270 kPa) anzeigt. Die Messung wird jetzt gestartet. Anschließend öffnet man den Verschlußhahn des Rohrstücks und reduziert somit langsam den Manschettendruck. Wenn dieser bis auf einen Wert von etwa 50 mbar (50 kPa) gesunken ist, kann die Messung gestoppt werden.

Erklärung/Funktionsweise

Bei einem Manschettendruck von 270 mbar (270 kPa) wird der Blutfluß durch die Arterie vollständig unterbunden. In einem bestimmten Bereich des Manschettendrucks ist diese nur während einer kurzen Zeitspanne der Herzaktion für das Blut durchgängig. Das Herz preßt dabei mit jedem Schlag Blut in die Arterie, wobei der Druck der Pulswelle diese kurzzeitig öffnen kann. Dieses "Durchschlagen" ruft die charakteristischen "Korotkow-Geräusche" hervor, die sich als ein Pochen im Rhythmus der Herzfrequenz äußern. Der Druck, bei dem das Pochen einsetzt, wird dem systolischen Blutdruck zugeordnet.

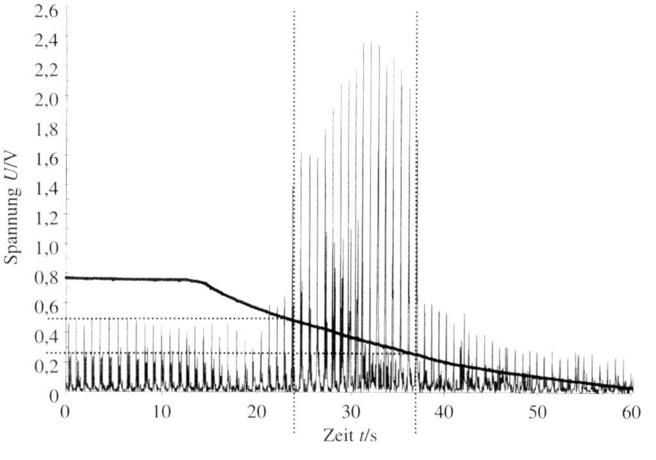

Abb. 4: Zeitlicher Verlauf des Manschettendrucks (dicke Linie) und der Korotkow-Geräusche (periodische Spitzen); der auszuwertende Bereich ist durch die gepunkteten Linien gekennzeichnet

Der Manschettendruck reicht irgendwann nicht mehr aus, um die Arterie noch zusammenzudrücken. Das Blut kann somit wieder ohne Unterbrechung fließen, es läßt sich kein Pochen mehr registrieren. Der Druck, bei dem die "Korotkow-Geräusche" gerade nicht mehr zu hören sind, entspricht dem diastolischen Blutdruck. Während des Meßvorgangs zeichnet der Computer die aufgenommenen Spannungssignale des Drucksensors und des Mikrophons in ein Diagramm ein. Der Bereich, in dem die Korotkow-Geräusche auftreten, läßt sich anhand des Mikrophon-Signals identifizieren. Der Druck, bei dem das Pochen einsetzt bzw. gerade nicht mehr registriert wird, läßt sich graphisch aus dem Diagramm entnehmen (vgl. Abb. 4).

Variation

Neben der prinzipiellen Meßmethode zur Bestimmung des Blutdrucks könnte auch der Einfluß körperlicher Belastung auf die Blutdruckwerte näher untersucht werden.

Methodischer Einsatz

Der Versuch eignet sich, um die prinzipielle Funktionsweise eines automatischen Blutdruckmeßgeräts zu demonstrieren. Neben den physikalischen Grundlagen kann auch auf die medizinische Bedeutung des Blutdrucks eingegangen werden. Dabei bietet sich durchaus eine fachübergreifende Verbindung der Fächer Physik und Biologie an. Die Versuchsdurchführung ist einfach, so daß sich die Schüler und Schülerinnen durchaus gegenseitig den Blutdruck messen können.

11. Brandschutz-Aufschäummaterial

Klassenstufe	Oberthemen	Unterthemen	Anforderungs-niveau	Durchführungs-niveau	Vorlauf Vorbereitung Durchführung
O, SI	Mechanik Wärme	Druck Ausdehnung	●●●	■■ !	Wochen ca. 15 min. ca. 5 min.

Material, das bei Wärmeeinwirkung aufschäumt und dadurch die Ausbreitung von Feuer und Rauch durch Fugen und Hohlräume verhindert, wird getestet.

Materialien

- 1 Platte PROMASEAL - PL (Promat GmbH)[1]
- 1 Platte PALUSOL (BASF AG)[2]
- Metall- oder Glaskeramikplatte
- Bunsenbrenner
- Stativmaterial
- Stahlnetz
- Massestück (hier: 200 g)
- Abzug

Materialeigenschaften

	PALUSOL (BASF)	PROMASEAL (Promat)
Bestandteile	Natriumsilikat, zu 25-40 % (Gewicht) wasserhaltig, geringe Mengen organischer Zusätze, Stapelglasseide, Glasfaser- / Drahtnetz, Beschichtung: Epoxidharz	expandierender Wirkstoff: Vermiculargraphit, gebunden und verfestigt mit einem thermisch beständigen Bindemittelsystem, einseitig mit einem Trägermaterial aus anorganischem Vlies verbunden
Wirkungsweise	Bildung eines wärmedämmenden Schaumes und gleichzeitige Wärmebindung durch Verdampfen von chemisch gebundenem Wasser	Bildung eines wärmedämmenden Schaumes mit geringer Wärmeleitung
Daten	Blähdruck: ca. $0{,}9\frac{N}{mm^2}$ Volumenvergrößerung: mind. 5-fach Aufschäumtemperatur: ab 100°C ohne Beschichtung: anfällig gegen Wasser und Kohlendioxid	Blähdruck: ca. $0{,}6\frac{N}{mm^2}$ Volumenvergrößerung: bis zu 7-fach Aufschäumtemperatur: ab 150°C hygroskopisch
Anwendung	Brandschutztüren, Lüftungslamellen, Brandschutzmanschetten für Rohre, Anschluß Wand - Decke, Metallwände auf Teppich - und Kunststoffböden, Fugen, ...	Feuerschutztüren, Brandschutzklappen und -abschlüsse, Brandschutzunterdecken und Trennwände, Durchgänge von Lüftungsleitungen, Kabeln und Rohren
Sicherheitshinweise	*Beim Sägen oder Schleifen von Palusol entsteht Natriumsilicatstaub, der nicht in Augen und Atemwege gelangen soll. (Tragen von Schutzbrille und Staubmaske). Gelangt doch Staub ins Auge, so muß sofort mit viel Wasser gespült und ein Arzt aufgesucht werden.*	keine bekannt

Vorbereitung

Aus den Platten werden drei kleine Quadrate gesägt (ca. 3 cm x 3 cm) - *Sicherheitshinweise (siehe Tabelle) beachten!*

Am Stativ wird ein Stahlring befestigt, auf den man das Netz legt, darauf die drei Brandschutzplatten und schließlich die Metallplatte. Auf diese wird zuletzt ein Massestück gestellt (Abb. 1).

---

[1] Promat GmbH, Postfach 101564, D-40835 Ratingen (http://www.promat.de/).
[2] BASF AG, Carl-Bosch-Str. 38, D-67056 Ludwigshafen (http://www.basf.de/).

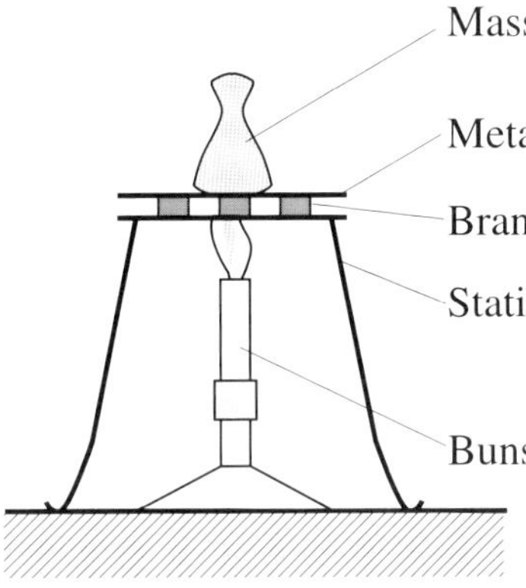

Abb. 1: Schema des Versuchsaufbaus

Abb. 2: Aufschäumen bei Hitzeeinwirkung
(oben: Beginn, unten: nach ca. 10 min)

Durchführung

Die Aufschäumplatte kann nun von unten durch das Gitter mit einem Gasbrenner erhitzt werden. *Das sollte möglichst unter dem Abzug durchgeführt werden.* Das Aufschäumen setzt schnell ein und drückt die Platte mitsamt Massestück nach oben (Abb. 2). Hinweis: Die Masse sollte nicht zu groß sein, da sich sonst das Material seitwärts ausdehnt und der gewünschte Effekt ausbleibt.

Erklärung

Die Wirkungsweise des Materials PALUSOL besteht im wesentlichen darin, daß chemisch gebundenes Wasser verdampft und dadurch einen Blähdruck erzeugt. (Aus diesem Grund beginnt die Expansion hier bei etwa 100°C). Bei PROMASEAL wurde der genauere chemische Vorgang des Aufschäumens vom Hersteller leider nicht bekanntgegeben. Jedoch ist anzunehmen, daß auch hier die Ausdehnung des Materials auf Gasentwicklung zurückzuführen ist.

Variation

Es gibt noch andere Produkte auf dem Markt, die ebenfalls mit ihrer Aufschäumeigenschaft im Brandschutz eingesetzt werden. Beispielsweise wäre hier die Rohrmanschette zu nennen, welche bei Wärmeeinwirkung aufschäumt, das Kunststoffrohr zerdrückt und den Durchgang verschließt.
Wenn der Brandschutz als Thema im Unterricht behandelt wird (z. B. im Rahmen eines Projektes), dann läßt sich in den Katalogen der Hersteller noch eine Vielzahl anderer Techniken und Materialien finden, die man für Experimente zu diesem Thema benutzen könnte.
Anstatt daß ein Massestück angeboten wird, könnte eine geeichte Feder zusammengedrückt werden. Damit könnte die jeweils wirkende Kraft als Funktion von Zeit oder Temperatur im Material aufgenommen werden.

Methodischer Einsatz

Das Vorführen dieses Versuches ist recht wirkungsvoll und beeindruckend. Als Schüler- und Schülerinnenversuch ist er jedoch eher ungeeignet, weil er unter dem Abzug durchgeführt werden sollte. Weiterhin ist zu beachten, daß der genaue Vorgang, der sich beim Aufschäumen abspielt, nur mit Kenntnissen aus der Chemie zu erklären ist. Im Rahmen des Physikunterrichtes ist der Blähdruck von Interesse. Daher eignet sich dieser Versuch entweder zum Thema Druck/Kraft in der Orientierungsstufe, oder aber als ein Element in einem fächerübergreifenden Chemie-Physik-Projekt.

12. Brillengläser: Bestimmung der Brennweite

Klassenstufe	Oberthemen	Unterthemen	Anfordrungs-niveau	Durchführungs-niveau	Vorlauf Vorbereitung Durchführung
SI, SII	Optik	Brechung Linsengesetze	●●	■ !	1 Tag ca. 30 min. ca. 15 min.

Die Abhängigkeit der Brennweite verschiedener Brillengläser von verschiedenen Faktoren (Mittendicke, Krümmungsradius und Material) wird untersucht.

Materialien

- Konkavkonvexlinsen, die sich nur durch ihre Mittendicke unterscheiden[1]
- Konvexlinsen zum Aufweiten des Laserstrahls (z. B. $f = 30$ cm und $f = 5$ cm)
- optische Bank (ca. 2 m lang)
- Laser (alternativ Laserpointer)
- Linsenhalter
- Konkavkonvexlinsen, die sich nur in ihren Krümmungsradien unterscheiden[2]
- Konkavkonvexlinsen, die sich nur im Material unterscheiden (z. B. Glas und Kunststoff)
- Schirm
- 6 optische Reiter

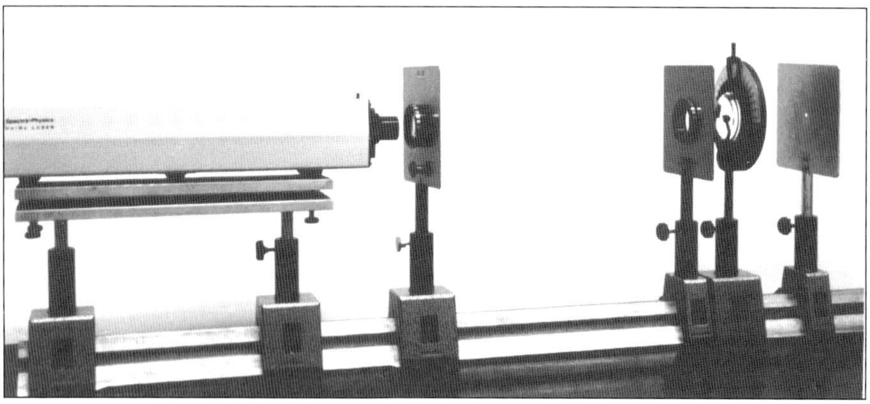

Abb. 1: Gesamtansicht des Versuchs

Aufbau

Die jeweilige Linse wird mittels Filterhalterklemmen auf einer optischen Bank befestigt. Eine Halterung, bestehend aus zwei aneinander geklebten Pappringen, erweist sich jedoch als genauso stabil. Der Laserstrahl wird von ursprünglich 2 mm Durchmesser durch ein geeignetes Linsensystem, bestehend aus zwei Sammellinsen ($f = 30$ cm und $f = 5$ cm), auf 4 cm aufgeweitet (vgl. Abb. 1).
Es sollte darauf geachtet werden, daß der Laserstrahl nicht in die Richtung der Schüler und Schülerinnen justiert wird, und daß Reflexionen an spiegelnden Flächen vermieden werden.
Nacheinander wird der Brennpunkt der Brillengläser mit dem Schirm aufgesucht.

Durchführung

Die Lage des Brennpunktes der Gläser hängt von deren Material, den Krümmungsradien und den Mittendicken ab. Um dies zu überprüfen werden drei Versuchsteile durchgeführt, in denen jeweils zwei Faktoren konstant bleiben und die dritte Größe verändert wird.

[1] Erhältlich bei Optische Werke G. Rodenstock, Isartalstr. 43, D-80469 München, Tel.: 089/72020 oder beim Optiker.
[2] Erhältlich bei Optovision,Postfach 1508, D-6322 Langen oder beim Optiker.

a) Verschiedene Mittendicken:

In diesem Versuchsteil wird nur die Mittendicke der Gläser variiert, die übrigen Größen werden konstant gehalten. Vermutung: je dicker die Linsen sind, umso stärker ist ihre Brechkraft. An unterschiedlich dicken Linsen kann dies überprüft werden. Man stellt fest, daß sich der Brennpunkt der Gläser nur wenig verschiebt, wenn ihre Mittendicken um 1 mm zunehmen.

b) Verschiedener Außenkrümmungsradius:

Um die Abhängigkeit des Brennpunktes von einem Krümmungsradius zu ermitteln, wird nur der äußere Radius verändert, während die anderen Größen konstant bleiben. Der Brennpunkt der Brillengläser wird durch den relativen Winkel zwischen Lichtstrahl und Lot bestimmt. Durch Abänderung eines Radiuses ändert sich dieser und damit die Lage des Brennpunktes.

c) Verschiedene Materialien:

Zur Überprüfung der Abhängigkeit des Brennpunktes von verschiedenen Materialien werden formgleiche Linsen unterschiedlichen Materials gewählt. Man kann auch hier feststellen, daß sich der Brennpunkt je nach Material (Brechungsindex) verschiebt. Die Brechungsindizes verschiedener Brillenmaterialien reichen von 1.5 (Silikat, Kunststoff) bis 1.9 (Schwerflint).

Nach Bergmann-Schaefer[3] gilt allgemein für die Brennweite f einer Linse:

$$f = \frac{n\, r_1\, r_2}{(n-1)[(r_2 - r_1)n + d(n-1)]}$$

mit dem Brechungsindex der Linse n, dem äußeren Krümmungsradius r_1, dem inneren Krümmungsradius r_2 und der Mittendicke d.

Insbesondere gilt für eine Konkavkonvexlinse (sog. Plusglas oder positiver Meniskus, Abb. 2):

$$r_2 > r_1 > 0.$$

Die für die Brechkraft übliche Einheit "Dioptrie" ist der Kehrwert der Brennweite.

Variation

Je nach zur Verfügung stehender Zeit bzw. Leistungsniveau der Lerngruppe könnte man auch aufwendigere Verfahren der Brennweitenbestimmung (z. B. Bessel-Verfahren) anwenden.

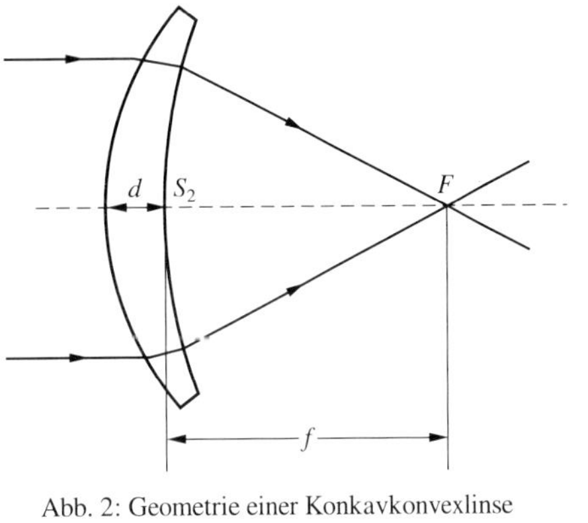

Abb. 2: Geometrie einer Konkavkonvexlinse (S_2 = innerer Scheitelpunkt)

Methodischer Einsatz

Auch die Brennweite von mitgebrachten Brillen kann ausgemessen werden. Es werden sich Streu- und Sammeleigenschaften zeigen.

Eine Diskussion über die jeweils vorliegende Fehlsichtigkeit rundet das Thema weiter ab und schafft eine Verbindung zur Biologie.

Dieser Versuch kann zur Wiederholung der Brechungseigenschaften von Linsen und als Nachweis der Abhängigkeit der Brennweite von verschiedenen Faktoren eingesetzt werden.

Ebenso ist er als Einstieg für ein entsprechendes Facharbeitsthema geeignet.

[3] Bergmann-Schaefer Lehrbuch der Experimentalphysik, Band III: Optik, H. Gobrecht (Hrsg.), Walter de Gruyter, Berlin 1987.

13. Chipkartenleser

Klassenstufe	Oberthemen	Unterthemen	Anforderungs-niveau	Durchführungs-niveau	Vorlauf Vorbereitung Durchführung
SII	Elektronik Informatik	Schaltungen Computer Datenspeicherung	●●●	■■■	einige Tage ca. 1 Stunde ca. 10 min.

Das folgende Experiment zeigt, wie man mit einem selbstgebauten Lesegerät und mit einem Computerprogramm den Inhalt von Telefon- und Krankenversichertenkarten am PC lesen kann.

Materialien

- PC mit Windows 95 und Software[1]
- Telefon- oder Versicherungskarte
- Netzgerät oder Batterie 5 V –
- Centronicsbuchse oder Sub-D-Stecker
- Flachbandkabel
- Steckverbinder 2 x 20
- Steckerleisten-Wanne 2 x 20
- IC: 74 HCT 240
- IC-Fassung 20polig
- Chipkartenkontakteinrichtung (Elektronik-Versandhandel)
- 3 Widerstände 10 kΩ
- Widerstand 22 kΩ
- Widerstand 470 Ω
- Widerstand 150 Ω
- Widerstand 10 Ω
- Kondensator 0,1 μF
- Kondensator 2,2 μF Elko
- Transistor BC 547 A
- Transistor 2N4033
- Lochplatine

Vorbereitung

Zuerst müssen die oben aufgeführten elektronischen Bauteile und das Ausleseprogramm[1] besorgt werden. Mit Hilfe des Lötkolbens wird die Schaltung entsprechend Schaltplan (Abb. 1) auf der Platine erstellt und mit einem entsprechenden Flachbandkabel entweder über die Centronics-Buchse mit dem Druckerkabel oder über die Sub-D-Buchse mit dem Computer verbunden (Abb. 2).

Durchführung

Nach Anlegen der Versorgungsspannung von 5 V an die entsprechenden Kontakte in der Schaltung wird eine Chipkarte in die Kontaktiereinrichtung eingeführt. Auf dem PC wird die Datei CARDSPY.EXE gestartet, und es erscheint eine Bedienoberfläche mit drei Roll-up-Menüs: File, Synchron, Hilfe. Das Menü Synchron wird nun aktiviert und bietet drei Auslesemodi an. Um eine Telefonkarte oder eine Versicherungskarte zu lesen, wird der Modus "Telefonkarte" bzw. "Versichertenkarte" benutzt, von beiden Karten kann auch der Hexadezimal-Inhalt angezeigt werden, und zwar im Modus "Hex-Inhalt".

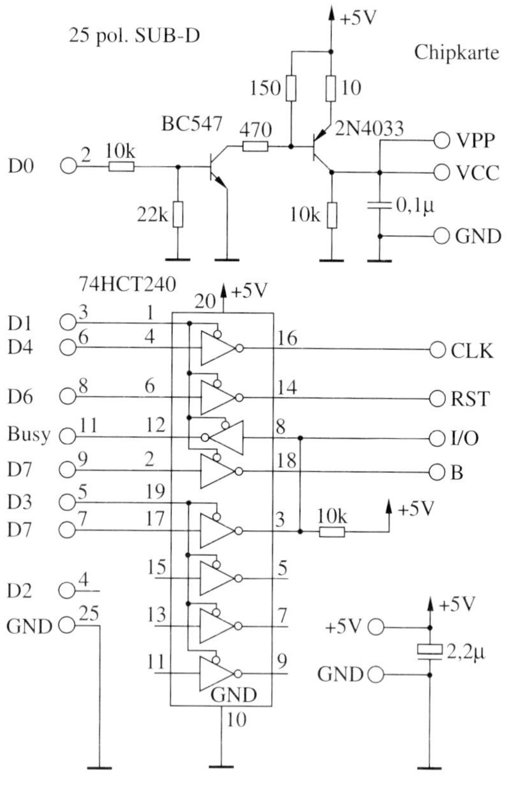

Abb. 1: Schaltskizze

[1] S. Schütt, B. Kohlgraf: Chipkarten, R. Oldenbourg Verlag, München, Wien 1996, mit beiliegender Diskette.

Ergebnis
Man erhält beispielsweise den Inhalt einer Krankenversichertenkarte, wie in Abb. 3 (Demobeispiel), dargestellt.

Variationen
Es gibt auch Chipkartenleser mit LCD-Display im Taschenformat, relativ preiswert erhältlich z. B. im Elektronikfachhandel.

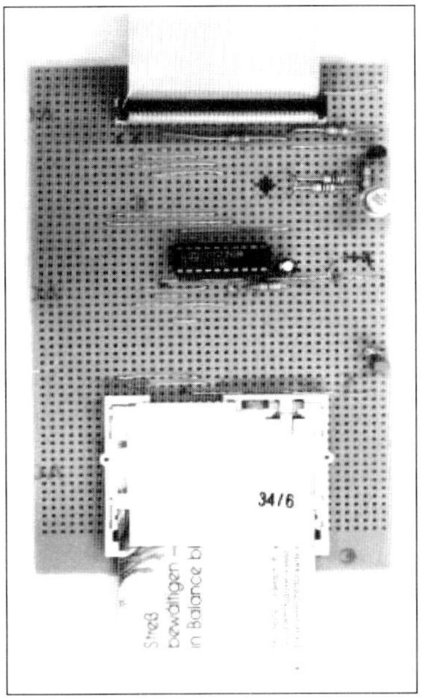

Abb. 2: Aufgebaute Platine mit Flachbandanschluß (oben) und Chipkartenkontaktiereinrichtung (unten)

```
TECHNISCHE DATEN
   Protokolltyp laut ATR     : I2C-Bus (S=8)
   Chiphersteller/-typ       : SGS Thomson / unbekannt

PERSOENLICHE DATEN
   Krankenkassenname         : Techniker Krankenkasse
   Krankenkassennummer       : 5177505
   VKNR Regionalnummer       : 74605
   Versichertennummer        : 2209691214
   Status (1xxx=Mitglied,
           3xxx=Familie,
           5xxx=Rentner)     : 1000
   west-(1)/ost-(0)deutsch: 1
   Vorname                   : Hannes
   Familienname              : Schulz
   Geburtsdatum              : 22091969
   Strasse und Hausnummer : Robert-Bosch-Str 123
   Postleitzahl              : 12345
   Ortsname                  : Entenhausen
   Gueltigkeitsdatum         : 0900
   Pruefsumme                : Ist: 5Dhex, Soll: 5Dhex
```

Abb. 3: Bildschirmansicht

Methodische Hinweise
Im Rahmen eines in Verbindung mit Informatik gestalteten Projektes kann der Chipkartenleser auch von Schülern und Schülerinnen selbst angefertigt werden. Ansonsten kann auch die bloße Demonstration des Auslesens von Chipkarten z. B. am Anfang des Themas Elektronik ein motivierender Einstieg sein.
Ferner bieten sich hier fachübergreifende Aspekte, z. B. zur Sozialkunde, an: Datenschutz, "gläserner Mensch".

14. Compact Disc (CD) als Reflexionsgitter[1]

Klassenstufe	Oberthemen	Unterthemen	Anforderungs-niveau	Durchführungs-niveau	Vorlauf Vorbereitung Durchführung
SII	Optik	Reflexionsgitter Interferenz	●●	■ !	- ca. 30 min. ca. 20 min.

Auf die Frage, was die Ursache für die farbigen Erscheinungen an einer CD ist, sind zwei Erklärungsmodelle denkbar: Interferenz an dünnen Schichten und Beugung am Gitter. Mit Hilfe eines Experiments soll entschieden werden, was die Ursache ist.

Materialien

- CD (handelsüblich)
- Schirm mit Loch (Lochdurchmesser ca. 1 cm)
- optische Bank
- Halter mit Federklemmen
- He-Ne-Laser
- Millimeterpapier
- 4 Optikreiter

Vorbereitung

Der Versuchsaufbau erfolgt entsprechend der Abb. 1. Auf dem Schirm wird ein Blatt Millimeterpapier mittels Klebestreifen befestigt, um die entstehenden Helligkeitsmaxima mit einem Stift markieren zu können. Aus dem Papier ist an der entsprechenden Schirmposition ein Loch herauszuschneiden, damit der Laserstrahl ungehindert zur CD gelangen kann.
Der Laser wird so justiert, daß er durch das Loch im Schirm auf einen mit Informationen beschriebenen Teil der CD fällt. Die CD wird so ausgerichtet, daß der Laserstrahl in etwa senkrecht auftrifft, d. h. der Laserstrahl wieder in sich selbst zurück reflektiert wird.

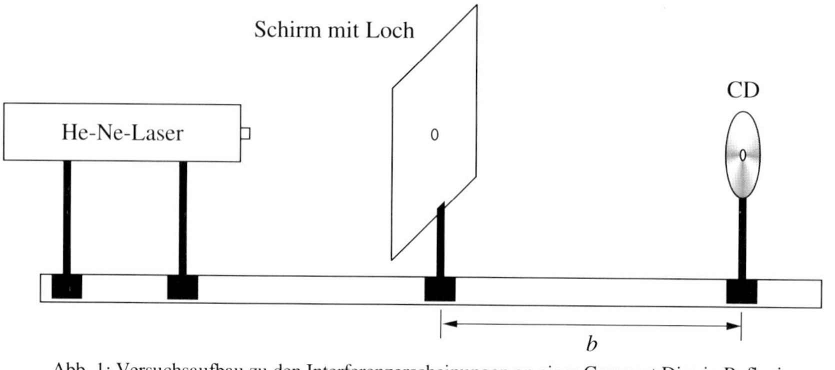

Abb. 1: Versuchsaufbau zu den Interferenzerscheinungen an einer Compact Disc in Reflexion

Durchführung

Der Abstand b zwischen Schirm und CD wird nun in Schritten von 5 cm verändert und die jeweiligen Maxima, welche sich auf dem Schirm ergeben, mit einem Stift auf dem Papier markiert. Im folgenden wurde dies exemplarisch für fünf verschiedene Abstände b durchgeführt, wobei nur die ersten Intensitätsmaxima betrachtet werden (siehe Tabelle weiter unten).

Auswertung

Falls es sich bei den Beugungserscheinungen an einer CD um Interferenzen an dünnen Schichten handeln würde, welche Dicke müßte dann die transparente Kunststoffschicht einer CD aufweisen?

[1] Der beschriebene Versuchsaufbau entspricht dem von C. Nöldeke: Beugung an einer Compact Disc, aus: Der mathematisch-naturwissenschaftliche Unterricht 8/1988, Seite 502-503.

Für die konstruktive Interferenz an dünnen Schichten gilt in diesem Fall (nur Maxima 1. Ordnung werden betrachtet):

$$2 \cdot d \cdot \sqrt{n^2 - \sin^2 \varphi} = \frac{\lambda}{2} \quad , \qquad (1)$$

wobei n: Brechungsindex der Schicht (hier n = 1,584 für Polycarbonat), λ: Wellenlänge des verwendeten Lichts (hier: λ = 632,8 nm), d: Dicke der Schicht.

Wenn a den Abstand zwischen 0. und 1. Hauptmaximum darstellt, folgt mit der Beziehung $\varphi = \arctan \frac{a}{b}$ für die geforderte Dicke d der Schicht:

$$d = \frac{\lambda}{4} \cdot \frac{1}{\sqrt{n^2 - \sin^2\left(\arctan \frac{a}{b}\right)}} \qquad (2)$$

Mit den bekannten Werten λ = 632,8 nm und n = 1,584 ergeben sich unter Verwendung von Gleichung (2) die in der Tabelle rechts angegebenen Werte für d.

***b* / cm**	***a* / cm**	***d* / nm**
9,55	4,0	103
14,55	6,1	103
19,55	8,2	103
24,55	10,35	103
29,55	12,45	103

Ergebnis

Die Schichtdicke d bei einer CD müßte ungefähr 100 nm betragen, so daß die Beugungserscheinungen aus Interferenzen an dünnen Schichten resultieren könnten.
Die bei einer CD vorliegende reale Schichtdicke von ca. 1,2 mm, die das Licht durchdringt, bevor es an der Aluminiumschicht reflektiert wird, ist um den Faktor 12000 größer und widerspricht somit der Hypothese, daß es sich um Interferenzen an dünnen Schichten handelt.

Variation

Es bietet sich an, aus den Meßdaten des Versuchs die Gitterkonstante g des Reflexionsgitters (Reihen der Pits) zu bestimmen. Es gilt:

$$g = \frac{\lambda}{\sin\left(\arctan \frac{a}{b}\right)} \quad . \qquad (3)$$

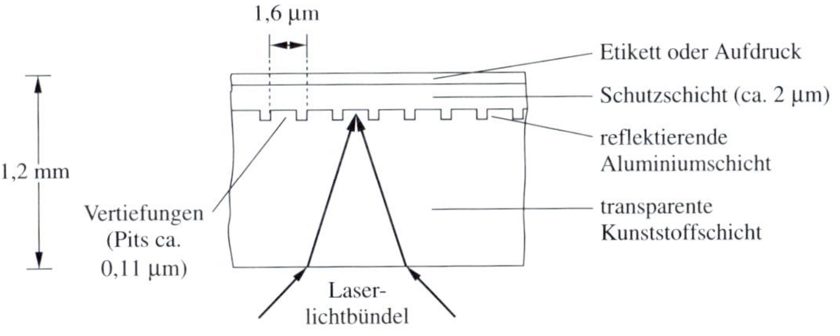

Abb. 2: Eine CD im Schnitt (nicht maßstabsgerecht)

Mit der Gleichung (3) sowie den obigen Meßwerten erhält man den Mittelwert für die Gitterkonstante g = 1,64 µm. Der Wert von g liegt innerhalb des Toleranzbereichs des von der Deutschen Norm[2] angegebenen Wertes von (1,6 ± 0,1) µm der einzelnen spiralförmig angeordneten Spuren der CD.
Ist die Gitterkonstante g bestimmt worden, ist es denkbar, mit dem gleichen Versuchsaufbau die Wellenlängen verschiedener Laserpointer zu bestimmen.
Ein Funktionsmodell zum Auslesen der Information ist ebenfalls denkbar.[3]

Sicherheitshinweise

Wegen der Verwendung des Lasers eignen sich die hier beschriebenen Versuche nur bedingt für Schüler- und Schülerinnenexperimente, allenfalls in Kleingruppen, welche dann von der jeweiligen Lehrkraft ständig betreut werden müssen. Des weiteren sollte unbedingt auf die Gefahren durch den Laser und deren Vermeidung näher eingegangen werden.

[2] Digital-Audio-System Compact Disc (IEC 908: 1987 + A1: 1992), Deutsche Fassung EN 60 908: 1992 + A1: 1993.
[3] B. Vettin: Licht setzt Zeichen (II), Praxis der Naturwissenschaften – Physik 6/1999, S. 8-12.

15. Compact Disc (CD) als Transmissionsgitter

Klassenstufe	Oberthemen	Unterthemen	Anforderungs-niveau	Durchführungs-niveau	Vorlauf Vorbereitung Durchführung
SII	Optik	Transmissionsgitter Interferenz	●●	■ !	- ca. 30 min. ca. 20 min.

Eine CD ohne Aluminiumschicht wird als Transmissionsgitter verwendet und anschließend die Gitterkonstante bestimmt.

Materialien

- gepreßte CD ohne Aluminiumschicht[1]
- optische Bank
- Schirm
- Halter mit Federklemmen
- He-Ne-Laser
- 4 Optikreiter
- Millimeterpapier

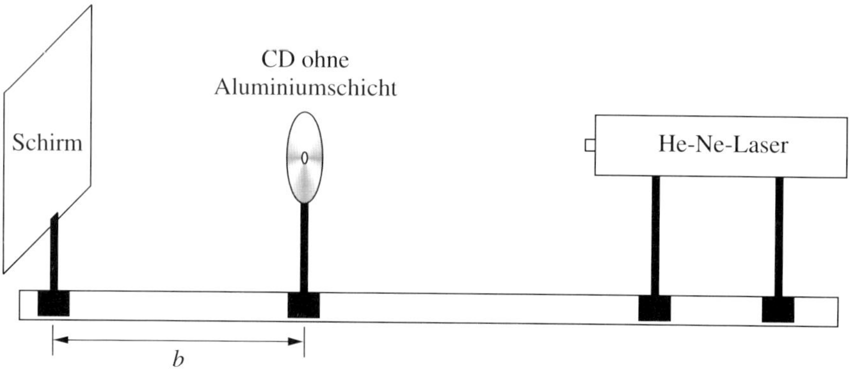

Abb. 1: Versuchsaufbau mit einer CD ohne Aluminiumschicht als Transmissionsgitter

Vorbereitung

Der Aufbau des Versuchs erfolgt gemäß Abb. 1, wobei auf dem Schirm ein Blatt Millimeterpapier befestigt wird, um die Lage der Intensitätsmaxima zu markieren. Der Schirm und die CD, welche in einem Halter mit Federklemmen befestigt wird, werden so angeordnet, daß der Laserstrahl in etwa senkrecht zu beiden ist. Der Laser bzw. die CD werden so justiert, daß der Laserstrahl vollständig auf einem mit Informationen besetzten Teil der CD fällt und das 0. Hauptmaximum sich ungefähr in der Mitte des aufgeklebten Papiers ergibt. Der Abstand b zwischen dem Schirm und der CD, welcher durch die Skala der optischen Bank leicht zu bestimmen ist, wird durch Verschieben der CD so eingestellt, daß auf dem Schirm das linke und rechte 1. Hauptmaximum noch erkennbar sind. Hier ist dies mit einem Abstand $b = 27{,}85$ cm der Fall.

Durchführung

Auf dem Papier wird nun die Lage des rechten und linken 1. Hauptmaximums mit einem Stift markiert. Im folgenden wird nun der Abstand b zwischen dem Schirm und der CD durch Verschieben des CD-Reiters in einer Schrittweite von 1 cm verringert und jeweils die Lage des rechten und linken 1. Hauptmaximums auf dem Papier gekennzeichnet.

---

[1] Eine solche CD sendeten uns folgende Firmen freundlicherweise zu:
Sonopress, Carl-Bertelsmann-Str. 161F, D-33311 Gütersloh, Tel.: 028212/80-5200,
Fuji Magnetics GmbH, Fujistraße 1, D-47533 Kleve, Tel.: 02821/509-154.

Ergebnis
Zur Bestimmung des nötigen Abstands a zwischen dem 0. und 1. Hauptmaximum, wird zunächst die Strecke eines linken und des zugehörigen rechten Hauptmaximums bestimmt und diese dann durch zwei dividiert.

Für die Gitterkonstante g gilt:

$$g = \frac{\lambda}{\sin\left(\arctan\frac{a}{b}\right)} \quad (1)$$

Mit dem bekannten Wert λ = 632,8 nm für die Wellenlänge des hier verwendeten Ne-He-Lasers, ergeben sich unter Verwendung der Gleichung (1) folgende Werte für g:

b / cm	a / cm	g / µm
27,85	11,45	1,66
25,85	10,65	1,66
24,85	10,2	1,67
23,85	9,85	1,66
22,85	9,4	1,66
21,85	9,0	1,66
20,85	8,6	1,66
19,85	8,15	1,67
18,85	7,8	1,66
17,85	7,35	1,66

Als Mittelwert für die Gitterkonstante erhält man: g = 1,66 µm

Der Wert von g liegt innerhalb des Toleranzbereichs des von der Deutschen Norm[2] angegebenen Wertes von (1,6 ± 0,1) µm, die dem Abstand der spiralförmig angeordneten Spuren (Pits) entspricht.

Sicherheitshinweise
Wegen der Verwendung des Lasers eignen sich die hier beschriebenen Versuche nur bedingt für Schüler- und Schülerinnenexperimente, allenfalls in Kleingruppen, welche dann von der jeweiligen Lehrkraft ständig betreut werden müssen. Desweiteren sollte unbedingt auf die Gefahren durch den Laser und deren Vermeidung näher eingegangen werden.

Variation
Ist die Gitterkonstante g bestimmt worden, wäre es denkbar, mit dem gleichen Versuchsaufbau die Wellenlängen verschiedener Laserpointer zu bestimmen.
Verwendet man anstelle der CD einen dünnen Aufstrich eines Tropfens menschlichen Blutes, so kann aus dem Durchmesser der beobachtbaren Beugungsringe auf die Größe der Erythrozyten (rote Blutkörperchen) geschlossen werden[3].
Zur Vorbereitung des entsprechenden Beugungsobjektes sticht man sich mit einer keimfreien Nadel (in der Apotheke erhältlich) leicht in die Fingerbeere. Dabei muß zügig gearbeitet werden, um eine Gerinnung des Blutes zu vermeiden. Den Bluttropfen verteilt man mit Hilfe eines Objektträgers auf einem weiteren, so daß praktisch eine Monoschicht von Erythrozyten entsteht (Der Winkel der beiden Objektträger sollte beim Auftragen ca. 45° betragen. Je kleiner der Winkel, desto dünner ist der Aufstrich).
Die Lage der Minima liefert die Beugungstheorie zu: $n_i \cdot \lambda = d \cdot \sin\alpha_i$, wobei d dem Erythrozytendurchmesser und i der Beugungsordnung entspricht.

---

[2] Digital-Audio-System Compact Disc (IEC 908: 1987 + A1: 1992), Deutsche Fassung EN 60 908: 1992 + A1: 1993.
[3] R. Peter, H. J. Jodl, W. Stetzenbach: Physik und Medizin, Teil III: Bluntuntersuchungen, Physik und Didaktik Nr. 1, 1990, S. 7-26.

Für kleine Winkel kann $\sin\alpha_i$ durch $\tan\alpha_i = \frac{r_i}{b}$ ersetzt werden. Dann gilt: $d = n_i \cdot \lambda \cdot \frac{b}{r_i}$ mit λ: Laserwellenlänge, b: Abstand Objektträger-Schirm, r_i: Radius der dunklen Ringe, $n_1 = 1{,}22$; $n_2 = 2{,}23$; $n_3 = 3{,}24$; $n_4 = 4{,}24$.

Als mittleren Durchmesser erhält man somit 7,36 µm ± 0,05 µm. Da die Erythrozyten beim Trocknen um ca. 10 % schrumpfen, liegt dieser Wert innerhalb der Fehlergrenzen.

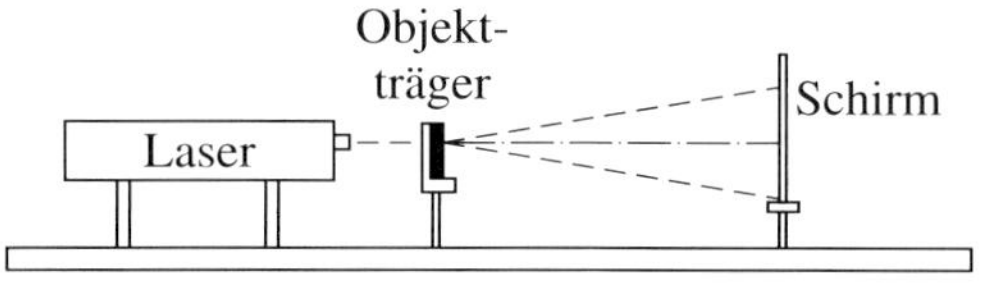

Abb. 2: Schematischer Versuchsaufbau

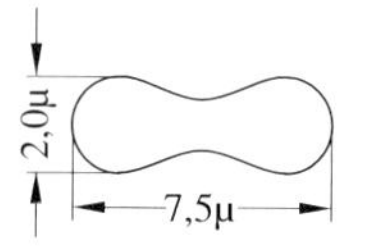

Abb. 3: Schema eines Erythrozyten (seitliche Ansicht)

Sicherheitshinweis

Blutentnahme ist bei Schülern nicht erlaubt (Richtlinien zur Sicherheit im naturwissenschaftlichen Unterricht Abschnitt 1.2.9., Beschluß der KMK vom 9.9.1994). Vor dem Einsatz sollte man sich deshalb über die jeweils geltenden Bestimmungen beim Gesundheitsamt oder bei Schulärzten informieren. Auskünfte erteilen auch die Gesetzlichen Unfallversicherungsträger (GUV). Der Versuch ist deshalb nur als Demonstrationsversuch in der Hand von Lehrer oder Lehrerin möglich.

16. Compact Disc (CD) als Spektrometer: Lampenvergleich

Klassenstufe	Oberthemen	Unterthemen	Anforderungsniveau	Durchführungsniveau	Vorlauf Vorbereitung Durchführung
SI, SII	Optik Atomphysik	Reflexionsgitter Interferenz Spektrum	●●	■ !	Wochen ca. 10 min. ca. 5 min.

Mit Hilfe einer CD werden die Spektren verschiedener Lichtquellen betrachtet.

Materialien

- CDs für alle Experimentierenden[1]
- Glühlampe
- Kompaktleuchtstofflampe
- Spektrallampe
- Fassungen und Halter für die Lampen
- Spannungsquellen für die Lampen

[1] Von zu Hause mitbringen lassen oder schon einige Wochen vorher Demo-CDs aus Computerzeitschriften sammeln.

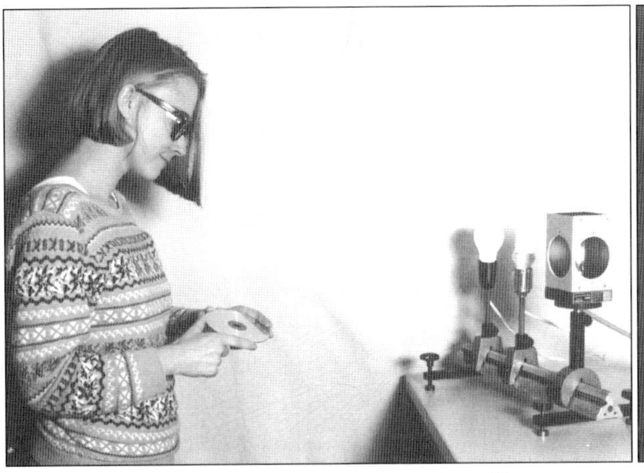

Abb. 1: Gegenseitige Positionen von Auge, CD und Lampen

Abb. 2: Auf der CD sichtbare Spektren

Durchführung

Auf einem Experimentiertisch werden die verschiedenen Lampen im Abstand von ca. 5-10 cm nebeneinander aufgestellt und eingeschaltet. Positioniert man den Experimentiertisch der Fensterseite gegenüber, so erübrigt sich das Abdunkeln des Raumes, weil das Tageslicht durch die Körper der Experimentierenden ausreichend abgeschirmt wird. Die Experimentierenden verteilen sich nun mit dem Rücken zu den Fenstern so im Raum, daß alle freien Blick zu den Lampen haben. Die normale Raumbeleuchtung wird ausgeschaltet. Nun halten alle die CD waagrecht, mit der unbedruckten Seite nach oben, vor den Körper. Wird die CD dann langsam in Richtung der Lampen geneigt, erscheinen auf der CD deren Spektren. Verdeckt man die Lampen einzeln mit einem undurchsichtigen Gegenstand (z. B. Klassenbuch), können die Experimentierenden die Spektren den jeweiligen Lampen eindeutig zuordnen.

Um Augen- und Hautschäden bei der Verwendung von Spektrallampen mit hohem UV-Anteil auszuschließen, ist das Licht in geeigneter Weise zu filtern bzw. Sicherheitsabstand zu halten.

Erklärung/Beobachtung

Die CD ist ein Reflexionsgitter und wirkt, wenn sie mit Licht bestrahlt wird, als Gitterspektrometer (vgl. Versuch 14. Compact Disc als Reflexionsgitter). Im Vergleich zum Spektrum der Glühlampe ist beim Spektrum der Kompaktlampe deutlich zu erkennen, daß einzelne Farben bzw. Anteile deutlich heller und dunkler sind. Bei Verwendung einer Quecksilberdampflampe sind auf der CD i. w. nur die Farben Orange, Grün und Blau zu sehen.

Variationen

Bei Verwendung einer Demonstrations-Kompaktleuchtstofflampe[2] kann verdeutlicht werden, daß und wie durch das Beschlämmen einer Leuchtstoffröhre das Spektrum des abgestrahlten Lichtes verändert wird.

Ausgehend von der Beobachtung der unterschiedlich aussehenden Spektren bietet es sich an, die verschiedenen Arten der Lichterzeugung zu besprechen. Informationsmaterialien der Lampenhersteller leisten dabei gute Hilfestellungen.

---

[2] Osram DULUX EL, 60 DM + MwSt.

17. Computermaus

Klassenstufe	Oberthemen	Unterthemen	Anforderungs-niveau	Durchführungs-niveau	Vorlauf Vorbereitung Durchführung
SII	Elektrik Informatik	Spannungsteiler Photodiode Binärcode	●●●	■■■	Tage ca. 1 Std. ca. 15 min.

Die Funktionsweise einer Computermaus soll simuliert werden.

Materialien

- Stativmaterial
- Steckbrett
- Netzgerät 0 ... 10 V –
- Oszilloskop
- kreisrunde Scheibe aus schwarzer Pappe (∅ 10-15 cm)
- 2 Gabellichtschranken (z. B. Leybold) alternativ: Einzelbauteile (Elektronik-Versandhandel)
- Verbindungskabel
- 2 Widerstände 10 kΩ

Abb. 1: Computermaus (Innenansicht), zu erkennen sind Kugel und x-y-Speichenrädchen

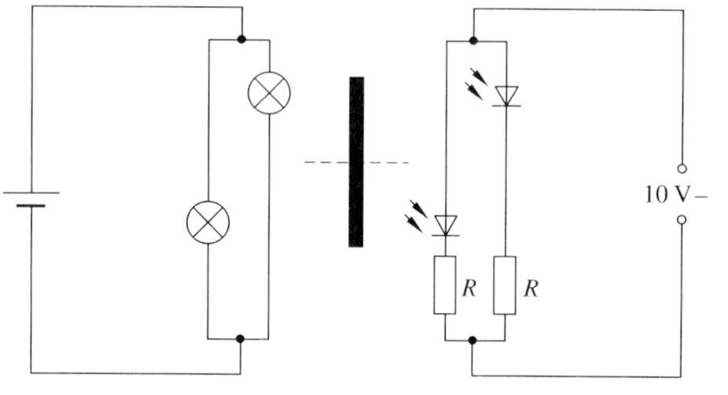

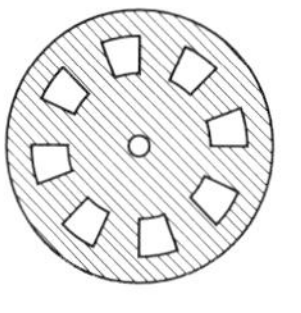

Abb. 2: Schaltskizze mit beiden Lichtschranken (oben) und Lochscheibe (Speichenrad, unten sowie oben mitte)

Vorbereitung

In die runde Kreisscheibe werden in gleichem Abstand am Rand Löcher geschnitten, so daß gleich viele Löcher und Stege vorhanden sind. In der Mitte wird ein Loch geschnitten, passend für eine Stativstange (Abb. 2 unten). Die Stativstange wird mit Hilfe zweier Doppelmuffen an zwei senkrechten Stativstangen befestigt. Die beiden Lichtschranken werden so befestigt, daß sie über den Löchern bzw. den Stegen stehen; sie dürfen jedoch nicht beide gleichzeitig über je einem Loch oder je einem Steg stehen! Nun wird an der Lämpchenseite der Lichtschranken mit Hilfe des Netzgerätes eine geeignete Spannung angelegt (Parallelschaltung). An der Seite der Lichtschranke, an der sich die Photodiode befindet, wird je Photodiode ein 10 kΩ Widerstand in Reihe geschaltet (Abb. 2 oben). Das an den Widerständen jeweils abfallende Signal wird an das Oszilloskop geleitet: links an den y-Eingang, rechts an den x-Eingang.

Durchführung

Am Oszilloskop wird anstatt der Zeitablenkung (timebase) eine x-y-Darstellung (horizontal) gewählt. Je nach Stellung der Lochscheibe erhält man im 1. Quadranten folgende Ergebnisse:

Photodiode rechts	Photodiode links	Anzeige Oszilloskop
0	0	Punkt (0,0)
0	1	Senkrechte (0, + y)
1	0	Waagrechte (+ x, 0)
1	1	Winkelhalbierende (+ x, +y)

0 bedeutet, daß die Photodiode beleuchtet wird und durchschaltet, 1 bedeutet, daß die Photodiode hinter einem Steg steht und unbeleuchtet ist.
Dreht man die Scheibe, die das Rad einer Maus simuliert, in eine bestimmte Richtung, so erkennt man die Richtung auch auf dem Oszilloskopschirm.

Versuchserklärung

Die Photodiode ist im nicht durchgeschalteten Zustand sehr hochohmig und im durchgeschalteten Zustand niederohmig. Durch die Reihenschaltung mit dem 10 kΩ-Widerstand realisiert man einen Spannungsteiler, derart, daß fast die volle Betriebsspannung am Widerstand abfällt, wenn die Diode durchgeschaltet ist.
In einer realen Computermaus befinden sich zwei Rädchen senkrecht zueinander (Abb. 1). Je nach Drehung und Drehrichtung des Rädchens lassen sich die momentanen x-y-Koordinaten (elektronisch) bestimmen.
Die Rädchen sind jeweils über eine Rolle mit einer Kugel an der Unterseite der Maus verbunden. Bewegt man die Maus auf einer Unterlage, dann werden über diesen Mechanismus die Rädchen bewegt.

Variation

Anstatt der Lösung mit den Widerständen und dem Oszilloskop, könnte man die Schaltung auch mit logischen Bausteinen realisieren. Dies bedeutet aber einen wesentlich höheren Aufwand wegen der Fan in und Fan out (Signalhöhenverluste).

18. Computertomographie: Absorption von Röntgenstrahlung

Klassenstufe	Oberthemen	Unterthemen	Anforderungs-niveau	Durchführungs-niveau	Vorlauf Vorbereitung Durchführung
SII	Röntgenstrahlung	Absorption von Röntgenstrahlung	●●●	■■	1 Tag ca. 30 min. ca. 15 min.

Mit Hilfe der Absorption von Röntgenstrahlung soll das Funktionsprinzip der Computertomographie verständlich werden.[1]

Materialien

- 4 gleiche Behälter (z. B. Filmdosen, mit $d = 3{,}1$ cm)
- Schülerröntgengerät (Leybold), alternativ: Lehrerröntgengerät
- 4 unterschiedliche Materialien (Kohle, Wasser, Eiweiß, Kalk)
- Zählrohr
- Ratemeter
- Digitalzähler

Abb. 1: Versuchsaufbau mit Leybold-Schülerröntgengerät

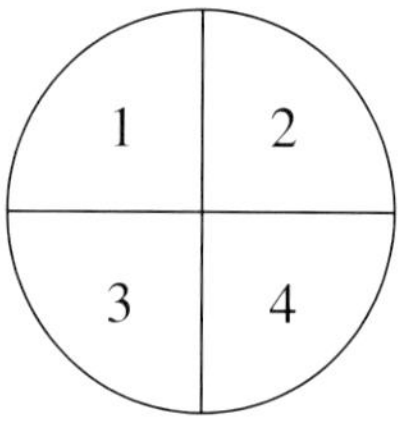

Abb. 2: Modellkörperebene mit vier verschiedenen Stoffen

Vorbereitung

Das Zählrohr wird in der dafür vorgesehenen Halterung am Schülerröntgengerät befestigt und an das Ratemeter angeschlossen. Der Digitalzähler wird an das Ratemeter angeschlossen und auf den Meßbereich "Impulse pro 10 Sekunden" eingestellt. Nun wird die optimale Zählrohrspannung eingeregelt (Plateau hier bei etwa 480 V).

Durchführung/Versuchsbeobachtung

Zunächst werden zwei leere Küvetten in den Strahlengang gebracht und bei eingeschalteter Röntgenröhre die Zählrate gemessen, welche als Maß für die Intensität der Röntgenstahlung gilt. Hierbei ist eine Mittelwertbildung von mehreren Messungen durchzuführen, da die Werte statistischen Schwankungen unterliegen. Im Anschluß daran werden die verschiedenen Materialien in die Küvetten gefüllt und die Behälter paarweise erneut in den Strahlengang gebracht. Durch Ablesen der Zählrate am Digitalzähler und Vergleich mit der Zählrate, die bei den beiden leeren Küvetten gemessen wurde, kann errechnet werden, wie stark die beiden im Strahlengang befindlichen Materialien Röntgenstrahlung absorbieren. Um den Versuch mit dem dafür vorgesehenen Computerprogramm (siehe Anhang C.) auswerten zu können, ist es erforderlich, die numerierten Materialien 1 und 2, 3 und 4, 1 und 3 zu vermessen (hier: 1. Kohle, 2. Eiweiß, 3. Kalk, 4. Wasser, welche jeweils unterschiedliche Gewebe des Körpers modellieren sollen).[2] Auch hier wird ein Mittelwert der jeweiligen Intensitäten berechnet, um die statistischen Schwankungen zu eliminieren.

---

[1] Nach einer Idee von R. Peter, H. J. Jodl, W. Stetzenbach: Physik und Didaktik – Anregungen für den Oberstufenunterricht, Physik und Didaktik Nr. 4/1986, S. 275-286.
Unter http://www.physik.uni-muenchen.de/didaktik/Computer/computer.htm ist ein Simulations- und Lernprogramm (CTSim) kostenlos erhältlich.

[2] Das Gleichungssystem läßt sich auch ohne Computerprogramm lösen (vgl. "Computertomographie: optische Methode"), z. B. über den Gauß-Algorithmus.

Ergebnis
Mit dieser Anordnung ergab sich bei leeren Behältern eine Zählrate $I_0 = 3291\,\text{Imp/s}$ mit einem Fehler $(\Delta N / N = \sqrt{N_{Ges}} / N)$ von 0,05. Nach Einfüllen der Substanzen in die Filmdosen wurden folgende Werte von I_0 ermittelt:

Wasser	Eiweiß	Kalk	Kohle	Intensität Imp/s	Fehler $\Delta N / N$
0	1	0	1	57,96	0,04
1	0	1	0	0,47	0,46
0	0	1	1	0,95	0,05
1	0	0	1	33,33	0,32

Als weitere Angaben für die Auswertung mit dem Computeralgorithmus wird die Schichtdicke benötigt, die sich aus dem Innendurchmesser der Filmdosen errechnet (d = 3,1 cm). In dem Computerprogramm kann außerdem die Genauigkeit der errechneten Werte vorgegeben werden. Eine Genauigkeit von $\Delta N / N = 0{,}1$ ist in unserem Fall ausreichend.

Versuchserklärung/Auswertung
Grundlage zur Auswertung ist das Beersche Absorptionsgesetz, aus dem sich die Gleichung:

$$I = I_0 \cdot \exp[-(\alpha_i \cdot x_i + \alpha_j \cdot x_j)]$$

mit x_i, x_j = Schichtdicke der jeweiligen Substanzen (hier jeweils 3,1 cm), α_i, α_j = Absorptionskoeffizient der im Strahlengang befindlichen Substanzen $(i, j \in \{1, ..., 4\})$.
Wenn das Programm (Anhang C.) mit den obigen Werten gestartet wird, ergeben sich folgende Absorptionskoeffizienten: α_{Kohle} = 0,30 cm^{-1}; $\alpha_{\text{Eiweiß}}$ = 0,37 cm^{-1}; α_{Wasser} = 0,44 cm^{-1}; α_{Kalk} = 0,99 cm^{-1}.
Es wird ersichtlich, daß der Absorptionskoeffizient von Kalk deutlich höher ist als der von den anderen Substanzen, was auch erklärt, daß Knochen (kalkhaltig) im Röntgenbild deutlich vom übrigen Gewebe zu unterscheiden sind. Durch die unterschiedliche Stellung des Zählrohrs bei jedem Schließen des Schülerröntgengerätes ergeben sich Schwankungen der Zählraten von bis zu 10 %. Ein anderer Fehler kann durch luftgefüllte Hohlräume in den Küvetten während der Messung entstehen.

Tips
Die Küvetten sollten vor jeder Messung gesäubert werden, um die Materialien in möglichst reiner Form in den Strahlengang zu bringen.
Desweiteren sollte auf eine jeweils gleiche Stellung der Küvetten im Strahlengang geachtet werden. Als Hilfe dient evtl. ein aus Pappe erstelltes Tischchen mit Markierungen, welches zwischen Röntgenröhre und Zählrohr gestellt wird (siehe Abb. 1). Zur Messung der Intensität sollte darauf geachtet werden, daß der Ionisationsstrom immer in etwa den gleichen Wert aufweist.

Variation
Ebenso wie bei der optischen Methode kann auch hier die Auswertung mit mathematischen Hilfsmitteln durchgeführt werden (lineares Gleichungssystem).
Ein Analogmodell mit Hilfe eines dreidimensionalen "Vier-Gewinnt"-Spiels wird von Berger et al vorgestellt.[3]

Methodischer Einsatz
Die Bearbeitung des Themas im Rahmen eines Projektes bietet sich hier gut an. Zur Vertiefung bzw. Abrundung empfiehlt sich ein Besuch in einem Röntgeninstitut.

[3] R. Berger, B. Kölbl, H. Wiesner: Die Röntgencomputertomographie, Praxis der Naturwissenschaften – Physik, 4/1999, S. 44-47.

19. Computertomographie: optische Methode

Klassenstufe	Oberthemen	Unterthemen	Anforderungs-niveau	Durchführungs-niveau	Vorlauf Vorbereitung Durchführung
SII	Optik	Absorption	●●●	■■	- ca. 30 min. ca. 15 min.

Das Funktionsprinzip der Computertomographie wird mit Hilfe der optischen Absorption verständlich gemacht.

Materialien

- 2 gleiche Küvetten (7,5 cm x 5 cm x 11,5 cm)
- 4 Meßbecher
- Spannungsmeßgerät Meßbereich 500 mV
- Photoelement (z. B. MAPHY-SFESI 60/0)
- optische Bank
- Cola und Wasser (je 500 ml)
- 2 Kreisblenden (*d* = 50 mm, *d* = 15 mm)
- Laborlift für Küvetten
- bikonvexe Linse (*f* = 300 mm)
- bikonvexe Linse (*f* = 50 mm)
- Halogenlampe (12 V, 100 W)

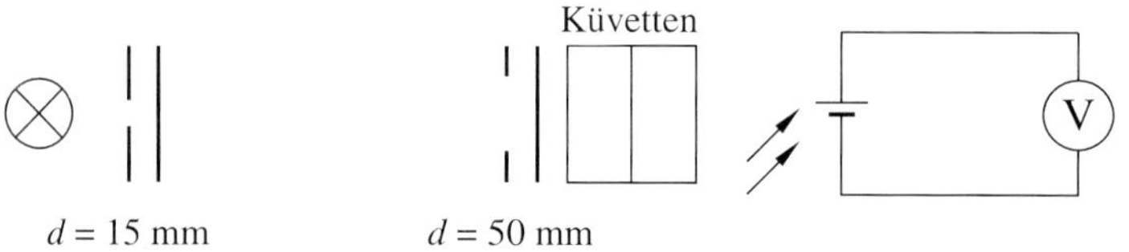

Abb. 1: Skizze des Versuchsaufbaus

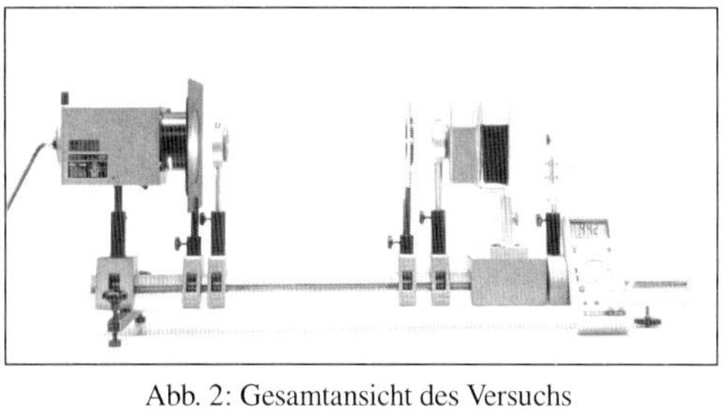
Abb. 2: Gesamtansicht des Versuchs

Abb. 3: Detailaufnahme von Küvetten und Photoelement

Vorbereitung

Der Versuch wird wie in Abb. 1 bis 2 dargestellt aufgebaut. An dem an das Photoelement angeschlossenen Spannungsmesser wird die zur Intensität des auftreffenden Lichts proportionale Spannung abgelesen. Zur Durchführung werden vier verschieden stark konzentrierte Lösungen (etwa 200 ml) einer farbigen Substanz (z. B. Cola) mit Wasser benötigt, die unterschiedlichen Geweben des Körpers entsprechen sollen:

1. 20Vol.-% Cola, 80Vol.-% Wasser (*L1*)
2. 40Vol.-% Cola, 60Vol.-% Wasser (*L2*)
3. 60Vol.-% Cola, 40Vol.-% Wasser (*L3*)
4. 80Vol.-% Cola, 20Vol.-% Wasser (*L4*)

Durchführung/Ergebnis

Die Lösungen werden paarweise in die beiden Meßküvetten gefüllt. Durch Ablesen der Spannung an dem Photoelement vor und nach dem Einfüllen der Lösungen wird die zur Spannung proportionale Intensität des Lichts im Strahlengang bestimmt. Hieraus kann die Summe der beiden Absorptionskoeffizienten der im Strahlengang befindlichen Lösungen berechnet werden. Es sollte darauf geachtet werden, daß die Anordnung der Küvetten so gewählt wird, daß ein eindeutig bestimmtes lineares Gleichungssystem für die Absorptionskoeffizienten der einzelnen Lösungen entsteht. Wenn die vier Lösungen numeriert werden, genügt es, die Lösungen eins und zwei, drei und vier, eins und vier und zwei und vier zu vermessen.

Ergebnis

Es ergaben sich folgende, gegen das Raumlicht korrigierte Meßwerte bei den gegebenen Lösungen:

eingefüllte Lösungen				**Intensität mit Küvetten ohne Lösungen**	**Intensität mit Küvetten und Lösungen**
L1	*L2*	*L3*	*L4*	I_0 / mV	I / mV
1	1	0	0	231	208
0	0	1	1	228	179
1	0	0	1	231	192
0	1	0	1	229	188

Versuchserklärung/Auswertung

Je höher die Konzentration der Lösung ist, desto dunkler ist sie und um so stärker wird das Licht von der jeweiligen Lösung absorbiert. Mit Hilfe des Beerschen Absorptionsgesetzes ergibt sich:

$$I = I_0 \cdot \exp[-(\alpha_i \cdot x_i + \alpha_j \cdot x_j)],$$

woraus folgt:

$$(\alpha_i + \alpha_j) = -\ln(I/I_0)/x .$$

Mit dieser Gleichung läßt sich jeweils die Summe zweier Absorptionskoeffizienten berechnen. Mit Hilfe der vier Messungen ergeben sich vier Gleichungen für die vier unbekannten Absorptionskoeffizienten, aus denen die Absorptionskoeffizienten der einzelnen Lösungen berechnet werden können. In unserem Beispiel ergibt sich mit einer Schichtdicke x = 4,4 cm folgendes lineares Gleichungssystem:

L1	*L2*	*L3*	*L4*	$\alpha_i + \alpha_j$ in 10^{-3} cm^{-1}
1	1	0	0	23,8
0	0	1	1	54,9
1	0	0	1	42,0
0	1	0	1	44,8

Hieraus folgt:

$\alpha_{L1} = 10{,}5 \cdot 10^{-3}\mathrm{cm}^{-1}$, $\alpha_{L2} = 13{,}3 \cdot 10^{-3}\mathrm{cm}^{-1}$,

$\alpha_{L3} = 23{,}4 \cdot 10^{-3}\mathrm{cm}^{-1}$, $\alpha_{L4} = 31{,}5 \cdot 10^{-3}\mathrm{cm}^{-1}$.

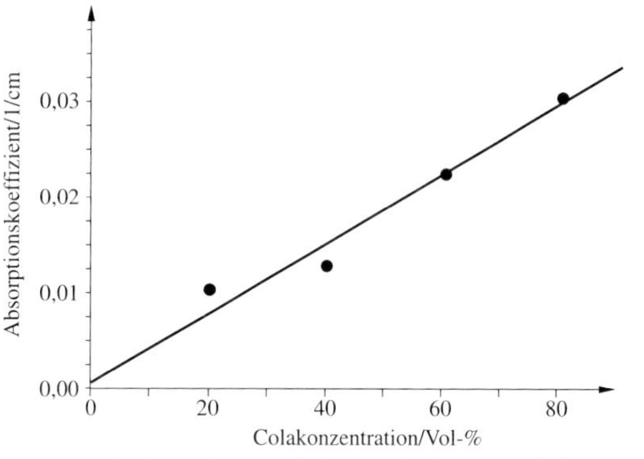

Abb. 4: Absorptionskoeffizient als Funktion der Colakonzentration

Tips

Um reproduzierbare Werte zu erhalten, werden die Küvetten jeweils in gleicher Reihenfolge und Anordnung in den Strahlengang eingebracht, da sich unterschiedliche Intensitäten bei anderer Stellung der Küvetten ergeben. Bevor eine andere Lösung neu eingefüllt wird, werden die Küvetten abgetrocknet, damit die Konzentration der neu eingefüllten Lösung nicht verfälscht wird.

Variation

Die Berechnung der einzelnen Absorptionskoeffizienten kann auch mit Hilfe eines Computeralgorithmus durchgeführt werden (siehe Anhang C).

Bei mehrmaliger Durchführung des Versuches mit unterschiedlich stark konzentrierten Lösungen wird deutlich, daß der Absorptionskoeffizient und die Konzentration C der Lösung proportional zueinander sind $(\alpha(C) = \alpha_0 + \alpha \cdot C)$

Man kann auch vorab die Absorptionskoeffizienten der Einzellösungen bestimmen und mit den durch die Tomographie-Methode bestimmten Werten vergleichen.

Man vergleiche auch Versuch 18 "Computertomographie; Röntgenstrahlung".

20. Dehnungsmeßstreifen: Sportforschung

Klassenstufe	Oberthemen	Unterthemen	Anforderungs-niveau	Durchführungs-niveau	Vorlauf Vorbereitung Durchführung
SI, SII	Mechanik Elektrik	Druck, Newton-Gesetz elektr. Widerstand Sensoren	●●●	■■■	3 Wochen ca. 30 min. ca. 10 min.

Erklärung der Wirkungsweise eines Dehnungsmeßstreifens (DMS) sowie eines typischen Einsatzes in der Sportforschung (Skifahren)[1,2].

Materialien

für Kraftsensor:
- Lötstützpunkte
- Klebstoff von Lieferfirma DMS
- Aceton zum Reinigen
- Sandpapier fein
- Interface und PC (z. B. Cobra)
- 1 bis 3 Standard-DMS, angepaßt an Alu oder Stahl, z. B. LK 13..6/350 o. LK 11..6/350[3]
- Platte ca. 40 cm x 50 cm
- Gleichspannungsmeßverstärker, Verstärkung typ. 10^3-10^4
- Lochrasterplatine (3er Loch), ca. 10 cm x 15 cm

für Wheatstonebrücke:
- 2 Batterien 1,5 V
- Batteriehalter mit Kabel
- 3 Widerstände 350 Ω (entsprechend DMS-Widerstandswert)
- 3 Potentiometer 500 kΩ o. 250 kΩ
- 2 Stiftstecker (∅ 2 mm)
- 6 Steckerbuchsen (∅ 2 mm)
- Schrauben und Muttern als Ständer
- 2 Steckerbuchsen (∅ 4 mm)
- Silberdraht (Länge ca. 20 cm)
- Stativmaterial, Klemmen

Vorbereitung/Aufbau

Zunächst müssen die oben aufgeführten elektronischen Bauteile sowie die Dehnungsmeßstreifen besorgt werden. Je nach Realitätsnähe läßt sich das Experiment mit ein, zwei oder drei DMS durchführen.
Gemäß Abb. 2 baut man die Wheatstonebrücke auf der Lochrasterplatine auf. Dabei ist es sicher günstig, die Plazierungen der Drähte und Widerstände zu übernehmen, so daß diese in der üblichen Art des Schaltsymbols für die Wheatstonebrücke angeordnet bleiben. Wird nur ein DMS angeschlossen, überbrückt man die Buchsen mit einem 350 Ω - Widerstand. Benutzt man andere DMS-Typen, müssen die Widerstände in der Brückenschaltung entsprechend angepaßt werden.
Die Dehnungsmeßstreifen werden entsprechend Abb. 1 auf zwei Alu-Stativstangen geklebt. Hierbei muß die von der Lieferfirma vorgegebene Klebeanleitung unbedingt beachtet werden. Vorgesehene Klebestelle mit Aceton reinigen, mit feinkörnigem Sandpapier abschmirgeln und nochmals mit Aceton reinigen. Als Kleber sollte nur der von der Lieferfirma vorgesehene verwendet werden, da es sonst zu inelastischem Verhalten oder zu ungewollten chemischen Reaktionen mit dem Trägermaterial kommen kann.
Vor der eigentlichen Meßwertaufnahme muß das DMS-Signal mit Hilfe eines geeigneten Gleichspannungsmeßverstärkers in Abhängigkeit vom verwendeten DMS sowie den auftretenden Kräften verstärkt werden. Ein Nullabgleich der Brücke erfolgt über die Potentiometer bzw. bei der Feinabstimmung über den entsprechenden Regelknopf des Verstärkers. Kontrolle erfolgt über ein Meßgerät am Verstärkerausgang. Erst danach schließt man das Interface mit Computer zur Meßwerterfassung an.

---

[1] H. Deger, M. Fröhlich, R. Worg: Dehnungsmeßstreifen - Physikalische Grundlagen und Anwendungen, in: Wege in der Physikdidaktik Bd. 2, W. B. Schneider (Hrsg.), Palm & Enke, Erlangen, 1981.
[2] D. Clüsserath: Moderne Meßmethoden im Physikunterricht am Beispiel des Dehnungsmeßstreifens, Wissenschaftliche Prüfungsarbeit für das Lehramt an Gymnasien, Fachbereich Physik, Universität Kaiserslautern, 1996.
[3] Spectris Meßtechnik GmbH, Heinrich-Hertz-Str. 26, D-63225 Langen (http://www.spectris.de/).

Durchführung
Eine Versuchsperson stellt sich auf das mit DMS präparierte Brett und simuliert die jeweilige Skitechnik: Hochschwung bzw. Tiefschwung. Viele Schüler und Schülerinnen haben wahrscheinlich schon Erfahrung beim Skifahren gesammelt (Ski-Freizeit!), so werden ihnen auch die Techniken bekannt sein. Falls dies nicht der Fall ist, kann man sie kurz erläutern.
Verwendet man nur zwei DMS, so sollten diese an diagonal gegenüberliegenden Stützen angebracht sein. Eine Kalibrierung kann zum Beispiel mit Hilfe der Gewichtskraft der Versuchsperson erreicht werden. Eine extrem genaue Eichung ist hier nicht notwendig. Das Eigengewicht des "Skifahrers" kann danach über den Nullabgleich kompensiert werden.

Ergebnis
Abb. 3 zeigt die Kraft auf das Brett in Abhängigkeit von der Zeit, Abb. 4 zeigt die synchron aufgenommene Position des Schwerpunktes (dieser wurde zur Aufnahme mit einer Videokamera durch einer an der Hüfte der Versuchsperson angebrachten Taschenlampe markiert).

Erklärung
Funktionsweise DMS:
Der DMS-Meßfühler besteht aus einem dünnen Widerstandsdraht, der mäanderförmig (siehe Abb. 1) auf ein dünnes dehnbares Material aufgeklebt wurde. Ist dieser nun an einem Gegenstand befestigt, so wird er bei Stauchung oder Dehnung der Meßstelle entsprechend mitgedehnt oder mitgestaucht. Durch die daraus folgende Verlängerung oder Verkürzung des Drahtes ändert sich proportional auch dessen Widerstand. Diese Widerstandsänderung wird nun mit Hilfe einer Wheatstonebrücke als Spannungssignal registrierbar.

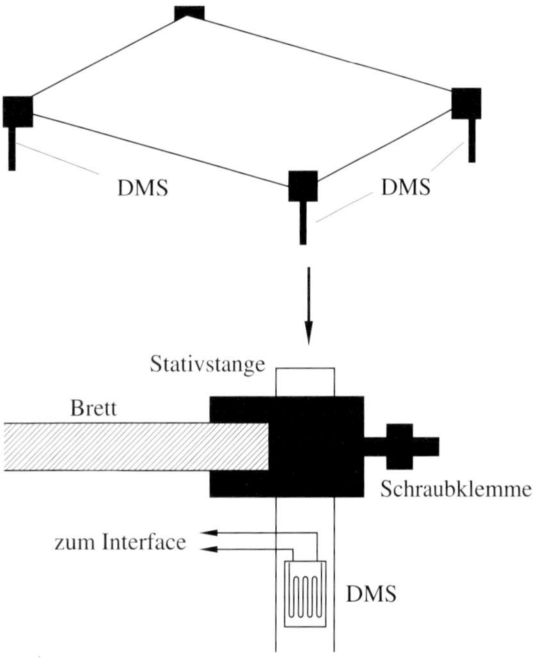

Abb. 1: Schematischer Versuchsaufbau

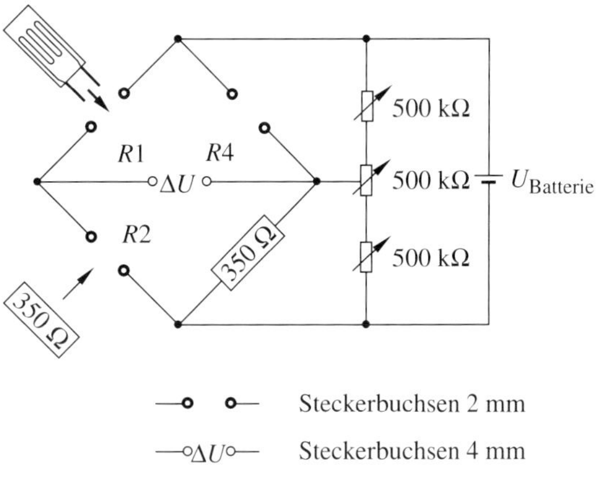

Abb. 2: Schaltung der Wheatstonebrücke mit Anschlußmöglichkeit für bis zu 3 DMS

Skifahrtechnik (vgl. Abb. 3):

- Phase 1: Da in dieser Phase nur die Schwerkraft wirkt, und der "Skifahrer" in vertikaler Richtung keine weitere Beschleunigung erfährt, ist die vom Meßbrett detektierte Kraft praktisch Null. (Zur Erinnerung: Die Gewichtskraft wurde vorher kompensiert).
- Phase 2: Der "Skifahrer" streckt sich, d. h. er beschleunigt seinen Schwerpunkt nach oben. Das Brett registriert eine positive Kraft (nach unten). Hierbei kommt das dritte Newtonsche Gesetz ins Spiel: Drückt sich die Person vom Brett ab, d. h. beschleunigt sie ihren Körperschwerpunkt nach oben, so gilt für die an ihr angreifende Kraft $F = -m \cdot a$. Das negative Vorzeichen kommt von der vorher festgelegten Kraftrichtung (hier nach oben) im Bezugssystem der Plattform. Das Brett erfährt somit eine Kraft. Diese ist also vom Betrag her gleich F, zeigt aber in die entgegengesetzte Richtung, so daß sie sich zur Gewichtskraft addiert: $F_{ges} = m \cdot (g + a)$. Hier zeigt sich also der Rückstoß-Effekt.

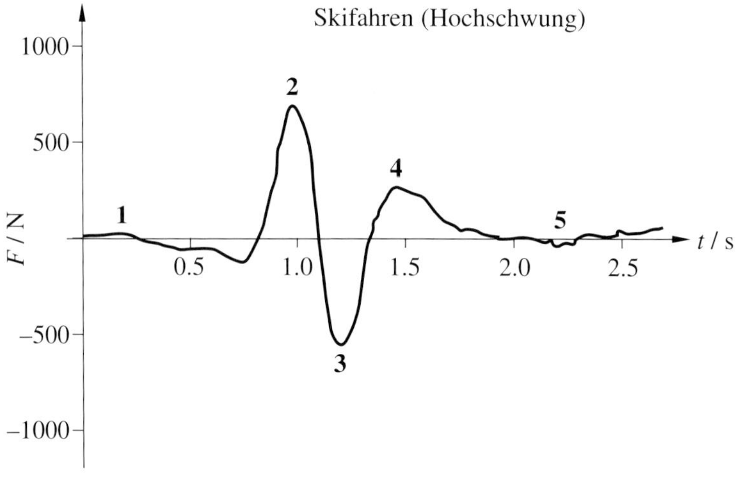

Abb. 3: Kräfte beim Hochschwung (Skifahren) als Funktion der Zeit

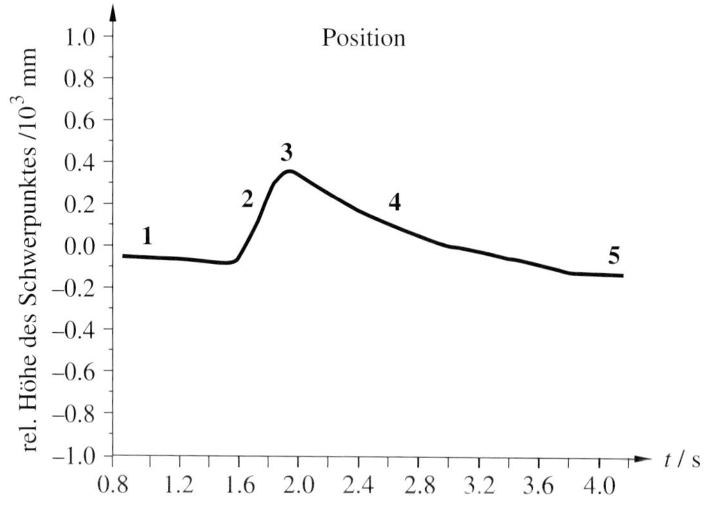

Abb. 4: Position des Schwerpunktes als Funktion der Zeit

- Phase 3: Durch die in Phase 2 erfolgte Beschleunigung nach oben hebt der "Skifahrer" ähnlich wie bei einem Sprung etwas ab (er muß ja unbedingt den Kontakt zum Boden ganz verlieren). Das Brett wird dabei entlastet und zeigt ein negatives Signal (bei Kompensation des Eigengewichts). Der "Skifahrer" nutzt diesen Augenblick, um z. B. die Skier zu drehen.
- Phase 4: Nachdem der "Skifahrer" wieder "gelandet" ist, registriert die Plattform eine geringere positive Kraft. Dies kommt daher, daß der "Skifahrer" bei der Landung erst etwas in die Knie geht (um den Schwung abzufangen) und anschließend wieder Druck auf die Kanten ausübt. Dazu muß er seinen Schwerpunkt nach oben beschleunigen, auf das Brett wirkt wieder eine Kraft nach unten.
- Phase 5: Der "Skifahrer" ist jetzt wieder in Ruhe, es wirkt nur die Gewichtskraft (vgl. Phase 1). Aufgrund der gewonnenen Erkenntnisse kann der "Skifahrer" versuchen, seine Fahrtechnik zu verbessern.

Variationen
Tiefschwung oder Registrierung von Absprung und Landen beim Hochsprung.
Klebt man den Dehnungsmeßstreifen auf eine ca. 0,8 mm Blattfeder, so hat man einen vielfältig einsetzbaren Kraftsensor.[4]

Methodischer Einsatz
Der interdisziplinare Einsatz in Verbindung mit Sport ist besonders motivierend. Empfehlenswert ist es, Kontakt mit einer Sporthochschule aufzunehmen bzw. sich weitere Informationen von Ski-Herstellern zu besorgen. Das Thema ist deshalb als Projekt oder Facharbeit sehr gut geeignet.

[4] Literatur: I. Bull, R. Lincke: Kraftmessung mit Dehnungsmeßstreifen, in: Physik und Didaktik 4/1993, S. 316-323.

21. Differentialtransformator: Wegmessung

Klassenstufe	Oberthemen	Unterthemen	Anforderungs-niveau	Durchführungs-niveau	Vorlauf Vorbereitung Durchführung
SI, SII	Elektrik	elektromagnetische Induktion Transformator	●●	■	1 Std. ca. 15 min. ca. 5 min.

Es wird die Funktionsweise eines induktiven Sensors zur Messung eines Verstellweges demonstriert. Zu finden sind diese Sensoren z. B. in Flugzeugen als Positionsmesser der Ruderstellung.

Materialien

- Spule 150 Windungen
- 2 Spulen 600 Windungen
- Weicheisenkern
- Wechselspannungsmeßgerät
- Lineal
- Netzgerät 0 ... 25 V ~, 10 A

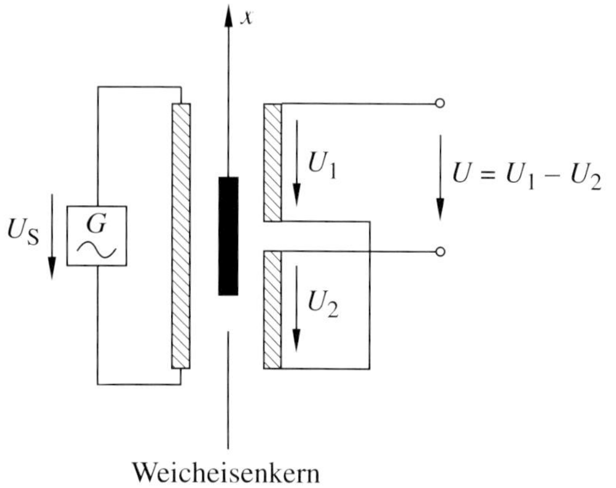

Abb. 1: Schaltskizze

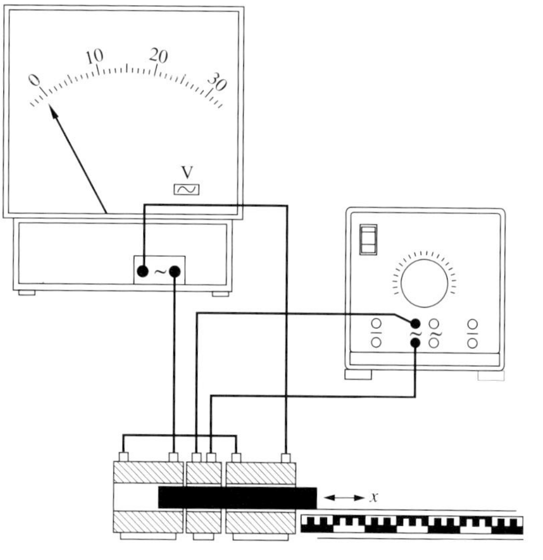

Abb. 2: Schematischer Versuchsaufbau

Vorbereitung

Da die zur Versuchsdurchführung notwendigen Geräte wohl an jeder Schule vorrätig sind, beschränkt sich die Vorbereitung des Versuchs auf den Aufbau und die Verkabelung.
Hierzu werden die 3 Spulen eng nebeneinander gestellt, wobei die Spule mit 150 Windungen als Primärspule in der Mitte positioniert wird. Die Primärspule wird an das Netzgerät angeschlossen. Die beiden äußeren Spulen werden als Sekundärspulen in Differenz geschaltet und an das Wechselspannungsmeßgerät angeschlossen. Anschließend werden der Weicheisenkern eingeführt und das Lineal angelegt.

Durchführung/Ergebnis

Zunächst positioniert man den Weicheisenkern in die Mitte der Versuchsanordnung. Dann wird das Netzgerät eingeschaltet und auf eine Wechselspannung von ca. 20 V (50 Hz) eingestellt. Das Wechselspannungsmeßgerät zeigt bei dieser Stellung des Kerns eine Ausgangsspannung von 0 V an. Verschiebt man nun den Eisenkern langsam in beide Richtungen, so stellt man ein Ansteigen der Ausgangsspannung fest. Nimmt man mit Hilfe des Lineals die Ausgangsspannung als Funktion des Verschiebeweges auf, so erkennt man in einem bestimmten Bereich einen linearen Zusammenhang (Abb. 3).

Funktionsweise
Das Prinzip eines Differentialtransformators als Wegaufnehmer[1] zeigen die Abb. 1 bis 3. Er besteht aus einer Primär- und zwei Sekundärspulen, die zueinander gegenphasig angeordnet sind. Über die Primärwicklung wird der aus den beiden Sekundärspulen bestehenden Halbbrücke eine sinusförmige Trägerspannung zugeführt. Der verschiebbare Kern beeinflußt die magnetische Kopplung zwischen der Primärwicklung und den beiden Sekundärwicklungen (Abb. 1).
In der Ruhelage befindet sich der Kern genau in der Mitte, so daß die induzierten Spannungen in den Sekundärwicklungen entgegengesetzte Polarität haben und exakt gleich sind. Das daraus resultierende Signal ist in diesem Fall 0 Volt. Wenn der Kern aus der Nullage bewegt wird, so ergibt sich eine Differenzspannung, die proportional zur Verschiebung ist. Die Differenz der beiden Spannungen ist somit ein Maß für die Wegstrecke (Abb. 3).

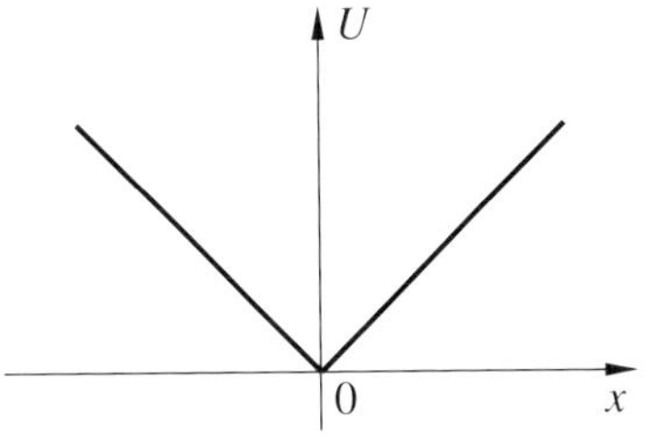

Abb. 3: Ausgangsspannung als Funktion des Weges

Variation
Alternativ zum dargestellten Versuchsaufbau läßt sich ein solcher Wegaufnehmer relativ leicht nachbauen. Man benötigt dazu ein Kunststoffrohr (z. B. die Hülle eines Filzstiftes), etwas Trafodraht (Lackdraht mit ca. 0,5 bis 1 mm Durchmesser) und den Schaft einer Schraube als Kern. Mit dem Trafodraht wickelt man sich nun 3 gleich lange Spulen um das Kunststoffrohr und verkabelt die Enden entsprechend dem Versuchsaufbau. Aufgrund der geringen Windungszahl der Spulen verwendet man zur Speisung der Primärspule einen Frequenzgenerator, um eine einigermaßen große Ausgangsspannung im mV-Bereich zu erhalten. Die Erregerfrequenz sollte hier bei einer Versorgungsspannung von ca. 10 V im Bereich von 4 bis 10 kHz liegen.

Methodischer Einsatz
Der Versuch eignet sich besonders für die Mittelstufe im Rahmen der Elektrizitätslehre. Hier kann der Versuch zur Demonstration der elektromagnetischen Induktion dienen. Darüber hinaus kann er als einleitender Versuch zur Erarbeitung der Gesetzmäßigkeiten des Transformators verwendet werden.
Dabei läßt sich das Experiment gut mit dem Hinweis auf die Positionssteuerung eines Flugzeugruders motivieren. Hier werden solche Sensoren als Positionsmesser der Ruderstellung zur Rückmeldung an den Pilot oder Autopilot verwendet.
Zudem kann man den Schülern und Schülerinnen einen Einblick in moderne Meß- und Regelvorgänge geben, da solche induktive Sensoren aufgrund ihrer Robustheit vielfach ihre Anwendung finden, wo empfindliche Elektronik versagt (z. B. hohe Temperaturen, hohe Drücke, radioaktive Belastung, Seewasser).

[1] Weitere Informationen z. B. bei ASM GmbH, Am Bleichdach 18-22, D-85452 Moosinning (http://www.asm-sensor.de/) erhältlich.

22. Drucksensor: Alarmanlage

Klassenstufe	Oberthemen	Unterthemen	Anforderungs-niveau	Durchführungs-niveau	Vorlauf Vorbereitung Durchführung
SI, SII	Mechanik Elektrik	Druck elektr. Widerstand Sensoren	●	■	1 Woche ca. 30 min. ca. 10 min.

Das Funktionsprinzip eines Drucksensors soll demonstriert und am Beispiel einer Alarmanlage für Exponate eine Einsatzmöglichkeit aufgezeigt werden.

Materialien

- Drucksensor, z. B. FSR 150 (Elektronik-Versandhandel)
- Batterieleiste (4,5 V) oder geeignetes Netzgerät
- Widerstand 1 MΩ
- Widerstand 10 kΩ
- Widerstand 220 Ω
- LED
- Transistor, z. B. BC 107B
- Transistor, z. B. BC 140
- Lüsterklemmenpaar
- Kabel (1,5 mm^2, ca. 40 cm lang)
- Verbindungskabel

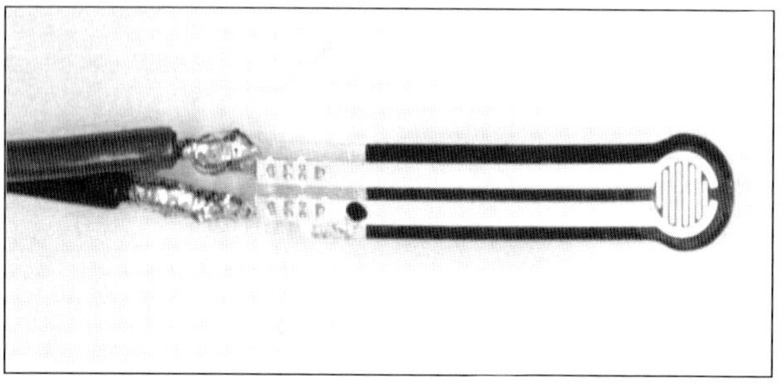

Abb. 1: Drucksensor (rechts) mit angelöteten Kabeln

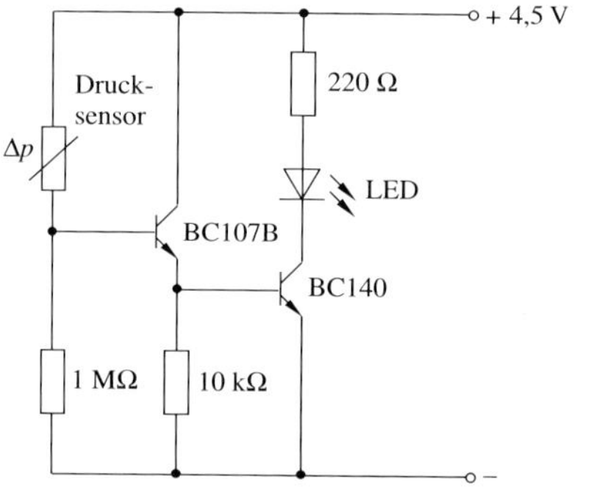

Abb. 2: Schaltskizze

Vorbereitung

An den Drucksensor lötet man vorab zwei Anschlußkabel (Abb. 1) und fixiert ihn mit Hilfe von Klebeband auf einer glatten Unterlage. Der Aufbau der für Versuch 2 benötigten Verstärkerschaltung erfolgt entsprechend Abb. 2 im nächsten Arbeitsschritt. Zusätzlich stellt man sich ein kleines Übertragungselement her, dessen Auflagefläche an die Größe der Kontaktfläche des Drucksensors angepaßt ist.

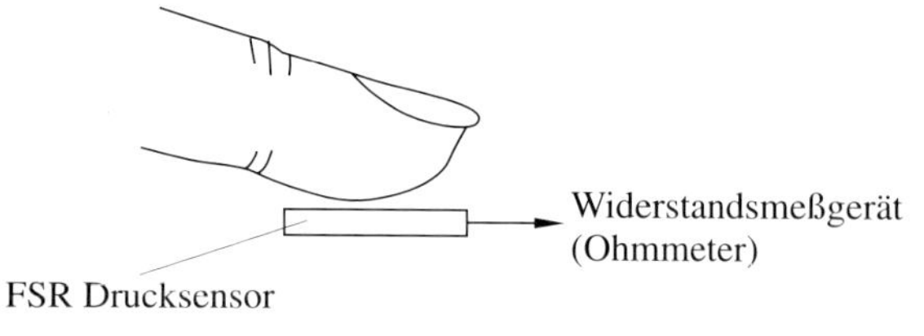

Abb. 3: Daumendruck auf Sensor

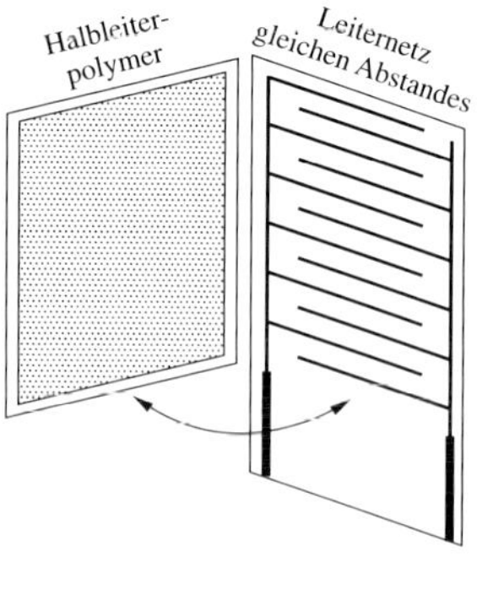

Abb. 4: Aufbau des Drucksensors FSR 150

Versuch 1: Funktionsweise eines Drucksensors
Zur Demonstration der Wirkungsweise des Drucksensors verbindet man die beiden Anschlußkabel mit den Eingängen eines Ohmmeters und zeigt die Änderung des Widerstandes in Abhängigkeit vom Druck (z. B. Daumendruck) auf die Sensorfläche (Abb. 3). Bedingt durch den Aufbau des Sensors sinkt bei Belastung der Widerstand. Dies läßt sich folgendermaßen erklären: Der verwendete Drucksensor FSR basiert auf zwei Polymerfilmen; einer ist mit einem Leiterbild in Form eines Satzes ineinandergreifender Elektroden versehen (Abb. 4). Die einzelnen Finger haben im unbelasteten Zustand einen vorgegebenen Abstand. Auf der zweiten Folie befindet sich ein Halbleiterpolymer. Die beiden Schichten sind so miteinander verbunden, daß die Kontaktfinger durch das Halbleiterpolymer parallel geschaltet werden. Im unbelasteten Zustand ist der Widerstand typisch 1 MΩ oder größer. Unter Druck rücken die Elektroden näher zusammen, der Widerstand sinkt.

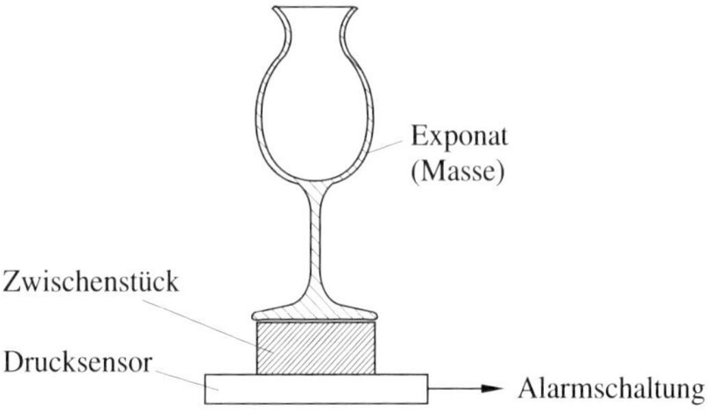

Abb. 5: Drucksensor mit Exponat

Versuch 2: Alarmanlage für Exponate
Der an die Alarmanlage geschaltete Drucksensor wird nun mit einem Exponat (Massestück) belastet (Abb. 5). Befindet sich das Exponat an der vorgesehenen Stelle, dann leuchtet die LED und meldet die Funktionstüchtigkeit der Alarmanlage. Wird das Exponat entfernt, so steigt der Widerstand des Drucksensors stark an, die Basis-Emitter-Spannung des Transistors BC 107B sinkt unter den Schwellspannungswert. Der Transistor BC 107B und nachfolgend auch BC 140 sperren. Die LED geht aus, was hier gleichbedeutend mit Alarm ist.

Methodischer Einsatz
Die beschriebenen Experimente sowie das nachfolgende ("Drucksensor: Quellungsdruck bei Erb–sen") können auch im Rahmen von Schüler- und Schülerinnenübungen eingesetzt werden.

23. Drucksensor: Quellungsdruck bei Erbsen

Klassenstufe	Oberthemen	Unterthemen	Anforderungs-niveau	Durchführungs-niveau	Vorlauf Vorbereitung Durchführung
SI	Mechanik Elektrik	Druck elektr. Widerstand	●	■■	1 Woche ca. 30 min. ca. 2-3 Std.

Mit Hilfe eines Drucksensors soll der Quellungsdruck von Erbsen in einem Glas bestimmt werden.

Materialien

- Widerstand 100 kΩ
- Batterieleiste 4,5 V
- Netzgerät 0 ... 10 V –
- feiner Sand (z. B. Vogelsand) •
- Wasser
- Arbeitshandschuhe
- x-t-Schreiber (oder Interface mit geeignetem PC, z. B. CASSY)
- Stativmaterial
- Glas mit Deckel
- mehrere Gewichtsstücke Bolzen (Eichung des Sensors)
- Erbsen
- Sicherheitsglasscheibe
- Drucksensor FSR 149 (Elektronik-Versandhandel)

Vorbereitung

Der Drucksensor wird gemäß Abb. 1 angeschlossen. Über dem Sensor, der im unbelasteten Zustand maximalen Widerstand hat, wird die Spannung mit Computer-Interface (z. B. CASSY) oder x-t-Schreiber gemessen. Da der Widerstand des Sensors exponentiell mit steigendem Druck abnimmt, nimmt die Spannung ebenfalls exponentiell mit steigendem Druck auf den Sensor ab. Zuerst wird die Apparatur mit Hilfe eines Bolzens (d = 4 mm), der Druck auf den Sensor ausübt, geeicht. Hierzu kann die in Abb. 2 dargestellte Apparatur verwendet werden.

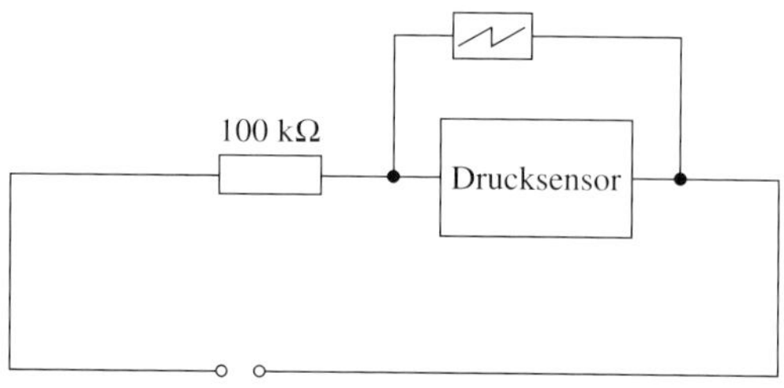

Abb. 1: Schaltskizze für den Drucksensor

Der Sensor wird auf den Tisch gelegt und mit Klebeband fixiert. Nun wird der Bolzen (Eichspitze) mittig auf der Sensorfläche justiert. Der Bolzen ist durch Klemmen so fixiert, so daß er nach oben frei beweglich ist, aber durch die Schrauben der Klemmen seitlich in gleicher Position gehalten

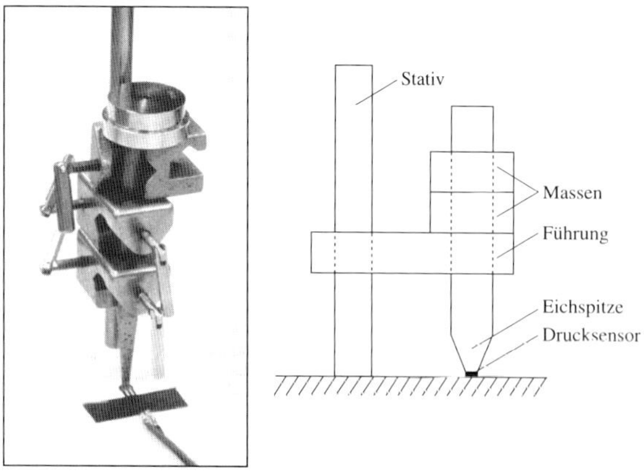

Abb. 2: Apparatur zur Eichung des Sensors

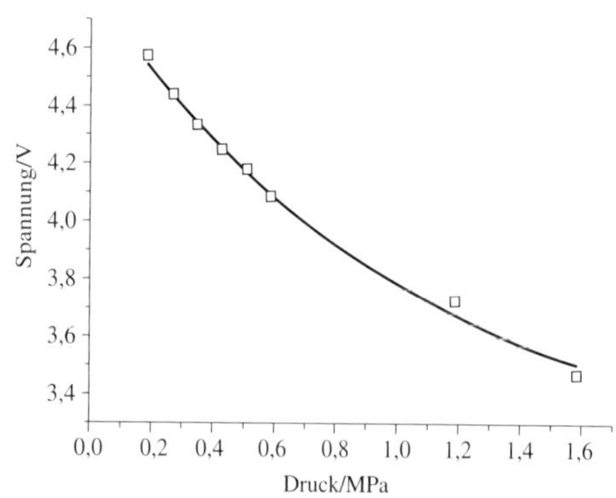

Abb. 3: Spannungs-Druck-Diagramm

wird. Durch Belastung mit verschiedenen Massen ergeben sich dei in Abb. 3 dargestellten Druck-Spannungs-Meßpunkte. Wird eine Exponentialfunktion

$$y = y_0 + A \cdot \exp(-(x - x_0)/t)$$

mit x als Druck und y als Spannung an die Eichwerte angepaßt, ergeben sich folgende Parameter:

$$x_0 = 0{,}287\ \text{MPa},\ y_0 = 3{,}15\ \text{V},\ t = 1{,}020\ \text{MPa},\ A = 1{,}25\ \text{V}.$$

Mit Hilfe dieser Eichfunktion (Abb. 3) läßt sich der Druck auf den Sensor bei gemessenen Spannungswerten errechnen.

Durchführung/Beobachtung

Das Experiment beginnt damit, daß das Glas etwa halb mit Erbsen gefüllt wird. Als Vorsichtsmaßnahme wird der Drucksensor auf ein kleines Stück PVC-Stab geklebt und zusätzlich mit Klebeband umwickelt. Hierdurch werden das Knicken des Sensors sowie Störungen durch die Leitfähigkeit des Wassers vermieden. Als Vorbereitung für die eigentliche Versuchsdurchführung wird in den Deckel des Glases ein Spalt mit Hilfe von Bohrmaschine und Feile angebracht, durch den der Drucksensor mit Kabel hindurchgeführt und ins Glas gehängt wird, so daß der Deckel später ohne Probleme zugeschraubt werden kann. Das Glas wird nun randvoll mit Erbsen gefüllt. Danach wird solange Sand in das Glas gefüllt, bis möglichst alle Hohlräume zwischen den Erbsen mit Sand ausgefüllt sind. Zum Schluß wird ausreichend Wasser eingefüllt, so daß alle Erbsen genügend Wasser zum Quellen aufnehmen können. Der Deckel wird fest auf das Glas geschraubt und die Messung wird gestartet.

Ergebnis

Man erhält ein Spannungs-Zeit-Diagramm, wie in Abb. 4 dargestellt. Nach etwa zwei bis drei Stunden zerplatzt das Glas durch den Quellungsdruck mit einem deutlich hörbaren Knacken.

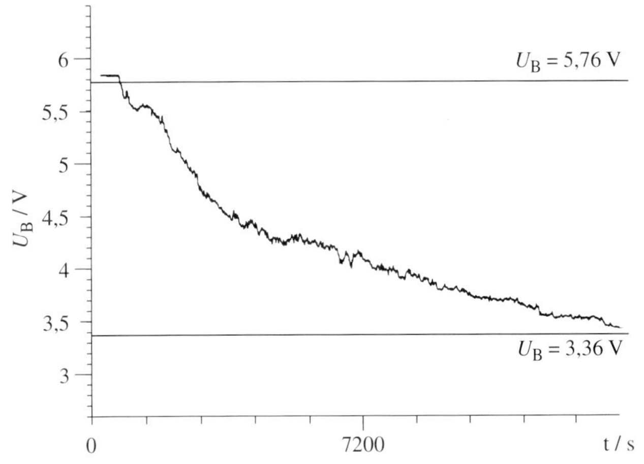

Abb. 4: Spannungsverlauf, aufgenommen mit CASSY-Interface

Erklärung/Auswertung

Durch Ablesen des Graphen $U(t)$ erhält man eine Spannung, bei der das Glas platzt, von U = 3,36 V. Mit $x = -\ln((y - y_0)/A)t + x_0$ und den obigen Werten entspricht dies einem Quellungsdruck von

$$p_{\text{Quell}} = 2{,}1\ \text{MPa}$$

bzw.

$$p_{\text{Quell}} = 21\ \text{bar},$$

der das Glas zum Platzen gebracht hat.[1]

Variation

Um die Untersuchung von Gehfehlern zu demonstrieren, kann der Drucksensor an der Ferse oder am Fußballen befestigt werden[2].

Sicherheitshinweis

Der Versuch zum Quellungsdruck sollte hinter einer Sicherheitsglasscheibe durchgeführt werden.

---

[1] Bei der Bestimmung des Drucks, der das Glas zum Platzen gebracht hat, könnte eine ungleiche Druckverteilung Fehler herbeiführen.

[2] Sanitätshäuser bzw. Orthopädie-Fachgeschäfte nutzen ein ähnliches Verfahren zur optimalen Anpassung von Schuheinlagen bzw. zur Untersuchung von Gehfehlern.

24. Elektrische Zahnbürste

Klassenstufe	Oberthemen	Unterthemen	Anforderungs-niveau	Durchführungs-niveau	Vorlauf Vorbereitung Durchführung
SI, SII	Elektrik	Induktion Diode	●●	■	Wochen ca. 1 Stunde ca. 5 min.

Anhand einer elektrischen Zahnbürste wird das Prinzip der kontaktlosen Aufladung eines Akkus bzw. der kontaktlose Betrieb eines Elektromotors demonstriert.

Materialien

- elektrische Zahnbürste
- Netzgerät 10 V ~/5 A ~
- 5 Kabel (30-50 cm lang)
- Induktionsspulen, ineinanderpassend
- Gleichstrom-Motor (1,5 V)
- Diode (z. B. 1N4007)
- eventuell ein Oszilloskop
- Eisenkern für die Spulen

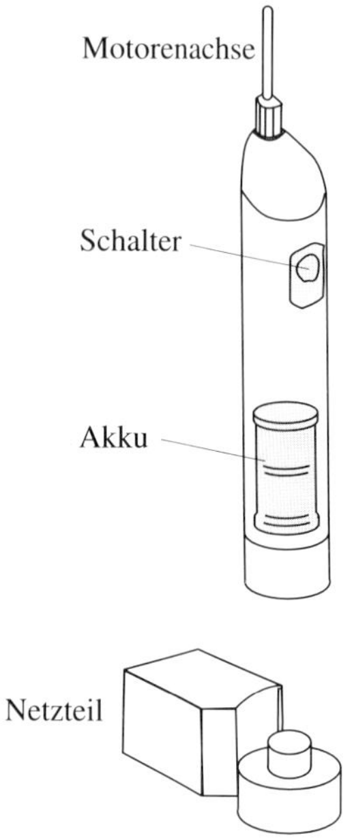

Abb. 1: Schema einer elektrischen Zahnbürste

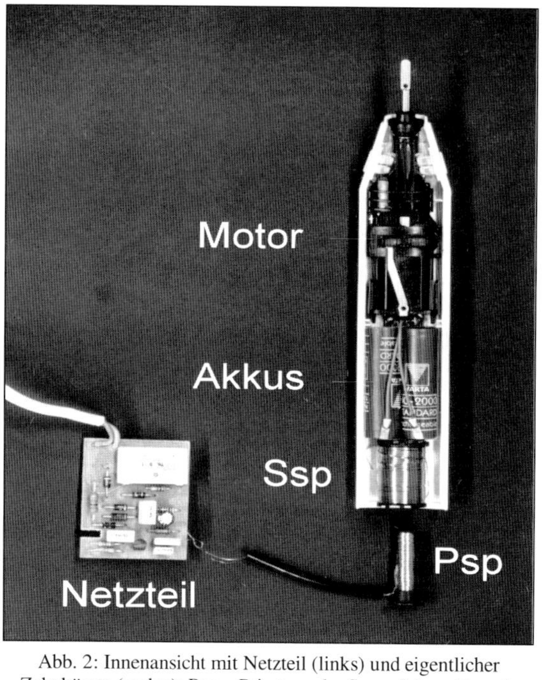

Abb. 2: Innenansicht mit Netzteil (links) und eigentlicher Zahnbürste (rechts); Psp = Primärspule; Ssp = Sekundärspule

Vorbereitung

Um den Zusammenhang zwischen dem Original und dem Modell herzustellen, ist es wichtig, das Gerät zuerst zu zerlegen, um den Schülern und Schülerinnen die wesentlichen Elemente und deren Funktion zu erläutern (Abb. 1 und 2).

Das Netzteil der Zahnbürste ist zugleich die Aufladestation. Nach dem Öffnen des Gehäuses sieht man einen kleinen Transformator, der auf einer Platine aufgebracht ist, und die Spule, die mit der Platine verlötet ist. Den anderen Bauteilen, Widerständen etc., die für das Verstehen des Phänomens nicht zum Tragen kommen, ist weniger Beachtung zu schenken.

Das Öffnen der Zahnbürste selbst ist etwas schwieriger, da diese wasserdicht verschlossen ist. Das Gerät muß dann längs der Schweißnaht mit einer Säge oder einem Messer vorsichtig aufgeschnitten und dann auseinandergezogen werden.

Aufgrund eines eventuellen Abrutschens ist es sinnvoll, die Zahnbürste dazu in einen Schraubstock einzuspannen.

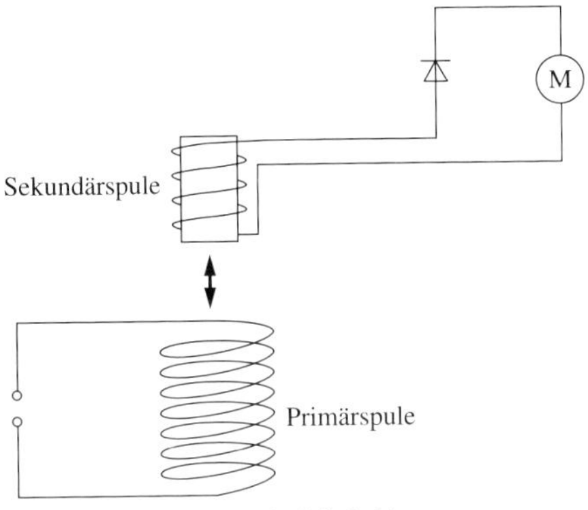

Abb. 3: Schaltskizze

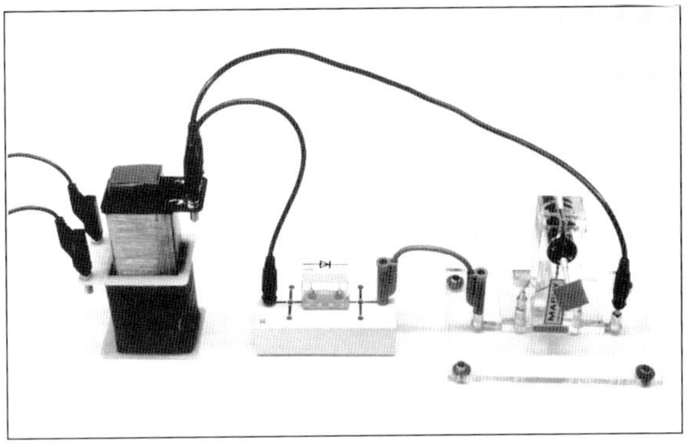
Abb. 4: Gesamtaufbau (ohne Netzgerät)

Zum Vorschein kommt dann eine kleine Spule, die mit einem Akku mittels einer Diode und eines Kabels verbunden ist. Der Elektromotor im oberen Teil der Zahnbürste kann für das spätere Modell eventuell zum Einsatz kommen.
Bei defekten Zahnbürsten ist es wahrscheinlich, daß der Akku ausgelaufen ist, daher sollte ein Kontakt damit vermieden werden.

Durchführung/Funktionsweise
Bevor man mit dem Aufbau des Modells beginnt, erscheint es angebracht, die Komponenten so auf den Tisch zu legen, daß man später anhand des Modells deren Zusammenwirken nachvollziehen kann.
Die Primärspule wird an das Netzgerät angeschlossen. Die Sekundärspule mit dem Kern wird über eine Diode mit dem Elektromotor verbunden. Man schiebt nun die Sekundärspule mit dem Kern in die Primärspule, und der Motor beginnt aufgrund elektromagnetischer Induktion zu laufen (Abb. 3 und 4).[1]
Auf einem Oszilloskop ist es möglich, die gepulste Gleichspannung sichtbar zu machen, die zum Aufladen eines Akkus notwendig ist. An dieser Stelle könnte auch die Gleichrichter-Funktion einer Diode erklärt werden.
Da die Spulen nach einiger Zeit warm werden, was allerdings im Rahmen der kurzen Durchführungsdauer unbedenklich ist, sollte man diesen Sachverhalt aufgreifen, um den Wirkungsgrad der Vorrichtung abzuschätzen.

Abschätzung
Es bietet sich auch an, die Schüler und Schülerinnen abschätzen zu lassen, welche Lebensdauer eine elektrische Zahnbürste mit Akku hat. Wenn man weiß, daß mit einer Akkuladung der Betrieb für 20 Minuten gesichert ist und der Akku ca. 1000 Mal aufgeladen werden kann, so ist klar, daß das Gerät nach ca. 333 Stunden nicht mehr zu gebrauchen ist, d. h. bis dahin hat man faktisch 6666 Mal die Zähne geputzt, bei einer empfohlenen Putzdauer von zweimal 3 Minuten täglich. Die Zahnbürste ist dann ca. neun Jahre alt.
Solche Erkenntnisse lassen sich auch ohne weiteres auf andere akkubetriebene Geräte, wie Rasierapparate oder schnurlose Telefone, übertragen.

Methodischer Einsatz
Sowohl die elektromagnetische Induktion als auch speziell das Prinzip des Trafos können mit diesem Versuch verdeutlicht werden. Daneben bietet es sich auch an, die Funktionsweise der Diode zu erläutern.

[1] Bei realen Zahnbürsten findet man beide Varianten der gegenseitigen Anordnung von Primär- und Sekundärspule.

25. Elektronische Präzisionswaage: Funktionsprinzip

Klassenstufe	Oberthemen	Unterthemen	Anforderungsniveau	Durchführungsniveau	Vorlauf Vorbereitung Durchführung
SI	Magnetismus	Permanentmagnet Elektromagnet	●●	■	- ca. 15 min. ca. 15 min.

Am Modell einer elektronischen Präzisionswaage wird die Massenbestimmung durch elektromagnetische Kraftkompensation gezeigt.

Materialien

- Netzgerät 0 ... 25 V –
- Amperemeter 1 A –
- Stabmagnet
- Spule (z. B. 1200 Windungen)
- Schnur und Klebeband
- Kraftmesser (die Empfindlichkeit ist je nach Masse des Stabmagneten zu wählen)
- 2 Stativstangen
- Tischklemme
- Stativklemme
- Massestücke
- 3 Kabel

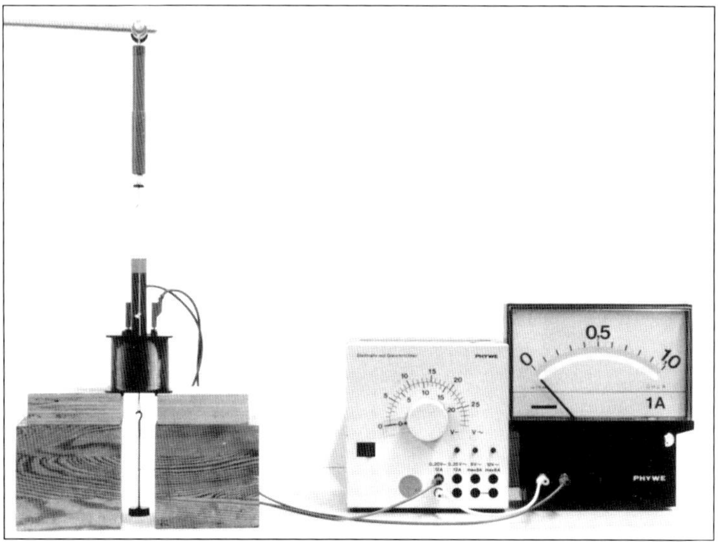

Abb. 1: Gesamtansicht des Versuchs

Vorbereitung

Die Schnur wird zu einer Schlaufe verknotet und anschließend mit dem Klebeband in Längsrichtung am Magneten befestigt, so daß an den beiden Polen des Magneten Aufhänger entstehen, um den Magneten auf der einen Seite an dem Federkraftmesser einzuhängen und auf der anderen Seite Massestücke anzubringen.

Damit die zu messenden Massenstücke an dem in die Spule hineinragenden Stabmagneten angehängt werden können, wird die Spule auf Klötzen gelagert.

Die Spule selbst wird mit dem Netzgerät zur Spannungsregulierung und einem Amperemeter zum Ablesen des Kompensationsstroms in Reihe geschaltet.

Durchführung/Ergebnis

Zu Beginn des Versuchs demonstriert man kurz die Funktionsweise der Waage. Dazu kennzeichnet man die Ausgangslage des Stabmagneten, was bei Verwendung eines Federkraftmessers kein Problem darstellt. Nun hängt man ein Massestück an und beobachtet die Ausdehnung des

Federkraftmessers. Durch die Regelung des Spulenstroms und der damit verbundenen Änderung des Spulen-Magnetfelds ($I \sim B$) führt man den Stabmagneten in seine Ausgangslage zurück. Durch die magnetische Kraft wird die Gewichtskraft kompensiert. Ist den Schülern und Schülerinnen das Funktionsprinzip klar geworden, kann man zur Eichung der Waage übergehen. Dazu wird für bekannte Massestücke jeweils der Strom gemessen, der zum Zurückführen des Stabmagneten in seine Ausgangslage notwendig ist. Die Ergebnisse stellt man in einer Tabelle und einem Diagramm dar (Abb. 2). Aus den Meßwerten ermittelt man den Umrechnungsfaktor von Stromstärke auf die Masse, um im Anschluß an die Eichung den Schülern und Schülerinnen Gelegenheit zu geben, mit dieser selbst gebauten Waage die Masse einiger Gegenstände zu bestimmen.

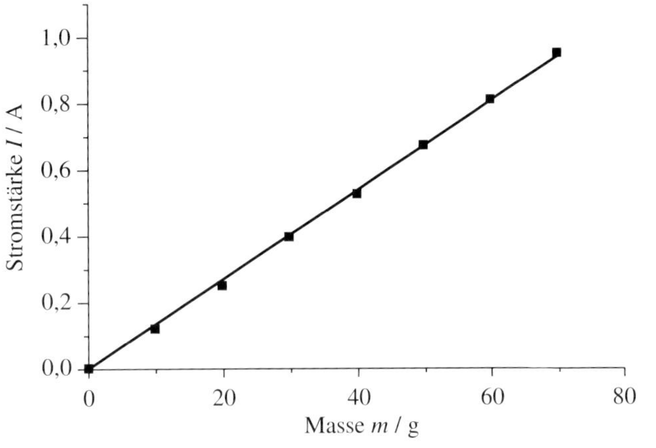

Abb. 2: Stromstärke zur Kompensation als Funktion der angehängten Masse

Funktionsweise
Zur Massenbestimmung nutzt man die entgegengesetzt gerichteten Magnetfelder von Spule und Stabmagnet aus. Wird der Stabmagnet durch die Gewichtskraft der angehängten Masse aus der Ruhelage ausgelenkt, so wird er durch die magnetische Kraft der stromdurchflossenen Spule wieder zurückgeführt. Je größer die angehängte Masse ist, um so größer muß das Magnetfeld zur Kompensation der Gewichtskraft sein und um so stärker muß damit auch der Spulenstrom gewählt werden. Dadurch erhält man einen direkten Zusammenhang zwischen Spulenstrom und angehängter Masse.

Hinweis
Um eine exakte Messung zu erreichen, muß darauf geachtet werden, daß sich die untere Kante des Stabmagneten während der gesamten Messung in gleichen Abständen um die Spulenmitte bewegt, da die Kraftwirkung im Bereich ± 1 cm um die Spulenmitte weitestgehend konstant ist, während sie an den Spulenrändern deutlich abnimmt. Dies läßt sich durch die größere Feldliniendichte in der Mitte gegenüber den Spulenrändern erklären.

Abschätzung
Vergleicht man für verschiedene Gegenstände die Meßwerte, die das Modell bzw. eine echte Präzisionswaage anzeigt, so läßt sich daraus die Genauigkeit des Waagen-Modells abschätzen. Bei exaktem und sorgfältigem Vorgehen lassen sich die Massen mit einer Abweichung von ca. 10 % vom Meßwert der echten Präzisionswaage bestimmen.

Methodischer Einsatz
Der Versuch kann im Themengebiet Magnetismus/Elektromagnet in der Mittelstufe als technisches Anwendungsbeispiel eingesetzt werden.
Neben dem Einsatz als Demonstrationsversuch[1] läßt sich dieses Experiment auch als Versuch in Gruppenarbeit durchführen.

[1] Für Facharbeit geeignete Version beschreibt F. Wörten: Zwei Experimente zur Waage, Praxis der Naturwissenschaften - Physik 3/1996, S. 7-9.

26. Energiesparlampen: Vergleich der Helligkeit mit dem Fettfleckphotometer

Klassenstufe	Oberthemen	Unterthemen	Anforderungsniveau	Durchführungsniveau	Vorlauf Vorbereitung Durchführung
O, SI, SII	Optik Elektrik Wirkungsgrad	Licht Beleuchtungsstärke	●	■	Stunden ca. 10 min. ca. 10 min.

Mit einem Fettfleckphotometer werden die Herstellerangaben bezüglich der Helligkeit (Beleuchtungsstärke) einer Kompaktleuchtstofflampe (Energiesparlampe) überprüft.

Materialien

- optische Bank
- Kompaktleuchtstofflampe
- 2 Lampenfassungen für Verschiebereiter
- 3 Glühlampen (davon eine mit der lt. Herstellerangabe äquivalenten Leistungsaufnahme, eine mit darüber-, eine mit darunterliegender)
- Spannungsquelle für die Lampen
- 2 Verschiebereiter
- Fettfleckphotometer[1] auf einem Verschiebereiter
- Handschuhe (zum Auswechseln der heißen Glühlampen)

Abb. 1: Gesamtaufbau

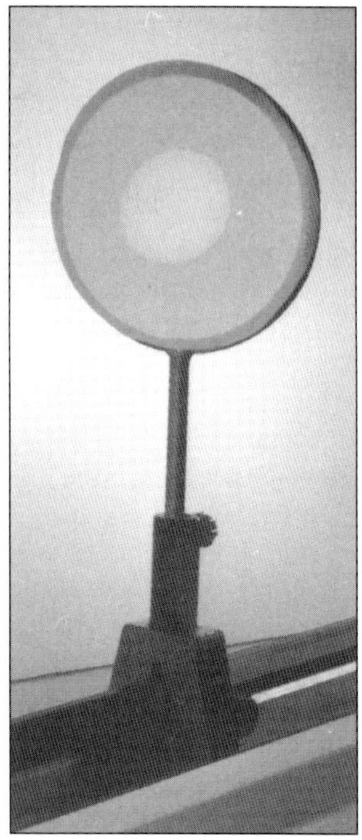

Abb. 2: Fettfleckphotometer

Vorbereitung

Die Kompaktlampe und eine Glühlampe werden im Abstand von 1 m auf der optischen Bank befestigt. Der Reiter mit dem Fettfleckphotometer wird zwischen den beiden Lampen verschiebbar angebracht (Abb. 1). Die Lampen und der Fettfleck sollten sich auf gleicher Höhe befinden. Der Raum wird abgedunkelt.

Durchführung/Ergebnis

Das Fettfleckphotometer wird langsam zwischen den Lampen verschoben. Dabei erscheint der Lichtfleck dunkler bzw. heller (s. Abb. 2) als das ihn umgebende Papier. Dazwischen gibt es einen Bereich von zwei bis drei Zentimetern, in dem der Fettfleck zu verschwinden scheint (s. Abb. 1). Es muß eine "Mittelposition" bestimmt werden. Diese Position des Schirmes wird notiert und der Versuch mit einer anderen Glühlampe wiederholt. *Wegen der Verbrennungsgefahr an den Glühlampen sollten hierbei Handschuhe verwendet werden.*

[1] Sollte ein bis zwei Stunden vor Versuchsdurchführung angefertigt werden, weil mit einem frischen, feucht wirkenden Fleck kein Experimentieren möglich ist.

Bei der Durchführung mit einer 7 W Kompaktleuchtstofflampe und 25, 40, 60 und 75 W Glühlampen ergeben sich bei Kompaktleuchstofflampe in Position 0 cm und Glühlampe in Position 100 cm die in der Tabelle dargestellten Werte. Der Punkt, an dem der Fettfleck sich nicht mehr von seiner Umgebung abhebt, liegt bei Lampen gleicher Beleuchtungsstärke bei 50 cm, andernfalls näher an der lichtschwächeren Quelle.
Das Experiment bestätigt die Herstellerangabe, daß die Beleuchtungsstärke der 7 W Kompaktlampe der einer 40 W Glühlampe entspricht.

Lampenleistung/W	Position des Photometers/cm
75	40
60	45
40	50
25	67

Abschätzung
Nachdem herausgefunden wurde, welche Lampen äquivalente Beleuchtungsstärken zeigen, können die Kosten bei deren Verwendung im Haushalt berechnet und gegenübergestellt werden. Geht man von den auf der Lampenverpackung angegebenen 8000 Betriebsstunden als Lebensdauer einer Kompaktleuchtstofflampe aus, benötigt man 8 Glühlampen (Lebensdauer 1000 Stunden). Die Betriebskosten ergeben sich damit zu 8000 h · P/kW · 0,2 DM/kWh, wobei für P die Leistungsaufnahme der Lampe in kW eingesetzt werden muß. Die Abschätzung wird noch interessanter, wenn man nicht nur eine einzelne Lampe sondern die Anzahl der Lampen in einem Familienhaushalt zugrunde legt.
Auch der Vergleich der Wirkungsgrade von verschiedenen Lampentypen bietet sich hier an und schafft damit eine Verbindung zur Elektrik: Eine Glühlampe hat einen Wirkungsgrad von etwa 5 %. Wenn eine 7 W-Energiesparlampe einer 40 W-Glühlampe entspricht, dann hat sie einen Wirkungsgrad von ca. 30 %. Dies ist deutlich mehr als der Wirkungsgrad von Leuchtstoffröhren (15 bis 20 %).

Variationen
Alternativ kann auch ein Schattenphotometer oder ein Papierphotometer verwendet werden.
Weiterführend können Spektrum, Schaltung und Funktionsweise der verschiedenen Lampentypen besprochen werden, ebenso auch das Abstandsgesetz (Leuchtstärke ~ $1/r^2$) und der Begriff Raumwinkel.

Methodische Hinweise
An der Versuchsdurchführung können mehrere Schüler und Schülerinnen beteiligt werden. Die Klasse kann in Gruppen gemäß der Anzahl der Durchführungen mit verschiedenen Lampen eingeteilt werden. Eine Person verschiebt das Fettfleckphotometer, die anderen verteilen sich entlang der optischen Bank und bestimmen gemeinsam, von beiden Seiten den Fettfleck beobachtend den Bereich, in dem er zu verschwinden scheint.
Es ist davon auszugehen, daß die Experimentierenden mit dem Photometer intuitiv in beide Richtungen über den Bereich hinausgehen, in dem der Fettfleck nicht mehr sichtbar ist. Bei dieser Gelegenheit ist es sinnvoll, sie auf diese intuitiv angewendete wissenschaftliche Methode aufmerksam zu machen.

27. Erdbeben: Modellierung eines sicheren Hauses

Klassenstufe	Oberthemen	Unterthemen	Anforderungs-niveau	Durchführungs-niveau	Vorlauf Vorbereitung Durchführung
SII	Schwingungen	Dämpfung Resonanz, erzwungene Schwingungen	●●	■■	2 Wochen ca. 30 min. ca. 15 min.

Es soll das technische Prinzip erdbebensicherer Häuser verständlich werden, welches darauf beruht, daß Häuser vom Erdboden entkoppelt werden.

Materialien

- Digitalzähler
- Batterieleiste 4,5 V
- Widerstand 33 kΩ
- Wheatstone Brückenschaltung (siehe Versuch Nr. 20 "Dehnungsmeßstreifen: Sportforschung")
- Experimentiermotor
- Gleichspannungsmeßverstärker
- Stab für Exzenterscheibe (5 cm lang)
- Exzenterscheibe (Eigenbau)
- Massestück (ca. 100 g)
- 2 Wagen (Eigenbau mit Fischertechnik)
- Interface mit Computer
- Dehnungsmeßstreifen (DMS) auf Blattfeder (Dicke ca. 0,8 mm)
- Lichtschranke
- Stativmaterial
- Pleuelstange (Eigenbau, ca. 40 cm lang)

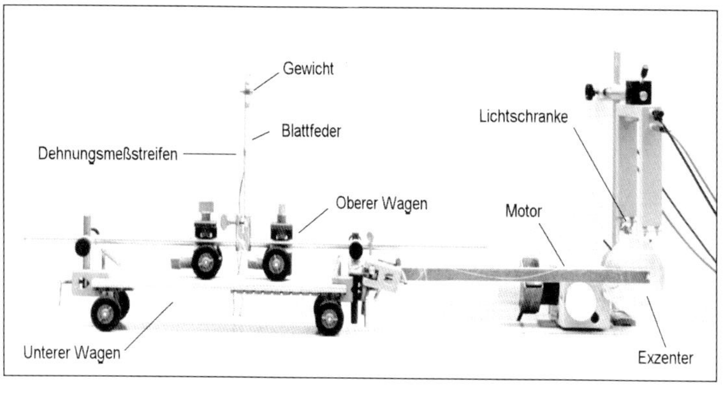

Abb. 1: Gesamtaufbau

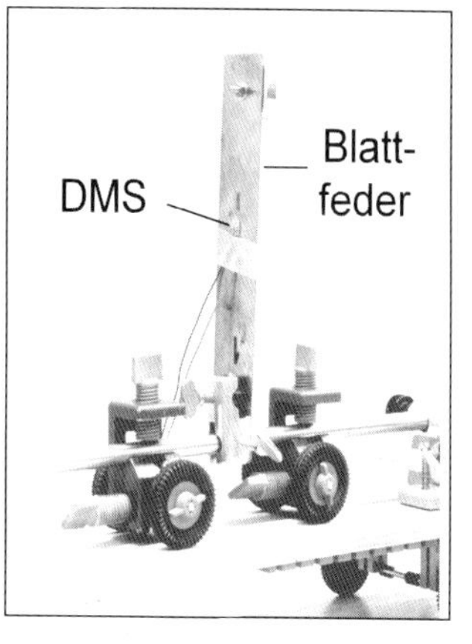

Abb. 2: Wägelchen als Hausmodell

Vorbereitung

An der Exzenterscheibe des Motors und an dem unteren der beiden Wagen (Abb. 1) wird die Pleuelstange befestigt. Dieser Wagen stellt nun bei eingestelltem Motor die bebende Erdoberfläche dar. Auf diesen Wagen kommt nun ein zweiter Wagen (Abb. 1 und 2), der eine lange Stativstange als Längsachse besitzt. Diese Stange kann durch zwei Klemmen an dem unteren Wagen festgeklemmt werden. Auf dem oberen Wagen wird die Blattfeder, an deren Ende das Gewicht angebracht wird, befestigt.[1] Dies soll ein Gebäude mit Fundament modellieren. Sollen die beiden Wagen entkoppelt werden, werden die Schrauben der beiden Klemmen gelöst und der Wagen wird durch die Stange, welche durch die beiden Klemmen gleitet, in seiner Spur gehalten.
Die Frequenz des Experimentiermotors wird mittels der Lichtschranke bestimmt. Dazu wird an der Exzenterscheibe, die am Experimentiermotor befestigt ist, ein Stab befestigt, der die entsprechend justierte Lichtschranke bei jeder Umdrehung genau einmal durchläuft. Dieser Stab ändert beim Durchlaufen der Lichtschranke den Spannungsabfall an dem zum Transistor in Reihe geschalteten

[1] Mit Hilfe des Massestückes läßt sich die Resonanzfrequenz der jeweiligen Blattfeder durchstimmen.

Widerstand (33 kΩ). Der parallel zum Widerstand geschaltete Digitalzähler registriert die Änderung der Spannung am Widerstand und damit die Drehfrequenz des Experimentiermotors.
Um ein Maß für die Amplitude der schwingenden Blattfeder zu erhalten, ist etwa in ihrer Mitte ein DMS angebracht. Die aufgrund der Dehnung des DMS entstehende Widerstandsänderung wird über eine Wheatstone Brückenschaltung als Spannungsänderung abgegriffen und mittels Interface gemessen. Mit dieser Anordnung wird die Amplitude der Blattfeder als Funktion der Zeit aufgenommen.

Durchführung/Ergebnis
Zuerst werden die beiden Wagen mittels der beiden Klemmen fest miteinander gekoppelt. An dem Experimentiermotor wird dann eine Drehzahl fest eingestellt und abgewartet, bis sich das System eingeschwungen hat. Anschließend wird mittels Interface eine Messung von etwa fünf Sekunden durchgeführt. Dies wird ebenfalls für entkoppelte Wagen und verschiedene Frequenzen wiederholt. Mit dem Computer werden Spannungs-Zeit-Diagramme aufgenommen, welche den Schwingungsverlauf sowie die Schwingungsamplitude veranschaulichen (Abb. 3). Daraus erhält man für beide Systeme typische Resonanzkurven (Amplitude als Funktion der Energiefrequenz). Im entkoppelten Fall ist die Resonanzfrequenz deutlich geringer als im ungekoppelten Fall. Die Amplitude ist um einen Faktor 25 kleiner.

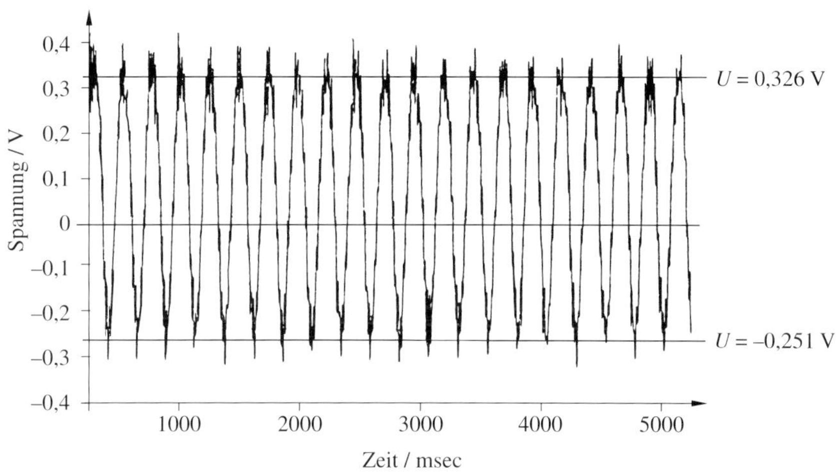

Abb. 3: Spannungs-Zeit-Diagramm bei gekoppelten Wagen und einer Frequenz von 4,2 Hz (aufgenommen mit CASSY-Interface)

Funktionsweise/Erklärung
Die Entkopplung der beiden Wagen kann wie eine Dämpfung behandelt werden:

$$\omega_R = (\omega_0^2 - 2\gamma^2)^{1/2} .$$

Aufgrund der Dämpfungskonstante γ verschiebt sich die Eigenfrequenz ω_0 (hier ca. 2 Hz) nach kleineren Werten ω_R der Resonanz (hier ca. 6 Hz); γ beträgt demnach etwa 4 Hz.

Variation
Eine qualitative Version dieses Experiments läßt sich ohne Aufnahme der Amplitude als Funktion der Zeit realisieren. Hierbei wird die Amplitude durch Beobachtung der Blattfeder verglichen. Bei einer günstigen Frequenz läßt sich der Amplitudenunterschied zwischen gekoppelten und entkoppelten Wagen, deutlich erkennen. Diese Version des Experiments zeigt das Phänomen ebenso gut und der Versuchsaufbau wird eventuell besser überschaubar.

28. Fahrradtacho

Klassenstufe	Oberthemen	Unterthemen	Anforderungs-niveau	Durchführungs-niveau	Vorlauf Vorbereitung Durchführung
SI, SII	Mechanik Elektrik	Kreisbewegung Induktion	●●	■■ !	- ca. 10 min. ca. 5 min.

Die Funktionsweise des Fahradtachos wird demonstriert.

Materialien

- Fahrradrad
- Digitalzähler
- Stabmagnet
- Spule (1000 Wdg.) mit Eisenkern
- Fahrradcomputer (Elektronik-Versandhandel)
- Tischklemmen
- Kabel (30 cm lang)
- Stativstangen (50 cm lang)
- Klemmen
- Klebestreifen

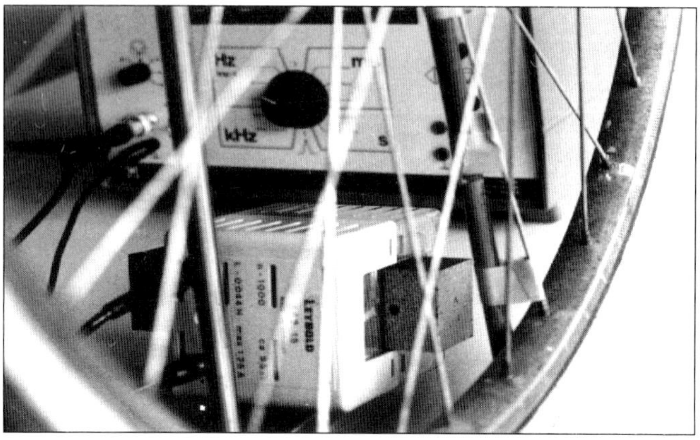

Abb. 1: Detailansicht mit Spule und Eisenkern sowie an einer Speiche befestigter Magnet

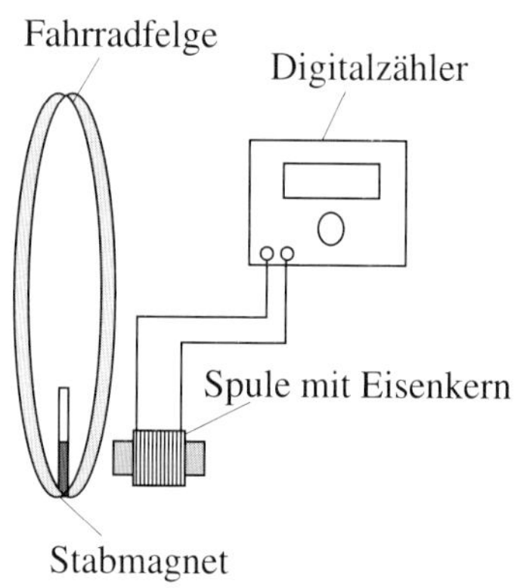

Abb. 2: Schematischer Versuchsaufbau

Vorbereitung

Zuerst sollte man den Radius r des Rades messen bzw. am Reifen oder an der Felge ablesen. Das Rad wird mittels der Stativstangen aufgestellt, nachdem man mit dem Klebestreifen den Stabmagneten an einer Speiche befestigt hat. Die Spule mit dem Kern sollte so positioniert sein, daß ein Pol des Magneten bei der Drehung des Rades im Abstand von ca. 1 cm die Spule passiert. Die Spule wird mit dem Digitalzähler verbunden. Anschließend wird der Fahrradtacho entsprechend der dazugehörenden Anleitung montiert.

Durchführung

Das Rad wird mit der Hand in Umdrehung versetzt, und auf dem Digitalzähler läßt sich die Umdrehungsfrequenz f bestimmen.

Nicht in das drehende Rad greifen, Abbremsen sollte man mit einem Gegenstand, den man gegen das Rad drückt.

Mit der Formel $v = \omega r = 2\pi r f$ kann nun die momentane Geschwindigkeit bestimmt und mit der Tachoanzeige verglichen werden.

Ergebnis
Exemplarisch ergeben sich für verschiedene Radgeschwindigkeiten (Umdrehungsfrequenzen *f*), die in der Tabelle aufgelisteten Werte.

f / Hz	v_{modell} / km/h	v_{tacho} / km/h
0,6	4,3	4,0
0,8	5,4	5,0
1,0	6,8	6,0
1,3	9,0	8,0
1,4	9,7	9,0
1,5	10,4	11,0
1,7	11,9	12,0

Man stellt fest, daß die Werte im Rahmen der Meßgenauigkeit von ca. 10 % übereinstimmen. Die Daten können auch in einem Diagramm anschaulich verdeutlicht werden.

Funktionsweise/Erklärung
Prinzipiell gibt es zwei Arten, wie die Frequenz der Radumdrehung gemessen werden kann. Zum einen wird mittels eines Reed-Kontaktes beim Vorbeilaufen des Magneten kurzfristig ein Stromkreis geschlossen, und zum anderen - wie hier vorgeschlagen - wird in einer Spule ein Spannungsimpuls induziert, den man dann einem Zähler zuführen kann.[1]
Der Fahrradcomputer besteht im Wesentlichen aus drei Komponenten: dem Anzeigegerät, dem Magnetsensor sowie dem Magneten. Die beiden letzten, welche für das Funktionieren maßgeblich sind, lassen sich zu Demonstrationszwecken recht einfach zerlegen.

Abschätzung
Schon im Vorfeld des Versuches könnten die Schüler und Schülerinnen abschätzen, welche Geschwindigkeit ungefähr welcher Frequenz entspricht.
Bei der Gegenüberstellung der jeweils gemessenen Werte läßt sich eine Fehlerabschätzung gut realisieren. So könnten z. B. Ablesefehler oder Geschwindigkeitsverringerung des Rades aufgrund der Reibung diskutiert und eventuell berechnet werden.

Variation
Interessant könnte auch ein Vergleich der Kontaktzeiten Magnet-Sensor sein. Im Modell hat der Eisenkern eine Breite von 4 cm, und im Original beträgt die Breite des Reed-Kontaktes gerade 1 mm. Es kann bei unterschiedlichen Geschwindigkeiten ausgerechnet werden, daß die Kontaktzeit beim Modell (Radumfang = 188 cm an der Stelle des vorbeilaufenden Magneten mit 0,5 cm Länge) ca. 8 mal höher ist als beim Original und sich damit auch höhere Frequenzen messen lassen. Eine graphische Darstellung der Kontaktzeiten gegenüber der jeweiligen Geschwindigkeit rundet auch diese Untersuchung ab.

Methodischer Einsatz
Mit diesem Versuch lassen sich sowohl die Impulszählung durch elektromagnetische Induktion und durch den Reed-Kontakt, als auch die Funktionsweise dieser Prinzipien selbst erklären.
Graphische Auswertung und die Fehlerdiskussion lassen sich bei diesem Versuch anschaulich einbinden.
Auch die Kreisbewegung läßt sich mittels Fahrradtacho verdeutlichen.
Schüler und Schülerinnen können den Versuch vorbereiten und durchführen.

[1] Mit Hilfe eines Speicheroszilloskops bzw. Interface und PC läßt sich der Verlauf der Induktionsspannung als Funktion der Zeit darstellen. Damit erkennt man auch, daß der Digitalzähler in Extrembereichen Probleme hat, das Spannungssignal richtig zu bewerten.

29. Fehlerstrom: Schutzschalter

Klassenstufe	Oberthemen	Unterthemen	Anforderungs-niveau	Durchführungs-niveau	Vorlauf Vorbereitung Durchführung
SI, SII	Elektrik	Induktion magnetischer Fluß	●●	■	Wochen ca. 2 Std. ca. 5 min.

Die Funktionsweise einer Fehlerstromschutzeinrichtung (FI-Schalter)[1] soll simuliert werden.

Materialien

- 3 Spulen mit je 500 Windungen
- Eisenkern in U-Form
- 3 Eisenkerne gerade
- Glühlämpchen 6 V/3 W
- Schalter
- 5 Verbindungsstecker
- Stecktafel
- Netzgerät 0 ... 25 V ~
- Anschlußleitungen

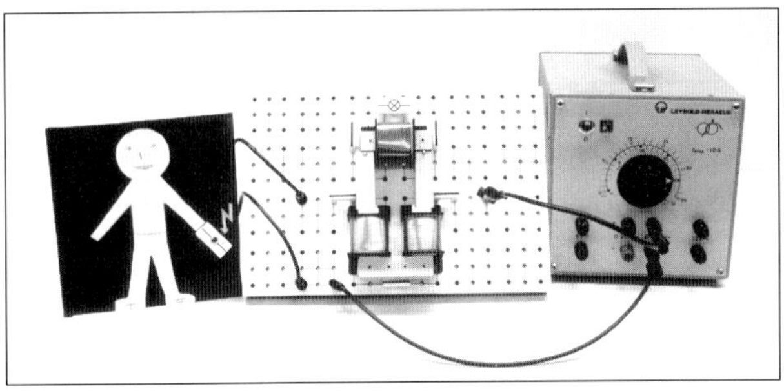

Abb. 1: Gesamtaufbau

Abb. 2: Modell FI-Schalter

Vorbereitung

Damit ein geschlossener Eisenring entsteht, der alle drei Spulen aufnehmen kann, muß dieser aus einem Eisenkern in U-Form sowie drei weiteren geraden Eisenjochen zusammengesetzt werden (s. Abb. 1 und 2). Dazu ist es sinnvoll, Spulen zu verwenden, die auf einem Steckbrett aufgesteckt werden können, wodurch das Aneinanderreihen der Eisenkerne vereinfacht wird. Um eine feste Verbindung zwischen den losen Eisenkernen zu erreichen, können diese mit einem Spanndraht, für den Betrachter unsichtbar, unterhalb der Kerne zusammengehalten werden. Ist der Ringkern mit den drei Spulen montiert, können das Netzgerät, der Schalter und das Lämpchen wie in Abb. 3 skizziert angeschlossen werden. Zur besseren Darstellbarkeit und um die Bedeutsamkeit einer Fehlerstromschutzschaltung zu unterstreichen, kann ein "Pappmännchen" entworfen werden, an welches der Schalter montiert wird (Abb. 1).

Durchführung

Das Netzgerät wird angeschaltet und eine Spannung von ca. 20 V - eingestellt. Der Strom des Netzgerätes durchfließt nun zwei der drei Spulen, jedoch mit entgegengesetzten Richtungen, so daß in der Spule des Lampenkreises keine Spannung induziert wird und damit auch kein Strom fließt. Die Lampe leuchtet nicht. Der Schalter, der an der Hand des "Männchens" angebracht ist, kann nun

[1] Nach den Richtlinien zur Sicherheit im naturwissenschaftlichen Unterricht (Beschluß der KMK v. 09.09.1994) müssen Steckdosenstromkreise an Experimentierständen (Schüler- und Lehrerexperimentiertische) u. a. durch Fehlerstrom (FI-)-Schutzschalter mit einem Nennstrom von höchstens 30 mA abgesichert sein. Funktionsprüfung (Auslösung der Prüftaste) soll alle 6 Monate erfolgen.

geschlossen werden. Hierdurch soll eine leitende Verbindung zwischen einem spannungsführenden Gegenstand und der Erde über den menschlichen Körper demonstriert werden. Nach dem Schließen leuchtet das Lämpchen, welches direkt an der dritten Spule angeschlossen ist. Dies soll signalisieren, daß ein Fehlerstrom erkannt wurde.

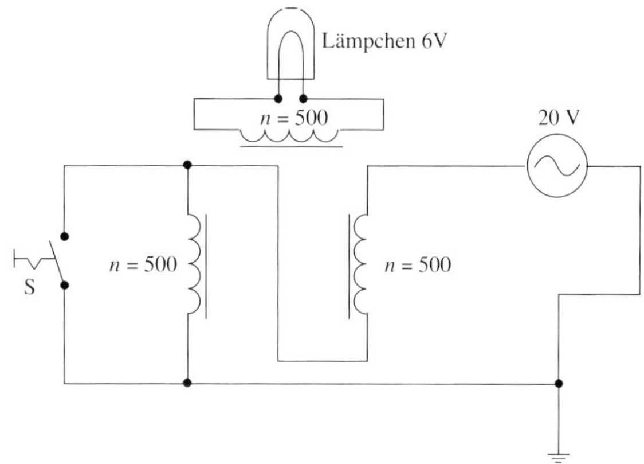

Abb. 3: Schaltplan

Funktionsweise/Erklärung

Eine Fehlerstromschutzeinrichtung soll unzulässig abfließende Ströme über leitende Gegenstände, Feuchtigkeitsbrücken oder menschliche Körper erkennen und sodann den Stromzufluß unterbrechen. Da ein geschlossener Stromkreis aus hin- und rückführendem Leiter besteht, wird jeweils der durch diese Leiter fließende Strom durch eine Spule geleitet. Jede dieser Spulen erzeugt durch den Stromfluß einen magnetischen Fluß in dem Eisenkern, auf welchen sie aufgesteckt sind. Werden diese beiden Spulen nun auf einen gemeinsamen Eisenkern angebracht und in entgegengesetzten Richtungen betrieben, so heben sich im Falle eines einwandfreien Stromkreises gerade der magnetische Fluß des hinführenden Leiters gegen den magnetischen Fluß des rückführenden Leiters auf. Fließt jedoch fehlerhafter Strom gegen Masse ab, so ist die Summe der erzeugten magnetischen Flüsse ungleich Null. Es ergibt sich ein resultierender Fluß, welcher eine Induktionsspannung in der dritten Spule erzeugt. Diese Spule ist ebenfalls auf demselben Eisenkern angebracht.

Im vorliegenden Versuch wird die erzeugte Induktionsspannung durch ein angeschlossenes Lämpchen sichtbar gemacht.

Bei einem realem Fehlerstromschutzschalter wird durch die Induktionsspannung ein Relais angesteuert, welches den fehlerhaften Stromkreis praktisch sofort (Elektromechanik, typische Reaktionszeit $\approx 10^{-3}$ s) unterbricht.

Variation

Da nach dem Betätigen des Schalters das Lämpchen zeitverzögert aufleuchtet, kann hierdurch auch das Zeitverhalten einer realen Spule diskutiert werden.

Im Vorversuch kann die Wirkung der realen FI-Schutzeinrichtung im Physiksaal den Schülern und Schülerinnen durch gezielte Auslösung demonstriert werden.

Abschätzung

Wovon hängt das richtige Auslösen einer Fehlerstromschutzschaltung ab? Diese Frage kann in Hinblick auf die unterschiedlichen Widerstände des menschlichen Körpers sowie die Leitfähigkeit des Untergrundes betrachtet werden. Ab welchem Übergangswiderstand der Stromkreis sicher abgeschaltet wird, kann dann abgeschätzt werden.

Methodischer Einsatz

Dieser Versuch eignet sich besonders zur Veranschaulichung der Wirkung des magnetischen Flusses sowie der Erzeugung einer Induktionsspannung.

30. Füllstandsanzeige: kapazitiv

Klassenstufe	Oberthemen	Unterthemen	Anforderungs-niveau	Durchführungs-niveau	Vorlauf Vorbereitung Durchführung
SII	Elektrik	Wechselstrom kapazitiver Widerstand Dielektrikum	●●	■■	- ca. 15 min. ca. 20 min.

Die technische Nutzung der Kapazitätsänderung in Abhängigkeit von der Größe des dielektrischen Mediums zwischen den Kondensatorplatten wird am Modell der kapazitiven Füllstandsanzeige demonstriert.

Materialien

- 2 Spulen mit Eisenkern
  (z. B. 200 Wdg und 6000 Wdg)
- Kabel
- Amperemeter 100 µA ~
- Sinusgenerator
  (evtl. mit int. Leistungsverstärker)
- Kondensator
  (z. B. 200 mm x 200 mm Plattenfläche)
- Stativmaterial
- Wasser als Dielektrikum
- Flüssigkeitsbehälter (Dicke ca. 5-10 cm)

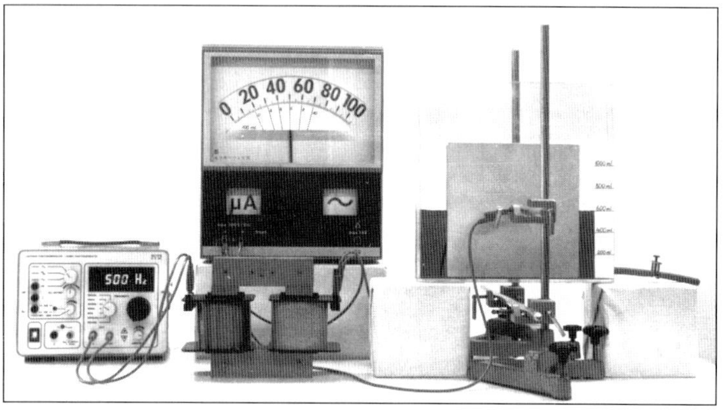

Abb. 1: Versuchsaufbau

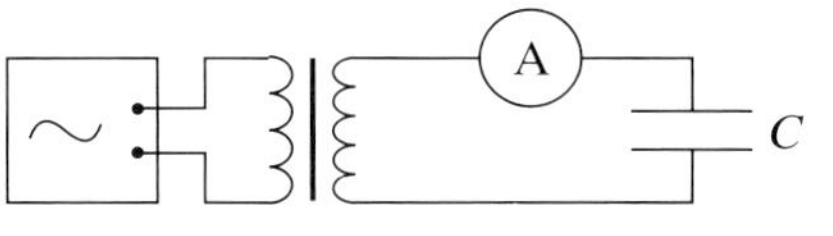

Abb. 2: Schaltskizze

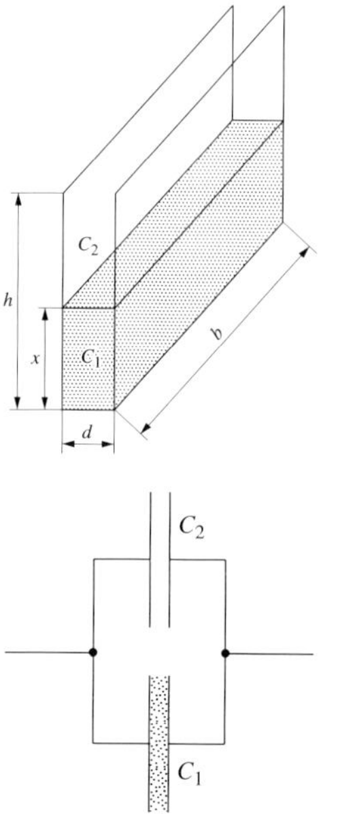

Abb. 3: Geometrie (oben) und Ersatzschaltbild (unten) für C_1 und C_2

Vorbereitung

Der Versuch wird wie in Abb. 1 und 2 dargestellt aufgebaut. Der verwendete Transformator, bestehend aus den beiden Spulen mit Eisenkern, dient dabei zur Erhöhung der Spannung des Sinusgenerators, um einen deutlich meßbaren Strom zu erhalten. Der Flüssigkeitsbehälter wird durch das Unterlegen von Klötzen so zwischen den Kondensatorplatten positioniert, daß sich der Boden des Behälters auf Höhe der Unterkante der Kondensatorplatten befindet. Dadurch wird eine exakte und kontinuierliche Messung des Füllstands ermöglicht.

Durchführung/Ergebnis

Zunächst wird durch Variation von Frequenz und Spannung eine Einstellung ermittelt, die es erlaubt, über die gesamte Füllhöhe den gleichen Meßbereich des Amperemeters zu verwenden. Dies wurde im vorliegenden Versuch für eine Frequenz von ca. 500 Hz und eine Sekundärspannung von ca. 50 V erreicht. Als Meßbereich für die Stromstärke erhielt man 0-100 µA. Anschließend wird die Füllstandsanzeige geeicht, indem man - beginnend mit leerem Gefäß - jeweils eine konstante Wassermenge (z. B. 100 ml oder 200 ml) in den Behälter gießt und die zugehörige Stromstärke notiert. Im Anschluß daran läßt sich zusätzlich zur Stromstärkeskala eine Volumenskala am Meßgerät anbringen, auf der die durch die Eichung erhaltenen Werte aufgetragen sind. So kann man sowohl die Stromstärke als auch das Volumen ablesen und dadurch einerseits das physikalische Phänomen der Kapazitätsänderung und andererseits die technische Anwendung in Form der Füllstandsmessung demonstrieren.

Funktionsweise

Für einen Plattenkondensator, dessen Zwischenraum teilweise mit einem Dielektrikum gefüllt ist, bestimmt sich die Gesamtkapazität C aus der Summe der beiden Teilkapazitäten C_1 (Kondensatorabschnitt mit Dielektrikum) und C_2 (Kondensatorabschnitt ohne Dielektrikum). Für einen Plattenkondensator mit Plattenabstand d, Plattenbreite b, Plattenhöhe h und Füllhöhe x erhält man somit für die Teilkapazitäten:

$$C_1 = \varepsilon_0 \varepsilon_{\mathrm{r,Medium}} \frac{b \cdot x}{d} \ ; \ C_2 = \varepsilon_0 \varepsilon_{\mathrm{r,Luft}} \frac{b(h-x)}{d}$$

Da $\varepsilon_{r,\mathrm{Luft}} \approx 1$ ist, ergibt sich die Gesamtkapazität des Kondensators zu:

$$C = \varepsilon_0 \frac{A}{d} + \varepsilon_0 (\varepsilon_{r,\mathrm{Medium}} - 1) \frac{b}{d} \cdot x \ ,$$

also: $$C = C_0 + C(x) \ .$$

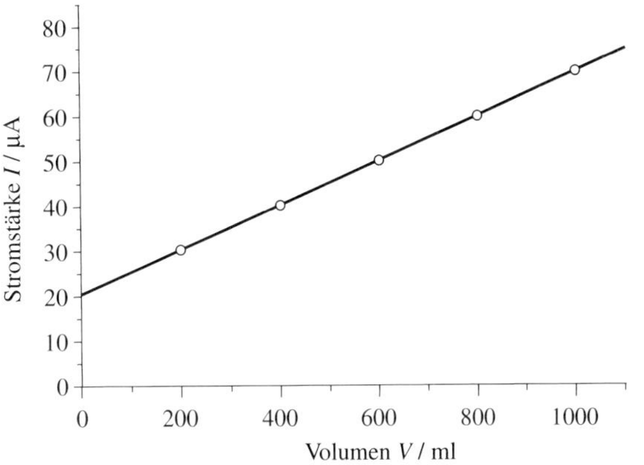

Abb. 4: Stromstärke als Funktion des Volumens

Die Gesamtkapazität $C = C_0 + C(x)$ ist eine lineare Funktion der Füllhöhe x. Bei leerem Behälter ($x = 0$) gilt $C(0) = 0$ und damit ergibt sich die Kapazität zu $C = C_0$.

Mit Hilfe des Diagramms (Abb. 4) läßt sich diese Kapazität C_0 aus dem y-Achsenabschnitt der Eichgeraden bestimmen. Da R_Ω und R_L vernachlässigbar klein sind gegenüber R_C, läßt sich diese Kapazität rechnerisch wie folgt bestimmen: $C_0 = \frac{1}{\omega \cdot U_{\mathrm{eff}}} \cdot I_0$

Der lineare Zusammenhang entsteht in diesem speziellen Fall durch die Geometrie von Kondensator und Flüssigkeitsbehälter.

Variante

Durch die Verwendung verschiedener Füllmaterialien kann die Abhängigkeit der Kapazität vom dielektrischen Medium dargestellt werden.

Um den Schülern und Schülerinnen zu demonstrieren, daß nicht immer ein linearer Zusammenhang zwischen Stromstärke und Füllhöhe besteht, sollte der Versuch auch mit anderen Kondensator- und Gefäßformen durchgeführt werden.

Methodischer Einsatz

Der Versuch demonstriert anschaulich die Abhängigkeit des kapazitiven Widerstands von der Größe des dielektrischen Mediums. Aufgrund der benötigten Materialien ist der Versuch lediglich als Demonstrationsexperiment einsetzbar.

31. Füllstandsanzeige: resistiv

Klassenstufe	Oberthemen	Unterthemen	Anforderungs-niveau	Durchführungs-niveau	Vorlauf Vorbereitung Durchführung
SI	Elektrik	Ohmsches Gesetz Leitfähigkeit in Flüssigkeiten	●	■	- ca. 20 min. ca. 5 min.

Die Funktionsweise einer Füllstandsanzeige, welche auf der Widerstandsänderung eines Flüssigkeitsvolumens beruht, soll demonstriert werden.

Materialien

- diverse Verbindungskabel
- Becherglas mit Skala und Ablauf (unten)
- doppelseitiges Klebeband
- 2 Krokodilklemmen
- 2 Kupferbleche als Elektroden (ca. 1 cm breit, Länge je nach Becherglas)
- Netzgerät 0 ... 20 V – / 1 A
- Schlauch (ca. 1 m lang)
- Schlauchklemme
- Wasserauffangbehälter (z. B. Eimer)
- Drehspulmeßinstrument (mA –)

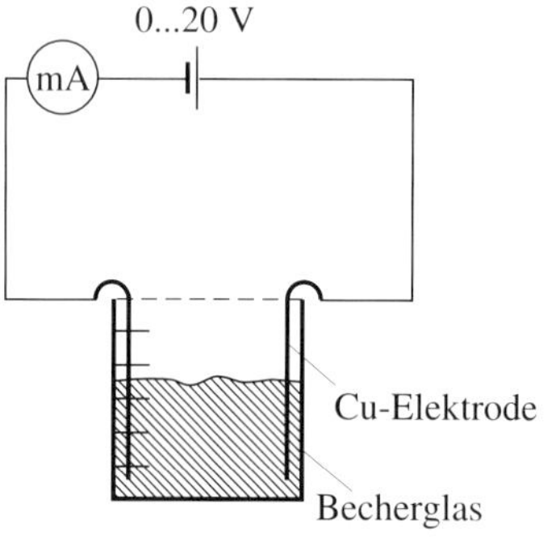

Abb. 1: Schematische Versuchsskizze

Vorbereitung

Die beiden Kupferelektroden werden mittels doppelseitigem Klebeband an der Innenseite des Becherglases befestigt. Die oberen Enden der Elektroden werden mit Hilfe von Krokodilklemmen und Verbindungskabel mit dem Drehspulinstrument sowie der regelbaren Spannungsquelle gemäß Abb. 1 verbunden.
Das Becherglas wird bis zum maximalen Füllstand mit Leitungswasser gefüllt und die Spannung am Netzgerät so eingeregelt, daß das Drehspulinstrument maximalen Ausschlag anzeigt. Danach wird das Becherglas wieder geleert.

Durchführung

Man füllt das Becherglas bis zur maximalen Füllhöhe mit Leitungswasser und beobachtet den Zeiger des Drehspulinstruments, welcher im vorliegenden Fall linear von Null bis zum maximalen Ausschlag wandert[1]. Dann wird durch das Öffnen der Schlauchklemme der Wasserstand wieder langsam verringert. Man beobachtet einen der sich verringerten Füllmenge entsprechenden Rückgang des Zeigerausschlages.
Zusätzlich könnte man bei verschiedenen Füllhöhen die Anzeige des Strommeßgerätes auf die im Becherglas vorhandene Flüssigkeitsmenge (Volumen) eichen.

---

[1] Die Linearität rührt von der zylindersymmetrischen Form des Becherglases her (Volumen ~ Höhe).

Erklärung
Der Versuch demonstriert die Abhängigkeit der Stromstärke I vom Widerstand R der Flüssigkeitsmenge bei einer konstanten Spannung U.
Der Widerstand R_{Leiter} eines Leiters ist der Länge l des Leiters direkt, seinem Querschnitt A umgekehrt proportional: $R_{\text{Leiter}} = \rho \cdot l/A$. Die Größe $\rho/\Omega/\text{m}$ wird als spezifischer Widerstand bezeichnet.
Der Widerstand von Elektrolytlösungen (hier Leitungswasser) ergibt sich analog zur Beziehung für Leiter. Der Länge l entspricht die Entfernung der Elektroden und A der wirksamen Querschnittsfläche. An Stelle des spezifischen Widerstandes steht sein reziproker Wert, die spezifische Leitfähigkeit $x = 1/\rho = 1/R \cdot l/A$. In diesem Versuch erhöht sich der Widerstand R mit abnehmendem Wasserpegel im Becherglas, da sich die wirksame Elektrodenoberfläche verkleinert.
Aufgrund des Ohmschen Gesetzes $I = U/R$ ist die Stromstärke I dem Widerstand R umgekehrt proportional, d. h. die Stromstärke I ist somit ein Maß für die Füllmenge im Becherglas.

Variation
Alternativ zu Leitungswasser als Elektrolytlösung lassen sich auch andere Flüssigkeiten verwenden, wie z. B. destilliertes Wasser oder eine Kochsalzlösung.
Es bietet sich an, die Leitfähigkeit als Funktion der Konzentration einer Salzlösung zu untersuchen. Desweiteren sollten in jedem Fall auch unregelmäßig geformte Gefäße an Stelle des Becherglases zum Einsatz kommen, so daß sich auch nichtlineare Zusammenhänge zwischen der Füllhöhe und der Anzeige des Meßinstrumentes ergeben.

Methodischer Einsatz
Bei diesem Versuch bietet es sich an, eventuell auch in Gruppenprojekten, verschiedene Flüssigkeiten oder unterschiedlich geformte Gefäße zu untersuchen. Ferner könnte am Amperemeter (sofern Zeigerinstrument) eine geeichte Volumenskala angebracht werden, die ein direktes Ablesen der Flüssigkeitsmenge ermöglicht, wie bei einer "Tankuhr". Daneben bietet das Experiment auch einen Zugang zur Diskussion der Leitfähigkeiten bei Flüssigkeiten.
Im folgenden sollten dann auch alternative Methoden der Bestimmung von Füllhöhen angesprochen werden, wie z. B. mittels Schwimmer (mechanisch), Radar (elektromagnetisch) oder Kondensator (kapazitiv).

32. Funkuhr: Funktionsprinzip

Klassenstufe	Oberthemen	Unterthemen	Anforderungsniveau	Durchführungsniveau	Vorlauf Vorbereitung Durchführung
SII	Zeitmessung Schwingungen und Wellen		●●	■■	- ca. 1 Std. ca. 20 min.

Dieser Versuch zeigt im Nachbau die prinzipielle Funktionsweise einer funkgesteuerten Quarzuhr.

Materialien

- Fadenpendel
- 2 Digitalzähler
- Phototransistor
- Lichtschranke zum Messen der Nulldurchgänge des Fadenpendels
- Glühbirne
- Mikrophon
- Metronom
- elektrischer Leistungsverstärker
- verschiedene Kabel

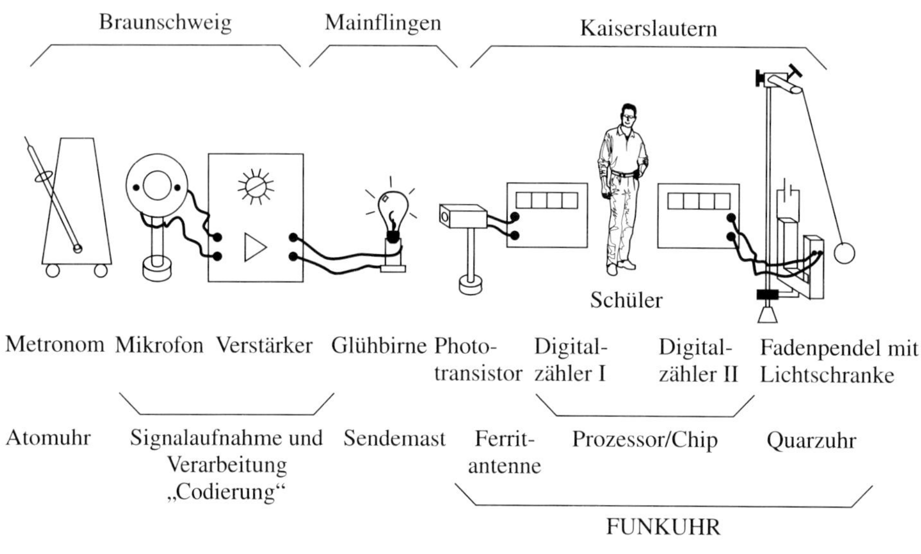

Abb. 1: Schematische Darstellung zur Funktionsweise einer Funkuhr

Vorbereitung

Die oben genannten Materialien werden nun, wie in Abb. 1 dargestellt, aufgebaut: Das mit dem Mikrophon aufgenommene "Klacken" des Metronoms soll durch das leistungsverstärkte Signal die Glühbirne zum Aufleuchten bringen. Die Impulse des Lämpchens werden mit Hilfe des Phototransistors am Digitalzähler gezählt. Ein davon unabhängiger Teil ist das Fadenpendel, dessen Nulldurchgänge durch eine Lichtschranke als Impulse an den zweiten Digitalzähler gegeben werden.

Durchführung

Man kann die prinzipielle Funktionsweise von Funkuhren an diesem Versuchsaufbau klarmachen. Zu unterscheiden sind drei Komplexe. Erstens die Atomuhranlage, zweitens die Sendeeinrichtung und drittens die Funkuhr. Bei der Durchführung ist darauf zu achten, daß die Analogien deutlich herausgestellt werden.

Den Schwingungen der Cäsiumuhr entsprechen diejenigen des Metronoms. Wie in Wirklichkeit folgt dann die Signalaufnahme und deren Verarbeitung. Der Codierungsprozeß[1] wird auch für Schüler und Schülerinnen sehr interessant sein.

Der tatsächlichen Ausstrahlung des Zeitsignals durch den Längstwellensender (77,5 kHz) Mainflingen bei Frankfurt/M. (1500 km Reichweite) entspricht die Glühbirne.

Der Komplex "Funkuhr" besteht aus einem Signalempfänger (Phototransistor/Ferritantenne), einer Verarbeitungseinheit (Digitalzähler-Mensch/Prozessor-Micro-chip) und einem eingebauten Uhrwerk (Fadenpendel/Quarzuhr). Zum Symbolisieren der Verarbeitungseinheit definieren wir uns zuerst ein Zeitnormal (z. B. 20 Impulse auf Digitalzähler 1). Wie ein Funkuhrprozessor zählen wir dann die Signale unserer Quarzuhr (Digitalzähler 2). Wir erwarten eine bestimmte Anzahl, die wir zur Ausfüllung des Normals benötigen. Also zählen wir bis zu dieser Anzahl und sagen es sei eine Zeiteinheit vergangen. Wollen wir diese Uhr nun mit der Atomuhr synchronisieren, so geben uns einige Schüler bzw. Schülerinnen nach Ablauf der Zeiteinheit auf der Atomuhr ein akustisches Signal. Die anderen zählen am Digitalzähler 2 zwischen zwei Signalen und stellen fest, ob ihre Einheitendauer noch stimmt oder nicht. Ist sie zu kurz, wird in Zukunft ein Signal mehr gezählt um ein Zeitnormal zu erreichen; ist sie zu lang, eins weniger.

Methodischer Einsatz

Dieser Versuch läßt sich auch in Gruppenarbeit durchführen. Dabei "betreut" eine Gruppe die Atomuhr, die anderen erhalten verschiedene Quarzuhren (Fadenpendel, Physikalisches Pendel, ...). Nun werden durch die Zeitinformation der Atomuhrgruppe die Quarzuhren auf bestimmte Zeiteinheiten (Zeitnormal) geeicht. Dann sollen alle Gruppen eine gewisse Zeitspanne mit ihren Uhren messen. Das Ende dieser Zeitspannen melden sie dann bei der Atomuhrgruppe, die die verschiedenen Schlußzeiten notiert. Ergebnis: Kürzere Schwingungsdauern liefern bessere Übereinstimmung mit der Normalzeit.

Experimentiervorschläge für den Bau einer realen Funkuhr sowie schulgerechte Informationen zum Thema siehe: Umwelt Physik - Das Projektbuch, Ernst Klett Verlag, Stuttgart 1997.

Weitere Informationen zum Thema sind bei entsprechenden Herstellerfirmen, z. B. Meinberg oder Junghans, erhältlich (Adressen im Anhang).

---

[1] W. Hilberg (Hrsg.): Funkuhrtechnik, Oldenbourg Verlag, München 1988; P. Hetzel: Zeitinformation und Normalfrequenz, telekompraxis 1/1993, S. 25-36 (Sonderdruck, erhältlich bei der Physikalisch Technischen Bundesanstalt, Braunschweig und Berlin).

33. Fußabdruck: elektrostatische Spurensicherung

Klassenstufe	Oberthemen	Unterthemen	Anforderungs-niveau	Durchführungs-niveau	Vorlauf Vorbereitung Durchführung
SI	Elektrik	Elektrostatik Kräfte zwischen Ladungen	●●	■ !	1 Tag ca. 10 min. ca. 5 min.

Es soll das Funktionsprinzip, wie Fußabdrücke elektrostatisch aufgenommen werden, demonstriert werden.

Materialien

- Hochspannungsnetzgerät 10 kV –
- 2 Klemmen mit Unterlegscheiben
- 2 Kabel
- Kreide (bzw. Kalk oder Mehl)
- Schutzwiderstand 1 MΩ
- Alufolie
- schwarze Klebefolie
- isolierte Rolle (z. B. Tapetenrolle)

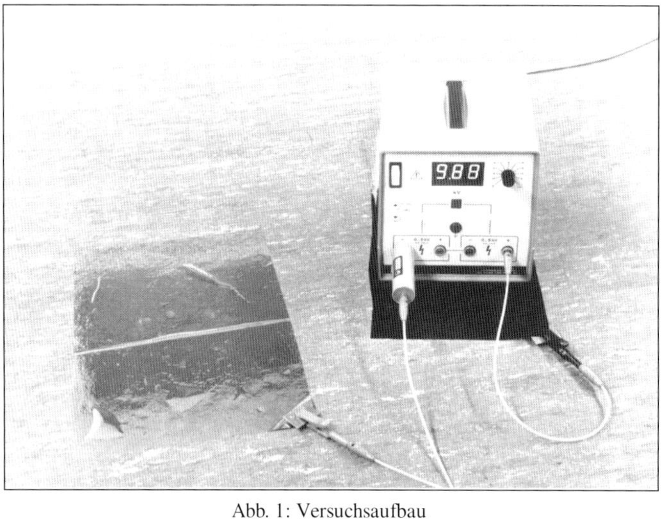

Abb. 1: Versuchsaufbau

Vorbereitung

Zunächst werden die für den Versuch erforderlichen beiden Stücke Folie hergestellt[1]. Dazu werden zwei Stücke Alufolie (etwa 30 cm x 40 cm) zurechtgeschnitten. Auf die Alufolie wird dann die ebenfalls in gleicher Größe zurechtgeschnittene schwarze Klebefolie geklebt. Falls die beiden Folien nicht genau passend sind, werden die überstehenden Stücke abgeschnitten. Die hier verwendete Klebefolie ist in jedem größeren Kaufhaus oder Baumarkt erhältlich.
Nach Herstellen der Folie wird der Schutzwiderstand an einem Kabel befestigt und an den Minuspol des Netzgerätes angeschlossen. Das zweite Kabel wird an den Pluspol des Netzgerätes angeschlossen. An die beiden Kabel werden an den noch freien Enden Klemmen befestigt, von denen je eine an einem Stück Folie befestigt wird. Damit die Klemmen die Folie nicht beschädigen, werden je zwei Metallplättchen untergelegt.

[1] Bei der Kriminalpolizei kann auch nach der speziellen Folie für den professionellen Einsatz gefragt werden.

Durchführung/Ergebnis
Die Durchführung beginnt damit, daß ein Fußabdruck auf hellem Boden erstellt wird. Hierzu sind Schuhe mit einem guten Profil nützlich. Um einen möglichst deutlichen Fußabdruck zu erhalten, wird vorher das Profil des Schuhs, mit dem der Fußabdruck erstellt werden soll, mit Kreide (bzw. Kalk oder Mehl) bestrichen. Nun wird der Schuh vorsichtig an eine Stelle auf den Boden gedrückt. Es sind auf dem hellen Boden allenfalls leichte Spuren eines Fußabdrucks zu sehen (Abb. 2).

Abb. 2: Ein Fußabdruck auf hellem Boden (mit Kreide als Hilfsmittel)

Abb. 3: Aufnahme des Fußabdrucks auf Folie

Um nun diesen Fußabdruck aufzunehmen, wird die selbst hergestellte Folie, die an den Minuspol angeschlossen ist, mit der schwarzen, isolierten Seite nach unten auf den Fußabdruck gelegt. Das andere Stück Folie wird mit der leitenden Schicht nach unten in einem Abstand von mindestens 5 cm daneben gelegt (*Hochspannung!*), das Netzgerät eingeschaltet und eine Spannung von 10 kV eingestellt. Die Knicke, die sich auf der Folie bilden können, werden mit der isolierten Rolle glatt gestrichen. Nach etwa einer Minute kann die Spannung wieder heruntergeregelt und das Netzgerät ausgeschaltet werden. Nach einer kurzen Wartezeit (evtl. Restladung), kann die Folie vom Boden abgezogen werden, und der Schuhabdruck ist deutlich auf der schwarzen Seite der Folie zu sehen (Abb. 3).

Erklärung/Auswertung
Mit Hilfe dieses Fußabdrucks kann die Schuhgröße und evtl. auch das Geschlecht des Einbrechers festgestellt werden, was der Polizei erste Informationen zur Ermittlung eines Täters gibt. Hier wurde der Fußabdruck mit einem Herrenschuh der Größe 42 erstellt, das Profil deutet auf einen Winterschuh bzw. Halbstiefel hin.
Durch das elektrische Feld, das durch die beiden Folien erzeugt wird, werden die Staubpartikel elektrisch geladen. Die geladenen Staubpartikel werden dann von der Folie, die eine isolierte Kondensatorplatte darstellt, angezogen und bleiben an ihr haften. Auch nach Abschalten der Hochspannung bleiben die Staubpartikel weiter an der Folie haften.

Tips/Hinweise
Der einzige Fehler, der bei diesem Experiment auftreten kann, ist, daß der Fußabdruck auf der Folie nicht zu erkennen ist. Dies liegt entweder daran, daß nicht genügend Staubpartikel vorhanden waren oder der Fußabdruck verwischt wurde. Durch etwas Sorgfalt bei der Versuchsdurchführung lassen sich diese Fehler leicht vermeiden.

34. Gläser: Transmission und Reflexion von Wärmestrahlung

Klassenstufe	Oberthemen	Unterthemen	Anforderungs-niveau	Durchführungs-niveau	Vorlauf Vorbereitung Durchführung
SI, SII	Wärmelehre Umweltschutz Elektrik	Wärmestrahlung Energie Thermoelektrizität	●●	■!	2 Wochen ca. 1Std. ca. 20 min.

Untersuchung des Reflexions- und Transmissionsverhaltens von Wärmestrahlung (Infrarot, IR) an Glas.

Materialien

- Voltmeter (mV-Bereich)
- Klemmhalterungen für Glasplatten
- Sonnenschutzfolie (z. B. Kfz.-Zubehör)
- Thermosäule/Thermoelement
- Wärmefilter (für IR-Licht undurchlässiger Filter)
- verschiedene Glasplatten (Reststücke vom Glaser) ca. 20 x 20 cm^2, Dicke 4 mm; 2-3 normale Glasplatten, eine mit Metallbeschichtung (sogenanntes *k*-Glas)
- Infrarotlampe (Rotlichtlampe)
- Tonnenfüße
- Laborlift
- Metallspiegel
- Meßverstärker

Vorbereitungen

Wegen Verletzungsgefahr werden die Glasscheiben am Rand mit Klebeband gesichert. Die Scheiben werden vorsichtig in die Halterungen eingespannt, die in möglichst standsichere Tonnenfüße eingeschraubt werden.
Zusätzlich wird eine normale Glasscheibe mit der Sonnenschutzfolie überklebt. Die Metallbeschichtung des *k*-Glases erkennt man daran, daß sie das Licht besser reflektiert.
Der Versuch wird entsprechend Abb. 1 aufgebaut.
Infrarotlampe und Thermosäule werden im Abstand von etwa einem Meter aufgestellt und bei eingeschalteter Lampe der Meßbereich solange nachgeregelt, bis man einen möglichst großen Ausschlag erkennen kann. Wird nun der Strahlengang des Lichtes abgedeckt, muß der Zeigerausschlag sichtbar abnehmen. Man sollte darauf achten, daß sich im "Blickfeld" der Thermosäule keine sonstigen Wärmequellen (z. B. eine Hand) befinden.

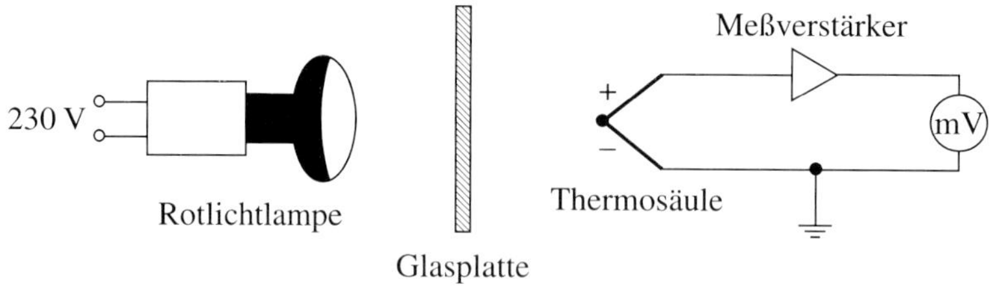

Abb. 1: Versuchsaufbau zur Messung der Transmission

Durchführung/Ergebnis

1. Transmission

Um die Durchlässigkeit der Scheiben für sichtbares Licht zu demonstrieren, hält man sie so, daß die Schüler und Schülerinnen hindurchsehen können. Dann demonstriert man die Thermosäule als Meßgerät für Wärmestrahlung. Um zu zeigen, daß die Säule nur auf Thermostrahlung reagiert, wird sie dem Tageslicht ausgesetzt. Der Zeigerausschlag des Meßgerätes ist fast nicht sichtbar. Hält man dagegen eine Lampe oder eine warme Hand vor die Thermosäule, so läßt sich eine deutliche Span-

nungserhöhung feststellen. Wird der im sichtbaren Bereich durchlässige Thermofilter davorgehalten, wird ebenfalls nichts registriert.
Nach diesen qualitativen Vorexperimenten bringt man nacheinander die unterschiedlichen Scheiben in den Strahlengang und mißt die Spannung, wobei der Wert ohne Material auf 1.00 gesetzt wird. Es ergeben sich folgende Werte:

Material	Thermospannung
ohne Glas	1,00
normales Fensterglas	0,74
Doppelglas	0,55
beschichtetes Glas	0,50
Glas mit Folie	0,10

2. Reflexion
Leitfrage: Wo bleibt die Wärmestrahlung?
Es gilt: Absorption + Transmission + Reflexion = 1, wobei die Streuung zur Absorption gerechnet werde.
Zum Nachweis, daß ein Teil der Wärmestrahlung reflektiert bzw. absorbiert wird, stellt man die Thermosäule neben die Rotlichtlampe, so daß sie keine direkte Beleuchtung erhält. Zur Justage der maximalen Reflexion stelle man den Spiegel direkt vor die zu untersuchende Scheibe und dreht beides so lange, bis der Zeigerausschlag maximal ist.
Jetzt ersetzt man den Spiegel durch die jeweilige Glasscheibe und man mißt die reflektierte Wärmestrahlung. Die Ergebnisse sind in der folgenden Tabelle zusammengestellt.

Material	Thermospannung	Bemerkung
ohne Glas (Metallspiegel)	1,0	Bezugswert (Reflexion ≈ 100 %)
normales Fensterglas	0,2	
beschichtetes Glas	0,3/0,5	unbesch./besch. Seite
Glas mit Folie	0	Absorption (+ Streuung)

Abschätzung
Ziel: Tageslicht soll Glas durchstrahlen, aber Wärmestrahlung soll reflektiert werden ("Halte die Wärme im Haus").
Wärmestrahlung geht von allen Gegenständen im Raum und von der Luft an der Glasscheibe aus. Der Wärmeverlust dQ pro Zeit dt durch eine Fläche A bei einem Temperaturgefälle ΔT beträgt $dQ/dt = k \cdot A \cdot \Delta T$. Diese Größe hat die Dimension einer Leistung. Warme Luft im Inneren eines Hauses gibt über verschiedene Transportmechanismen ihre Energie an die Umgebung ab, der k-Wert eines Mediums faßt all diese Effekte zusammen, er ist daher mit einer Messung, die **nur** die Wärmestrahlung untersucht, nicht direkt vergleichbar. Damit die Temperatur im Innenraum gehalten werden kann, muß die Verlustleistung mit einem Ofen wieder nachgeliefert werden. Ohne Metallbeschichtung beträgt der k-Wert einer Glasscheibe weniger als 3 W/(K·m^2). Mit reflektierender Metallbeschichtung weniger als 0,6 W/(K·m^2). Betrachtet man eine Fensterfläche von 10 m^2 bei 20° Temperaturunterschied, reduziert das die Wärmeabstrahlung von 600 W auf 120 W. Man spart pro Monat also rund 350 kWh.

Methodische Hinweise
Dieser Versuch kann in SI im Rahmen eines Projektes zur Energieeinsparung durchgeführt werden. Den Schülern und Schülerinnen kann damit verdeutlicht werden, wie durch Verwendung der richtigen Baumaterialien Energie gespart werden kann.

35. Gore-Tex: Diffusion durch eine Membran

Klassenstufe	Oberthemen	Unterthemen	Anforderungs-niveau	Durchführungs-niveau	Vorlauf Vorbereitung Durchführung
O, SI	Wärme	Aggregatzustände Diffusion durch eine Membran	●●	■■!	Tage ca. 10 min. ca. 15 min.

Eine Gore-Tex®-Membran wird auf ihre Atmungsaktivität hin überprüft - Wasserdampf wird hindurchgelassen, Wassertropfen nicht.

Materialien

- Gore-Tex-Membran[1]
- Reagenzglas
- Teflonband zum Abdichten
- Draht und Zange
- Kerze
- Holzklammer

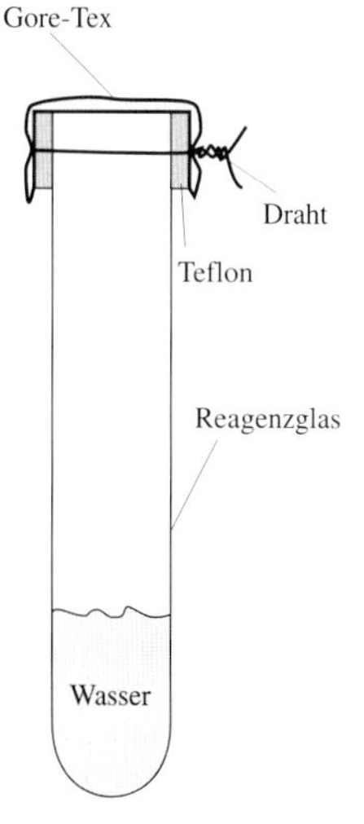

Abb. 1: Präpariertes Reagenzglas

Abb. 2: Durchführung des Versuchs

Vorbereitung

Das am oberen Ende mehrfach mit Teflon umwickelte Reagenzglas wird zu einem Viertel mit Wasser gefüllt. Die Gore-Tex-Membran wird fest über die Öffnung gelegt und mit einem Stück Draht, das sich in das Teflonband preßt, abgedichtet (Abb. 1).

Durchführung

Über einer Kerzenflamme wird das Wasser im Reagenzglas erwärmt (Abb. 2). Es ist darauf zu achten, daß der Druck im Reagenzglas nicht zu hoch wird, da sich dann die Poren der Gore-Tex-Membran aufweiten und Wassertröpfchen durchlassen bzw. die Membran platzt. Aus diesem Grund sollte das Reagenzglas auch höchstens bis zu einem Viertel gefüllt werden und das Wasser bei der Versuchsdurchführung nur leicht "köcheln". Wird das erwärmte Reagenzglas aus der Flamme genommen und umgedreht, sieht man, daß zwar Luftbläschen von unten durch die Flüssigkeit aufstei-

[1] Probestücke, erhältlich bei der Firma W. L. GORE & Associates GmbH, Wernher-von-Braun-Str.18, D-84640 Putzbrunn. Hinter dem Markennamen Gore-Tex verbirgt sich ein Textillaminat bzw. eine Membran aus Polytetrafluorethylen (PTFE). Die aus diesem Material hergestellte Membran zur Nässesperre besitzt mikrofeine Poren (ca. 1.4 Mio. Poren pro cm^2), die etwa 20.000 mal kleiner sind als ein Wassertropfen, aber 700 mal größer als ein Wassermolekül. Für Wassermoleküle ist die Membran daher durchlässig, da die Moleküle 800 mal kleiner sind als die Poren. Man vergleiche Abb. 3 und 4.

gen, daß aber kein Wasser nach außen tropft. Dies ist damit zu erklären, daß durch Abkühlen ein Unterdruck entsteht. Der äußere Luftdruck bewirkt, daß die Luftmoleküle durch die Membran in das Innere des Reagenzglases gelangen, was durch das Aufsteigen der Bläschen zu erkennen ist.
Aus Gründen der Sicherheit sollte der Versuch von Lehrer oder Lehrerin selbst und hinter einer Glasscheibe durchgeführt werden, da ein zu hoher Druck im Reagenzglas dieses oder die Gore-Tex-Membran zum Platzen bringen könnte.

Ergebnis
Man erkennt, daß die Moleküle des Wasserdampfes die Membran passieren können zum einen daran, daß die Flüssigkeitsmenge im Reagenzglas abnimmt und vor einem dunklen Hintergrund etwas Wasserdampf erkennbar ist, und zum anderen, daß ein Unterdruck entsteht, den man durch die aufsteigenden Gasbläschen nachweisen kann.

Variationen
Man erkennt, daß die Membran in beide Richtungen in gleicher Weise arbeitet, wenn man nach Versuchsende den Versuch mit umgedrehter Membran erneut durchführt.
Wird eine Gore-Tex-Membran mit Wasser fein bestäubt, perlen die Tröpfchen auf der Oberfläche ab, bzw. bleiben darauf liegen bis sie verdunsten. Davon, daß Luft durch die Membran dringen kann, kann man sich beim Hindurchblasen überzeugen.

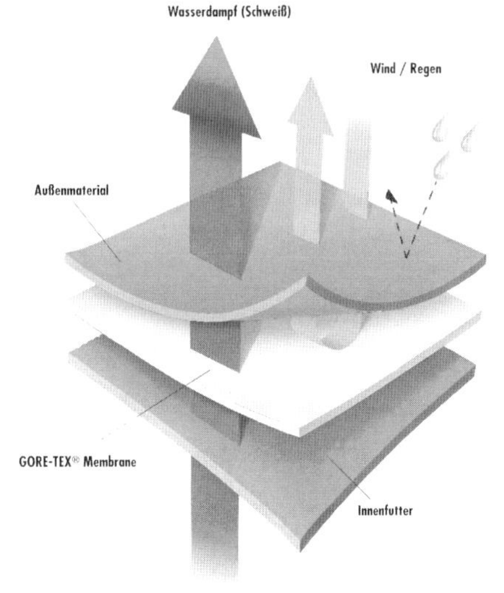

Abb. 3: Zur Funktionsweise der Membran[2]

Abb. 4: Mikroskopisches Bild zur Funktionsweise der Membran[2]

Methodischer Einsatz
Ein direkter Bezug zur Gore-Tex-Membran ergibt sich durch die Verwendung des Materials in den Kleidungsstücken der Schüler und Schülerinnen.
Um den Lernenden die Funktionsweise der "Gore-Tex-Membran" zu erklären, kann die Membran mit einem Sieb verglichen werden, dessen Maschen eine bestimmte Weite besitzen. Körnchen, die größer als diese Maschenweite sind, können nicht durch die Maschen hindurchdringen, während für alle kleineren Partikelchen das Passieren möglich ist.

[2] Quelle: Handbuch für GORE-TEX, W. L. GORE & Associates GmbH.

36. Handy

Klassenstufe	Oberthemen	Unterthemen	Anforderungs-niveau	Durchführungs-niveau	Vorlauf Vorbereitung Durchführung
SII	elektromagnetische Schwingungen und Wellen	Mikrowellen	●●●	■	- ca. 5 min. ca. 15 min.

Mit dem Handy sollen die Eigenschaften von elektromagnetischen Wellen (Mikrowellen) demonstriert werden.

Materialien

- Demonstrationsmeßinstrument 0 ... 10 V –
- optische Bank
- Empfangsdiode (von Mikrowellenversuch)
- Klemme zur Befestigung des Handys
- 2 Kabel (50 cm lang)
- Handy (eventuell ausleihen), drahtloses Heimtelefon untauglich
- Stativstange (25 cm lang)
- Tischklemme
- Reiter

Optional:

- Lautsprecher
- Multimeter 0 ... 10 V –
- Niederfrequenzverstärker (NF-Verstärker)

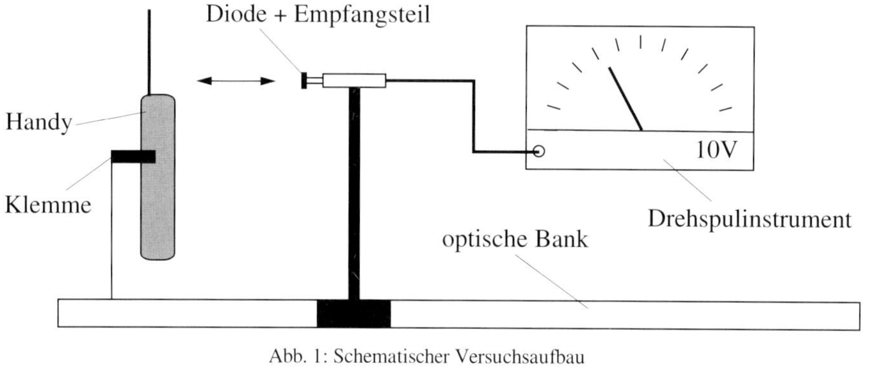

Abb. 1: Schematischer Versuchsaufbau

Vorbereitung

Das Handy wird vorsichtig in die Klemme eingespannt. Durch vorheriges Abtasten der Antenne des Handys mit der Empfangsdiode läßt sich ungefähr ermitteln, an welcher Stelle die Abstrahlung am intensivsten ist. Anschließend richtet man die Diode so aus, daß sie sich auf der Höhe befindet, in der die stärkste Ausstrahlung erfolgt.
Um das Handy zu betreiben, aber auch um Kosten im Rahmen zu halten, bietet es sich an, ein Telefon stummzuschalten, welches man dann mit dem Handy anrufen kann. Um den Versuch durchzuführen, ist es ausreichend, wenn man einen Anschluß anruft, ein Abheben des Hörers ist nicht notwendig.

Durchführung/Ergebnis

Die Empfangsdiode wird auf der optischen Bank in bestimmten Abständen verschoben und die jeweilige Spannung auf dem Meßinstrument abgelesen. Mit dem Ablesen sollte man stets einige Sekunden warten, bis sich die Anzeige auf einen bestimmten Wert eingependelt hat. Trägt man die gemessenen Abstands-Spannungsmeßwerte in ein Diagramm ein, ergibt sich, daß die Spannung proportional $1/r^2$ ist.
Hinweis: Eventuell ist es notwendig, die Verbindung des öfteren neu herzustellen. Verstärkt man das Empfangssignal mit einem Nf-Verstärker, so kann es auch mit einem Lautsprecher hörbar gemacht werden.

Funktionsweise/Erklärung

Das Handy sendet elektromagnetische Wellen im typischen Mikrowellenfrequenzbereich aus, die sich am Ort der Messung nahezu kugelförmig im Raum ausbreiten. (Am Fuß der Antenne wird die Energie wie beim Hertzschen Dipol abgegeben).

Die Feldenergiedichte beträgt $\rho_{el} = \frac{1}{2}\varepsilon_0 E^2$. Alle Kugelflächen werden von der elektromagnetischen Welle mit der gleichen Energie durchströmt. Mittels der Kugelfläche A definiert als $r^2 \cdot Raumwinkel$ ergibt sich für die Energiedichte ρ_{el} eine Proportionalität zu $1/r^2$. Die Amplitude des elektrischen Feldvektors verhält sich daher wie $E \sim 1/r$.

Die gemessene Spannung kann deshalb als Maß für die Strahlungsleistung gesehen werden.

Variationen

Mit dem obigen Aufbau kann auch leicht das Transmissionsverhalten verschiedener Materialien untersucht werden. Man hält einfach Platten verschiedener Materialien nacheinander zwischen Handy und Empfangsdiode, und schon erkennt man, daß elektrische Nichtleiter wie z. B. Holz die Mikrowelle nahezu ungestört passieren lassen. Bei Metallen ist eine Transmission nicht zu beobachten, da in diesem Fall die Welle reflektiert wird.

Zum Nachweis der räumlichen Ausbreitung der elektromagnetischen Welle kann man mit der Empfangsdiode die Antenne des Handys umfahren. Allerdings leidet die Messung sehr unter den Schwankungen der Leistungsabstrahlung. Lediglich am Fuß der Antenne sind die Werte in dem Maße stabil, um abschätzen zu können, daß an dieser Stelle eine Abstrahlung analog zum Hertzschen Dipol erfolgt. Eine genaue Vermessung der räumlichen Ausbreitung ist nicht möglich.

Ähnlich läßt sich auch die Polarisation nachweisen: Man dreht die Diode um die Ausbreitungsrichtung der Wellen und erkennt eine Veränderung der Spannung am Meßinstrument. Auch hier ist nur eine qualitative Demonstration möglich.

Abschätzung

Bezüglich der Leistung des Handy läßt sich abschätzen, wo das Telefonieren am gesundheitsschädlichsten ist. Da das Handy, sobald die Verbindung zum nächsten Funkmast (Entfernung ca. 20-50 km) hergestellt ist, mit der Leistung automatisch heruntergeregelt wird, ist ein Telefonieren in Räumen oder im Freien unbedenklich. Allerdings kann sich dies ändern, wenn man sich im Funkschatten oder im Auto befindet. Das Handy muß seine ganze Leistung mobilisieren, um eine Verbindung herzustellen. Im Auto, welches einen Faradayschen Käfig darstellt, ist dies besonders problematisch, da die Strahlung nur teilweise nach außen gelangt, zum größten Teil aber im Innern reflektiert wird. Hier bieten sich Diskussionen mit den Schülern und Schülerinnen an, inwieweit dies schädigend wirken kann, und welche Schäden auftreten können.

Methodischer Einsatz

Reflexion, räumliche Ausbreitung (das Abstandsgesetz) sowie das Transmissionsverhalten elektromagnetischer Wellen lassen sich mit dem Handy sehr gut nachweisen. Es kann im Unterricht hervorragend als Ersatz für die Mikrowellenapparatur herangezogen werden, da es zudem Anschaulichkeit und Alltagsbezug in einem kombiniert. Auch Ablesefehler, die sich bei der Spannungsmessung ergeben, lassen sich in diesem Zusammenhang diskutieren. Allerdings verhindern diese Schwankungen meist auch weiterführende Versuche, wie z. B. das Erzeugen einer stehenden Welle zur Bestimmung der Wellenlänge.

Der Aspekt der Gesundheitsschädigung durch elektromagnetische Wellen (Elektro-Smog) kann im fächerübergreifenden Zusammenhang mit der Biologie bearbeitet werden.[1]

---

[1] Literaturhinweis: Norbert Leitges: Strahlen, Wellen, Felder – Ursachen und Auswirkungen auf Umwelt und Gesundheit, dtv, München/Thieme, Stuttgart 1990.

37. Härtebestimmung nach Brinell

Klassenstufe	Oberthemen	Unterthemen	Anforderungs-niveau	Durchführungs-niveau	Vorlauf Vorbereitung Durchführung
SI	Mechanik	Härte Druck	●	■	1 Tag ca. 10 min. ca. 20 min.

Der Versuch zeigt das Prinzip der Härtebestimmung nach Brinell.[1]

Materialien

- mechanische Personenwaage
- doppelseitiges Klebeband
- Schieblehre mit Noniusskala
- Edelstahlkugel (Durchmesser D zwischen 5 mm und 20 mm), hier D = 13 mm
- Materialproben (Metalle, Holz, Nüsse, Glas)
- Kreisring (D_{innen} < Kugeldurchmesser)
- Schraubzwinge

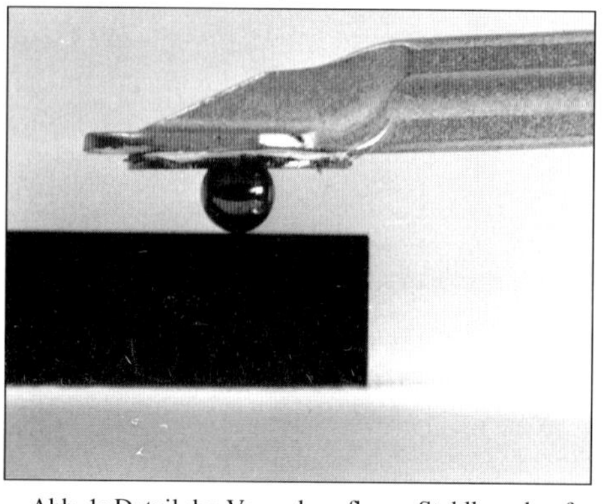

Abb. 1: Detail des Versuchsaufbaus: Stahlkugel auf Probekörper

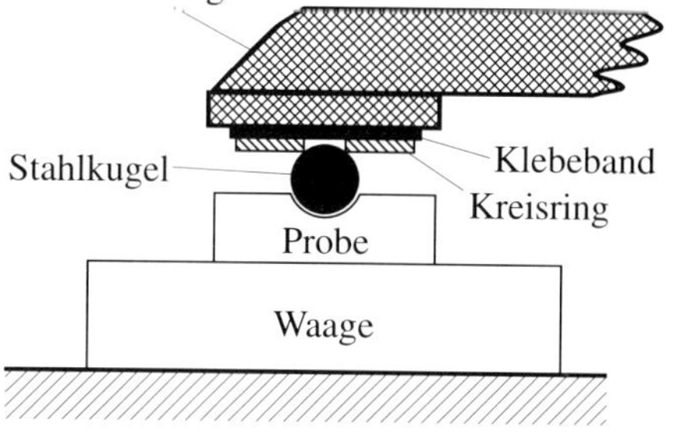

Abb. 2: Schemadarstellung der Anordnung von Stahlkugel und Probekörper

Vorbereitung

Den Kreisring mit doppelseitigem Klebeband an der Schraubzwinge befestigen. Die Kugel fest auf das im Kreisinneren befindliche Klebeband pressen. Das Probestück auf die Personenwaage legen und mit der präparierten Schraubzwinge einspannen (Abb. 1-3).

Abb. 3: Gesamtansicht

Durchführung

Waage auf Null stellen, um das Eigengewicht der Schraubzwinge und des Probematerials auszugleichen. Die Schraubzwinge langsam anziehen, bis ein bestimmter Wert auf der Personenwaage angezeigt wird. Diesen Wert in einer Tabelle festhalten. Die Schraubzwinge wieder entspannen, auf dem Probestück etwas verschieben, erneut anziehen und neuen Wert an der Waage einstellen. Dieses Verfahren fortführen, bis genügend Werte gesammelt wurden.

Berechnung der Flächen

Die Härtebestimmung nach Brinell beruht darauf, daß eine gehärtete Stahlkugel mit Durchmesser D und einer definierten Kraft F ein Probematerial eindrückt (Abb. 4). Dabei ergibt sich ein konkaver

[1] Siehe z. B. Physikalisch-Technische Bundesanstalt (PTB), Fachbereich 5.2 (http://www.ptb.de/).

Abdruck mit Durchmesser d und Tiefe h. Die Fläche A des Abdruckes ist ein Maß für die Härte nach Brinell, kurz Brinell-Härte HB.
Ausgehend von dem Satz des Pythagoras

$$\left(\frac{D}{2}\right)^2 = \left(\frac{d}{2}\right)^2 + \left(\frac{D}{2} - h\right)^2 \qquad (1)$$

und der Fläche eines Kugelsegmentmantels

$$A = D \cdot h \cdot \pi \qquad (2)$$

erhält man

$$A = \frac{1}{2} \cdot D \cdot \pi \cdot \left(D - \sqrt{D^2 - d^2}\right) \qquad (3)$$

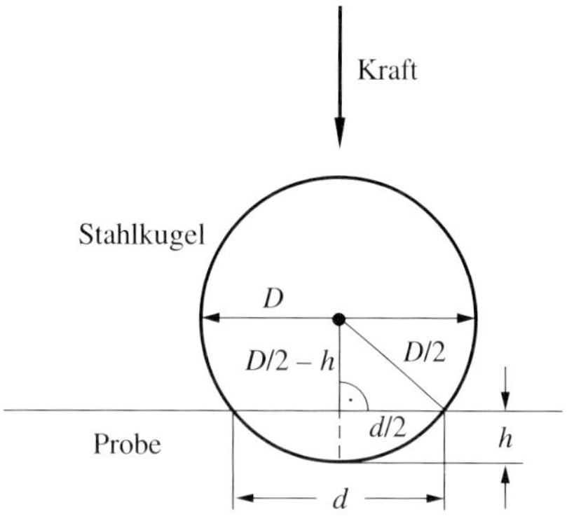

Abb. 4: Geometrien von Kugel und Abdruck

Ergebnis

Auf dem Probestück sind Kugelabdrücke erkennbar. Diese werden mit der Schieblehre ausgemessen und mit Hilfe der Formel (3) die Fläche des Abdruckes bestimmt.
Die Berechnung des Faktors zur Bestimmung der Brinell-Härte HB[2] erfolgt mit Hilfe der Steigung des Graphen, (mit M = Anzeige der Waage in kg, A = Fläche des Abdruckes in mm^2):

$$HB = \frac{F}{A} \cdot 0{,}102 = \frac{M}{A} \Big/ \frac{N}{mm^2}$$

wobei der Faktor 0,102 die SI-Einheit Newton in die alte Einheit kp umrechnet:

$F = M \cdot 9{,}81 \frac{m}{s^2}$ und $9{,}81 = 1/0{,}102$.

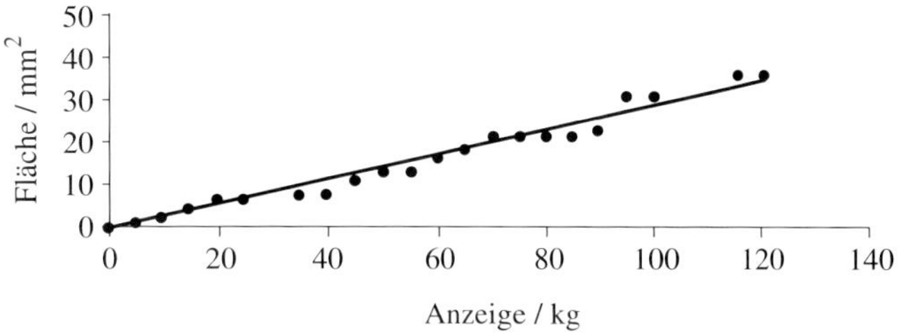

Abb. 5: Fläche des Abdrucks als Funktion der Anzeige der Waage

Material	*A/M*	*HB*
Holz	0,295	3,38
Aluminium	0,016	62,2
Tectan	0,473	2,12

Vergleicht man verschiedene Materialgruppen, so kann man leicht feststellen, daß Holz etwa 20 bis 50 mal weicher ist als Metall.
Ein Vergleich mit Literaturwerten ist nicht unproblematisch, da die verwendeten Kräfte in der realen Härtebestimmung etwa bei 3000 N liegen, hier maximal bei der Hälfte.

Variation

Mit Hilfe des obigen Versuchsaufbaus läßt sich auch die Kraft bestimmen, die zur Zerstörung (zum Zerbrechen) von spröden Materialien (Plexiglas, CD, Nüsse/Nußschalen aller Art, ...) nötig ist. *Vorsicht jedoch bei stark splitternden Materialien!* Solche Versuche sollten nur von der Lehrperson unter Sicherheitsvorkehrungen (Schutzwand, Schutzbrille, eventuell Abdecken des Versuchs mit einer Decke) ausgeführt werden.

Methodischer Einsatz

Dieser Versuch eignet sich sehr gut zu Gruppenexperimenten, wobei jeder Gruppe ein anderes Material zur Verfügung stehen sollte. Mit Hilfe einer selbst erstellten Eichkurve, kann ein den Schülern und Schülerinnen unbekanntes Material anhand seiner Härte bestimmt und einer Materialiengruppe zugeordnet werden.

---

[2] DIN EN ISO 6506 (früher DIN 50351), vgl. z. B.: M. Stöcker: Taschenbuch der Physik, Verlag Harri Deutsch, Thun und Frankfurt a. M. 1998.

38. Helmholtzresonanz in der Glasflasche

Klassenstufe	Oberthemen	Unterthemen	Anforderungs-niveau	Durchführungs-niveau	Vorlauf Vorbereitung Durchführung
SII	Akustik	Helmholtzresonanz	●●●	■	- ca. 5 min. ca. 10 min.

Am Beispiel von Glasflaschen wird die Volumenabhängigkeit der Helmholtzresonanz gezeigt[1].

Materialien

- leere Glasflasche
- Breitbandlautsprecher
- Frequenzgenerator mit Digitalanzeige
- Stativmaterial
- Becherglas oder anderes Gefäß mit Skala
- Schieblehre

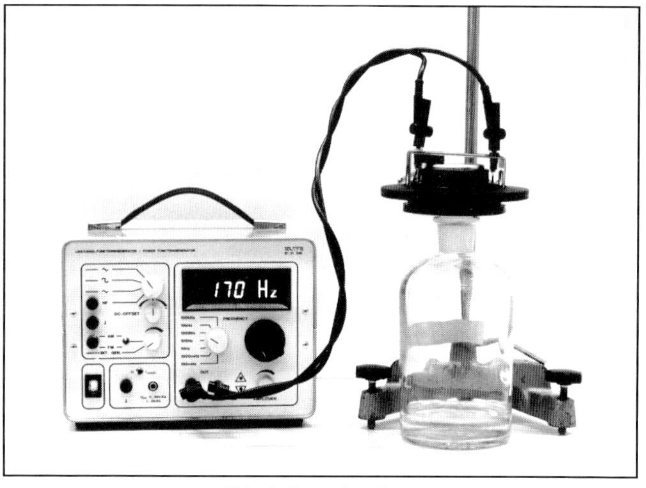

Abb. 1: Versuchsaufbau

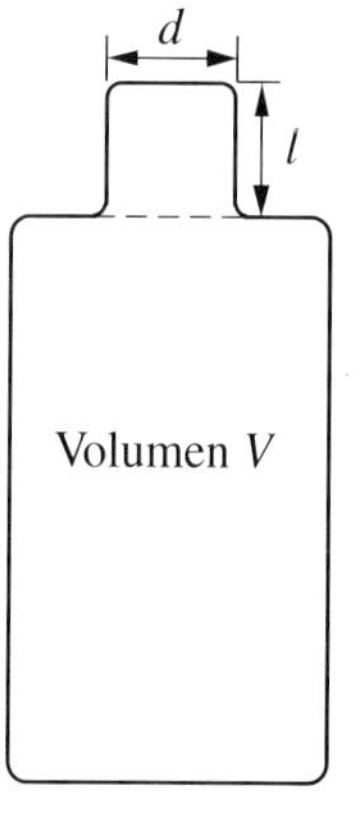

Abb. 2: Glasflasche mit relevanten Größen

Vorbereitung

Es muß eine leere Glasflasche besorgt werden, deren Volumen V mindestens 250 ml beträgt. Besonders geeignet sind Flaschen mit deutlich abgesetztem Flaschenhals.

Durchführung

Der Ausgang des Frequenzgenerators wird mit dem Lautsprecher verbunden (evtl. Leistungsgenerator verwenden). Mit Hilfe von Stativmaterial wird der Lautsprecher so befestigt, daß er von oben in die aufrecht stehende Flasche hinein abstrahlen kann.

Der Durchmesser d und die Länge l des Flaschenhalses werden mit einer Schieblehre ausgemessen. Dann füllt man mit dem Becherglas die Flasche mit Wasser, ausgenommen den Flaschenhals. Das aufgefüllte Wasservolumen entspricht gerade dem kompressiblen Volumen V der leeren Flasche. Nun wird portionsweise in 20 bis 100 ml Schritten Wasser aus der Flasche ausgegossen, wobei sich das kompressible Luftvolumen in der Flasche entsprechend vergrößert. Zu jedem Volumen bestimmt man die Frequenz der Helmholtzresonanz. Dazu wird die Flasche unter den Lautsprecher

[1] Der Bezug sind Meldesysteme, die in einer Vitrine eine Helmholtzresonanz erzeugen, welche bei geringsten Volumenveränderungen nicht mehr gegeben ist und zur Alarmauslösung führt (siehe auch Versuch Nr. 88 "Vitrinenschutzmelder").

gestellt und mit dem Sinusgenerator die Frequenz geregelt. Die Resonanzfrequenz zeichnet sich durch ein deutlich hörbares Maximum der Lautstärke ab und wird am Digitalzähler abgelesen.

Ergebnis
Es ergeben sich folgende Meßwerte:

V/cm³	200	400	600	800	1000
f/Hz	377	267	218	189	169

Hierbei sind V das kompressible Volumen und $d \approx 2{,}5$ cm, $l \approx 3{,}2$ cm.

Erklärung
Die Flasche stellt einen Helmholtzresonator dar, der wie ein Feder-Masse-System betrachtet werden kann: Die Luft im Flaschenhals mit dem Öffnungsquerschnitt A und der Länge l stellt die schwingende Masse dar, während das dahinter eingeschlossene kompressible Luftvolumen V wie eine Feder wirkt. So wie es für das Feder-Masse-System eine bestimmte Resonanzfrequenz f gibt, kann auch für diesen Fall durch Analogbetrachtungen folgende Formel[2] hergeleitet werden:

$$f = \frac{c}{2\pi} \cdot \sqrt{\frac{A}{V(l + 2s)}}$$

Hierbei sind s die Mündungskorrektur (Näherungswert $s = \pi \cdot r/4$)
mit r: Radius der Öffnung
und c: Schallgeschwindigkeit in Luft (ca. 344 m/s).

Variationen
Um die Resonanzfrequenz genauer zu bestimmen, kann mit Hilfe eines Mikrophons, das seitlich auf die Flasche gerichtet ist, und eines Oszilloskops die maximale Amplitude einjustiert werden.
Die Abhängigkeit der Resonanzfrequenz von dem kompressiblen Volumen kann auch einfacher demonstriert werden, indem man mit dem Mund dicht über die Flaschenöffnung hinwegbläst. Man hört, daß die so erzeugte Resonanzfrequenz für sinkende Volumina ansteigt.

Methodische Hinweise
Es bietet sich an, die Helmholtzresonanz als Analogie zur Feder-Masse-Schwingung einzuführen. Auf diese Weise kann der Effekt erläutert und die Formel erklärt werden. Das Experiment kann von Schülern und Schülerinnen selbst durchgeführt werden, oder - bei Mangel an Geräten - wenigstens die oben angeführte Variante.
Daß das menschliche Ohr als "Mikrophon" eingesetzt werden kann, steigert die Motivation und die Aufmerksamkeit und bindet die Schüler und Schülerinnen gewissermaßen ins Experimentieren mit ein.

[2] H. Gobrecht (Hrsg.): Bergmann-Schaefer Lehrbuch der Experimentalphysik, Band I: Mechanik, Akustik, Wärme, Walter de Gruyter, Berlin 1974.

39. Hydraulische Bremsanlage I: Vorbereitung und Gesamtaufbau

Klassenstufe	Oberthemen	Unterthemen	Anforderungs-niveau	Durchführungs-niveau	Vorlauf Vorbereitung Durchführung
SI	Mechanik	Hebel Druck Reibung	●●	■■	Tage ca. 20 min. ca. 30 min.

Am Modell einer hydraulischen Bremsanlage wird das Zusammenwirken der Komponenten Bremspedal (Hebel), Bremsflüssigkeit (Hydraulik) und Bremsbelag (Reibung) beim Bremsvorgang demonstriert.

Das vorliegende Experiment gliedert sich in drei Teilversuche. Diese drei Teilversuche können sowohl unabhängig voneinander durchgeführt werden, als auch in ihrer Gesamtheit die Funktionsweise der Bremse demonstrieren.

Materialien

- Hebel mit Kraftübertragungselement
- Kolbenaufsatz mit Bremsbelag
- Experimentiermotor mit Scheibe
- mehrere Gewichtstücke der Masse 10 g
- 2 Zylinder (z. B. 50 ml und 100 ml) mit Verbindungsschlauch
- Stativmaterial
- Lichtschranke
- Digitalzähler
- Torsteuerung
- Draht für die Lichtschrankenmessung

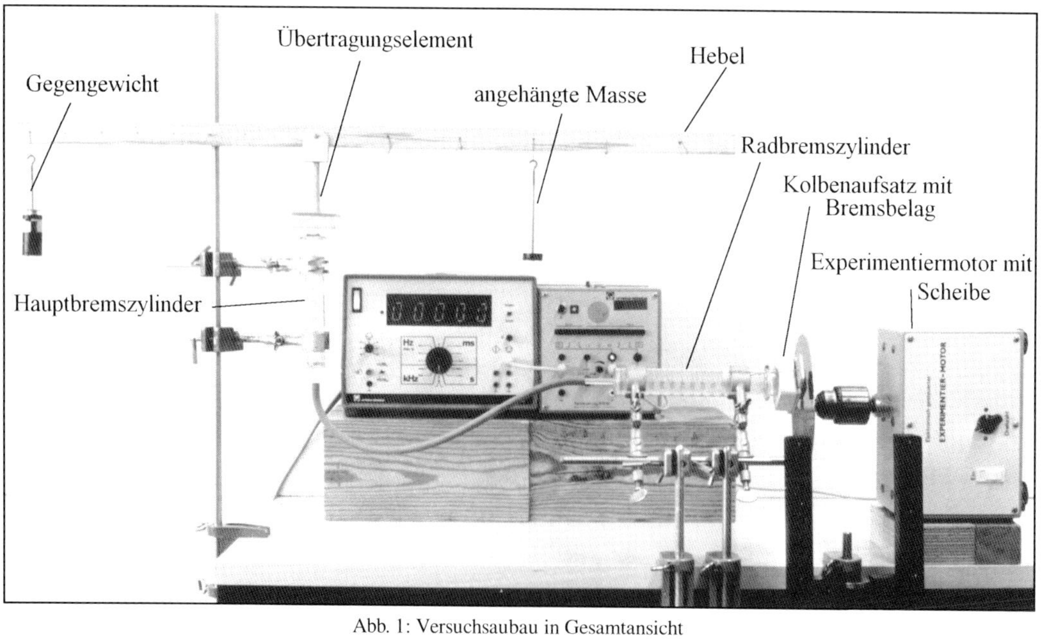

Abb. 1: Versuchsaubau in Gesamtansicht

Vorbereitung

Der Versuch wird wie in Abb. 1 dargestellt aufgebaut, und die Zylinder werden mit Wasser als Bremsflüssigkeit gefüllt. Um Luftblasen zu vermeiden, sollte das Füllen unter Wasser (z. B. im Waschbecken) geschehen. Die gefüllten Zylinder werden nun mit den Universal-Stativklemmen festgeklemmt und der Bremsbelag-Aufsatz aufgebracht. Dabei ist darauf zu achten, daß der Abstand zwischen Bremsbelag und Scheibe nicht zu groß ist. Er sollte etwa 5 mm betragen. Die Gummibänder, die die Rückzugsfedern darstellen, müssen leicht gespannt sein, damit nach einer Bremsbetätigung der Bremsbelag wieder von der Scheibe weggezogen wird. Die Gummibänder werden einfach mit einer Schlaufe in die Stativklemme, die den Radbremszylinder hält, eingehängt.

Herstellung der benötigten Teile:
Von den recht umfangreich erscheinenden Vorarbeiten zu diesem Versuch sollte man sich nicht abschrecken lassen, da man durch diese Investition Materialien erhält, die über Jahre eine Bereicherung für den Unterricht darstellen.
Aufgrund des komplexen Aufbaus ist der Versuch vorrangig als Demonstrationsexperiment durchzuführen. Man sollte jedoch, wann immer dies möglich ist, auch Schüler und Schülerinnen mit der Durchführung einzelner Messungen betrauen, um somit die behandelte Technik greifbar und erfahrbar zu machen.
Die im folgenden angegebenen Maße beziehen sich auf die hier verwendeten Zylinder der Firma PHYWE mit einem Kolbendurchmesser von 36,9 mm. Bei anderen Kolbenmessern sind die Abmessungen entsprechend anzupassen.

1. Hebel (Abb. 2 und Abb. 3):
Der Hebel besteht aus einer 95 cm langen Holzleiste mit dem Querschnitt 30 mm x 10 mm. 150 mm vom Drehpunkt wird ein Übertragungselement frei beweglich angebracht. Daran anschließend werden im Abstand von jeweils 100 mm 5 Bohrungen für die anzuhängenden Massen hergestellt. Der Hebel mit dem Übertragungselement wird durch ein Gegengewicht ins Gleichgewicht gebracht, so daß auf den Kolben in der Summe keine Kraft ausgeübt wird.

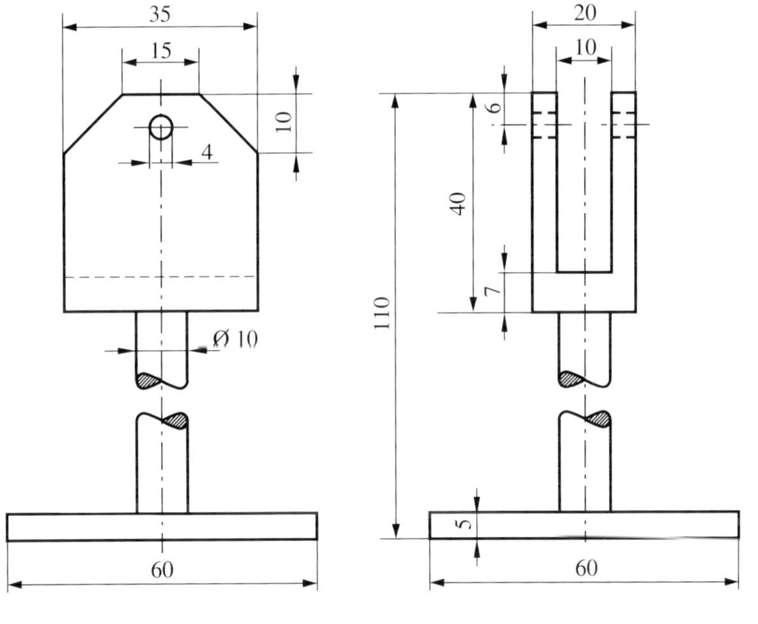

Abb. 2: Übertragungselement

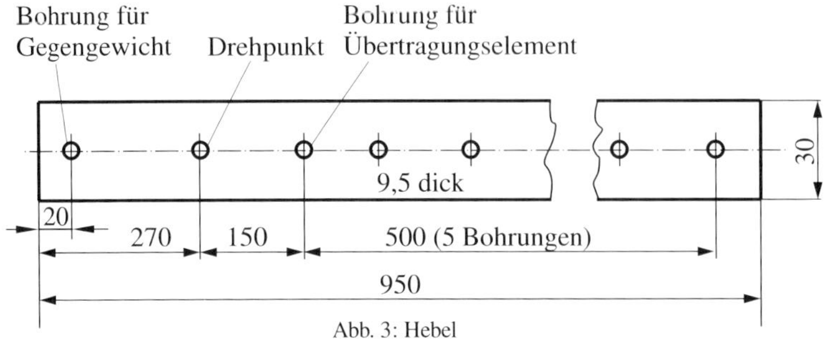

Abb. 3: Hebel

2. Aufsatz Radbremszylinder (Abb. 4 und Abb. 5):
In eine Grundplatte mit den Abmessungen 55 mm x 55 mm und 15 mm Dicke wird mit einer Lochsäge eine Bohrung von 38 mm Durchmesser hergestellt. An der Seite werden Führungsleisten aus 5 mm dickem Sperrholz angebracht.

3. Bremsbelag (Abb. 4 und Abb. 6):
Auf 5 mm dicken Halteplatten aus Sperrholz der Größe 90 mm x 40 mm werden verschiedene Materialien als Bremsbelag aufgeklebt. Zwei Gummibänder sind wie in Abb. 4 dargestellt anzubringen. In den vorliegenden Versuchen wurden als Bremsbeläge Kork, Moosgummi und Holz mit den Abmessungen 25 mm x 25 mm eingesetzt. Damit die Halteplatte in der Führung des Aufsatzes arretiert ist, sollte eine Befestigung, wie Abb. 4 zeigt, vorgesehen werden.

Durchführung
Mit dem vorliegenden Versuch wird der Bremsvorgang bei Kraftfahrzeugen demonstriert. Der Hebel simuliert dabei das Bremspedal, durch das der Fahrer oder die Fahrerin eine Kraft auf den Kolben des Hauptbremszylinders ausübt. Im Experiment kann der Einfluß des Bremspedals dadurch gezeigt werden, daß der Hebel an unterschiedlichen Stellen verschieden stark belastet wird und dadurch gemäß dem Hebelgesetz verschiedene Kräfte auf den Kolben des Hauptbremszylinders ausgeübt werden. Die Kraftübertragung an die Räder geschieht mittels einer hydraulischen Presse. Der Einfluß des Verhältnisses der Kolbenflächen von Hauptbremszylinder und Radbremszylinder auf die Bremswirkung bei konstanter Kraft auf den Kolben des Hauptbremszylinders kann durch Variation der Zylindergrößen untersucht werden. Der Einfluß der Reibung, die letztlich für das Bremsen verantwortlich ist, wird durch Bremsbeläge von unterschiedlicher Größe und Material untersucht.
Im Zusammenwirken der drei Teile (Hebel, hydraulische Presse, Bremsbelag) erkennt man, daß durch die Belastung des Hebels eine Kraft auf den Kolben des Hauptbremszylinders ausge-

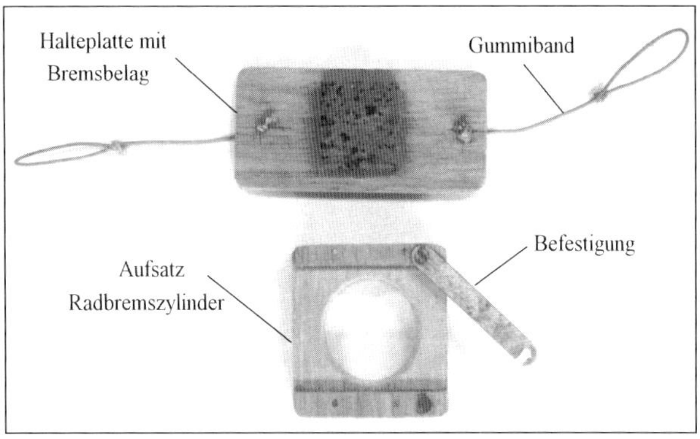

Abb. 4: Aufsatz Radbremszylinder und Bremsbelag

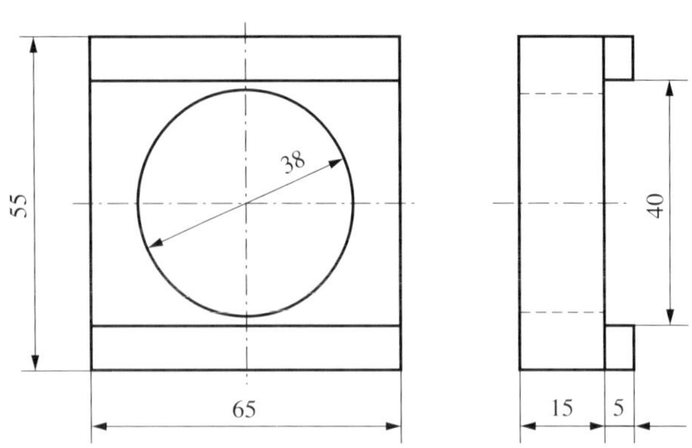

Abb. 5: Aufsatz für Radbremszylinder

übt wird, die durch die Druckausbreitung in Flüssigkeiten an den Kolben des Radbremszylinders weitergeleitet wird und dort für das Anpressen des Bremsbelages an die Scheibe sorgt. Durch die entstehende Reibung setzt eine Bremswirkung ein, die im Experiment durch eine Vergrößerung der Umdrehungszeit der rotierenden Scheibe erkennbar ist.

Funktionsweise

Die Funktionsweise der hydraulischen Bremsanlage beruht auf dem Zusammenwirken dreier physikalischer Phänomene. Zunächst wird aufgrund des Hebelgesetzes die Pedalkraft auf den Kolben des Hauptbremszylinders übertragen. Die Übertragung dieser Kraft an den Kolben des Radbremszylinders beruht auf dem Pascalschen Gesetz. Der auf eine allseitig eingeschlossene Flüssigkeit wirkende

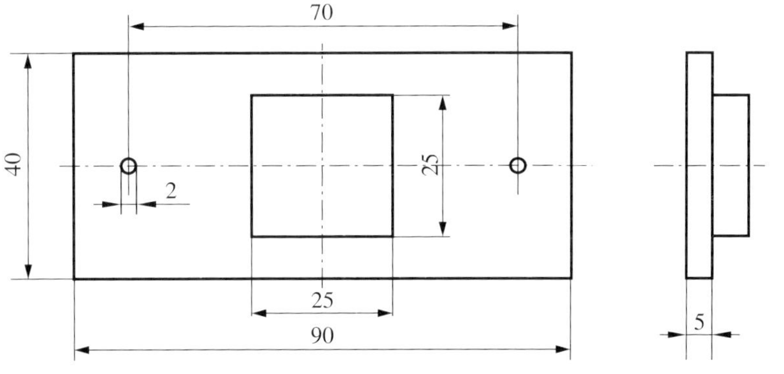

Abb. 6: Bremsbelag

Druck setzt sich nach allen Richtungen gleichmäßig fort. Der Flüssigkeitsdruck wird vom Bremspedal durch seine Kraftwirkung auf den Kolben des Hauptbremszylinders erzeugt. Er wird über die Bremsleitung an dem Kolben des Radbremszylinders wirksam und erzeugt dort wieder eine Kraft, durch die der Bremsbelag an die Scheibe gepreßt wird. Die entstehende Reibung sorgt für die Bremswirkung.

Abschätzung

Um den Schülern und Schülerinnen ein Gefühl für die Größenordnung der wirkenden Kräfte bei der realen Bremse im Pkw zu vermitteln, bietet es sich an, aus den erhaltenen Meßwerten sowie aus den Abmessungen des Versuchsaufbaus die maximal wirkenden Kräfte und Drücke beim vorliegenden Modell zu berechnen. Anschließend können die erhaltenen Ergebnisse den Werten der Pkw-Bremse gegenübergestellt werden. Man erhält dabei die folgende Tabelle:

	Modell	**Pkw**
Kraft auf den Hauptzylinder	ca. 6 N	ca. 500 N
Druck in der Bremsflüssigkeit	ca. 1,13 bar	ca. 120 bar
Kraftwirkung des Bremsbelages auf die Scheibe	ca. 10 N	ca. 3000 N

Der Vergleich zeigt, daß die wirkenden Kräfte in der Realität ca. 100 bis 300 mal größer sind als im Modell. Der Druck, der sich dabei in der Bremsflüssigkeit aufbaut, ist ebenfalls um einen Faktor 100 größer als im Experiment.

Methodischer Einsatz

Der vorliegende Versuch zeichnet sich durch seine einfache Durchführbarkeit und die vielfältigen Einsatzmöglichkeiten im Unterricht der Mittelstufe aus.

Der Abschnitt Abschätzung lenkt den Blick über den Versuch hinaus auf das Original und damit auf die technische Realisierung.

40. Hydraulische Bremsanlage II: Hebelgesetz

Klassenstufe	Oberthemen	Unterthemen	Anforderungs-niveau	Durchführungs-niveau	Vorlauf Vorbereitung Durchführung
SI	Mechanik	Hebel	●●	■■	Einige Stunden ca. 20 min. ca. 10 min.

Am Modell des Bremspedals wird die Kraftübertragung durch einen Hebel demonstriert.

Materialien
Siehe "Hydraulische Bremsanlage I"

Vorbereitung
Siehe "Hydraulische Bremsanlage I"

Versuchsaufbau
Siehe "Hydraulische Bremsanlage I"

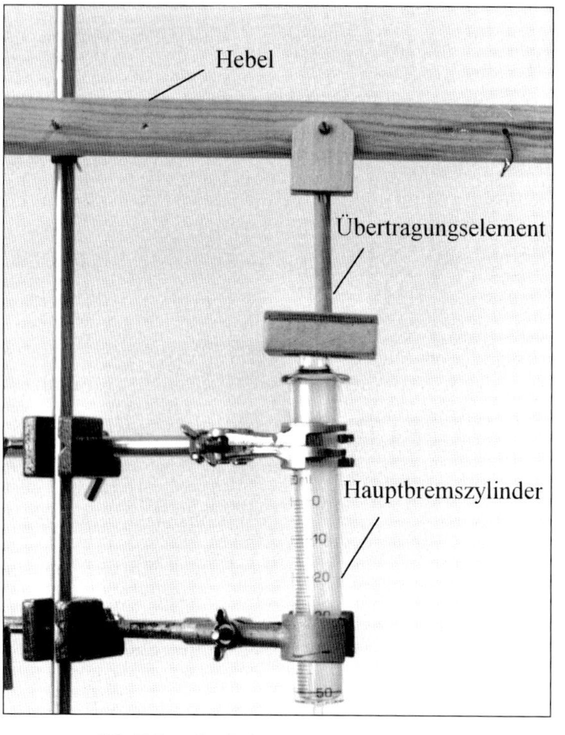

Abb. 7: Detailaufnahme des Versuchsaufbaus

Durchführung
Bei diesem Versuch soll der Einfluß des Bremspedals bei der Kraftübertragung untersucht werden. Dies wird im Modell durch den einseitigen Hebel dargestellt.
Man mißt zunächst die Umdrehungszeit der ungebremsten Scheibe. Anschließend belastet man den Hebel bei verschiedenen Hebellängen jeweils mit dem gleichen Gewicht $F = m \cdot g$ und mißt jedesmal die Umdrehungszeit T der dadurch gebremsten Scheibe. Die Umdrehungszeitzunahme ΔT ist ein Maß für die Bremswirkung.

Ergebnis

Die auf den Hauptbremszylinder ausgeübte Kraft F_K berechnet sich nach folgender Formel:

$$F_K = \frac{m \cdot g \cdot s_H}{s_K},$$

wobei die Länge des Kraftarms hier $s_K = 0{,}15$ m beträgt.

m / kg	s_H / m	F_K / N	T / s	ΔT / s
0	-	0	0,80	0
0,100	0,35	2,29	1,00	0,20
0,100	0,45	2,94	1,20	0,40
0,100	0,55	3,60	1,45	0,65
0,100	0,65	4,25	1,65	0,85

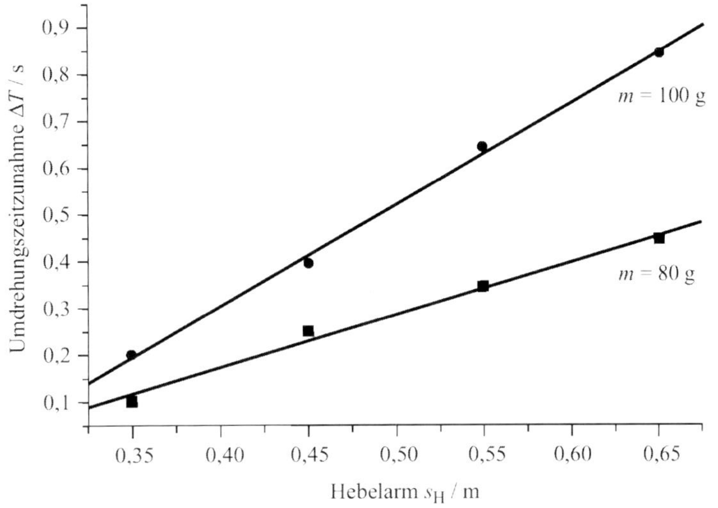

Abb. 8: Umdrehungszeitzunahme als Funktion des Hebelarms für zwei verschiedene Massen

Man erkennt deutlich die Zunahme der Umdrehungszeit der Scheibe bei größerem Hebelarm. Die Zunahme der Umdrehungszeit ist ein Maß für die Bremswirkung.
Nach der oben angegebenen Formel folgt, daß die Kraft auf den Hauptbremszylinder proportional zum Hebelarm ist: $F_K \sim s_H$; d. h. die Bremswirkung ist um so größer, je größer die Kraft auf den Kolben des Hauptbremszylinders ist.

Hinweise

Eine Verfälschung des Meßergebnisses kann bei längerem Betrieb durch den Verlust von Wasser aus dem Zylindersystem entstehen. Ist der Kolben des Hauptbremszylinders wegen Wasserverlust weit nach unten verschoben, verändert sich die wirksame Hebellänge und damit die Kraftwirkung auf den Kolben des Hauptbremszylinders. Es ist daher darauf zu achten, daß beim Versuch der Hebel durch nachjustieren stets waagrecht gehalten wird.

Methodischer Einsatz

Siehe "Hydraulische Bremsanlage I"

41. Hydraulische Bremsanlage III: Druckausbreitung in Flüssigkeiten

Klassenstufe	Oberthemen	Unterthemen	Anforderungs-niveau	Durchführungs-niveau	Vorlauf Vorbereitung Durchführung
SI	Mechanik	Druck	●●	■■	Einige Stunden ca. 20 min. ca. 10 min.

Die Druckausbreitung in Flüssigkeiten wird am Modell einer hydraulischen Presse, bestehend aus dem Hauptbremszylinder und dem Radbremszylinder einer Kfz-Bremsanlage, demonstriert.

Materialien
Siehe "Hydraulische Bremsanlage I"

Vorbereitung
Siehe "Hydraulische Bremsanlage I"

Versuchsaufbau
Siehe "Hydraulische Bremsanlage I"

Durchführung
In diesem Versuchsteil untersucht man den Einfluß, den das Verhältnis der Kolbenfläche auf die Bremswirkung hat.
Zunächst untersucht man wieder die Umdrehungszeit T der ungebremsten Scheibe. Anschließend mißt man die Zeiten der gebremsten Scheibe bei jeweils gleicher Krafteinwirkung auf den Hauptbremszylinder für unterschiedliche Zylinderverhältnisse. Die Zeitunterschiede stellen ein Maß für die Bremswirkung dar.

Ergebnis
Mit Kraftarm $s_K = 0{,}15\,\text{m}$ und Kolbenfläche des Radbremszylinders $A_R = 754{,}8\,\text{mm}^2$ sowie Kolbenfläche des Hauptbremszylinders A_H = variabel ergeben sich folgende Werte:

A_H/mm^2	A_R/A_H	m/kg	s_H/m	F_K/N	T/s	$\Delta T/\text{s}$
-	-	0	-	0	0,80	0
486,9	1,55	0,100	0,65	4,25	1,55	0,75
706,9	1,07	0,100	0,65	4,25	0,95	0,15
486,9	1,55	0,100	0,55	3,60	1,40	0,60
706,9	1,07	0,100	0,55	3,60	0,90	0,10
486,9	1,55	0,120	0,35	2,75	1,20	0,40
706,9	1,07	0,120	0,35	2,75	0,85	0,05

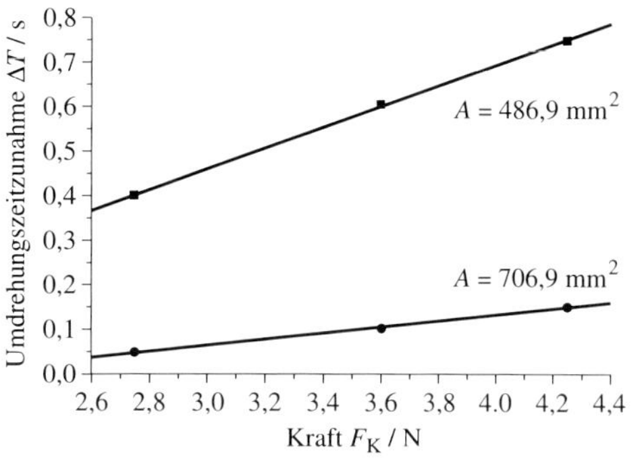

Abb. 9: Umdrehungszeitzunahme als Funktion der Kraft für verschiedene Bremszylinder

Aus den Meßwerten ist ersichtlich, daß bei jeweils gleicher einwirkender Kraft auf den Hauptbremszylinder diejenige Versuchsanordnung die bessere Bremswirkung erzielt, die das größere Verhältnis der Kolbenfläche A_R / A_H hat. Durch die Druckausbreitung in Flüssigkeiten können durch kleine Kräfte an einer kleinen Kolbenfläche des Hauptbremszylinders große Kräfte an einer großen Fläche des Radbremszylinders erzeugt und somit durch einen geringen Kraftaufwand große Bremskräfte erreicht werden.

Es gilt für die Kraft am Radbremszylinder F_R : $F_R = \frac{A_R}{A_H} \cdot F_K$

Bei konstanter Kraft F_K auf den Hauptbremszylinder hängt die Bremskraft am Radbremszylinder vom Verhältnis der Kolbenflächen ab.

Variation

Eine Variante des Versuchs ist eine Untersuchung der Bremswirkung, wenn sich Luft im Hydrauliksystem befindet.

Dies läßt sich im Modell dadurch zeigen, daß man den Hauptbremszylinder etwa je zur Hälfte mit Wasser und Luft füllt. Wird der Hebel nun belastet, so erkennt man einen größeren Weg des Hauptbremskolbens. Liegt der Hebel an einem Anschlag an (entspricht maximalem Pedalweg im Fahrzeug), so wird wegen der Kompressibilität von Gasen bei einem Gaspolster in der Bremsanlage ein kleinerer Bremsdruck aufgebaut und damit stellt sich auch eine geringere Bremswirkung ein.

F_K / N (Kraft des Hauptbremszylinders)	T_1 / s (bei Wasserfüllung)	T_2 / s (bei Wasser-Luft-Füllung)
0	0,80	0,80
2,55	1,15	0,85
3,40	1,40	1,20
4,25	1,70	1,55

Man erkennt, daß die Bremswirkung bei Luft im Zylindersystem gegenüber der Bremswirkung bei vollständiger Wasserfüllung reduziert ist.

Methodischer Einsatz

Mit dem Abschnitt Variante soll der Blick der Schüler und Schülerinnen über den Versuch hinaus auf die technische Realisierung gelenkt werden. Es sollen mögliche Gefahren aufgezeigt werden, die bei einer hydraulischen Bremsanlage auftreten können.

42. Hydraulische Bremsanlage IV: Reibung

Klassenstufe	Oberthemen	Unterthemen	Anforderungs-niveau	Durchführungs-niveau	Vorlauf Vorbereitung Durchführung
SI	Mechanik	Reibung	●●	■■	Einige Stunden ca. 20 min. ca. 10 min.

Am Modell von Bremsbelag und Bremsscheibe wird der Einfluß der Reibung bei der hydraulischen Bremse demonstriert.

Materialien
Siehe "Hydraulische Bremsanlage I"

Vorbereitung
Siehe "Hydraulische Bremsanlage I"

Abb. 10: Detailaufnahme des Versuchsaufbaus

Durchführung
Im letzten Versuchsteil soll der Einfluß der Reibung auf die Bremswirkung untersucht werden. Dazu werden in einem Vorversuch zunächst die Gleitreibungskoeffizienten von verschiedenen Bremsbelägen bestimmt (z. B. Holz, Kork, Moosgummi).

Vorversuch zur Bestimmung des Gleitreibungskoeffizienten:
Die Bestimmung des Gleitreibungskoeffizienten geschieht nach dem in Abb. 11 dargestellten Versuchsaufbau: Der Bremsbelag wird zusammen mit dem Kolbenaufsatz auf die Scheibe gelegt und mit einem Federkraftmesser parallel zur Scheibe gehalten. Setzt man die Scheibe in Bewegung, so dehnt sich die Feder um den Betrag der Gleitreibungskraft. Um mehrere Meßwerte zu erhalten, belastet man den Aufsatz mit unterschiedlichen Massestücken und mißt jeweils die Gleitreibungskraft. Damit läßt sich die Gleitreibungszahl aus folgender Formel bestimmen: $F_R = \mu \cdot F_G$

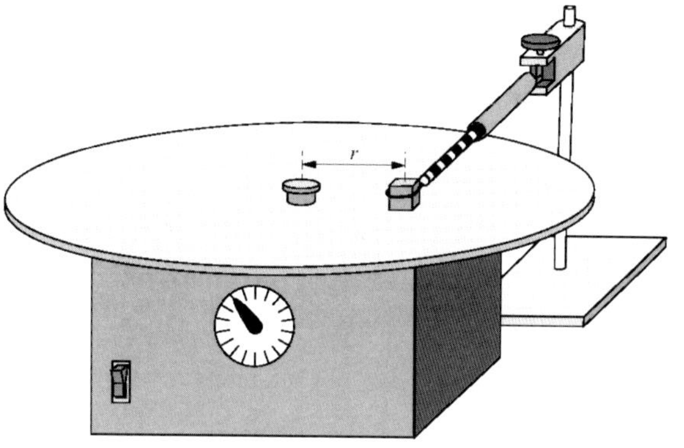

Abb. 11: Versuchsaufbau zur Bestimmung von μ[1]

Es ergaben sich folgende Werte für die Gleitreibungsbeiwerte von Kork, Holz und Gummi:

$$\mu_{\text{Holz}} = 0{,}31 \pm 0{,}09\,;\ \mu_{\text{Kork}} = 0{,}54 \pm 0{,}08\,;\ \mu_{\text{Gummi}} = 0{,}82 \pm 0{,}08$$

Ergebnis

Mit einer ungebremsten Umdrehungszeit $T_0 = 0{,}80$ s und einem Kraftarm $s_K = 0{,}15$ m ergeben sich folgende Werte:

m/kg	s_H/m	F_K/N	T_{Holz}/s $\mu = 0{,}31$	T_{Kork}/s $\mu = 0{,}54$	$T_{\text{Gummi}}/\text{s}$ $\mu = 0{,}82$
0,080	0,65	3,40	1,10	1,35	1,60
0,080	0,55	2,88	1,00	1,20	1,45
0,080	0,45	2,35	0,90	1,05	1,25

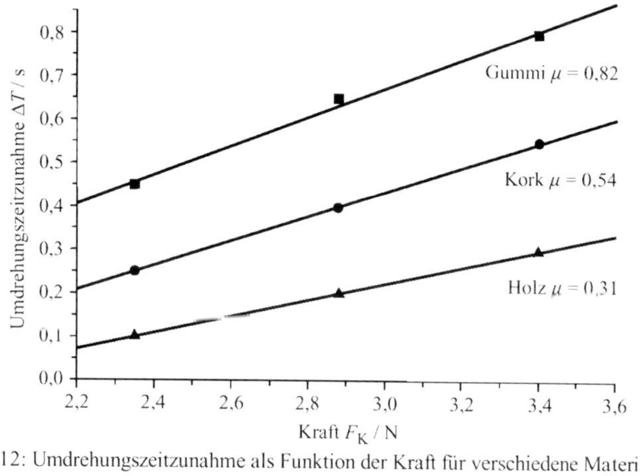

Abb. 12: Umdrehungszeitzunahme als Funktion der Kraft für verschiedene Materialien

Aus dem Diagrammverlauf erkennt man, daß die Bremswirkung um so stärker ist, je größer die Gleitreibungszahl ist.

Methodischer Einsatz

Siehe "Hydraulische Bremsanlage I"

[1] O. E. Berge: Versuche zur Reibung, Naturwissenschaften im Unterricht - Physik 25/1994, S. 20-28.

43. Infrarot-Bewegungsmelder

Klassenstufe	Oberthemen	Unterthemen	Anforderungsniveau	Durchführungsniveau	Vorlauf Vorbereitung Durchführung
SI, SII	Wärme Elektronik Optik	IR-Strahlung Sensorschaltung Fresnellinse	●●	■■	Tage ca. 1 Std. ca. 10 min.

Mit Hilfe eines Pyrosensor-Schalters wird ein Bewegungsmelder nachgebaut, der auf Infrarotstrahlung reagiert.

Materialien

- Pappkiste
- Leitungen
- 1,5 V-Batterie oder Gleichspannungsquelle zur Versorgung des Sensors
- Glühlampe 6 V
- Leistungsverstärker
- Pyroelektrischer IR-Bewegungssensor (PIR) mit elektronischem Schalter

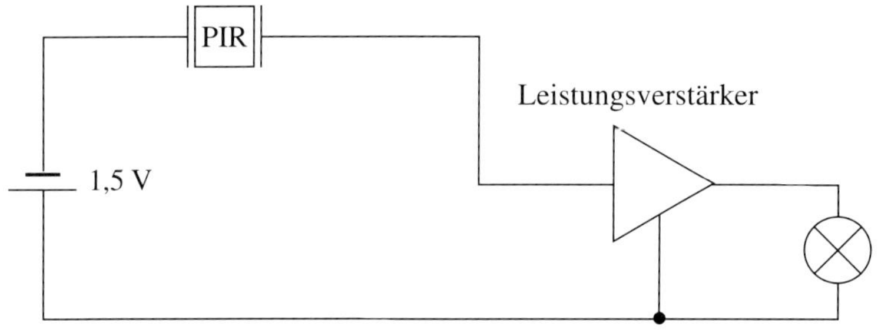

Abb. 1: Schaltskizze

Vorbereitung

Für die vorgesehenen Experimente genügt ein handelsüblicher Pyrosensor-Schalter (Elektronikfachhandel), der auf IR-Strahlung mit einem Spannungsimpuls reagiert.
Das mit einem Leistungsverstärker verstärkte Ausgangssignal kann mit Hilfe einer Glühlampe z. B. vor einer Klasse besser gezeigt werden.

Durchführung/Ergebnis

Die präparierte Kiste stellt jetzt einen Bewegungsmelder dar, der getestet wird: Man führt eine Hand in der Nähe daran vorbei und beobachtet die Lampe, die dann aufleuchtet.

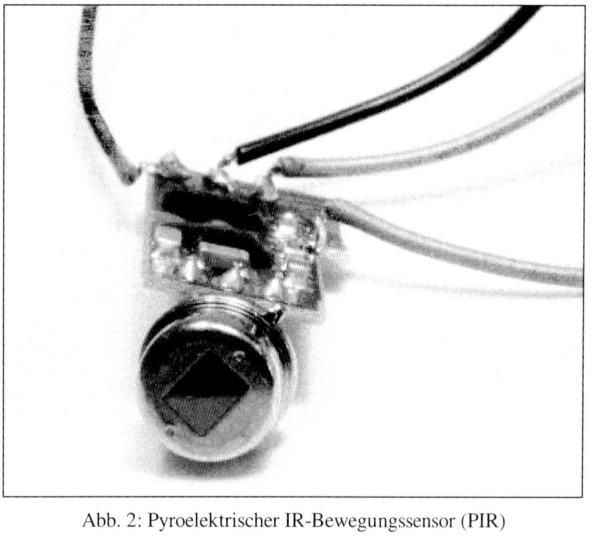

Abb. 2: Pyroelektrischer IR-Bewegungssensor (PIR)

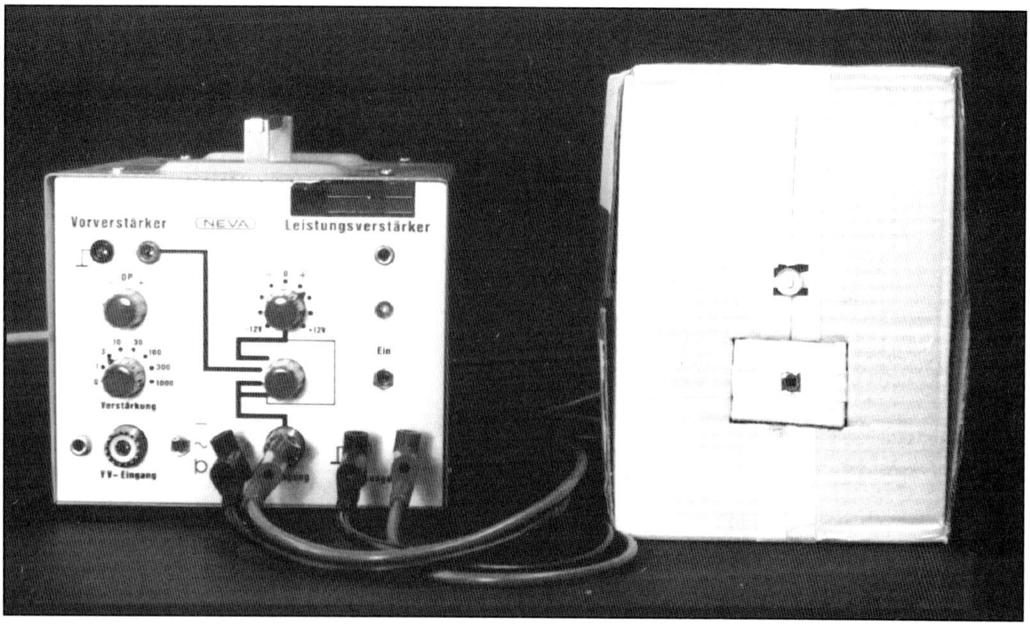

Abb. 3: Gesamtansicht des Versuchsaufbaus; in der Pappkiste (rechts) befindet sich unterhalb der Glühbirne ein PIR-Sensor wie in Abb. 2 dargestellt

Erklärung

Die Funktion des Pyrosensors beruht auf dem sogenannten pyroelektrischen Effekt[1]. Darunter versteht man die Temperaturabhängigkeit der spontanen Polarisation von ferroelektrischen Kristallen oder Keramiken. Die Hand, deren Temperatur über der Raumtemperatur liegt, emittiert Wärmestrahlung. Der IR-Sensor absorbiert einen Teil dieser Strahlung, was zu einer Erhöhung seiner Temperatur führt. Damit ändert sich auch die elektrische Polarisation. Dies entspricht einer Ladungsänderung, die sich messen und verstärken läßt. Das Aufleuchten des Lämpchens signalisiert diese Ladungsänderung.

Variationen

Mit einem selbstgebauten oder einem handelsüblichen Bewegungsmelder können auch weiterführende Versuche mit variabler Temperatur und Oberfläche einer Probe durchgeführt werden.
Ebenfalls interessant ist es, den selbstgebauten Bewegungsmelder mit einem Fresnellinsen-Aufsatz von einem kommerziellen Gerät auszustatten. Dieser muß so auf die Kiste aufgebracht werden, daß der Pyrosensor im Brennpunkt der einzelnen Linsensegmente liegt. Dann kann man feststellen, daß die Fresnellinsenkombination den empfindlichen Raumwinkel und die Reichweite des Bewegungsmelders erheblich erhöht.

Methodischer Einsatz

Der Bewegungsmelder eignet sich für verschiedene Arten von Experimenten, z. B. als Versuch zum Nachweis von Wärmestrahlung.
Der Bewegungsmelder kann auch von Schülern und Schülerinnen selbst gebaut werden, z. B. in Form eines kleinen Projektes.
Für den Einsatz in der Mittelstufe kommt es auf die genaue Funktion des pyroelektrischen Detektors nicht an, nur daß er auf Wärmestrahlung mit einem Spannungsimpuls reagiert. In der Oberstufe ist aber eine tiefergehende Erklärung, z. B. im Rahmen einer Facharbeit, denkbar.

---

[1] Vgl. z. B. H. Gobrecht (Hrsg.): Bergmann-Schaefer Lehrbuch der Experimentalphysik, Band II: Elektrizität und Magnetismus, W. de Gruyter, Berlin 1971 oder ähnliche Lehrwerke.

44. Infrarot-Fernbedienung: Eigenschaften der Strahlung

Klassenstufe	Oberthemen	Unterthemen	Anforderungs-niveau	Durchführungs-niveau	Vorlauf Vorbereitung Durchführung
SI, SII	Optik	IR-Strahlung	●●	■	- ca. 1/2 Stunde 10-30 min.

Verschiedene Eigenschaften der von einer Fernbedienung emittierten IR-Strahlung werden untersucht (Reflexion, Absorption, Wellenlänge).

Materialien
- IR-Fernbedienung
- Widerstand 4,7 kΩ
- Oszilloskop
- Platten verschiedenen Materials (Glas, Wärmeschutzglas, Papier, Stoff, Metall usw.)
- IR-Empfangsdiode (oder Phototransistor mit IR-Empfindlichkeit)
- passendes Fernsehgerät
- Stativmaterial
- Metermaß
- verschiedene Interferenzfilter (im Bereich um die Wellenlänge des IR-Signals)
- stabilisiertes Netzgerät 0 ... 5 V – (alternativ: Batterie 4,5 V)

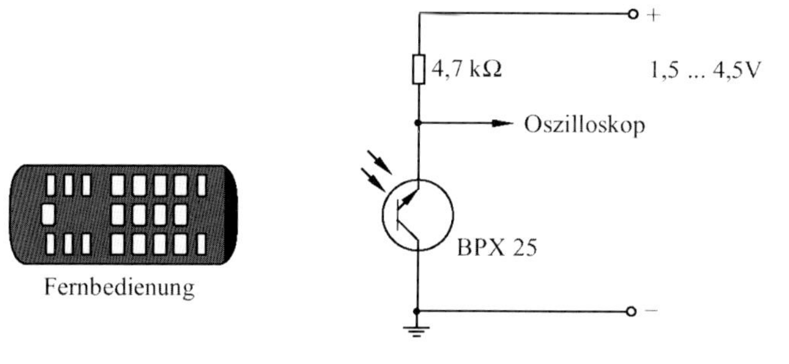

Abb. 1: Schaltskizze

1. Reflexion

Dieser Versuch kann auch mit dem Fernsehgerät anstelle von Empfangsdiode und Oszilloskop durchgeführt werden.
Zunächst wird der Fernseher "direkt" eingeschaltet, indem man die Fernbedienung auf die Empfangsdiode des Gerätes richtet. Danach wird versucht, das Fernsehgerät "indirekt" einzuschalten, indem man die Fernbedienung unter einem geeigneten Winkel an die Wand oder eine Platte richtet. Da die Abstrahlung des IR-Lichtes in einem gewissen Raumwinkel erfolgt, ergibt sich ein optimaler Bereich um den Reflexionswinkel herum.

2. IR-Transparenz

Zwischen Sender und Empfänger werden verschiedene Materialien eingebracht und die Signalhöhe am Oszilloskop mit der Signalhöhe ohne Hindernis verglichen.
Das Ergebnis zeigt die nebenstehende Tabelle.

Aufgrund von Absorption (z. B. Stoff, Papier) und Reflexion (z. B. Metall) kommt es zu unterschiedlicher Durchlässigkeit verschiedener Materialien.

Material	**Durchlässigkeit / %**
normale Fensterglasplatte (3 mm)	85
Wärmeschutzglas (3 mm)	51
Blatt Papier	8
Baumwollstoff	6
Metall (2 mm)	0
Holzplatte	0
Kunststoffband	0

3. Bestimmung der Wellenlänge
Mit Hilfe von Interferenzfiltern, die zwischen Sender und Empfangsdiode eingebracht werden, läßt sich der Wellenlängenbereich feststellen, in welchem die IR-Sendediode emittiert. Bezugswert ist die Signalhöhe ohne Filter (100 %).

Wellenlänge des Filters / nm	Signalhöhe / %	Empfindlichkeit des BPX25 / %	korrigiert
816,9	0	100	0
861,6	0	95	0
916,4	4	70	6
964,2	13	44	30
996,0	4	30	13

Das Maximum der Intensität liegt zwischen 920 und 1000 nm.

Hinweise: Typischerweise besitzen IR-Leuchtdioden eine spektrale Bandbreite von einigen nm bis einige 10 nm. Darüber hinaus muß auch die spektrale Empfindlichkeit des Empfängers beachtet und gegebenenfalls einkorrigiert werden (siehe Tabelle).

4. Abstandsgesetz
Die Intensität (Spannung am Oszilloskop) wird als Funktion des Abstandes der Fernbedienung vom Empfänger gemessen. Das Ergebnis zeigt Abb. 2.

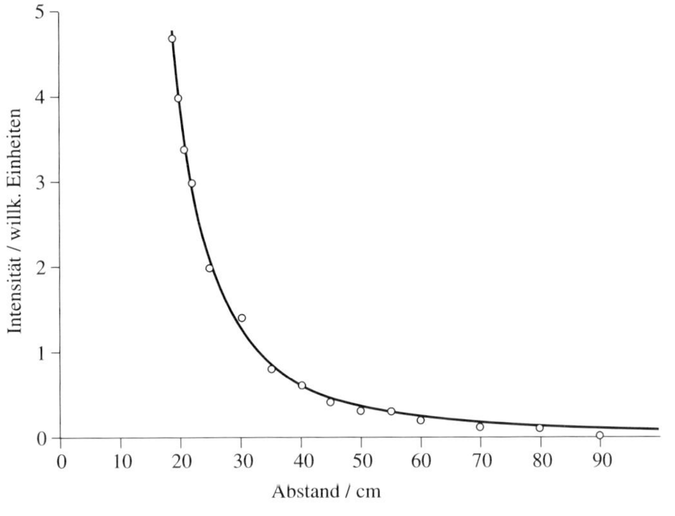

Abb. 2: Intensität der Fernbedienung als Funktion des Abstandes; die durchgezogene Linie entspricht der Anpassung an ein Polynom 2. Grades

Die Intensität verhält sich in erster Näherung proportional zum Quadrat des Abstandes.
Hinweise: Der konkrete Verlauf wird bestimmt durch die Richtcharakteristiken von Sende- und Empfangsdiode. Ferner kann bei geringen Abständen die Annahme einer Punktquelle zu Fehlern führen, insbesondere dann, wenn mehrere Sendedioden in der Fernbedienung eingebaut sind.

Methodische Hinweise
Die Versuche lassen sich durchaus auch als arbeitsteilige Schüler- und Schülerinnenübungen bzw. qualitativ mit dem Fernseher o. ä. als Nachweisgerät als Heimexperiment durchführen.

45. Infrarot-Fernbedienung: Signalform

Klassenstufe	Oberthemen	Unterthemen	Anforderungs-niveau	Durchführungs-niveau	Vorlauf Vorbereitung Durchführung
SII	Optik Informatik	IR-Strahlung Binärcode Digitalisierung	●●	■■■	1 Woche ca. 1 Stunde ca. 20 min.

Das Signal einer Infrarot-Fernbedienung soll aufgenommen und computertechnisch analysiert werden.

Materialien

- IR-Fernbedienung (z. B. vom Fernsehgerät)
- IR-Empfangsdiode (z. B. BPW34)
- Ohmscher Widerstand ca. 470 kΩ
- AD-Wandler (Elektronikversandhandel)
- PC mit Software (z. B. TurboPascal und Origin)
- Gleichspannungsquelle

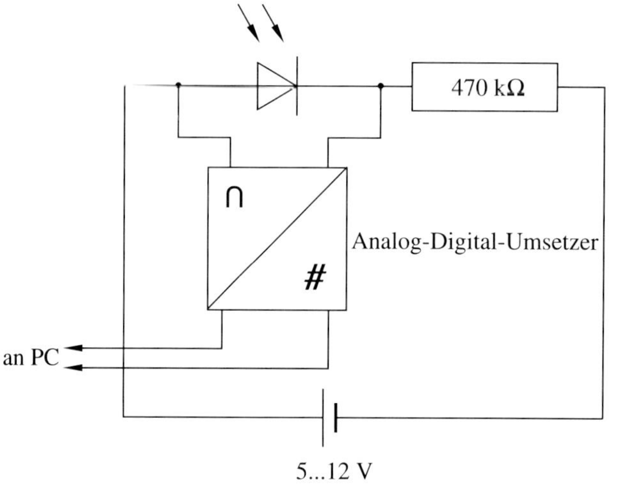

Abb. 1: Schaltskizze des Versuchs

Vorbereitung

Zur Steuerung des Aufnahmevorgangs der IR-Signale wird ein Programm[1] benötigt.

Durchführung

Zur Aufnahme der Signale wird die Schaltung nach Abb. 1 erstellt.

Mit dem Computer-Programm wird das Signal wie folgt aufgenommen: Nach dem Starten ertönt ein Piepton, der den Beginn des Einlesevorgangs bezeichnet. Jetzt wird die Fernbedienung auf die Photodiode gerichtet und solange aktiviert, bis wieder ein Piepton ertönt, d. h. bis 30.000 Spannungswerte aufgenommen wurden. Dasselbe wird noch mehrmals durchgeführt, dabei werden jeweils unterschiedliche Tasten der Fernbedienung gedrückt (z. B. Power, Channel up, Channel down, ...).

---

[1] Ein entsprechendes TurboPascal-Programm befindet sich im Anhang D.

Auswertung
Die im ASCII-Format gespeicherten Werte werden zur weiteren Auswertung in ein Tabellenkalkulationsprogramm (z. B. Origin) importiert. Danach können die Werte dann graphisch dargestellt und weiterbearbeitet werden.
Beim Betrachten der Graphiken für alle 30 000 Werte erkennt man für alle Signale wie POWER, CHANNEL UP, CHANNEL DOWN, usw. gleichermaßen rechteckförmige Impulspakete in äquidistanten Zeitabschnitten (Abb. 2). Auf der x-Achse sieht man die Durchnumerierung der 30 000 Stützstellen, auf der y-Achse bedeutet der Wert 1, daß ein Strom gemessen wird, bei 0 fließt kein Strom durch die Photodiode.
Diese Impulspakete, welche aus einzelnen Rechtecksignalen zweier verschiedener (zeitlicher) Längen bestehen, sind für die verschiedenen Tasten der Fernbedienung unterschiedlich. Abb. 3 zeigt als Beispiel ein Impulspaket des POWER-Signals.

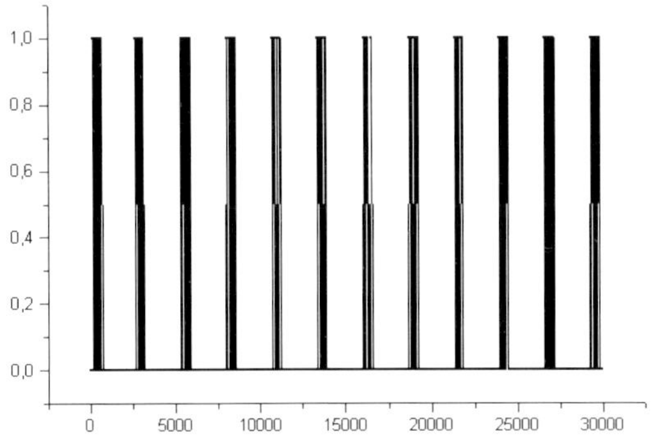

Abb. 2: Folge von Impulspaketen

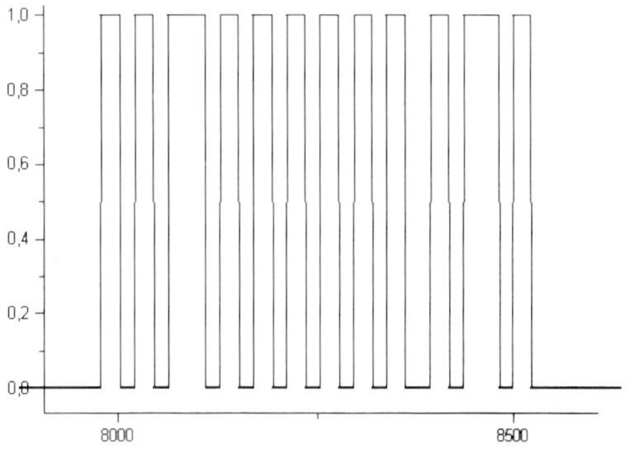

Abb. 3: Ein Impulspaket vergrößert dargestellt

Abschätzung
Die 30 000 Werte wurden innerhalb von 1,26 Sekunden aufgenommen. Jedes Impulspaket hat also eine zeitliche Länge von etwa 18 Millisekunden, die Abstände zwischen den Impulspaketen betragen ca. 66 Millisekunden.

Variationen
Wenn das IR-Signal nur auf Existenz nachgewiesen werden soll, ohne bis ins Detail aufgelöst zu werden, so kann dies auch mit einem Oszilloskop und einer Photodiode geschehen.
Eine weitere Möglichkeit stellen IR-Sensorkarten (Elektronikversandhandel) dar, auf denen sich eine Sensorfläche aus lichtspeicherndem Material befindet, welches einige Sekunden im sichtbaren Licht aktiviert wird. Danach wird der Sensor aus geringem Abstand vom IR-Sender bestrahlt und emittiert dabei sichtbares Licht.

Methodische Hinweise
Um einen Alltagsbezug herzustellen, kann für das Experiment eine von Schülern und Schülerinnen mitgebrachte Fernbedienung benutzt werden.
Wenn die computertechnische Auswertung des Experiments von Lehrer oder Lehrerin durchgeführt wird, sollten die Schüler und Schülerinnen den Vorgang mitverfolgen können, z. B. mit Hilfe eines Projektors, der die Monitoranzeige des Computers an die Leinwand projiziert.
Eine Zusammenarbeit mit anderen Fächern wie Informatik oder ITG ist zu empfehlen (Begriffe wie Steuerung, Codierung, Programmierung usw.).

46. Joystick

Klassenstufe	Oberthemen	Unterthemen	Anforderungs-niveau	Durchführungs-niveau	Vorlauf Vorbereitung Durchführung
SI	Elektrik	Ohmsches Gesetz Widerstände Reihenschaltung	●●	■■	1 Tag ca. 1 Std. ca. 20 min.

Mit Hilfe eines Joysticks werden die Funktionsweise und reale Anwendung von veränderlichen Widerständen sowie die Gesetze bei der Schaltung von Widerständen demonstriert.

Materialien

- Joystick
- Zweikanal – Oszilloskop
- Netzgerät stabilisiert 0 ... 5 V – / 1 A
- A4 Rastersteckplatte
- 2 Widerstände von je 100 kΩ
- 8 Experimentierkabel (30 cm - 50 cm lang)

Für das Verbindungskabel:

- 5-adriges Kabel
- 5 Bananenstecker
- Glühlampe 4 V / 0,2 A mit Schraubfassung
- eventuell Lötkolben und Zubehör
- 15-polige Sub-D-Buchse (ElektronikVersandhandel)

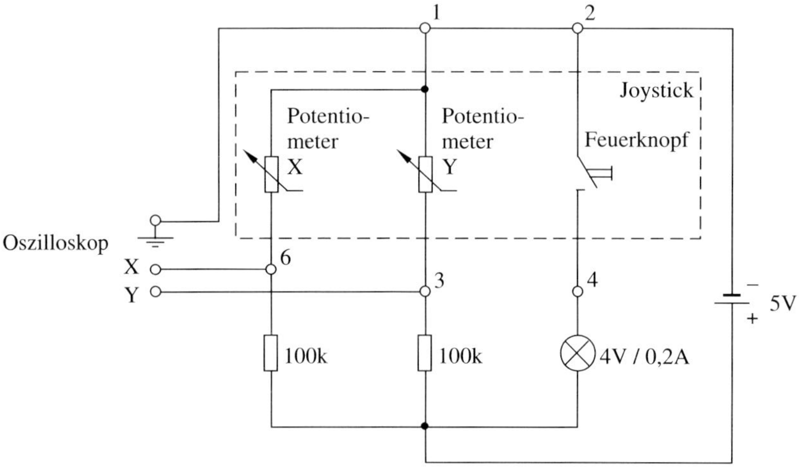

Abb. 1: Die Verschaltung auf der Rastersteckplatte

Vorbereitung

Ein Ende des 5-adrigen Kabels wird entsprechend Abb. 2 mit der Sub-D-Buchse verlötet (oder gequetscht – je nach Buch-sentyp), an das andere Ende des Kabels werden die Bananenstecker angelötet (bzw. geschraubt).

Für den nachfolgenden Versuchsaufbau ist es sinnvoll, die Bananenstecker entsprechend der Pinbelegung in Abb. 2 zu numerieren bzw. zu kennzeichnen (z. B. mittels Klebeetiketten oder verschiedenfarbigen Isolierungen), um spätere Verwechs-lungen beim Aufbau auf die Rastersteckplatte zu vermeiden. Der Aufbau auf die Rastersteckplatte erfolgt gemäß Abb. 1, wobei das gestrichelte Rechteck den Joystick darstellt, welcher im wesentlichen auf die beiden Potentiometer und einen Feuerknopf (Taster) reduziert wurde. Der Stecker des Joysticks wird in die präparierte Sub-D-Buchse gesteckt, und die an der Schaltskizze

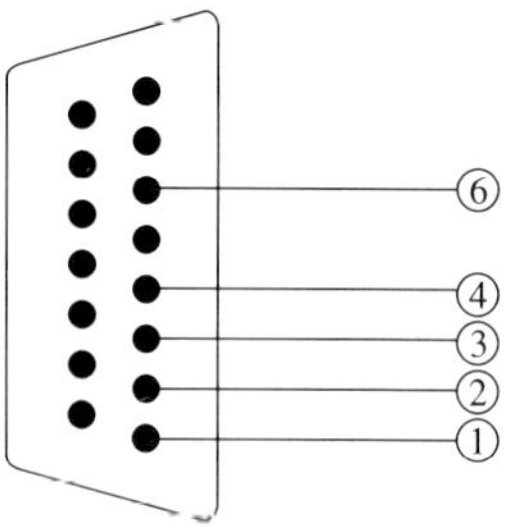

Abb. 2: Belegung der Sub-D-Buchse

numerierten Verbindungspunkte 1, 2, 3, 4, 6 werden mit den fünf Bananensteckern, welche entsprechend der Pinnumerierung der Sub-D-Buchse gekennzeichnet worden sind, verbunden.
Der Joystickknüppel und die Trimmungen für die X- und Y-Richtungen werden in die jeweiligen Mittelstellungen gebracht.
Am Oszilloskop werden die Tasten "Hor. ext" und "Invert I" gedrückt und die Kalibrierung so eingeregelt, daß bei Neutralstellung des Joystickknüppels der leuchtende Punkt auf dem Bildschirm sich nun ungefähr in der Mitte befindet. Die beiden Drehschalter für die X- und Y-Amplituden werden auf die gleichen Werte eingestellt (hier: 0,5 V/cm).

Durchführung/Beobachtung

1. Bei einer beliebigen Bewegung des Joystickknüppels, z. B. nach rechts (bzw. links, oben, unten, diagonal etc.) erfolgt immer eine entsprechende Bewegung des Leuchtpunktes auf dem Oszilloskopbildschirm nach rechts (bzw. links, oben, unten, diagonal etc.).
2. Beim Drücken einer Feuertaste[1] leuchtet die Glühlampe auf, beim Loslassen erlischt diese wieder.

Erklärung

1. An den beiden Potentiometern fallen, bedingt durch die unterschiedlichen Positionen des Joystickknüppels, unterschiedliche Spannungen ab.
   Diese Spannungsabfälle werden mit Hilfe des Zweikanal–Oszilloskops gemessen und auf dessen Bildschirm dargestellt.
   Der Aufbau der Schaltung wurde so gewählt, daß der Leuchtpunkt auf dem Bildschirm des Oszilloskops sich entsprechend der Knüppelbewegung verhält.
2. Der Feuerknopf des Joysticks ist im Grunde nichts anderes als ein Taster. Beim Drücken des Feuerknopfs schließt der Taster den Stromkreis, in dem sich die Glühlampe befindet, und diese leuchtet, solange der Taster gedrückt bleibt.

Variation

Als mögliche Erweiterung des bestehenden Versuchsaufbaus wäre es denkbar, daß die Schüler und Schülerinnen, eventuell als Projekt, die Funktionen der übrigen Feuerknöpfe, z. B. durch verschiedene Glühlampen oder akustische Signalgeber, demonstrieren.
In diesem Zusammenhang läßt sich auch ein "Nachbau" eines einfachen Joysticks mit Hilfe der Schulsammlung realisieren, für den im wesentlichen zwei Dreh- oder Schiebewiderstände von je 100 kΩ, sowie ein Taster erforderlich sind. Dieser nachgebaute Joystick könnte dann zur Demonstration mittels eines Sub-D-Steckers mit einem PC verbunden und einem geeignetem Programm (z. B. Spiel) getestet werden.

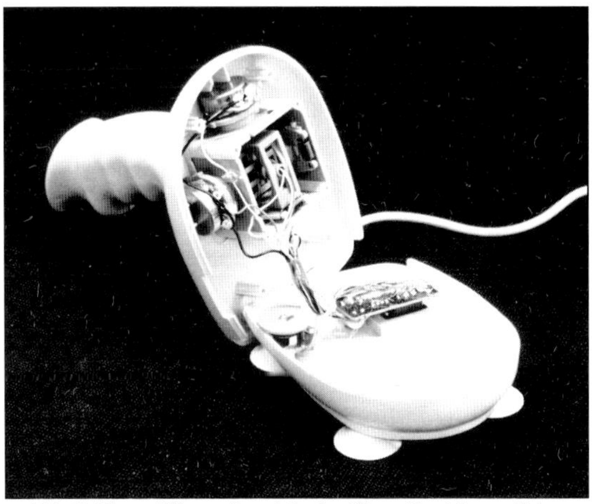

Abb. 3: Ein geöffneter Joystick, das Oberteil mit beweglichem Griff (stick) ist nach hinten geklappt; deutlich zu erkennen sind die beiden rechtwinklig zueinander angebrachten Drehpotentiometer

Methodische Hinweise

Der Aufbau und die Durchführung dieses Versuchs ist auch für Schüler und Schülerinnen möglich.In beiden Fällen, ob als Lehrer- oder Schülerversuch sollte aber, falls es nicht schon bei der Versuchsvorbereitung im Rahmen der Pinzuordnung erforderlich war, der Joystick geöffnet werden und die einzelnen Bauteile, insbesondere Potentiometer und Feuerknopftaster, identifiziert und deren Funktion erklärt und demonstriert werden (vgl. Abb. 3).

[1] Bei diesem Versuchsaufbau wird die Funktionsweise von nur einer Feuertaste demonstriert.

47. Katzenaugen: Reflektorfolie

Klassenstufe	Oberthemen	Unterthemen	Anforderungs-niveau	Durchführungs-niveau	Vorlauf Vorbereitung Durchführung
SI	Optik	Reflexion Brechung	●●	■	1 Std. ca. 15 min. ca. 10 min.

Es wird die Funktionsweise von Katzenaugen und Reflektorfolie als Sicherheitsvorrichtung an Fahrrädern oder Kleidung demonstriert. Darüberhinaus wird eine berührungslose Drehzahlmessung mit Hilfe von Reflektorfolie als technische Anwendung erläutert.

Materialien

- 90-Grad-Glasprisma mit Halterung
- Steckbrett mit 3 Brücken
- Vorwiderstand 10 kΩ
- Digitalzähler
- Rad mit Experimentiermotor
- Netzgerät stabilisiert 0 ... 10 V –
- Lampe mit Halterung
- Reflektorfolie
- "Katzenaugen" (z. B. Fahrradrücklicht)
- Phototransistor BPX25
- Glühbirne 7-8 V/2 W
- Taschenlampe
- Kabel

Vorbereitung

Zur Demonstration des Prinzips der Totalreflexion benötigt man ein 90-Grad-Glasprisma und eine Lampe, die einen geeignet enges Lichtbündel liefert. Prisma und Lampe sollten relativ groß und nach Möglichkeit mit Magneten an der Wand oder einer Magnethafttafel zu befestigen sein, damit alle Schüler und Schülerinnen die Demonstration verfolgen können.
Zum Aufbau der Drehzahlmeßeinrichtung werden die Glühlampe, der Phototransistor und der Vorwiderstand entsprechend der Schaltung nach Abb. 1 auf dem Steckbrett angebracht und mit Hilfe der Brücken verschaltet. Anschließend werden das Netzgerät zur Spannungsversorgung und der Digitalzähler am Phototransistor angeschlossen.

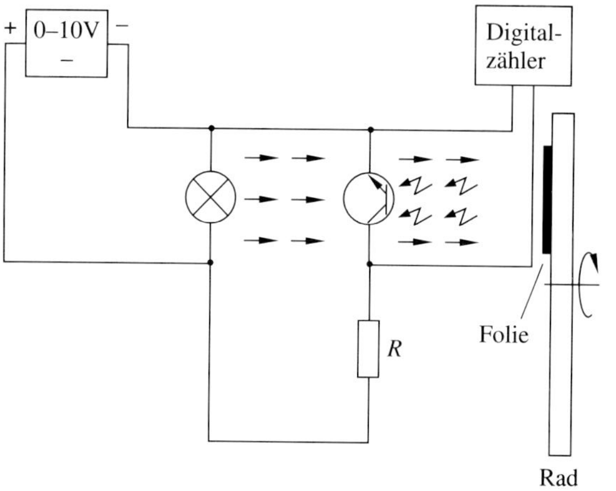

Abb. 1: Schaltskizze

Durchführung

Zuerst wird mit Hilfe der Lichtquelle ein schmales Lichtbündel so projiziert, daß es nahezu senkrecht durch die Hypotenuse in das Prisma einfällt. Am Strahlengang erkennt man nun, daß das Lichtbündel an den Kathetenseiten des Prismas zweimal totalreflektiert wird und es in die entgegengesetzte Richtung wieder verläßt. Daß dies nicht nur in der Ebene, sondern auch im Raum funktioniert, wird anschließend mit Hilfe eines Katzenauges, das z. B. an Fahrrädern verwendet wird, demonstriert. Man läßt dazu nacheinander verschiedene Personen dieses Katzenauge mit einer Taschenlampe in Augenhöhe anleuchten und stellt fest, daß nur diejenige Person die Reflexionserscheinungen wahrnimmt, die die Taschenlampe bedient. Das bedeutet, daß auch hier die Lichtstrahlen in die Gegenrichtung reflektiert werden. Verwendet man nun anstelle des Katzenauges reflektierende Folie, wie sie an Kleidungsstücken, Schuhen oder Schulranzen als Sicherheitsfolie verwendet wird, so erkennt man den gleichen Effekt.

Mit Hilfe dieser Folie wird anschließend eine berührungslose Drehzahlmessung als technische Anwendung demonstriert. Dazu muß die vorher beschriebene Schaltung zunächst mit ca. 8 Volt Gleichspannung vom angeschlossenen Netzteil versorgt werden. Ferner benötigt man als Meßobjekt ein in seiner Drehachse gelagertes Rad. Ein Bereich am Umfang des Rades wird mit Reflexfolie beklebt. Bringt man nun das Rad in Rotation und hält es in die Nähe des Phototransistors so erkennt man, daß pro Umdrehung des Rades am Universalzähler ein Impuls gezählt wird. Durch die Reflektorfolie wird hierbei also genügend Licht reflektiert, um den Phototransistor durchzuschalten. Der dadurch entstehende Spannungsabfall wird vom Zähler als Impuls registriert. Stellt man den Zähler auf Frequenzmessung, so kann man über die Drehfrequenz des Rades direkt auf die Drehzahl rückschließen.

Funktionsweise/Erklärung

An der Grenzfläche zweier Medien wird ein Lichtstrahl ganz oder teilweise reflektiert. Betrachtet man nun zwei Spiegel in der Ebene, die rechtwinklig zueinander stehen, so werfen diese in der dritten senkrecht dazu stehenden Ebene jeden Lichtstrahl in die genau entgegengesetzte Ebene zurück, egal, woher er kommt. Konstruiert man nun drei Spiegel rechtwinklig zueinander, so daß sie eine Würfelecke bilden, so wird jeder Lichtstrahl aus dem Raum durch 3-fache Reflexion in seine entgegengesetzte Richtung zurückgeworfen (Tripelspiegel, Retroreflektor). Katzenaugen bestehen nun aus vielen solcher Würfelecken. Sie sind oft aus gefärbtem oder aus durchsichtigem Kunststoff gefertigt, der so gepreßt ist, daß sich viele kleine, nebeneinanderliegende Würfelecken ergeben.
Auf ähnliche Art und Weise funktioniert die Reflektorfolie. Hier werden anstelle vieler kleiner Würfelecken eine Vielzahl kleiner, transparenter Kügelchen auf die Rückseite einer transparenten Folie aufgebracht. Die Rückseite der Kügelchen ist mit einem Aluminiumfilm überzogen. Das Licht wird hierbei an der Kugeloberfläche gebrochen, an der Rückseite reflektiert und anschließend an der Kugeloberfläche wieder in seine alte Richtung zurückgebrochen (z. B. Sicherheitsfolie der Fa. 3M mit dem Markennamen "Scotchlite").

Methodischer Einsatz

Beim Tripelspiegel kann es jedoch zu Verständnisproblemen bei der räumlichen Vorstellung des Strahlengangs kommen. Denen könnte man begegnen, indem man z. B. die Schüler und Schülerinnen eine überdimensionale Würfelecke nachbauen läßt, an der sie sich anschließend den Strahlengang verdeutlichen können.

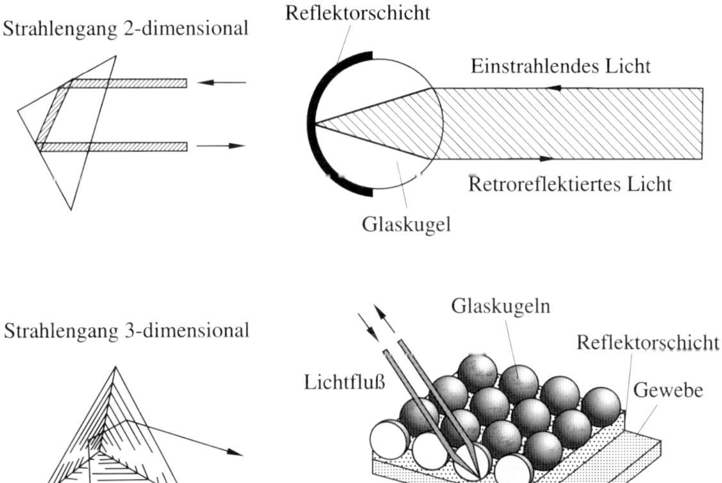

Abb. 2: Strahlengänge bei Katzenauge und Glaskugeln

48. Kaugummipapier: Isolator in Alarmanlage

Klassenstufe	Oberthemen	Unterthemen	Anforderungs-niveau	Durchführungs-niveau	Vorlauf Vorbereitung Durchführung
O, SI	Elektrik Magnetismus	Stromkreis Isolator/Leiter Magnetismus	●	■	- ca. 1 Std. ca. 10 min.

Anhand eines einfachen Versuchsaufbaus wird das Funktionsprinzip eines Magnetkontaktschalters für eine Alarmanlage ohne Ruhestrom demonstriert, d. h. zum Auslösen der Alarmanlage muß der Stromkreis geschlossen werden.

Materialien

- Magnet
- Netzgerät 0 ... 12 V –
- Kabel
- Metallstab
- Stativmaterial
- Spiralfeder (alternativ passende Massenstücke)
- Glühbirne oder Klingel
- Aluminiumkaugummipapier
- leitende Blattfeder
  (z. B. Metall-Lineal, 40 cm lang)

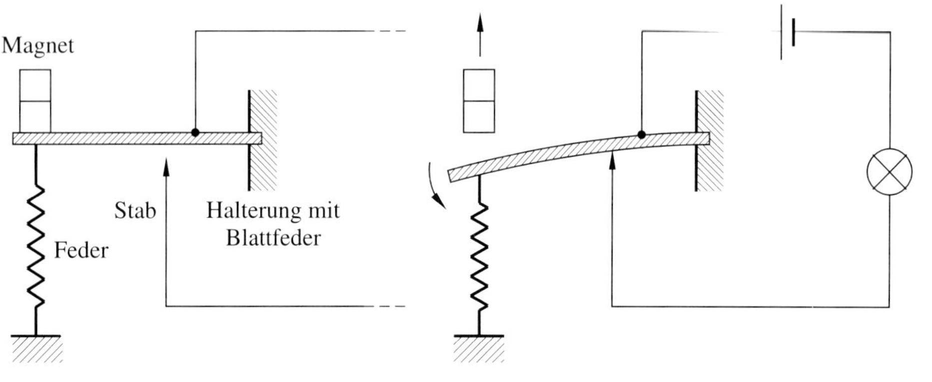

Abb. 1: Dargestellt sind links der Normalfall (offener Kreis) und rechts der Alarmfall (geschlossener Kreis)

Vorbereitung

Zunächst wird die Blattfeder in einen Ständer eingespannt und überprüft, ob sie frei schwingen kann. Danach befestigt man am anderen Ende eine zum verwendeten Magneten passende Feder oder, falls nicht vorhanden, entsprechende Massen. Passend bedeutet hier, daß die Feder oder die Massen den Metallstreifen in der Ruheposition nicht vom Magneten ablösen. Ist dies geschehen, wird der Metallstab so befestigt, daß die Feder oder die Gewichte den Metallstreifen so weit nach unten biegen, daß die Blattfeder auf dem Metallstab aufliegt und der Stromkreis somit geschlossen ist (Alarmfall). Danach nähert man den Magneten wieder der Blattfeder, so daß der Stromkreis wieder unterbrochen ist (Normalfall).

Durchführung

Zur Motivation kann den Schülern und Schülerinnen zuerst ein Filmausschnitt gezeigt werden, in dem eine Alarmanlage mit Hilfe eines Kaugummipapiers außer Kraft gesetzt wird.[1]
Dann wird ein Kaugummipapier in den Spalt zwischen Blattfeder und Metallstab eingeführt und man zieht den Magneten nach oben weg, was einem Öffnen des Fensters entspricht.
An dieser Stelle bietet es sich an, den zweiten Teil des Filmausschnittes zu zeigen, worin eine andere Person versucht, die Alarmanlage auszutricksen, was jedoch mißlingt, da das Kaugummipapier so gefaltet wurde, daß sich das Papier nun innen befindet.

---

[1] Z. B. Beverly Hills Cop 2 (USA 1987).

Führt man nun diese Variante durch, so faltet man das Kaugummipapier vorher so, daß sich das Aluminium auf der Außenseite befindet, und schiebt es dann in den Spalt zwischen dem Metallstreifen und dem Metallstab. Zieht man nun den Magneten weg, so wird der Stromkreis geschlossen.

Funktionsweise

Durch das Einbringen des Kaugummipapiers mit Papier auf der Außenseite in den Spalt kann beim Wegziehen des Magneten der Stromkreis nicht geschlossen werden, da Papier in diesem Spannungsbereich (≤ 12 V) nicht leitet.

Ganz im Gegensatz dazu verläuft der zweite Teil des Versuchs. Da dort das Kaugummipapier so gefaltet wird, daß sich das Aluminium außen befindet, wird der Stromkreis geschlossen und das Birnchen leuchtet.

Variation

Dieser Versuch läßt sich auch zu anderen Zwecken einsetzen: Es lassen sich z. B. verschiedene Stoffe auf ihre elektrische Eigenschaften hin untersuchen. Dazu können die Schüler und Schülerinnen mit einem einfachen Stromkreis in Gruppenarbeit die Stoffe auf ihre elektrische Leitfähigkeit hin untersuchen.

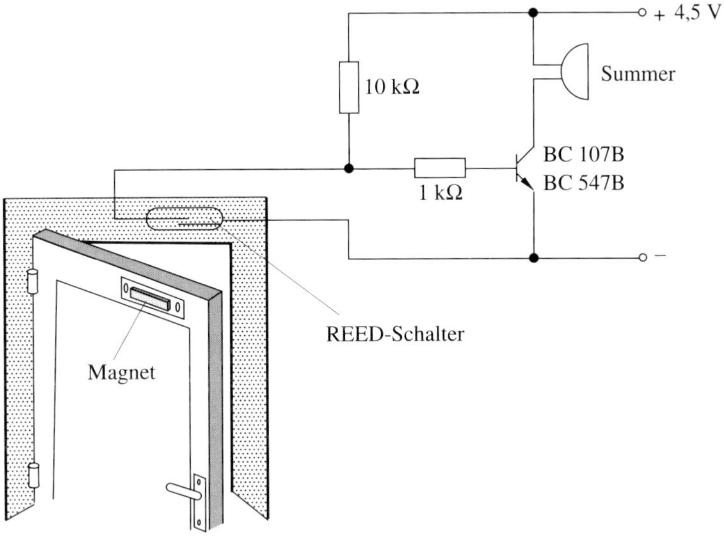

Abb. 2: Schaltskizze der Variante mit REED-Kontakt

Zur weiteren Demonstration kann auch die in vielen Häusern an Fenstern und Türen installierte Alarmanlage - deren prinzipieller Aufbau in der Abb. 2 dargestellt ist - dienen.

Wenn das Fenster geschlossen ist, ist auch der REED-Kontakt geschlossen, der Transistor gesperrt und somit der Summer aus. Umgekehrt, bei offenem Fenster ist der REED-Kontakt geöffnet, der Transistor schaltet durch und der Summer ertönt.

Der REED-Kontakt ist vollständig in ein Glasröhrchen eingeschlossen, dessen Füllung zu ca. 95 % aus Stickstoff besteht, damit beim Schalten Funkenbildung ausgeschlossen werden kann. Eine Manipulation mit Kaugummipapier ist dann aber auch nicht mehr möglich.

49. Kaugummipapier: Leiter in Alarmanlage

Klassenstufe	Oberthemen	Unterthemen	Anforderungsniveau	Durchführungsniveau	Vorlauf Vorbereitung Durchführung
O, SI	Elektrik Magnetismus	Stromkreis Leiter/Isolator Magnetismus	●	■	- ca. 1 Std. ca. 10 min.

Anhand eines einfachen Versuchsaufbaus wird das Funktionsprinzip eines Magnetkontaktschalters für eine Alarmanlage mit Ruhestrom demonstriert, d. h. zum Auslösen der Alarmanlage muß der Stromkreis geöffnet werden.

Materialien

- Aluminiumkaugummipapier
- Magnet
- Netzgerät 0 ... 12 V –
- Stativmaterial
- leitende Blattfeder (z. B. Metall-Lineal, 40 cm lang)
- Spiralfeder oder entsprechende Gewichte
- Glühbirne oder Klingel
- Kabel
- Metallstab

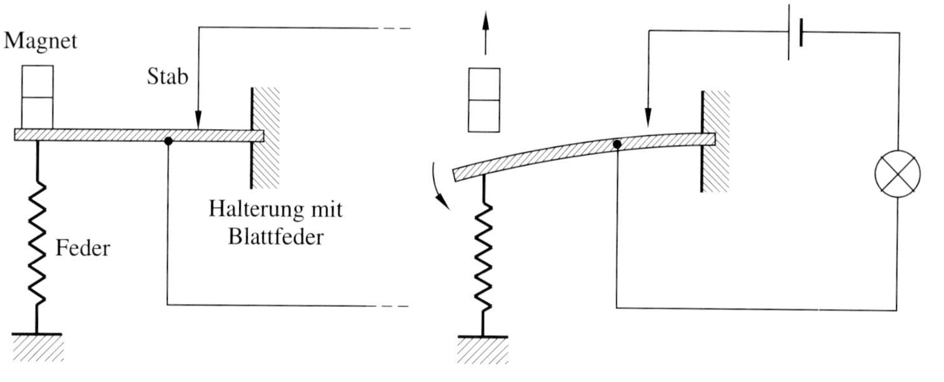

Abb. 1: Normalfall (links) und Alarmfall (rechts)

Vorbereitung

Zunächst wird die Blattfeder in einen Ständer eingespannt und überprüft, ob sie frei schwingen kann. Danach befestigt man am anderen Ende eine zum verwendeten Magneten passende Feder oder, falls nicht vorhanden, entsprechende Gewichte. Passend bedeutet hier, daß die Feder oder die Gewichte die Blattfeder in der Ruheposition vom Magneten nicht ablösen. Ist dies geschehen, wird der Metallstab so befestigt, daß er mit der Blattfeder Kontakt hat und der Stromkreis somit geschlossen ist.

Durchführung
Zur Motivation kann den Schülern und Schülerinnen ein Filmausschnitt gezeigt werden, in dem versucht wird, eine Alarmanlage mit einem Kaugummipapier außer Kraft zu setzen[1], aber mißlingt. Durch Demonstration am Modell läßt sich zeigen, warum es nicht möglich ist, eine derartige Alarmanlage mit Ruhestrom auf diese Art und Weise zu überbrücken.

Funktionsweise
Im Gegensatz zu der im Versuch 48 "Kaugummipapier: Isolator in Alarmanlage" aufgebauten Alarmanlage führt die hier dargestellte im geschlossenen Zustand Strom. Dadurch ist es nicht möglich, das System ohne Eingriff (am realen Objekt: Aufbohren und mit Kabeln überbrücken), hier: überbrücken mit Kabeln, zu überlisten.
Die im Handel erhältlichen Magnetkontaktschalter mit Ruhestrom haben als zusätzliche Sicherung einen Stromkreis, der immer, egal ob das Fenster offen oder geschlossen ist, Strom führt, weshalb dieser Stromkreis als sogenannter Sabotagestromkreis bezeichnet wird.
Desweiteren sind die Schalter so gekapselt, daß sie sich nicht ohne Zerstörung des Gehäuses und des Innenlebens auseinander nehmen lassen.
Sollte dennoch der Versuch unternommen werden, so muß man beim Auseinanderbauen sehr darauf achten, die hauchdünnen Drähte und Metallstreifen nicht zu zerstören.

Variation
Dieser Versuch läßt sich nicht nur zur Demonstration eines Stromkreises einsetzen, sondern auch noch zu anderen Zwecken: Es lassen sich z. B. verschiedene Stoffe auf ihre elektrische Leitfähigkeit hin untersuchen. Dazu können die Schüler und Schülerinnen mit einem einfachen Stromkreis in Gruppenarbeit die Stoffe auf ihre elektrische Leitfähigkeit hin untersuchen.
Im Aufbau hier (Abb. 1) geht die Lampe im Alarmfall aus. Mit Hilfe einer Transistorschaltung läßt sich der Schaltkreis so abändern, daß im Alarmfall eine Lampe (oder ein Summer) aktiviert wird (vgl. Versuch Nr. 48 "Kaugummipapier: Isolator in Alarmanlage").

---

[1] Z. B. Beverly Hills Cop 2 (USA 1987).

50. Kaugummipapier: Schmelzsicherung

Klassenstufe	Oberthemen	Unterthemen	Anforderungs-niveau	Durchführungs-niveau	Vorlauf Vorbereitung Durchführung
SI	Elektrik	Wärmewirkung des elektrischen Stroms Ohmsches Gesetz	●	■	- ca. 10 min. ca. 2 min.

Das Prinzip einer Schmelzsicherung soll mit Hilfe von Kaugummipapier demonstriert werden.

Materialien

- Netzgerät 10 V – / 0 ... 20 A
- Kaugummipapier (alternativ: Aluminiumfolie ≤ 20 μm)
- diverse Verbindungskabel
- Drehspulmeßgerät 0 ... 20 A
- Schere
- 2 Krokodilklemmen
- Stativmaterial

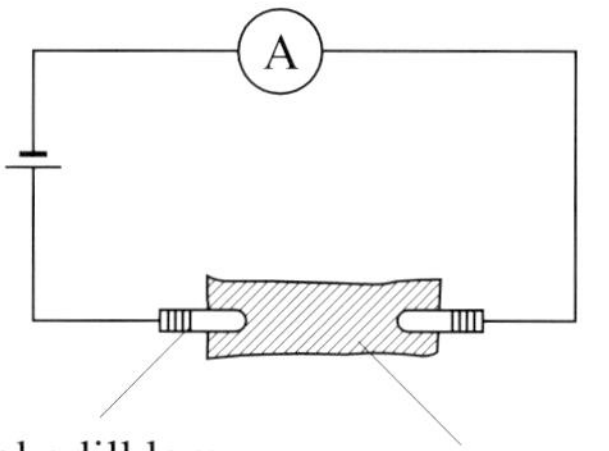

Abb. 1: Schemaskizze des Versuchsaufbaus

Vorbereitung

Das Kaugummipapier wird mittels Schere auf die Abmessungen von ca. 1 cm x 7 cm zugeschnitten, da ansonsten die Stromstärken üblicher Netzgeräte nicht zum Durchschmelzen des Kaugummipapiers ausreichen würden.

Anschließend werden die beiden Enden des Kaugummipapiers mit Hilfe von Krokodilklemmen und Verbindungskabeln mit dem Drehspulmeßinstrument sowie der regelbaren Spannungsquelle gemäß der Versuchsskizze in Abb. 1 verbunden.

Durchführung

Das Netzgerät wird auf eine feste Ausgangsspannung, z. B. $U = 10$ V, eingestellt. Im folgenden wird dann der Strom I kontinuierlich von $I = 0$ A hochgeregelt und das Kaugummipapier beobachtet.

Ergebnis
Ab einer bestimmten Stromstärke, welche von der Breite (und Dicke) des Kaugummipapiers abhängig ist, beginnt sich Rauch zu entwickeln, und die ursprünglich weiße Papierseite verfärbt sich von braun bis schwarz, bis sie schließlich vollständig verbrannt ist.
Die Stromstärke am Drehspulmeßinstrument ändert sich hierbei nicht.
Bei weiterer Erhöhung der Stromstärke beginnt das nun übriggebliebene Aluminiumpapier etwas durchzuhängen, bis schließlich diejenige Stromstärke erreicht ist, bei der es durchschmilzt. Für die hier gegebene Geometrie beträgt diese ca. 15 A.
Nach dem Durchschmelzen fällt die Stromstärke am Drehspulinstrument auf den Wert $I = 0$ ab.

Funktionsweise/Erklärung
Der Versuch demonstriert die Wärmewirkung des elektrischen Stromes aufgrund des Widerstandes im Material. Mit zunehmender Stromstärke erwärmt sich das Aluminium des Kaugummipapiers und dehnt sich aus, was durch ein leichtes Durchhängen zu beobachten ist. Bei weiterer wachsender Stromstärke schmilzt letztlich das Aluminium (Schmelztemperatur ca. 660°C).
Als Erklärung kann somit festgehalten werden, daß das Fließen von Elektronen durch einen Leiter mit der Entstehung von Wärme verbunden ist (Joulesche Wärme).

Variation/Abschätzung
Recht einfach lassen sich verschiedene Geometrien oder verschiedene Typen von Kaugummipapier untersuchen.
Alternativ zu Kaugummipapier sollten auch andere Materialien als Schmelzsicherungsmaterial auf ihre Eigenschaften hinsichtlich Ausdehnung und Durchschmelzen untersucht werden, insbesondere könnten hier z. B. Vergleiche zwischen Eisen- und sog. Widerstandsdrähten (wie z. B. Konstanten) und Abschätzungen über die Abhängigkeit der Ausdehnung (bzw. Durchschmelzens) von Länge und Querschnitt erfolgen.
Mit Hilfe des Ohmschen Gesetzes $R = U/I$ wäre eine Bestimmung des Materialwiderstandes R denkbar, welche mit den Herstellerangaben der Widerstandsdrähte, oder auch mit der direkten Messung mittels Ohmmeter ($R_{\text{Messung}} \approx 0{,}7\ \Omega$), verglichen werden könnte. Mit Hilfe einer Dickenmessung des Aluminiumstreifens könnte auch der spezifische Widerstand abgeschätzt werden. Mögliche Abweichungen, z. B. aufgrund der Temperaturänderung des Drahtes, können dann diskutiert werden.

Methodischer Einsatz
Bei diesem Versuch sollten die Schüler und Schülerinnen darauf hingewiesen werden, daß im täglichen Leben eine Reihe von Geräten mit Hilfe des elektrischen Stromes, gewollt oder ungewollt, Wärme erzeugen, wie z. B. Kochplatte, Tauchsieder, Bügeleisen, Glühlampen etc.
Eventuell könnten in diesem Zusammenhang einige solcher Geräte (auch defekte) zerlegt und deren Funktionsprinzip erläutert werden.
Der prinzipielle Aufbau einer realen Schmelzsicherung und deren Nachteile sollten ebenso dargestellt werden wie das Funktionsprinzip der heute üblichen Sicherungsautomaten (vgl. auch Versuch Nr. 29: "Fehlerstrom: Schutzschalter").
Auf die Notwendigkeit von Sicherungen und die Gefahren des elektrischen Stromes, die z. B. auch durch das unsachgemäße Überbrücken von Sicherungen entstehen können, sollte kurz eingegangen werden, desweiteren sollte den Schülern und Schülerinnen verdeutlicht werden, daß die bei diesem Versuch verwendeten Spannungen ungefährlich sind, im Gegensatz zu den im Haushalt üblichen.

51. Klettverschluß

Klassenstufe	Oberthemen	Unterthemen	Anforderungs-niveau	Durchführungs-niveau	Vorlauf Vorbereitung Durchführung
O, SI	Mechanik	Kräfte Zugspannung	●	■	1 Tag ca. 10 min. ca. 30 min.

Überprüfung der Zugfestigkeit von Klettverschlüssen.

Materialien

- fester dünner Faden (z. B. Angelschnur; ca. 40 cm lang)
- doppelseitiges Klebeband, evtl. auch Zwei-Komponenten-Kleber
- 2 Aluminiumplatten (ca. 25 cm x 3 cm und 10 cm x 3 cm, die kürzere sollte eine Bohrung genau in der Mitte haben)
- Stativmaterial
- verschiedene Klettverschlüsse (Schlingen oder Häkchen)
- Schaumstoffunterlage

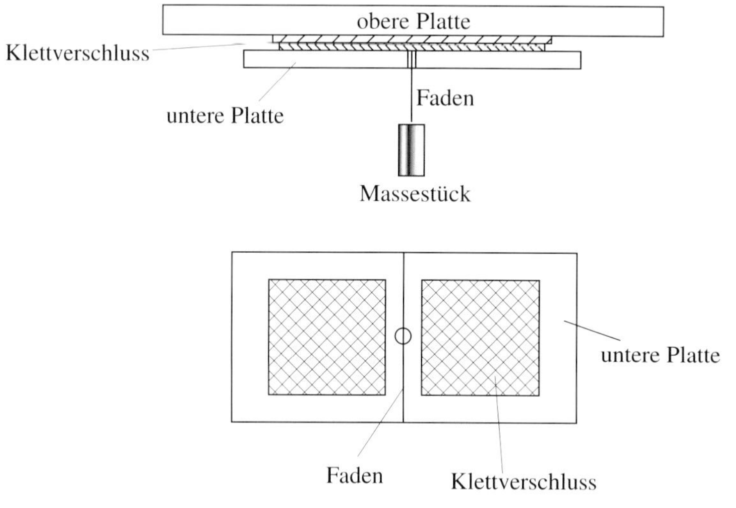

Abb. 1: Schema der Anordnung des Klettverschlusses zwischen den Platten

Vorbereitung

In die Mitte der kürzeren Aluminiumplatte wird ein Loch mit etwa dem doppelten Durchmesser der Bindfadendicke gebohrt. Die Schnur wird in der Mitte zu einer Schlaufe gelegt, die durch das Loch der Aluminiumplatte geführt wird und als Aufhängung für das Massestück dient. Die beiden Enden werden auf zwei gegenüberliegenden Seiten der Platte herum nach unten geführt und dort verknotet. Mit Hilfe des doppelseitigen Klebebandes wird der rauhe Klettverschluß, in zwei Teilen auf die kürzere Aluminiumplatte aufgeklebt, dabei ist darauf zu achten, daß der Faden nicht überklebt wird. Die Aufhängung läßt sich auch mittels Haken und Gewinde realisieren.
Das Velourband - der weiche Teil des Klettverschlusses - klebt man in der gleichen Weise mittig auf der größeren Platte auf, und man legt die kleine Platte schließlich waagrecht auf die Halterung. Von der waagrechten Position überzeugt man sich mit Hilfe einer Wasserwaage.[1]
Hinweis: Schaumstoffunterlage als Aufprallschutz verwenden.

---

[1] Zieht man den Klettverschluß nicht senkrecht zum Band ab, so ändert sich die resultierende Kraft, die zum Abziehen des Verschlusses benötigt wird.

Durchführung

Die beiden Teile des Klettverschlusses werden aufeinandergepreßt und anschließend wird der Verschluß mit unterschiedlichen Massestücken bis hin zum Aufreißen belastet.

Untersucht man die Abhängigkeit zwischen Fläche des Verschlusses und der betreffenden Zugspannung (angehängte Masse), so findet man einen linearen Zusammenhang (Abb. 4). Im Durchschnitt kann 1 cm^2 Klettverschluß mit einer Masse von ca. 125 g belastet werden.

Beschreibung/Erklärung

Die kleinen Widerhaken der rauhen Seite verhaken sich mit den Fäden des Velourbandes. Da die vielen Häkchen über das ganze Band verteilt sind, kann bei gleichmäßiger Kraftwirkung senkrecht zu der gesamten Oberfläche des Verschlusses eine beachtliche Zugfestigkeit erreicht werden.

Variationen

Unter einem Mikroskop läßt sich die Funktionsweise eines Klettverschlusses erkennen, man kann auch die beiden gebräuchlichen Typen unterscheiden. Beim ersten Typ verhaken sich Widerhäkchen mit dem Velourband. Beim zweiten übernehmen die verdickten Enden der Fäden, die ein wenig an Pilzköpfe erinnern, diese Aufgabe (Abb. 2).

Die Untersuchung der Abreißkraft als Funktion des Winkels ist mit leichtem Umbau des Versuchs realisierbar.

Klettverschlüsse können durch Feuer (z. B. Kerzenflamme) oder durch Wattefasern, die sich in den Widerhäkchen verhaken, deaktiviert werden.

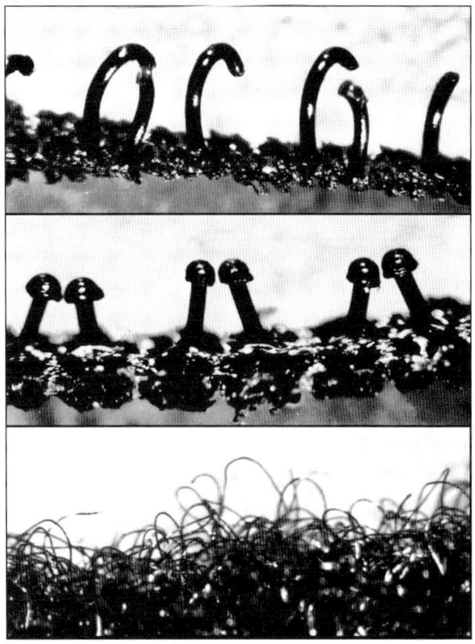

Abb. 2: Mikroskopaufnahmen eines Klettverschlusses: Schlingen (oben) und Widerhaken (mitte) sowie Velour (unten)

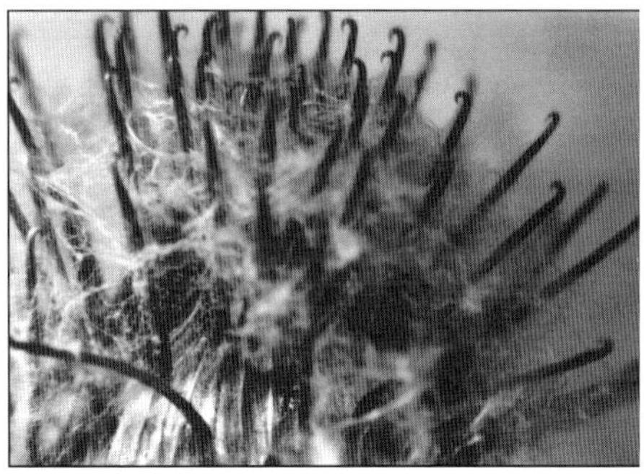

Abb. 3: Detailaufnahme der Frucht einer Klette mit Widerhaken

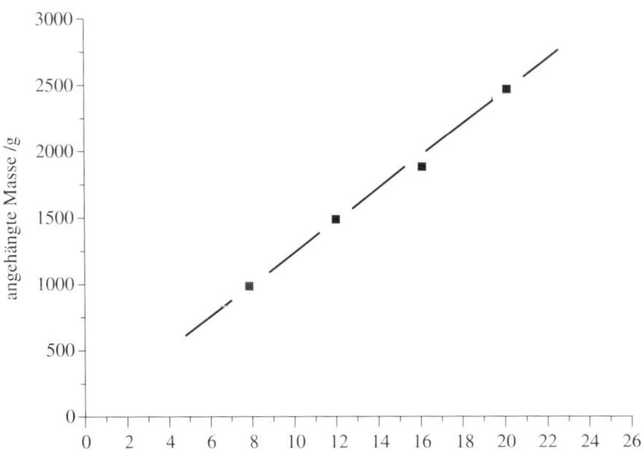

Abb. 4: Zusammenhang zwischen der angehängten Masse, bei der der Verschluß aufreißt, und der Fläche des Verschlusses

Methodischer Einsatz

Dieser Versuch eignet sich als Experiment für Kleingruppen.

Folgende Frage motiviert: "Kann man mit Hilfe von Klettverschluß kopfüber an der Decke entlanglaufen?"

Ferner sind fachübergreifende Aspekte denkbar (Biologie: Verbreitung von Früchten, vgl. Abb. 3).

52. Kontaktlinsen: Bestimmung der Adhäsionskräfte

Klassenstufe	Oberthemen	Unterthemen	Anforderungs-niveau	Durchführungs-niveau	Vorlauf Vorbereitung Durchführung
O, SI	Mechanik	Oberflächenspannung Kapillarität	●●●	■■	1 Tag ca. 30 min. ca. 30 min.

Bestimmung des Betrags von Adhäsionskräften am Beispiel des Systems Kontaktlinse-Auge.

Materialien

- Stativmaterial
- Federkraftmesser (bis max. 0,1 N)
- Flüssigkeiten (Salzwasser, Leitungswasser)
- Modelle (Kontaktlinse, Glasplättchen, rauhe und glatte Unterlagen, Rinder- oder Schweinsauge, alternativ Squashball)
- Kontaktlinsenabzieher[1]
- Faden (ca. 50 cm lang)
- Drehkurbel
- Umlenkrolle

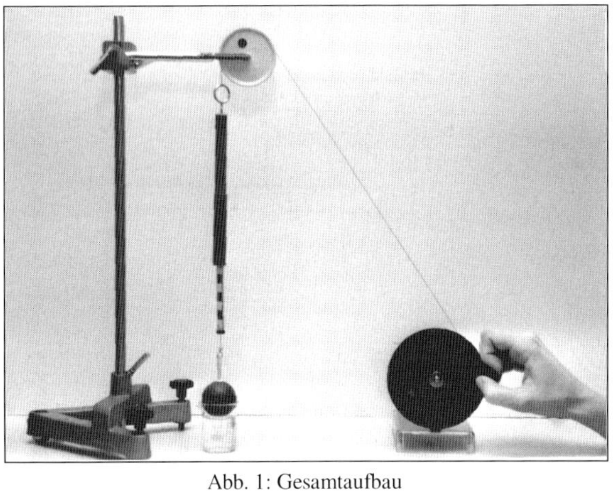

Abb. 1: Gesamtaufbau

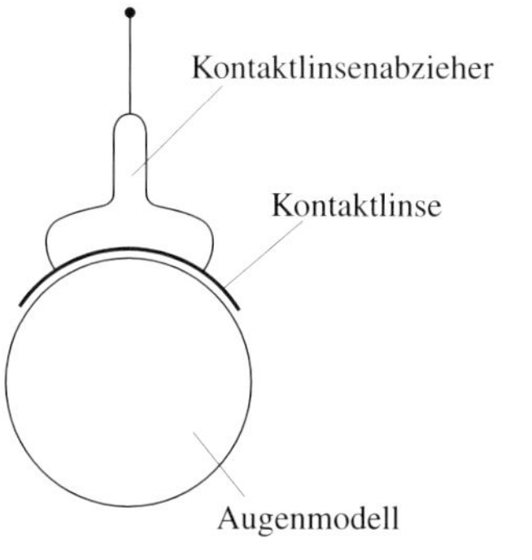

Abb. 2: Versuchsdetail mit Anordnung von Kontaktlinse und Augenmodell

Vorbereitung

Bei jedem Schlachthof sind Schweins- oder Rinderaugen erhältlich, die es erlauben, den realen Abziehvorgang einer Kontaktlinse vom Auge nachzuvollziehen. Die Kontaktlinse haftet aber fast ebensogut an einem Squashball, da dessen Durchmesser (4-5 cm) etwa dem Krümmungsradius einer Kontaktlinse (ca. 3,5-4 cm) entspricht.

Der Kontaktlinsenabzieher wird mit einem Stück Draht an dem Kraftmesser befestigt. Sein Sauger sorgt für einen festen Sitz von Kontaktlinse oder Glasplättchen.

Durchführung

Ein Gummiball wird mit Hilfe einer Pipette mit Flüssigkeit benetzt, und die Kontaktlinse wird aufgelegt. Die Kraft, mit der die Kontaktlinse festgehalten wird, wird mit dem Kraftmesser gemessen, den man vorsichtig nach oben bewegt. Reproduzierbare Ergebnisse erhält man mit dem abgebildeten experimentellen Aufbau. Da sich die beiden Körper voneinander lösen, wenn Luft nachströmt, sollte die Kraft senkrecht zur Fläche wirken.

[1] Erhältlich beim Augenoptiker.

Um ein idealisiertes Augenmodell zu veranschaulichen, bei dem der innere Krümmungsradius der Kontaktlinse und der Radius der Hornhaut übereinstimmen, können auch zwei ebene Platten herangezogen werden, deren Krümmungsradius als unendlich angesehen wird. In der bereits beschriebenen Weise werden die Platten mit Flüssigkeit benetzt, das obere Plättchen an dem Sauger befestigt und die resultierende Kraft gemessen.
Das Abziehen der Kontaktlinse am menschlichen Auge ist aus Sicherheitsgründen zu vermeiden: Die Hornhaut könnte verletzt oder die Kontaktlinse weggeschleudert werden.
Die wirkenden Adhäsionskräfte sind von einer Anzahl von Faktoren abhängig, z. B. von der Zusammensetzung der Flüssigkeit zwischen den beiden Oberflächen und der Dicke des Flüssigkeitsfilms, von dem Material und den Krümmungsradien der Modelle sowie von dem Druck, mit dem die beiden Körper aneinander gedrückt wurden.
Es können verschieden große Adhäsionskräfte gemessen werden. Die Kraft, mit der eine Kontaktlinse am Schweinsauge haftet, beträgt etwa 0,08 N. Beim Squashball werden ungefähr 0,06 N gemessen. Die Kraft zwischen zwei ebenen Glasplättchen beträgt ca. 0,03 N.

Beschreibung/Erklärung
Eine Abhängigkeit der Kraft zeigt sich von der Menge der verwendeten Kontaktflüssigkeit. Es sollte daher möglichst mit der gleichen Flüssigkeitsmenge zwischen den Versuchsobjekten gemessen werden, was am besten durch das Verwenden einer Pipette erreicht werden kann.
Wird die Kontaktlinse nicht senkrecht abgezogen, können die Ergebnisse ebenfalls stark variieren: Die Kontaktlinse löst sich sofort vom Auge, sobald Luft unter sie strömt. Zieht man sie dagegen senkrecht nach oben, so bildet sich zuerst am Rand ein Flüssigkeitsfilm, der durch das Nach-oben-ziehen immer dünner wird und plötzlich zu reißen beginnt.
Drückt man die Kontaktlinse unterschiedlich fest an einen elastischen Körper, so wird eine unterschiedliche Luftmenge herausgedrängt. Je mehr Luft zwischen ihnen eingeschlossen ist, desto schneller löst sich die Kontaktlinse.

Abschätzung
Bei bekannten Werten der Kontaktlinsenoberfläche und benötigter Kraft, die zur Ablösung erforderlich ist, kann die daraus resultierende Zugspannung berechnet werden. Mit einem Mittelwert von 0,07 N für Schweinsauge und Squashball ergibt sich:

$$p = \frac{F}{A} = \frac{0{,}07\ \mathrm{N}}{0{,}56\ \mathrm{cm}^2} = 0{,}125 \frac{\mathrm{N}}{\mathrm{cm}^2} = 1250\ \mathrm{Pa}.$$

Dieser Druck ist vergleichbar mit dem Schweredruck einer Wassersäule der Höhe von etwa 12,5 cm. Zum Vergleich: der Luftdruck am Erdboden beträgt etwa 100 000 Pa (≈ 1 bar) und entspricht einer Wassersäule von etwa 10 m.

Methodischer Einsatz
Der Versuch kann von den Schülerinnen und Schülern selbst durchgeführt werden. Um sie stärker zu motivieren, sollten sie zum Mitbringen eigener Gegenstände aufgefordert werden, an denen sie die Adhäsionskraft selbst bestimmen.

53. Kontaktlinsen: Bestimmung der Brennweite

Klassenstufe	Oberthemen	Unterthemen	Anforderungs-nveau	Durchführungs-niveau	Vorlauf Vorbereitung Durchführung
SI, SII	Optik	Brechung Linsengesetz	●●	■ !	1 Tag ca. 30 min. ca. 15 min.

Mit Hilfe eines Laserpointers sollen verschiedene Kontaktlinsen auf ihre sammelnde bzw. streuende Wirkung hin untersucht werden.

Materialien

- Optische Bank (Länge etwa 1,50 m)
- 6 optische Reiter
- Laserpointer[1] (LP)
- Halterung zur Befestigung des Laserpointers
- Bikonvexlinse 1: f = 5 cm (L_1)
- Bikonvexlinse 2: f = 30 cm (L_2)
- Knetmasse
- Stab zum Befestigen der Knetmasse
- harte Kontaktlinse[2] (KL)
- Blende (B)
- Schirm (Sch)

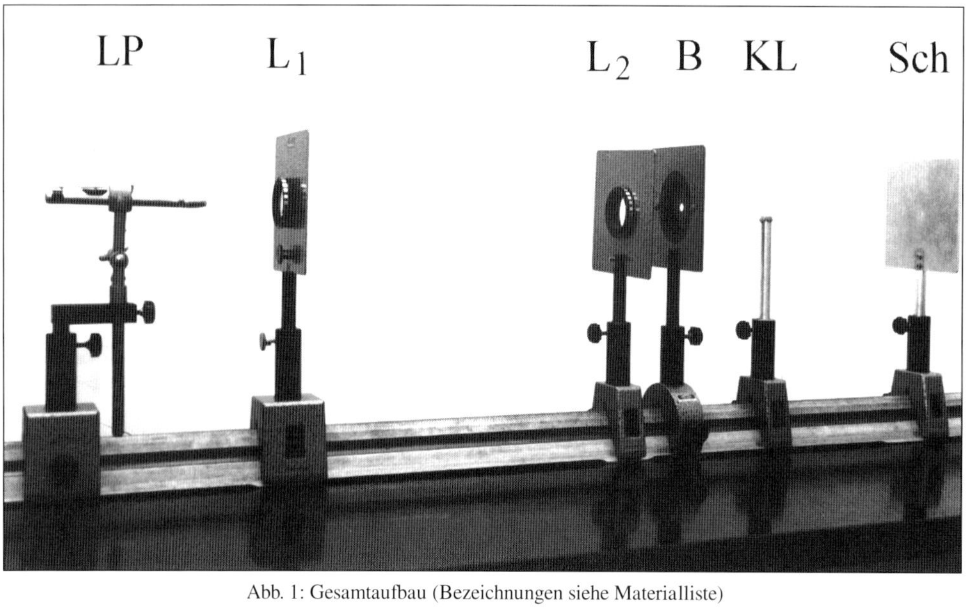

Abb. 1: Gesamtaufbau (Bezeichnungen siehe Materialliste)

Vorbereitung

Die optische Achse wird durch den Strahl des Laserpointers definiert. Man richtet den Laserpointer am einfachsten so aus, daß beim Verschieben des Schirms auf der optischen Bank der Lichtfleck des Laserpointers immer auf derselben Stelle des Schirms bleibt.

Der Laserpointer darf auf keinen Fall in Richtung des Beobachters justiert werden. Es ist weiter darauf zu achten, daß keine Reflexionen an Spiegelflächen (Brillengläser, Fenster, Wände) entstehen.

[1] Erhältlich im Elektronik-Fachhandel, geeignet ist auch ein herkömmlicher He-Ne-Laser aus der Schulsammlung.

[2] Erhältlich z. B. bei Fa. Hecht Contaktlinsen GmbH, Dorfstr. 2-4, D-79280 Au.

Der Laserstrahl wird durch ein aus zwei Bikonvexlinsen bestehendes Linsensystem aufgeweitet. Der Durchmesser des Strahls wird von ursprünglich ca. 2 mm auf 40 mm vergrößert.
Die Kontaktlinse wird in die Knetmasse gesteckt, die man zuvor am Ende des Stabes angebracht hat. Um achsennahe Strahlen zu garantieren, wird am besten eine Blende zwischen das Linsensystem und die Kontaktlinse positioniert.
Auf dem Schirm kann dann der durch das Linsensystem aufgeweitete Lichtfleck des Lasers beobachtet werden.
Hinweis: Es muß beachtet werden, daß die Linsen senkrecht im Strahlengang stehen, da der Lichtfleck sonst elliptisch auf dem Schirm abgebildet wird.

Abb. 2: Kontaktlinse KL
(in Knetmasse befestigt)

Beschreibung/Erklärung
Der parallele Lichtstrahl wird im Falle einer Kontaktlinse sammelnder Wirkung in deren Brennpunkt fokussiert, im Falle einer Linse streuender Wirkung dagegen aufgeweitet. Die Brennweite der sammelnden Linse kann daher sehr einfach durch Verschieben des Schirmes bestimmt werden. Um dagegen die Brennweite der streuenden Kontaktlinse zu bestimmen, muß auf dem Schirm die Lichtfleckbreite in Abhängigkeit von mindestens zwei verschiedenen Abständen der Linse zum Schirm bestimmt und gegen Null extrapoliert werden.
Auf dem Schirm sind unter Umständen Beugungsringe von dem Rand der Blende erkennbar, deren Auftreten mit dem Begriff der "Huygenschen Elementarwellen" zu erklären ist.

Abschätzung
Um das Vorstellungsvermögen der Schüler und Schülerinnen zu trainieren, kann man neben Brennweite bzw. Dioptrie auch den Krümmungsradius der Kontaktlinse abschätzen lassen. Einen genauen Wert erhält man durch Ausmessen des Durchmessers und der Tiefe der Kontaktlinse, etwa mit einer Schieblehre, und anschließendes Errechnen des Krümmungsradius über den Lehrsatz des Pythagoras.

Methodischer Einsatz
Der hier vorgestellte Versuch sollte aus Sicherheitsgründen nur von Lehrer bzw. Lehrerin durchgeführt werden[3].

[3] Wird das Thema im Rahmen einer Facharbeit bearbeitet, dürfen nur Laser der Typklasse 1 eingesetzt werden (Richtlinien zur Sicherheit im naturwissenschaftlichen Unterricht, 9.9.1994).

54. Laserabhöranlage
Optisches Mikrophon

Klassenstufe	Oberthemen	Unterthemen	Anforderungs-niveau	Durchführungs-niveau	Vorlauf Vorbereitung Durchführung
SI, SII	Optik Elektronik Schwingungen	Reflexion Photoelektrik	●●	■■ !	Tage ca. 30 min. ca. 10 min.

Die Funktionsweisen einer Laserabhöranlage[1,2] und eines optischen Mikrophons sollen modellmäßig demonstriert werden.

Materialien

Variante **Laserabhöranlage**

- Laserpointer
- Phototransistor SFH 300-III (Elektronik-Versandhandel)
- Overhead oder Alu-Haushaltsfolie
- 2 Kartonplättchen ca. 14 cm x 14 cm
- Niederfrequenzverstärker (Nf)
- Kopfhörer
- Sinusgenerator mit Leistungsausgang
- Druckkammerlautsprecher
- Batterieleiste
- Widerstand 4,7 kΩ
- Steckbrett für elektronische Schaltung
- mV-Meßgerät
- Oszilloskop (2-Kanal)
- Stativ- und Klemmaterial
- Experimentierkabel

Variante **optisches Mikrophon**

- optional Radio mit Lautsprecher
- optional LED für Lichtwellenleiter (Elektronik-Versandhandel)
- Phototransistor SFH 350 für Lichtwellenleiter (Elektronik-Versandhandel)
- Plastikfolie silberbeschichtet ersatzweise Overhead-Folie
- Lichtwellenleiter (ca. 1 m lang) (Elektronik-Versandhandel)
- optional Bausatz Niederfrequenzverstärker (Elektronik-Versandhandel)
- Widerstand 220 Ω
- zusätzliche Batterieleiste

Vorbereitung

Zunächst stellt man das "Fenster" bzw. die "Mikrophon-Membran" her. Dazu schneidet man in die beiden Kartonplättchen zwei ca. 8 cm x 8 cm große Fenster. Zwischen beide Fensterrahmen legt man die Folie (ca. 9 cm x 9 cm) und fixiert den Rahmen an drei Seiten mit Klebeband. Eine Seite bleibt offen, so daß ein Wechsel der Folie möglich ist. Karton und Arbeitsplatz sollten unbedingt staubfrei sein, da Staub an der Plastikfolie sehr stark haftet und zu ungewollter Lichtstreuung führt. Auch ist darauf zu achten, daß die Folie selbst nicht verklebt wird bzw. nur leicht gespannt ist. Hat man keine beschichtete Folie zur Verfügung, so kann man auch Overhead-Folie bzw. Alu-Haushaltsfolie ersatzweise verwenden.

[1] E. Seus: Über einen neueren Versuch mit Laserstrahlen, Praxis der Naturwissenschaften - Physik 18/1969, S. 92.

[2] R. Götz, H. Dahncke, F. Langensiepen (Hrsg.): Handbuch des Physikunterrichts SI, Band 4/II: Optik, Aulis Verlag Deubner, Köln 1995.

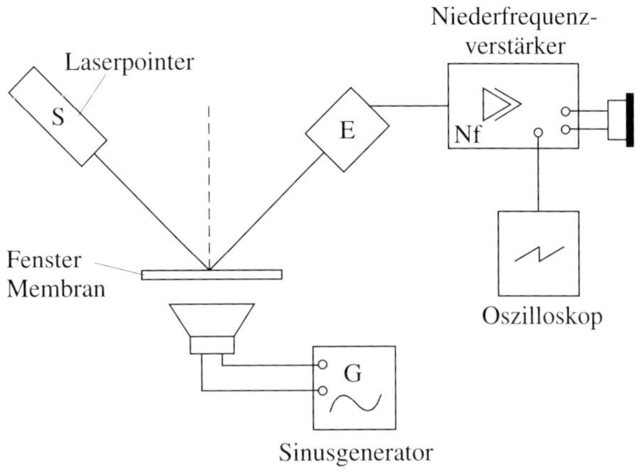

Abb. 1: Aufbauskizze

Aufbau/Durchführung

Der mit dem Sinusgenerator verbundene Lautsprecher und das Fenster bzw. die Membran werden im Abstand von ca. 2 cm übereinander am Stativmaterial befestigt (Abb. 1).

Der Lichtempfänger E wird entsprechend der Schaltskizze (Abb. 2) aufgebaut und an den Niederfrequenz-Verstärkereingang (Nf) angeschlossen.

Der Laserpointer wird nun so justiert, daß das Lichtbündel ungefähr unter dem Winkel von 45° auf die Folie trifft. *Sein Strahlengang sollte zur Vermeidung von Augenverletzungen unbedingt eingegrenzt werden; die Justierung kann bei geringer Laserleistung erfolgen.*

Das von der Folie reflektierte Licht sollte möglichst senkrecht auf die lichtempfindliche Schicht des Phototransistors fallen. Die Ausleuchtung des Phototransistors kann mit einem Spannungsmeßgerät überprüft werden; gute Ausleuchtung bedingt einen hohen Spannungswert am Widerstand. Der Signalverlauf des reflektierten Lichtes kann auch bei Lautsprecherbetrieb mit einem Oszilloskop am Ausgang des Nf-Verstärkers aufgezeichnet werden. Leichte Verschiebung des Laserpointers bzw. des Empfängers bringt oft entscheidende Verbesserung der Signalübertragung.

Um den Signalverlauf des reflektierten Lichtes akustisch zu verfolgen, ist es empfehlenswert, einen Kopfhörer am Ausgang anzuschließen; der Originalton läßt sich dadurch besser ausblenden.

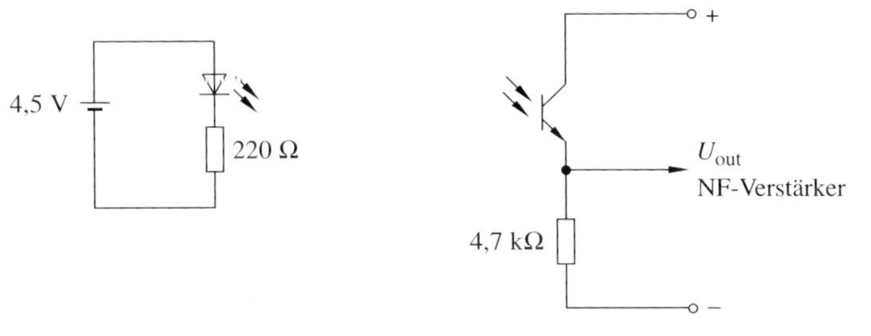

Abb. 2: Schaltskizze von Sender und Empfänger

Erklärung

Eine sich im Raum ausbreitende Schallwelle versetzt aufgrund der Druckschwankungen die Wände und auch Fenster in Schwingung. Bei der Laserabhöranlage werden nun die Bewegungen der Fensterscheibe um ihre Ruhelage optisch "abgetastet". Durch die Auswertung der Schwingung der Fensterscheibe lassen sich so Rückschlüsse auf die Erregerschwingung ziehen.

Im Modellversuch bewegt sich der Laserpunkt infolge der schwingenden Plastikfolie auf und ab. Entsprechend ändert sich mit der Bewegung der Anteil der auf die lichtempfindliche Fläche des Phototransistors reflektierten Lichtintensität. Das Schallsignal wird damit wie bei der realen Abhöranlage zuerst in ein intensitätsmoduliertes Lichtsignal umgewandelt. Im Photodetektor erfolgt dann in einem zweiten Schritt die Umwandlung des Lichtsignals in ein analoges elektrisches Signal, das leicht elektronisch verstärkt, gefiltert und weiterverarbeitet werden kann.

Variation

Während der Versuchsdurchführung können die Ausgangssignale des Phototransistors bzw. Nf-Verstärkers und des Sinusgenerators mit Hilfe eines 2-Kanal-Oszilloskops bzw. Interface und Computer aufgezeichnet werden. Bei der Auswertung dieser Diagramme stellt man fest, daß die beiden Kurven prinzipiell die gleiche Gestalt haben und sich lediglich in ihrer Amplitude und ihrem Phasenwinkel unterscheiden.

Als Erweiterung des Experiments kann man anstelle des Sinusgenerators mit Lautsprecher auch den Lautsprecher eines Radios, CD-Player; etc. benutzen. Damit läßt sich ein noch realistischerer Eindruck den Schülern und Schülerinnen vermitteln. Die Übertragungsqualität läßt sich durch das Ausblenden der Bässe am Radiolautsprecher oder durch Verwendung einer Entzerrstufe (Equalizer) weiter optimieren.

Der Prinzipaufbau eines optischen Mikrophons[3] ist in Abb. 3 dargestellt. Im Modellversuch stellt jetzt die Fensterscheibe die schwingende Mikrophon-Membran dar; das reflektierte Laserlicht wird nun mit Hilfe eines Lichtwellenleiters (LWL) aufgenommen und zum Phototransistor geleitet. Vorteilhaft ist die Verwendung eines Phototransistors mit Lichtwellenleiteranschluß. Gegenüber der Laserabhöranlage ist eine Verbesserung der Übertragungsqualität offensichtlich.

Benutzt man als Lichtsender eine LED mit angekoppeltem LWL, so sollte man sowohl Sender-LWL als auch Empfänger-LWL jeweils unter 45° auf Pappe fixieren oder sich eine kleine Holzleiste mit entsprechender Bohrung anfertigen. Aufgrund der geringen Lichtleistung der Sender-LED ist mit zusätzlichem Justieraufwand zu rechnen.

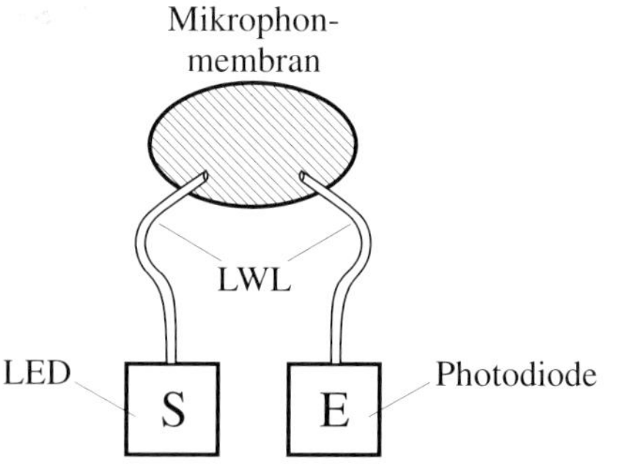

Abb. 3: Optisches Mikrophon - Prinzipaufbau

Die Übertragungsqualität hängt neben der maximalen Helligkeit der Sender-LED auch sehr stark von der Reflexionsgüte (beschichtete Folie unbedingt erforderlich!) der Folie ab. Ausleuchtung des Phototransistors und Signalübertragung überprüft man bei diesem Aufbau am besten bei Lautsprecherbetrieb mit einem Oszilloskop am Ausgang des Nf-Verstärkers. Leichte Verschiebung der LWL bringt oft entscheidende Verbesserung der Signalübertragung.

[3] Sennheiser Electronic GmbH, Am Labor 1, D-30900 Wedemark.

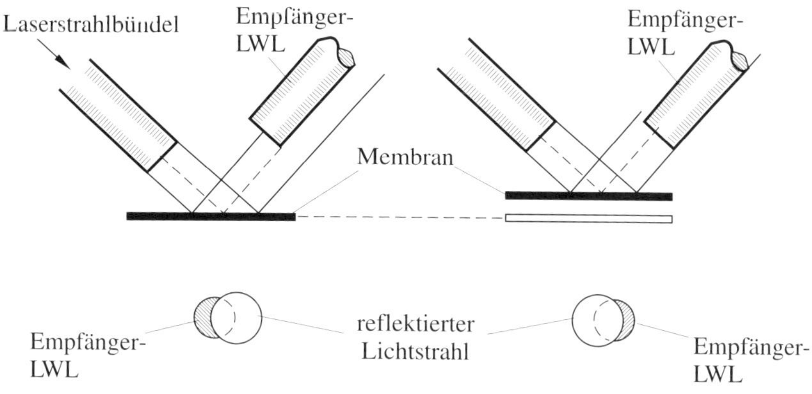

Abb. 4: Ausleuchtung des Empfänger-Lichtwellenleiters

Methodischer Einsatz

Bei Benutzung des Laserpointers als Lichtsender sollte das Experiment nur in der Hand von Lehrer bzw. Lehrerin erfolgen.

Im Rahmen eines Projektes oder einer Facharbeit könnte durchaus ein geeigneter Verstärker für den Empfängerteil selbst konzipiert und gebaut werden; der Elektronik-Versandhandel bietet auch entsprechende Bausätze bis zu 10 W Leistung an. Geeignete Verstärker findet man auch in diversen Elektronik-Baukästen (z. B. Kosmos), die Schüler oder Schülerinnen oft selbst besitzen.

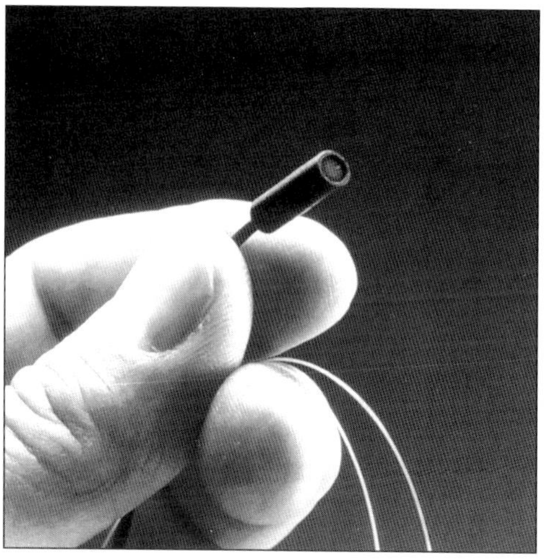

Abb. 5: Optisches Mikrophon mit LWL; Werksphoto der Firma Sennheiser (Abdruck mit freundlicher Genehmigung)

55. Leuchtfarben: Lumineszenz

Klassenstufe	Oberthemen	Unterthemen	Anforderungsniveau	Durchführungsniveau	Vorlauf Vorbereitung Durchführung
SI, SII	Optik Quanten/Atome	Farbenlehre Atommodell	●●●	■■	ca. 1 Tag ca. 15 min. ca. 10 min.

Die Lumineszenz wird nach dem Prinzip der Fluoreszenzkapsel von Grailich[1] sichtbar gemacht.

Materialien

- Schere
- Klebstoff oder Klebeband
- kleine Kartonbox (z. B. leere Diskettenbox, ca. 10 cm x 10 cm x 10 cm)
- gelbe und blaue Glasfilter, alternativ Farbfilterfolie oder farbige Fensterfolien (erhältlich in Bastelgeschäften)
- phosphoreszierende Materialien
- fluoreszierende Materialien
- Papprröhre (Toilettenpapier- oder Küchenpapierröhre)

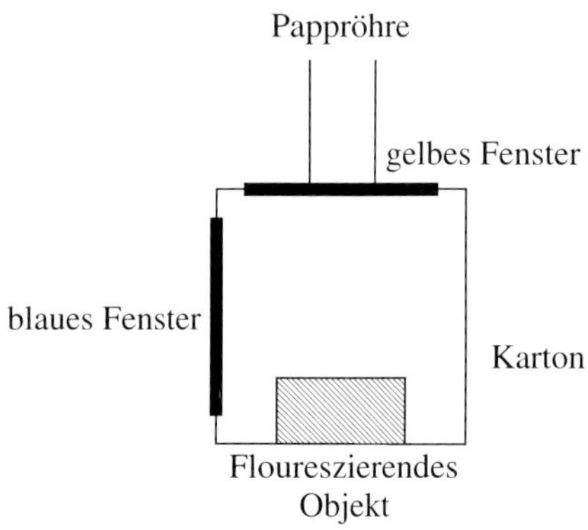

Abb. 1: Aufbau der Lumineszenzbox

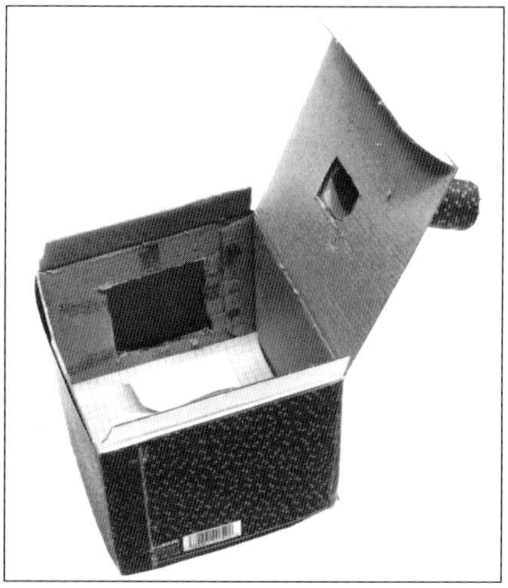

Abb. 2: Lumineszenzbox aufgeklappt

Vorbereitung

Verschiedene lumineszierende Materialien (leuchtende Notizzettel, Geldscheine, Waschpulver, Textmarkerschrift, Plaka Leuchtfarbe, ...) werden gesammelt.

Zunächst müssen in die Kartonbox zwei Fenster geschnitten werden. Ein Fenster auf der Seite der Box, etwas kleiner als der blaue Farbfilter, das andere Fenster kreisförmig in den Deckel, dem Durchmesser der Röhre entsprechend. Nun werden die Farbfilter mit Hilfe des Klebebandes an der jeweiligen Position befestigt (siehe Abb. 1). Die Röhre wird so auf das gelbe Fenster gesetzt, daß kein Raumlicht in das Innere der Box gelangt. Beim späteren Betrachten der lumineszierenden Objekte im Inneren verhindert das Auge, daß gelbes Licht in die Box fällt.

Wichtig: Beim Basteln des Kartons darauf achten, daß ausschließlich blaues Licht ins Innere der Box gelangt, Ecken und Kanten, die Licht hindurchlassen, müssen mit schwarzem Bastelkarton oder Klebeband lichtdicht gemacht werden.

[1] H. Körpert: Lumineszenz, Praxis-Schriftenreihe Physik, Aulis Verlag Deubner, Köln 1966.

Durchführung

Die zu untersuchende Substanz wird auf den Boden der Box gelegt. Durch die Pappröhre, die als Okular dient, kann das Objekt beobachtet werden. Zum Vergleich sollte auch ein nicht lumineszierendes Probestück mit in die Box gelegt werden.

Das Innere der Box erscheint völlig dunkel. Die lumineszierende Substanz leuchtet hell.

Erklärung

Die Box arbeitet nach der Komplementärmethode (vgl. Abb. 3 und 4). Tageslicht (1) fällt durch das blaue Fenster. Das Objekt wird mit blauem (2) Licht beleuchtet, und durch den gelben Filter beobachtet. Durch den gelben Filter kann das blaue Licht nicht hindurchdringen. Das Innere der Box und alle nicht lumineszierenden Materialien (z. B. weißes Papier) erscheinen somit dunkel. Lumineszierende Substanzen absorbieren das kurzwellige blaue Licht und emittieren längerwelliges Licht (3). Der gelbe Anteil (4) des emittierten Lichts kann durch das gelbe Fenster beobachtet werden. Lumineszierende Stoffe erscheinen deshalb im Inneren der Box leuchtend. Dies erklärt auch ihr "strahlendes" Erscheinen im normalen Tageslicht.[2]

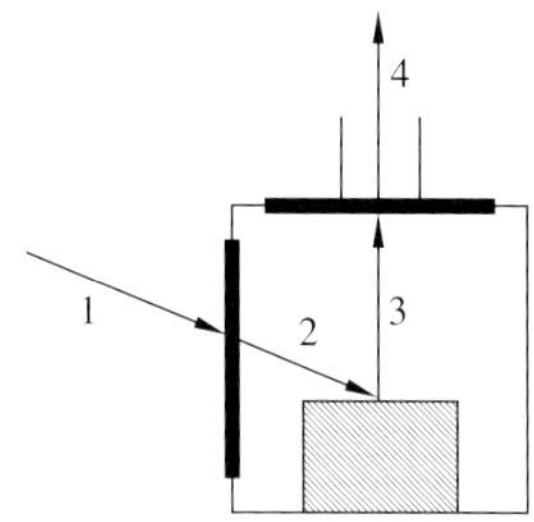

Abb. 3: Schematische Darstellung des Strahlenganges

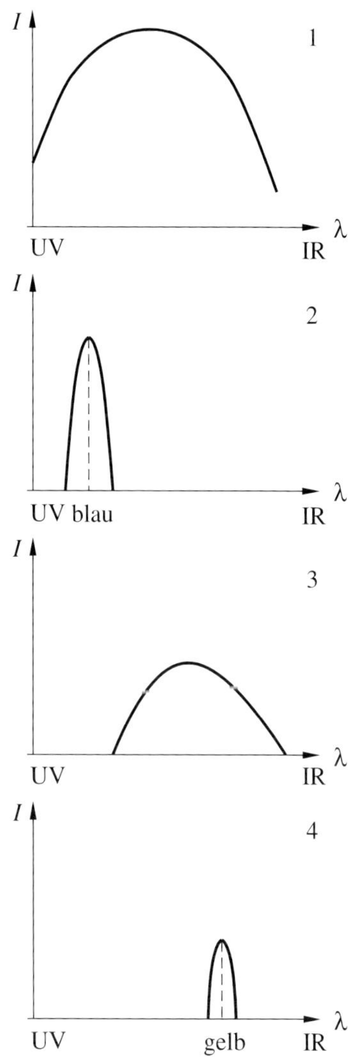

Abb. 4: Spektroskopische Darstellung der Vorgänge in der Lumineszenzbox (Intensität *I* als Funktion der Wellenlänge λ); die Nummern entsprechen den Strahlenbündeln von Abb. 3

Variation

Statt relativ teurer Labormaterialien können auch andere farbige (blaue und gelbe) Folien verwendet werden. Es eignen sich z. B. transparente Folien, die normalerweise zum Abdekken von Bindungen verwendet werden und in Kopiershops für etwa 1 DM erhältlich sind. Die Ergebnisse sind damit erkennbar, jedoch erscheint das Innere der Box dann nicht schwarz, sondern grau. Mit dieser Variante wäre es auch möglich, die Box als Schülerübung oder Hausaufgabe herstellen zu lassen. Eine etwas teurere Möglichkeit sind Fensterfolien (20 DM, Ursus oder Pelikan-Bastelmaterial).

Methodischer Einsatz

Der Versuch eignet sich gut als Wahlthema zum Abschluß der Optik in SI, aber auch als Motivation des Themengebietes Atombau in SII. Als Einstieg in die energetische Betrachtung wäre z. B. die Fragestellung: "Wie gelingt es dem Atom, blaues Licht zu absorbieren und gelbes Licht zu emittieren?" denkbar.

Die feinmotorischen Fähigkeiten der Schüler und Schülerinnen werden durch vielfältige Handgriffe im Rahmen der Bastelarbeiten geschult. Das Anfertigen der Lumineszenzbox eignet sich aber auch zur sinnvollen Ausfüllung einer Vertretungsstunde in der Sekundarstufe I.

---

[2] Vgl. auch Versuch Nr. 79 "Textmarker".

56. Lichterkette: Heißleiter

Klassenstufe	Oberthemen	Unterthemen	Anforderungs-niveau	Durchführungs-niveau	Vorlauf Vorbereitung Durchführung
O, SI	Elektrik	Heißleiter Reihenschaltung Parallelschaltung	●	■	evtl. Tage ca. 15 min. ca. 10 min.

Am nachgebauten Modell einer Lichterkette soll gezeigt werden, warum bei einer defekten Glühbirne die übrigen, obwohl in Reihe geschaltet, weiter leuchten.

Materialien

- Rastersteckplatte A4
- Netzgerät 3 V/0,4 A
- 3 Glühbirnen E 10, (2,2 V/0,4 A) mit entsprechenden Schraubfassungen E 10
- 2 Verbindungskabel, ca. 50 cm
- 4 Bananenstecker
- 2 Heißleiter, 100 Ω bei 25°C (Elektronik-Fachhandel, hier: Siemens Typ K 164)

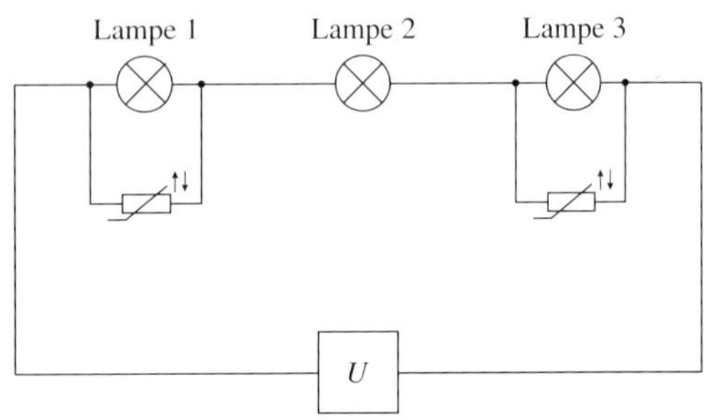

Abb. 1: Schaltskizze für das Modell einer Lichterkette

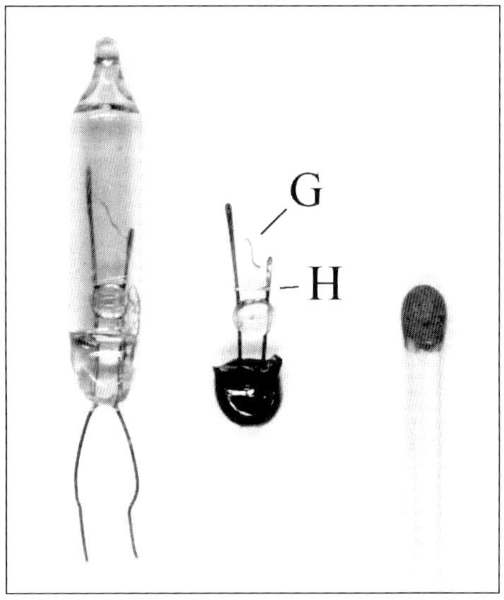

Abb. 2: Glühbirnchen einer Lichterkette im Größenvergleich mit Streichholz (rechts); bei einem aufgebrochenen Birnchen (mitte) sind Glühfaden G und Heißleiter H zu erkennen

Vorbereitung

Die Anschlüsse der beiden Heißleiter werden mit den Bananensteckern verlötet.
Die drei Glühlampen werden in Reihe mit dem Netzgerät, die beiden Heißleiter parallel zu den beiden äußeren Lampen auf die Rastersteckplatte, geschaltet (siehe Abb. 1).
Die Spannung wird am Netzgerät so eingeregelt, daß die Glühlampen eine mittlere Helligkeit haben.

Durchführung/Beobachtung

1. Beim Herausdrehen der Lampe 2 erlöschen alle Glühlampen (siehe Abb. 3).
2. Beim Herausdrehen der Lampe 1 oder Lampe 3 gehen zunächst die beiden anderen Glühlampen für kurze Zeit aus und nehmen dann langsam an Helligkeit zu, bis sie fast wieder ihre ursprüngliche Helligkeit erreicht haben (siehe Abb. 4).
3. Beim Einschrauben der unter 2. herausgedrehten Lampe, leuchtet diese sichtbar schwächer als vorher. Wartet man einige Zeit ab, so leuchtet die Lampe wieder so hell wie vorher.

Erklärung

1. Da in diesem Fall der Stromkreis unterbrochen ist, erlöschen alle Glühlampen.
2. Solange die Lampen 1 bzw. 3 leuchten, fließt nur ein sehr geringer Strom durch den parallel geschalteten Heißleiter, da dieser in "kaltem Zustand" einen größeren Widerstand als die Glühlampe hat. Beim Herausdrehen der Lampe 1 oder 3 erlöschen auch die übrigen Glühlampen, da

fast die gesamte anliegende Spannung zunächst an dem Heißleiter, aufgrund dessen hohen Widerstands, abfällt. Infolgedessen erwärmt sich der Heißleiter und sein Widerstand nimmt mit steigender Temperatur ab. Durch die wieder zunehmende Stromstärke beginnen die übrigen Glühlampen zu leuchten.

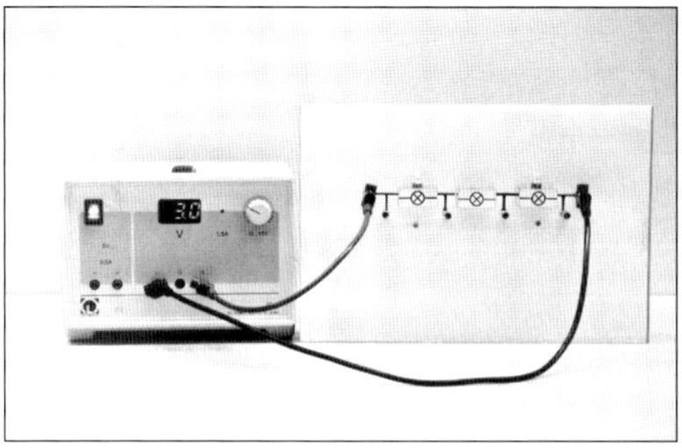

Abb. 3: Die mittlere Lampe wurde herausgedreht

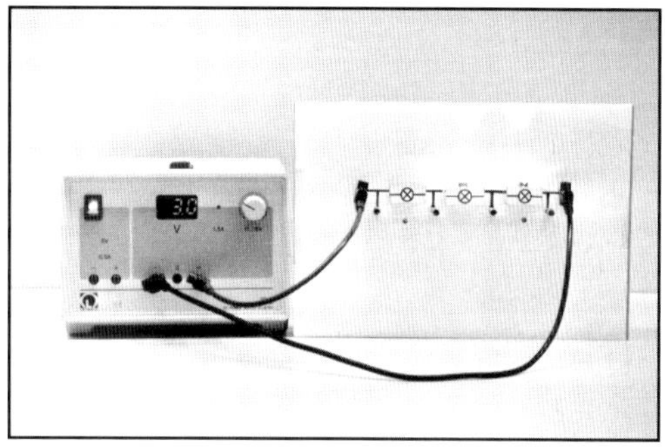

Abb. 4: Die linke Lampe wurde herausgedreht

Beim Einschrauben der Glühbirne besitzt der Heißleiter wegen seiner hohen Temperatur einen geringeren Widerstand, als dies im ursprünglichen Zustand, d. h. bei Zimmertemperatur der Fall ist. Ein Teil des Stroms fließt somit durch die Glühbirne und der andere Teil durch den parallel geschalteten Heißleiter, deswegen leuchtet die Glühbirne nicht so hell wie vorher. Da jedoch nun nicht mehr der ganze Strom durch den Heißleiter fließt, wird dessen Temperatur geringer und folglich dessen Widerstand größer. Durch die Glühlampe fließt wieder mehr Strom, wodurch diese an Helligkeit gewinnt.

Variation

Als mögliche Ergänzung bzw. Erweiterung des bestehenden Versuchsaufbaus bietet es sich an, mittels PC und Interface weitere Versuche durchzuführen. So kann zum Beispiel mit Hilfe des Interfaces die Kennlinie einer Glühlampe aufgezeichnet und daraus deren Kalt- und Heißwiderstand bestimmt werden.

Analog dazu läßt sich auch die Strom-Spannungskennlinie eines Heißleiters aufnehmen und daraus dessen Widerstand bei verschiedenen Spannungsaufbauzeiten bestimmen.

Desweiteren kann der zeitliche Strom- und Spannungsverlauf eines Heißleiters nach dem Herausdrehen einer Glühlampe aus der Schaltung von Abb. 1 mittels PC und Interface aufgezeichnet, graphisch dargestellt und diskutiert werden (siehe Abb. 5).

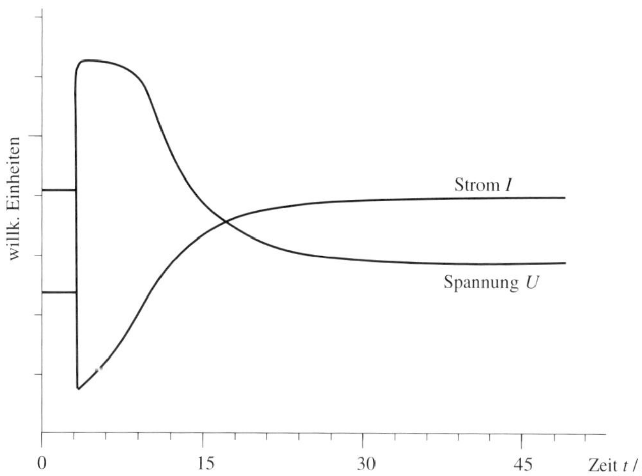

Abb. 5: Zeitlicher Strom- und Spannungsverlauf eines Heißleiters nach dem Herausdrehen einer parallel geschalteten Glühlampe bei $t = 3$ s (aufgenommen mit CASSY); unterhalb von $t = 3$ s sind die ursprünglichen Werte von Strom und Spannung vor dem Herausdrehen der Glühbirne dargestellt

Methodischer Einsatz

Die hier beschriebenen Experimente bieten sich als Schüler- und Schülerinnenversuch an.

Mit Fragestellungen wie "Warum leuchtet eine Lichterkette trotz defekter Lampe weiter?" oder "Warum gehen Glühlampen meistens beim Einschalten kaputt?" läßt sich leicht in das Thema einsteigen.

57. Lichtgeschwindigkeit: Satelliten

Klassenstufe	Oberthemen	Unterthemen	Anforderungs-niveau	Durchführungs-niveau	Vorlauf Vorbereitung Durchführung
SI, SII	Optik Mechanik	Lichtgeschwindigkeit geostationäre Bahn	●●	■■	Tage ca. 1 Std. ca. 30 min.

Mittels eines Rundfunksenders, dessen Programm gleichzeitig über den Satelliten ASTRA und eine terrestrische Antenne empfangen wird, soll anhand der unterschiedlichen Signallaufstrecken und der daraus resultierenden Zeitdifferenz der beiden Signale, die Lichtgeschwindigkeit bestimmt werden.

Materialien

- ASTRA-Empfangsanlage[1]
- PC mit Soundkarte und entsprechender Audioeditor-Software[2]
- Stereoanlage (Radioempfänger, Kassettenrecorder, leere Kassette)
- Y-Cinchadapter
- Verbindungskabel: Kassettenrecorder auf Soundkarte

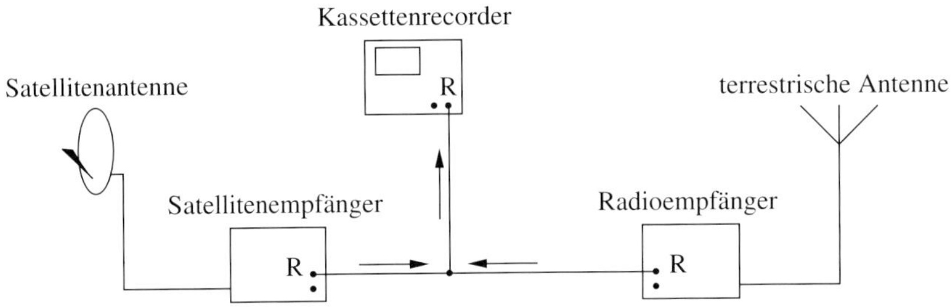

Abb. 1: Die Aufnahme des Audiosignals

Vorbereitung

Von den Audioausgängen des Satelliten- und des Radioempfängers wird jeweils ein Kanal mittels eines Y- Cinchadapters mit einem Eingangskanal (z. B. rechts) des Kassettenrecorders verbunden. Um die Zeitdifferenz der beiden gleichzeitig aufgenommenen Radioprogramme später einfacher bestimmen zu können, empfiehlt es sich, ein eindeutig identifizierbares Signal zur Aufnahme auszuwählen, wie z. B. die von den meisten Radiosendern ausgestrahlten Pieptöne vor den Nachrichten oder vor dem Verkehrsfunk. In diesem Versuch wurden die Pieptöne vor den Nachrichten des Radiosenders SWR3[3] für die Aufnahme gewählt.

Durchführung

Etwa eine Minute vor den Nachrichten sollte die Aufnahme des angeschlossenen Kassettenrecorders gestartet werden, um eventuelle Anlaufschwankungen des Gerätes bei der Aufnahme der Pieptöne zu vermeiden. Nachdem die Pieptöne aufgenommen wurden, kann die Aufnahme beendet werden.

Ergebnis

1. Berechnung des Abstandes *d* zwischen Signalaufzeichnungsort und dem Satelliten ASTRA

Der Aufzeichnungsort (hier Hoppstätten bei Lauterecken/Rheinland-Pfalz) des Signals liegt auf $\vartheta_1 = 49{,}7°$ Nord und $\varphi_1 = 7{,}5°$ Ost. Als Abstand zum Erdmittelpunkt wird $R_E = 67378$ km angenom-

---

[1] Da typischerweise auch Kabelnetze über Satellit versorgt werden, ist man nicht unbedingt auf einen Satellitenempfänger angewiesen. (Nachfrage bei den lokalen Kabelnetzbetreibern empfohlen!)

[2] Hierfür kann z. B. das Sharewareprogramm "Cool Edit" unter (http://www.syntrillium.com) bezogen werden.

[3] Der Sender wurde über ASTRA auf einem Tonunterträger der ARD (11.494 MHz) und über Antenne auf 101,1 MHz empfangen.

men. Der Satellit ASTRA liegt bei $\varphi_2 = 19{,}2°$ Ost auf einer geostationären Umlaufbahn, d. h. also auf der Äquatorebene[4]. Der Abstand R_{Sat} des Satelliten zum Erdmittelpunkt kann, falls nicht bekannt, mit Hilfe des dritten Keplerschen Gesetzes berechnet werden. Man erhält: $R_{Sat} = 42234$ km.

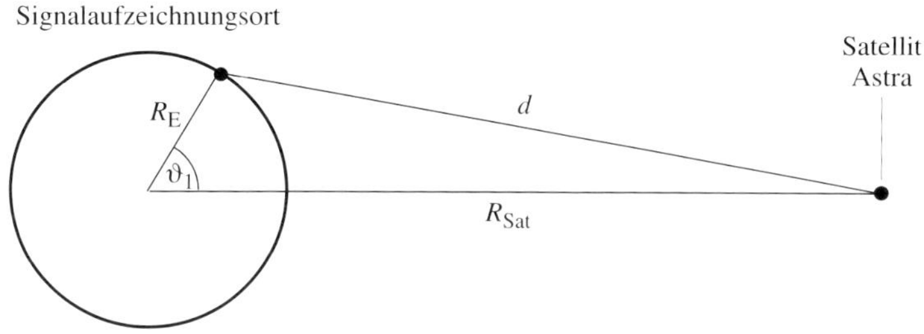

Abb. 2: Geometrische Situation

Der Abstand d zwischen dem Aufzeichnungsort des Signals und dem Satelliten ASTRA wird hier im folgenden mit Hilfe des Cosinussatzes genähert (vgl. Abb. 2):

$$d = \sqrt{R_E^2 + R_{Sat}^2 - 2 \cdot R_E \cdot R_{Sat} \cdot \cos \vartheta_1} = 38415 \text{ km.}$$

Die Signallaufstrecke s ergibt sich unter Vernachlässigung des Abstandes zwischen dem Signalaufzeichnungsort und dem Sendeort zu: $s = 2d = 76830$ km.

2. Bestimmung der Zeitverzögerung mittels PC und Soundkarte

Dazu wird das aufgenommene Signal in die Soundkarte eingespielt und mit Hilfe der Software ausgewertet. Die Zeitverzögerung (Abb. 3) kann direkt abgelesen werden. Man erhält: $t = 254$ ms.

Hieraus ergibt sich für die Lichtgeschwindigkeit:

$$c = \frac{76830 \text{ km}}{0{,}254 \text{ s}} = 3{,}02 \cdot 10^5 \frac{\text{km}}{\text{s}}$$

Die Abweichung zum Literaturwert beträgt weniger als 1 %.

Variation

Die Auswertung des Audiosignals kann auch mit Hilfe von x-t-Schreiber[5], Speicheroszilloskop[6] oder PC-Interface erfolgen.

Eine zusätzliche Berücksichtigung der terrestrischen Wegstrecken sowie die Berechnung des Abstandes d mittels Kugelkoordinaten wird auch von W. Stein vorgeführt.[7]

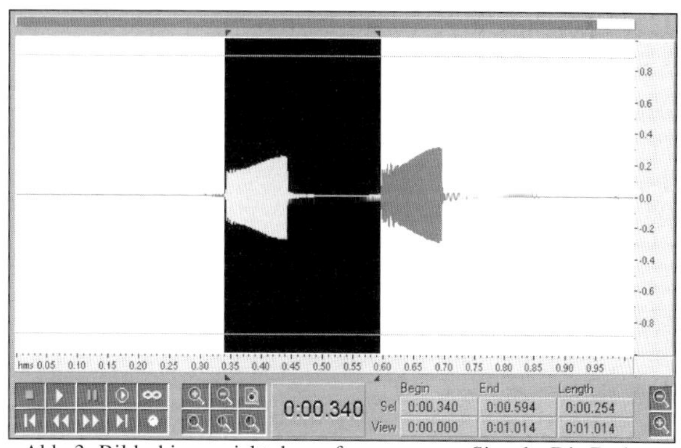

Abb. 3: Bildschirmansicht des aufgenommenen Signals. Die Breite des markierten Bereichs entspricht der gesuchten Zeitverzögerung

Methodischer Einsatz

Dieser Versuch eignet sich hervorragend als Heim- oder Gruppenexperiment, da die nötigen Materialien (Receiver, Stereoanlage, PC mit Soundkarte) in praktisch allen Haushalten zur Verfügung stehen.

---

[4] Quelle: (http://www.astra.lu/system/index-d.htm).

[5] Diese Methode beschreibt J. Bolz: "Messung der Lichtgeschwindigkeit als Heimexperiment", Praxis der Naturwissenschaften - Physik 2/1998.

[6] Erwähnt bei W. Becher-Broßeder, J. Kirstein: "c-Messung mit der Stoppuhr?!", Praxis der Naturwissenschaften - Physik 4/1992.

[7] W. Stein: Impulse Physik – Versuche mit der Soundkarte, Klett Verlag, Stuttgart 1999.

58. Luftfeuchtigkeitsmesser: kapazitiv

Klassenstufe	Oberthemen	Unterthemen	Anforderungs-niveau	Durchführungs-niveau	Vorlauf Vorbereitung Durchführung
SII	Wechselstrom	kapazitiver Widerstand Dielelektrikum	●●	■■	1 Stunde ca. 15 min. ca. 10 min.

Am Modell eines elektronischen Luftfeuchtigkeitsmessers wird die Abhängigkeit des kapazitiven Widerstands eines Kondensators von der Dielektrizitätszahl demonstriert.

Materialien

- Schaumstoff oder Schwamm (ca. 4 cm dick)
- Kunststoffolie (z. B. 25 cm x 25 cm)
- Plattenkondensator (z. B. 20 cm x 20 cm)
- Sinusgenerator (evtl. mit Leistungsausgang)
- 2 Spulen ($n_1 = 200$; $n_2 = 6000$) mit Eisenkern als Transformator
- Voltmeter 100 V ~
- Amperemeter 300 µA ~
- Wasser als Dielektrikum
- Kabel

Vorbereitung

Der Versuch wird wie in Abb. 1 und 2 dargestellt aufgebaut. Die beiden Spulen mit Eisenkern dienen dabei als Transformator, um die niedrige Spannung des Sinusgenerators auf ca. 50 V bis 100 V zu erhöhen, damit man trotz des großen kapazitiven Widerstands einen meßbaren Strom erhält. Als Dielektrikum benutzt man ein in Wasser getränktes Schaumstoffstück, das in etwa die Abmessungen des Plattenkondensators hat. Die Menge des Wassers V_{Wasser} im Schaumstoff definiert die relative Dielektrizitätszahl ε_r des Schaumstoffs, der somit die jeweilige Luftfeuchtigkeit simuliert.

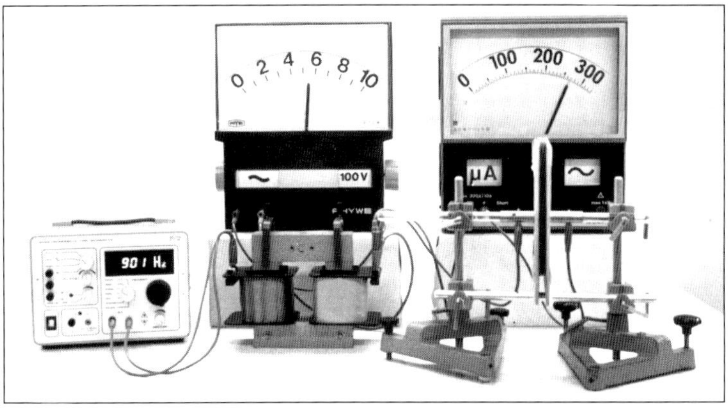

Abb. 1: Versuchsaufbau (im Vordergrund vor den Meßgeräten befinden sich links der Trafo und rechts der Plattenkondensator)

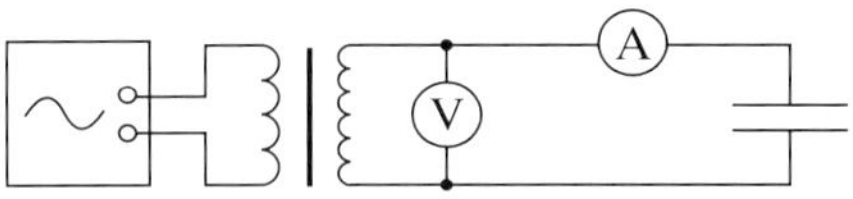

Abb. 2: Schaltskizze

Da die verwendeten Analogmeßgeräte nur bis zu Frequenzen von ca. 2000 Hz exakt messen, muß dementsprechend die Frequenz des Sinusgenerators gewählt werden. Ein Frequenzbereich von etwa 700 Hz bis 1100 Hz hat sich als günstig erwiesen. Mit einer derartigen Einstellung erhält man einen Strom, der sich im µA-Bereich bewegt.

Funktionsweise/Durchführung

Da im vorliegenden Stromkreis die Widerstände R_Ω und R_L gegenüber dem kapazitiven Widerstand R_C vernachlässigbar klein sind, kann man als Maß für die Kapazitätsänderung den im Stromkreis fließenden Strom I benutzen. Dieser hängt direkt von der Kapazität C ab. Die Kapazität ändert sich ihrerseits in Abhängigkeit von der Dielektrizitätszahl ε_r.

Aus $U_{\text{eff}} = \frac{1}{\omega \cdot C} \cdot I$ folgt: $I \sim C$; für U_{eff} und $\omega = 2\pi f$ konstant. Da $C \sim \varepsilon_r$ und $\varepsilon_r \sim V_{\text{Wasser}}$ folgt: $I \sim V_{\text{Wasser}}$.

Um die Abhängigkeit der Kapazität von der Wassermenge zwischen den Kondensatorplatten zu demonstrieren, benutzt man ein möglichst dickes, den gesamten Kondensatorzwischenraum ausfüllendes Schaumstoffstück. Man mißt nun die Stromstärke in Abhängigkeit vom Feuchtigkeitsgehalt des Schaumstoffs.

Ergebnis:

V / ml	*I* / µA
0	3 ± 1
10 ± 1	25 ± 2
20 ± 1	50 ± 5
30 ± 1	70 ± 5
40 ± 1	100 ± 5
50 ± 1	120 ± 5
60 ± 1	150 ± 5
70 ± 1	175 ± 5

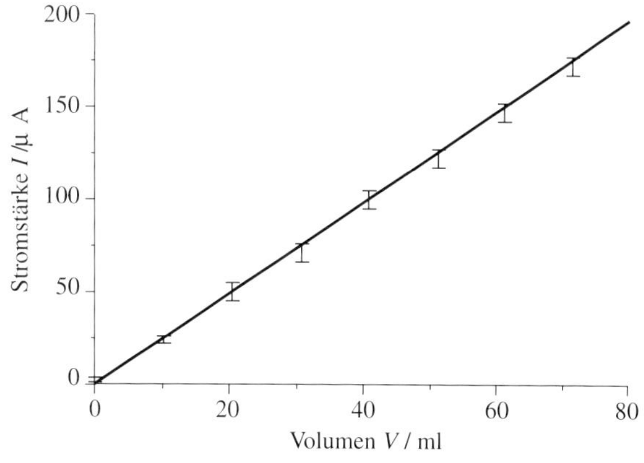

Abb. 3: Zusammenhang zwischen Stromstärke und Volumen

Hinweis

Da es beim Einbringen des nassen Schaumstoffs zwischen die Kondensatorplatten zu einem Kontakt mit beiden Platten kommt, ist wegen der dadurch entstehenden leitenden Verbindung keine Messung mehr möglich. Um dies zu vermeiden, sollte man auf die leitenden Teile der Kondensatorplatten eine Kunststoffolie aufkleben, die die Platten gegen den nassen Schaumstoff isoliert.

Abschätzung

Mit dem vorliegenden Versuchsaufbau ist auch die Möglichkeit gegeben, die Dielektrizitätskonstante ε_0 zu bestimmen. Für einen Plattenkondensator als kapazitiven Widerstand im Wechselstromkreis gilt:

$$U_{\text{eff}} = \frac{d}{2\pi f \cdot A \cdot \varepsilon_0} \cdot I .$$

Bei konstanter Spannung und Frequenz läßt sich somit durch Messung des Plattenabstands d und der Stromstärke I die Dielektrizitätskonstante ε_0 nach folgender Formel bestimmen:

$$\varepsilon_0 = \frac{d \cdot I}{2\pi f \cdot A \cdot U_{\text{eff}}} \approx 8{,}6 \cdot 10^{-12}\ \text{As/Vm} .$$

Durch den Vergleich der Stromstärken mit und ohne Dielektrikum lassen sich auch die Dielektrizitätszahlen für verschiedene Medien (z. B. Glas, Pappe, PVC) bestimmen:

$$\frac{I_{\text{Diel}}}{I_0} = \varepsilon_r .$$

Methodische Hinweise

Das Experiment muß aufgrund der benötigten Materialien vorwiegend als Demonstrationsexperiment durchgeführt werden. Ein selbständiges Arbeiten der Schüler und Schülerinnen ist jedoch beim Einsatz des Versuches in einem fächerübergreifenden Projekt, z. B. über das Wetter, denkbar.

59. Mikrowelle

Klassenstufe	Oberthemen	Unterthemen	Anforderungs-nveau	Durchführungs-niveau	Vorlauf Vorbereitung Durchführung
SI, SII	elektromagnetische Schwingungen und Wellen	Mikrowellen	●●	■	- ca. 5 min. ca. 5 min.

Die elektromagnetische Strahlung, die aus einem Mikrowellenherd austritt (Leckstrahlung), soll in Abhängigkeit vom Abstand untersucht werden.

Materialien

- Mikrowellenherd (ältere Bauart!)
- Empfangsdiode der PHYWE Mikrowellenapparatur
- Spannungsmessgerät 0 ... 300 mV –
- 2 Kabel (50 cm lang)
- Metermaßstab
- Tonnenfuß
- Stativstange (20 cm lang)
- Klemme

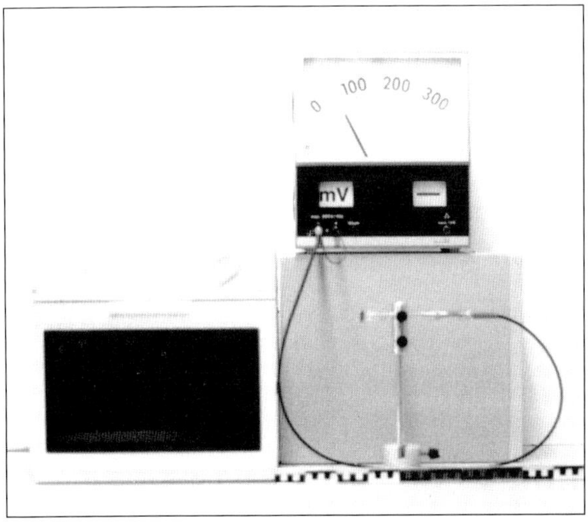

Abb. 1: Gesamtansicht des Versuchsaufbaus

Vorbereitung

Vorab ist es sinnvoll, bei eingeschalteter Mikrowelle die Stellen mit der höchsten Leckrate zu ermitteln. Mit der Empfangsdiode geht dies recht einfach. Hat man solche Stellen gefunden, z. B. Scharniere und Ränder des Deckels oder der Ausgang des Gebläses, so sollte man den Metermaßstab so positionieren, daß man von dieser Stelle in bestimmten Abständen Messungen durchführen kann. Die Empfangsdiode wird dazu mit der Stativstange auf dem Tonnenfuß befestigt, welchen man dann entlang des Metermaßstabes bewegen kann.

Durchführung/Ergebnis

In äquidistanten Schritten (z. B. 5 cm) bewegt man nun die Empfangsdiode vom Herd weg und notiert die gemessenen Spannungswerte. Die Auswertung in Form eines Diagramms läßt erkennen, daß die Spannung umgekehrt proportional zum Quadrat des Abstandes abnimmt. *Wichtig ist, zu beachten, daß sich die Mikrowelle im Betrieb ohne Inhalt schnell erwärmen kann. Allerdings ist mittlerweile Standard, daß die Geräte sich bei Erwärmung automatisch abschalten.*

Funktionsweise/Erklärung[1]
Das wichtigste Bauteil des Mikrowellenherdes ist das Magnetron (vgl. Abb. 1 S. 147). Dieses erzeugt eine leistungsstarke elektromagnetische Schwingung mit einer Frequenz von 2450 MHz. Die erzeugten Wellen werden von einer Antenne in einen Hohlleiter gesendet. Aus diesem gelangen sie auf einen Rotor, der sie dann möglichst gleichförmig im Garraum des Mikrowellenherdes verteilen soll. Es sei angemerkt, daß neben diesem Prinzip der Mikrowellenverteilung noch andere existieren. Wenn die Strahlung das Mikrowellengerät an einer bestimmten Stelle verläßt, kann dieser Punkt näherungsweise als Zentrum einer Kugelwelle (Halbwelle) angesehen werden.

Die Feldenergiedichte beträgt $\delta_{\mathrm{el}} = \frac{1}{2}\varepsilon_0 E^2$, mit E als elektrische Feldstärke. Alle Kugelflächen werden näherungsweise von der elektromagnetischen Welle mit der gleichen Energie durchströmt. Mittels der Kugelfläche A definiert als $r^2 \cdot$ *Raumwinkel* ergibt sich für die Energiedichte δ_{el} eine Proportionalität zu $1/r^2$. Die gemessene Spannung kann daher als Maß für die Strahlungsleistung gesehen werden.

Variation
Sehr leicht kann auch demonstriert werden, ob ein Behältnis (Teller, Schüssel) etc. mikrowellengeeignet ist, d. h., es darf möglichst wenig Mikrowellen absorbieren. Stellt man nun ein Glas und ein Porzellanteller nebeneinander für kurze Zeit (je nach Leistung einige Sekunden) in den Herd, so erwärmt sich das Porzellan aufgrund der stärkeren Mikrowellenabsorption am schnellsten. Durch Berühren des Gegenstandes läßt sich dies schnell feststellen *(Vorsicht!)*. Beim Vergleich von Porzellan mit einem Mikrowellengeschirr sind die Unterschiede noch gravierender.

Abschätzung
Stellt man ein Glas mit Wasser in das Gerät, so sieht man, daß die zuvor gemessene Spannung (bei leerem Herd) jetzt deutlich unterschritten wird. Bringt man verschiedene Mengen von Wasser in den Garraum, so zeigt sich, daß mit zunehmender Wassermenge die nach außen emittierte Strahlung abnimmt. Der Grund dafür ist einfach: Das Wasser hat Mikrowellen absorbiert und sich erwärmt. Je größer die Menge des Wassers, umso mehr Strahlung wird absorbiert und desto weniger Leckstrahlung tritt auf.

Methodischer Einsatz
Die räumliche Ausbreitung elektromagnetischer Wellen ebenso wie die Funktionsweise des Mikrowellenherdes lassen sich mit diesem Versuch anschaulich demonstrieren.
Das Absorptionsverhalten in Abhängigkeit von der Masse und vom Material bzw. die Auswirkungen auf das Material sind einfach zu erläutern und darzustellen.
Desweiteren kann auch eine Verbindung zum Biologieunterricht hergestellt werden, indem man die Auswirkungen von Mikrowellen auf den lebenden Organismus diskutiert (Stichwort Elektro-Smog).
Der Versuch kann auch von Schülern und Schülerinnen durchgeführt werden.

[1] Siehe z. B. Hauptberatungsstelle für Elektrizitätsanwendung - HEA - e.V. (Hrsg.): Mikrowellenanwendung: Mikrowellengeräte (6.3.1.), Frankfurt/M. Sept. 1993 (Am Hauptbahnhof 12, D-60329 Frankfurt/M.).
Vgl. auch Versuch Nr. 60 "Mikrowelle und Wasserkocher".

60. Mikrowelle und Wasserkocher: Wirkungsgrade

Klassenstufe	Oberthemen	Unterthemen	Anforderungsniveau	Durchführungsniveau	Vorlauf Vorbereitung Durchführung
SI, SII	Wärme	Wärmekapazität Wirkungsgrad	●●	■■ !	- ca. 5 min. ca. 45 min.

Die Wirkungsgrade eines Mikrowellenherdes und eines Wasserkochers sollen in Abhängigkeit von der zu erwärmenden Masse verglichen werden.

Materialien

- Mikrowellenherd (typisch 1000 W)
- Wasserkocher (typisch 1000 W)
- Stoppuhr
- mikrowellengeeignetes Gefäß
- Thermometer
- Messbecher

Durchführung

Für alle Versuche gilt äußerste Vorsicht. Damit man sich nicht verbrüht, sollte man einen Topflappen benutzen.

Eine bestimmte Menge Wasser wird in einem geeigneten Gefäß in den Mikrowellenherd gestellt und zum Sieden gebracht. Es wird die Zeit Δt gemessen, die vergeht, bis das Wasser sprudelt. Anschließend wird die Wassermenge erhöht und der Versuch auf gleiche Art und Weise wiederholt. Dann wird die Leistung P_m des Mikrowellengerätes bestimmt, die notwendig war, um die Masse m_w zum Sieden zu bringen.[1] Aus $Q = c_w m_w \Delta T$ folgt

$$P_m = \frac{\Delta Q}{\Delta t} = \frac{c_w m_w \Delta T}{\Delta t},$$

wobei $c_w = 4{,}182$ kJ/kgK (spezifische Wärmekapazität von Wasser).

Die Temperaturdifferenz $\Delta T = T_2 - T_1$ muß ebenfalls bestimmt werden. T_2 wird mit 100°C angenommen und T_1, die Temperatur des Wassers vor dem Versuch, wird vor der Messung bestimmt.

Der Wirkungsgrad η_m ist der Quotient aus der ermittelten Leistung P_m und der Leistungsaufnahme des Mikrowellenherdes.

Bei der Berechnen der Leistung P_m ist darauf zu achten, daß Mikrowellenherde in bestimmten Zeitintervallen abschalten, um dann wieder einzuschalten. Δt muß entsprechend korrigiert werden.

Die Leistungsmessung des Wasserkochers erfolgt analog zu der des Mikrowellenherdes. Allerdings sollte nach jeder Messung der Wasserkocher abgekühlt werden, damit die Ausgangsbedingungen konstant bleiben. Der Wirkungsgrad η_w ist der Quotient aus P_m und der aufgenommenen elektrischen Leistung.

Die Auswertung einer Versuchsreihe (200-500 g, in 50 g Schritten) zeigt, daß der Wirkungsgrad des Mikrowellenherdes mit zunehmender Wassermenge zunimmt. Beim Wasserkocher ist eine Zunahme nicht zu beobachten, eher eine Abnahme. Es wurde allerdings festgestellt, daß der Wasserkocher einen ungleich höheren Wirkungsgrad hat als der Mikrowellenherd: Der durchschnittliche Wirkungsgrad des Mikrowellenherdes beträgt hier 0,31 und der des Wasserkochers 0,60.

Tip: Um den Siedepunkt von Wasser im Mikrowellenherd zu erkennen, bietet es sich an, einen Löffel (oder Glasstab) in das Gefäß zu stellen. Diese "Störstelle" garantiert, daß das Wasser sprudelt, wenn es die Siedetemperatur erreicht hat.

[1] Vgl.: A. Donges: Kalorimetrische Messungen mit einem Mikrowellenherd, in: Physik und Didaktik, 3/1994, S. 255-259.

Erklärung/Funktionsweise

Während im Mikrowellenherd die Wärmeleistung durch elektromagnetische Strahlung übertragen wird und diese Strahlung erst unter Energieaufwand erzeugt werden muß (Energieaufnahme: Magnetron 27 %, Transformator 10 % etc.), erfolgt sie im Wasserkocher durch direkten Kontakt, d. h. ein wesentlich geringerer Teil der Leistung geht durch den Betrieb verloren. Dies erklärt den geringeren Wirkungsgrad des Mikrowellenherdes. Letztendlich stehen unter besten Voraussetzungen nur 60 % als Wärmeleistung zur Verfügung.[2]

Zu beachten wäre auch, daß das Gefäß mit Wasser im Mikrowellenherd nicht optimal der Strahlung ausgesetzt ist. Die Strahlung wird zwar an den Garraumwänden reflektiert, aber die Intensität der Strahlung bleibt letztendlich inhomogen. Dies erklärt auch den steigenden Wirkungsgrad bei steigender Masse. Es wird ein verhältnismäßig größerer Anteil der Strahlung absorbiert, der Siedepunkt des Wassers wird relativ schneller erreicht.

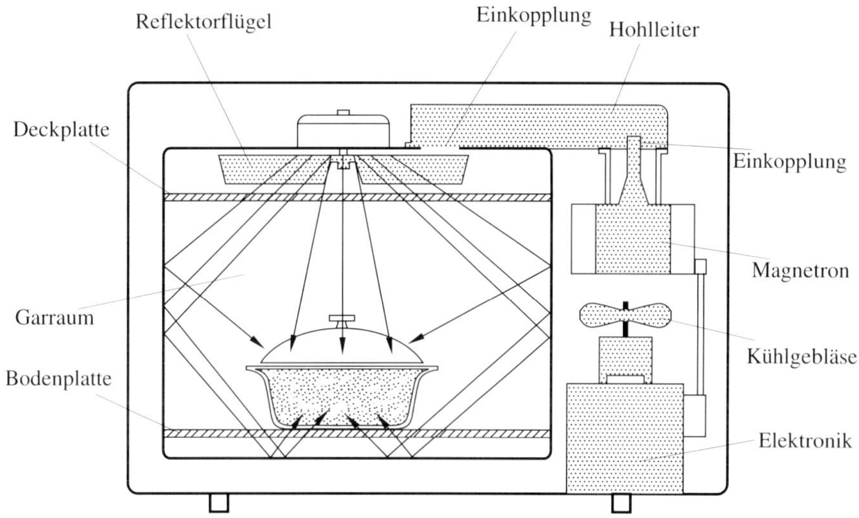

Abb. 1: Schematischer Aufbau eines Mikrowellenofens[2]

Variation

Der Wirkungsgrad der Mikrowelle kann mit verschiedenen Gefäßformen (bei konstanter Wasser- und Gefäßmasse) wiederholt werden. Es zeigt sich, daß flache Schüsseln mit geringer Höhe (3,5 cm) am besten geeignet sind, um ein Maximum an Leistung aufzunehmen.

Auch verschiedene Gefäßmaterialien können verglichen werden, da es Unterschiede in der Mikrowellenabsorption gibt. In diesem Zusammenhang sollten auch Metallschüsseln zumindest theoretisch Beachtung finden. *In der praktischen Benutzung von Metallschüsseln besteht aufgrund von Potentialdifferenzen von Garraumwand und Schüsselwand Brandgefahr durch Funkenüberschläge.* Da Metall Mikrowellen zu 100 % reflektiert, bleibt die Temperatur des Wassers in einem geschlossenen Metallgefäß nahezu unverändert.

Neuere Mikrowellenherde sind mit einem integrierten Thermometer ausgestattet. Damit könnte die Temperaturerhöhung während der Bestrahlungszeit gemessen werden. *Achtung: Es sollte kein handelsübliches Flüssigkeitsthermometer in den Garraum eingebracht werden.*

Methodischer Einsatz

Dieser Versuch eignet sich sehr gut, um Begriff und Bedeutung des Wirkungsgrades zu diskutieren. Dieser Versuch kann auch von Schülern und Schülerinnen bewältigt werden, wenn sie zuvor auf die Gefahren von siedendem Wasser hingewiesen werden.

---

[2] Vgl.: Hauptberatungsstelle für Elektrizitätsanwendung -HEA- e.V.(Hrsg.): Mikrowellenanwendung: Mikrowellenanwendung (6.3.1), Frankfurt/M. Sept. 1993.

61. Müllsortierung I: Materialarten

Klassenstufe	Oberthemen	Unterthemen	Anforderungs-niveau	Durchführungs-niveau	Vorlauf Vorbereitung Durchführung
O, SI	Materialeigenschaften	Magnetismus Dichte	●	■	1 Tag ca. 10 min. ca. 15 min.

Mit einfachen Mitteln soll das Prinzip einer Müllsortieranlage dargestellt werden, wobei Material anhand bestimmter Eigenschaften getrennt wird.

Materialien

- Fön
- starker Magnet
- Eimer (5-10 l)
- Sieb
- Bestandteile des Hausmülls: Eisen (z. B. Nägel, Schrauben, etc.), Aluminiumteile (zerknüllte Alufolie, Getränkedosen), Kunststoffe (PE, PP)[1], möglichst nicht von Folien, sondern von Flaschen oder ähnlichen Behältern, Styropor

Vorbereitung
Die Bestandteile des Mülls müssen in etwa gleich große Teile zerkleinert werden. Die vorbereiteten Teile sollten dann einen Durchmesser zwischen drei und fünf Zentimetern besitzen. Die verschiedenen Komponenten des Mülls werden gemischt und angehäuft. Der Eimer wird mit Wasser gefüllt und zur Seite gestellt, bis er gebraucht wird.

Durchführung
Die Trennung des Mülls erfolgt in drei Schritten (vgl. hierzu Abb. 1).
Als erstes wird das Eisen mit Hilfe des Magneten entfernt. Der Magnet wird dicht über der Anhäufung bewegt. Der ferromagnetische Stoff wird angezogen und so von dem restlichen Müll getrennt. Die Eisenteile werden per Hand vom Magneten entfernt und der Vorgang wiederholt, bis keine weiteren Eisenteile mehr am Magneten haften bleiben. Bei zu schwachen Magneten reicht die Anziehungskraft nicht aus, um die Eisenteile aus dem Müllberg herauszuziehen. Dann empfiehlt es sich, den Magneten durch den Müll ziehen.
Der zweite Schritt besteht aus der Entfernung des Styropors. Mit Hilfe des Föns wird das Styropor vorsichtig aus dem Müllberg herausgeblasen. Ist der Luftstrom zu stark, d. h. der Fön zu nahe am Abfall oder nicht auf der niedrigsten Stufe, werden auch andere Bestandteile, die ebenfalls eine relativ geringe Dichte oder eine relativ große Querschnittsfläche besitzen, weggeblasen. Der so aussortierte Styroporanteil wird zur Seite gelegt. Im Müllberg befinden sich jetzt noch die Kunststoffe PE und PP sowie das Aluminium.

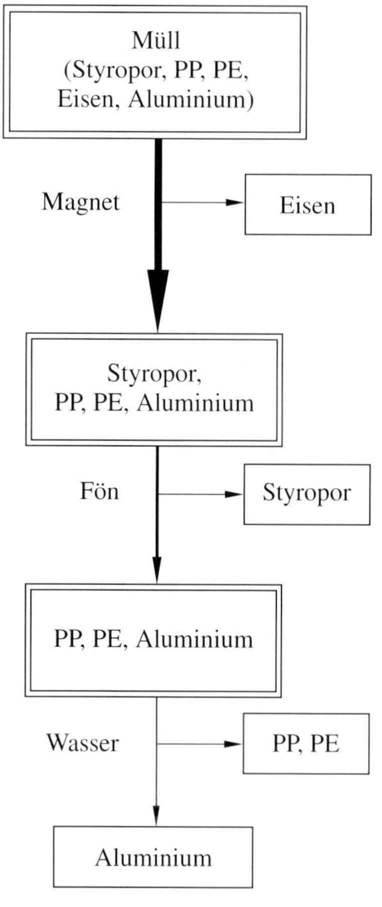

Abb. 1: Schematischer Versuchsablauf

---

[1] PP = Polypropylen (Handelsname z. B. Hostalen), PE = Polyethylen.

Im letzten Trennungsschritt werden die verbleibenden Teile in das Wasser gegeben. Die Polyolefine (PE und PP) schwimmen aufgrund der geringen Dichte (ρ = 0,91-0,96 g/cm^3) obenauf. Das Aluminium, $\rho \approx 2{,}7\ \mathrm{g/cm^3}$, sinkt zu Boden. Die schwimmenden Kunststoffe werden mit einem Sieb oder ähnlichem abgeschöpft.
Danach wird das Wasser abgegossen und das Aluminium aus dem Eimer herausgenommen.

Ergebnis
Als Resultat erhält man die vier Komponenten des Mülls wieder getrennt. Jede Müllfraktion enthält jedoch Verunreinigungen von etwa 10 % der Gesamtmenge. Diese Verunreinigungen entsprechen durchaus dem normalen, auch bei industriellen Anlagen vorkommenden Trennungsergebnis. In realen Sortieranlagen wird deshalb zusätzlich noch per Hand getrennt.

Hinweis
In der Praxis gibt es viele unterschiedliche Sortiermechanismen, alle arbeiten aber nach dem gleichen Grundprinzip. Die unterschiedlichen physikalischen Eigenschaften (Dichte, magnetische, elektrische, optische Charakteristika, Benetzbarkeit, Ausbildung von Wirbelströmen etc.) der zu trennenden Stoffe werden ausgenutzt. Werden mehrere Eigenschaften ausgenutzt, ist auf eine logische Reihenfolge der Trennung zu achten (vgl. Abb. 1).

Methodischer Einsatz
Thematisch eignet sich der Freihandversuch Müllsortierung gut als Einstieg in den Physikunterricht, da er sich mit den physikalischen Eigenschaften von Stoffen beschäftigt. Er gibt damit gleich zu Beginn eine Motivation, wo Physik in der Umwelt eine entscheidende Rolle spielt, und warum es lohnt, sich mit Physik zu beschäftigen. Der Versuch kann als einfacher Versuch auch von den Schülern und Schülerinnen selbst durchgeführt werden.
Eine Exkursion in eine nahegelegene Sortieranlage bietet sich an, um die technische Umsetzung der physikalischen Fragestellung zu sehen.
Der Versuch bietet den Schülern und Schülerinnen gute Möglichkeiten, eigene Problemlösungsstrategien zu entwickeln. Zum Beispiel kann die Reihenfolge der Trennungsschritte (Algorithmus) von den Schülern und Schülerinnen selbst entwickelt werden.

62. Müllsortierung II: Kunststoffe

Klassenstufe	Oberthemen	Unterthemen	Anforderungsniveau	Durchführungsniveau	Vorlauf Vorbereitung Durchführung
SI	Mechanik	Dichte Auftrieb	●●	■	1 Tag ca. 1 Std. ca. 10 min.

Zur Sortierung wird die unterschiedliche Dichte der verschiedenen Kunststoffe ausgenutzt. In entsprechenden Lösungen kommt es zu Sedimentation bzw. Schwimmen.

Materialien

- verschiedene Kunststoffe (PP, PE-HD, PVC, PS)[1]
- Alkohol
- gesättigte Natriumchloridlösung
- Meßzylinder (100 ml, 10 ml)
- 2 Bechergläser (500 ml)
- Sieb
- Geschirrspülmittel
- Locher, Schere

Vorbereitung

Die Kunststoffe werden mit einem Locher oder einer Schere in etwa gleich große Teile zerkleinert. Die Lösungen L1 und L2 werden wie folgt hergestellt:
L1 ($\rho = 0{,}93\ g/cm^3$): Wasser/Alkohol 50 ml/81 ml
L2 ($\rho = 1{,}2\ g/cm^3$): 150 ml gesättigte Salzlösung

Hinweis

Je nach Konzentration des Alkohols kann es zu leichten Variationen bei der Herstellung von L1 kommen, deshalb empfiehlt es sich, vor der Unterrichtsstunde L1 mit Polypropylen (PP) und Polyethylen (PE) zu testen. PE sollte absinken, PP aufschwimmen.

Durchführung

Die Kunststoffteile, etwa 10 jeder Kunststoffsorte, mischen, in ein Becherglas geben, mit Wasser auffüllen und gut schütteln. Um die Oberflächenspannung des Wassers herabzusetzen, 1-2 Tropfen Geschirrspülmittel hinzugeben. Diese Menge ist vernachlässigbar gering und nimmt auf die Dichte keinen nennenswerten Einfluß. Nach dem Absetzen der dichteren Kunststoffe kann man die schwimmenden Teilchen mit Hilfe des Siebes abtrennen. Die getrennten Kunststoffe in L1 bzw. L2 geben. Abb. 1 erläutert den Trennungsvorgang.

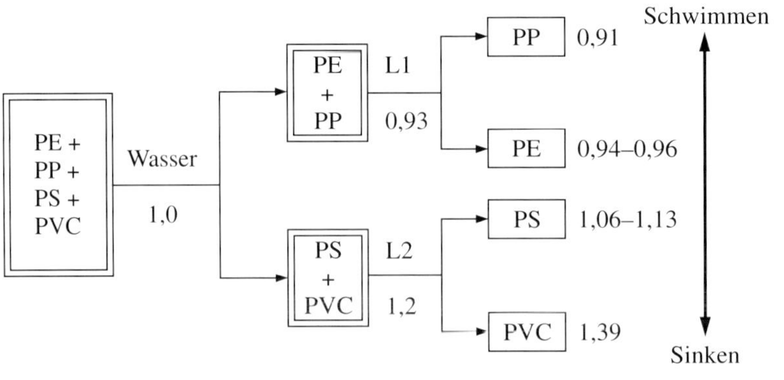

Abb. 1: Schema der Trennung der Kunststoffe aufgrund ihrer verschiedenen Dichte ρ (in g/cm^3)

[1] PP: Polypropylen, PE: Polyethylen, PS: Polystyrol, PVC: Polyvinylchlorid, PE-HD: Polyethylen-hohe Dichte.

Abb. 2: Ergebnis der Schwimm-Sink-Scheidung in Salzlösung: PS schwimmt oben, PVC ist abgesunken

Erklärung

Verschiedene Kunststoffe besitzen unterschiedliche Dichten[2]. Diese Eigenschaft kann zur Sortierung genutzt werden. Die Polyolefine PP und PE schwimmen in Wasser, während PVC und PS absinken. Entsprechendes nutzt man auch in den Lösungen L1 und L2.
Dieses Trennverfahren findet sich auch beim industriellen Kunststoffrecycling. Es ist dort unter dem Schwimm-Sink-Verfahren bekannt.
Im Versuch ist es möglich, die Kunststoffe zu ca. 90 % zu trennen. Dies entspricht etwa der Restverunreinigung beim industriellen Verfahren im Gravitationsfeld.
Ursachen für Restverunreinigungen sind hauptsächlich an Partikeln anhaftende Luftbläschen und die Oberflächenspannung der Flüssigkeiten, die ein Absinken der kleineren und weniger dichten Kunststoffteilchen verhindern.

Variation

Prinzipiell ist es möglich, noch weitere Kunststoffe nach dem gleichen Prinzip zu trennen. Jedoch hat es sich gezeigt, daß das Einstellen der entsprechenden Lösungen schwierig ist und sehr exaktes Arbeiten erfordert.

Methodischer Einsatz

Dieser Versuch eignet sich gut als Motivation und Einstieg in das Themengebiet Dichte und Auftrieb. Da alle verwendeten Stoffe direkt im Haushalt und in der Schule benutzt werden, kann auch die Recyclingproblematik als Motivationspunkt genutzt werden.
Als problemorientierte Schülerübung läßt sich dieses Experiment ebenfalls sehr gut durchführen: Den Schülern und Schülerinnen wird keine quantitative Information über die Dichten der Kunststoffe gegeben. Auf experimentellem Wege jedoch können sie zu dem Ergebnis gelangen, daß

$$\rho\ (PVC) > \rho\ (PS) > \rho\ (PE\text{-}HD) > \rho\ (PP)$$

ist.
Um zu einem entsprechenden Ergebnis zu gelangen, müssen die Kunststoffe derart gewählt oder bearbeitet sein, daß sie sich auch nach dem Vermischen unterscheiden lassen. Die einfachste Möglichkeit besteht darin, verschiedenfarbige Kunststoffe zu verwenden.

[2] Siehe z. B.: F. Wagner: Kompendium der Kunststoffe, Verlag W. Girardet, Essen 1974, oder: H. Stöcker (Hrsg.): Taschenbuch der Physik, Verlag Harri Deutsch, 1998.

63. Münzgeldsortierer: induktiv

Klassenstufe	Oberthemen	Unterthemen	Anforderungs-niveau	Durchführungs-niveau	Vorlauf Vorbereitung Durchführung
SII	Elektrik	elektromagnetische Schwingungen Schwingkreis	●●●	■	- ca. 5 min. ca. 20 min.

Die Funktionsweise eines induktiven Sensors als Bestandteil eines Münzgeldautomaten wird anhand eines Modellversuchs demonstriert.

Materialien

- Oszilloskop
- 2 Experimentierspulen $N = 600$, $L = 9$ mH
- Kondensator $C = 2{,}5$ µF
- Metallscheiben unterschiedlichen Materials und Münzgeld
- Sinusgenerator (eventuell Leistungsgenerator)
- Experimentierkabel
- dünner Karton (ca. 10 cm x 3 cm)

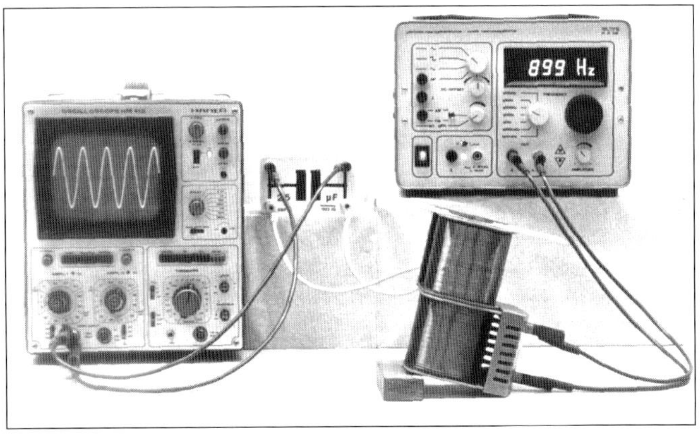

Abb. 1: Gesamtaufbau

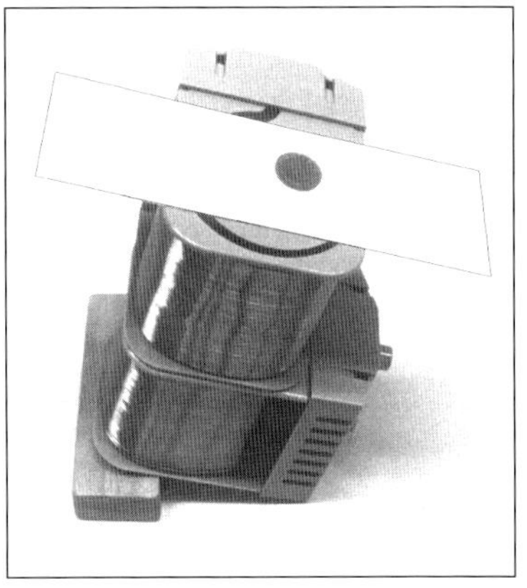

Abb. 2: Ansicht von Spulen, Karton und Münze

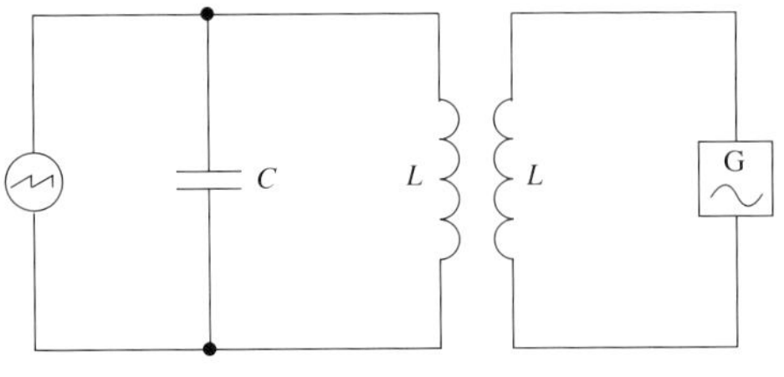

Abb. 3: Schaltskizze

Vorbereitung

Zunächst werden die einzelnen Komponenten des Versuchsaufbaus in Anlehnung an Abb. 1 bis 3 auf der Arbeitsfläche angebracht und verschaltet.

Anschließend werden die beiden Spulen an ihren Stirnseiten mit Hilfe von doppelseitigem Klebeband verbunden und durch Unterlegen eines geeigneten Gegenstands schräg angestellt (Abb. 2). Dabei sollte der Winkel so gewählt werden, daß die einzelnen Prüfstücke und Münzen möglichst langsam über den Karton an der Spule des LC-Schwingkreises vorbei gleiten bzw. von Hand geführt werden können.

Durchführung/Ergebnis

Zunächst wird am Sinusgenerator die Resonanzfrequenz des Schwingkreises eingestellt (maximale Amplitude auf dem Oszilloskop). Diese liegt für die hier beschriebene Anordnung bei 899 Hz. Anschließend läßt man unter ständiger Beobachtung des Spannungssignals auf dem Oszilloskop die Prüfstücke und Münzen über den Karton an der Stirnseite der Spule des *LC*-Schwingkreises vorbei gleiten. Dabei stellt man fest, daß die Schwingungsamplitude durch die verschiedenen Metallscheiben und Münzen unterschiedlich stark beeinflußt wird. Es läßt sich zudem festhalten, daß die Abnahme der Spannung auch von der relativen Lage einiger Prüfstücke abhängt. So ergibt sich zum Teil am Rand der Spule ein anderer Wert als in deren Zentrum.

Erklärung/Funktionsweise

Je nach den Eigenschaften des in das Magnetfeld der Schwingkreisspule eingebrachten Materials wird die Resonanzfrequenz unterschiedlich beeinflußt. Aus der Änderung der Spannung im *LC*-Schwingkreis durch verschiedene Prüfstücke lassen sich deshalb Rückschlüsse auf deren Materialzusammensetzung ziehen. Beim realen Münzgeldautomat wird die Spannungsabnahme mit einem festen Bezugswert verglichen, eine Elektronik entscheidet nun, ob das eingeworfene Geldstück den Anforderungen entspricht[1].
Bei der Versuchsdurchführung läßt man eine Metallscheibe oder ein Geldstück an der Stirnseite der Spule vorbei gleiten und beobachtet die Änderung der Amplitude des Spannungssignals am Oszilloskop. Die Abhängigkeit vom Material läßt sich ebenfalls erkennen. Ferromagnetische Stoffe verstärken aufgrund ihrer Permeabilitätszahl das Magnetfeld. Dadurch ändert sich die Induktivität der Spule; es liegt keine Resonanz mehr vor, das Spannungssignal nimmt ab. Aufgrund der zeitlichen Änderung des Magnetfeldes treten Wirbelströme auf. Dadurch wird dem Schwingkreis Energie entzogen, die Schwingung wird gedämpft, was ebenfalls eine Beeinflussung der Resonanzfrequenz bewirkt. Dieser Effekt ist bei ferromagnetischen Materialien vergleichsweise gering, dagegen bewirkt er bei nichtferromagnetischen Leitern mit geringem elektrischem Widerstand ebenfalls eine schwache Abnahme des Spannungssignals. Die Beeinflussung des Spannungssignals ist insgesamt um so stärker, je größer der von den Feldlinien durchsetzte Teil der Fläche des Prüfstückes ist.
Ergebnis für verschiedene Probenmaterialien (Durchmesser: 38 mm, Dicke: 1 mm):

Material	**Cu**	**MS**	**Fe (VA-Stahl)**
$\Delta U/U$ / %	-26	-8	-2

Variation

Mit geeigneten Metallscheiben gleichen Materials könnte man als Erweiterung des Experiments im Rahmen verschiedener Meßreihen die Abhängigkeit der Abnahme des Spannungssignals vom Durchmesser der Prüfstücke bei gleicher Dicke näher untersuchen. Die folgende Tabelle zeigt das Ergebnis für Kupferscheiben:

Durchmesser / mm	**38**	**28**	**18**
$\Delta U/U$ / %	-26	-13	-4

Methodischer Einsatz

Die Auswertung des Experiments erfordert Grundkenntnisse zu Schwingkreisen, zum magnetischen Feld und auch zur elektromagnetischen Induktion. Diese Themen sind Bestandteil des Lehrstoffs der Sekundarstufe II. Es erscheint deshalb weniger angebracht, diesen Versuch in eine Unterrichtseinheit der Mittelstufe zu integrieren.
In der Oberstufe läßt sich der Versuch auch als Schüler- und Schülerinnenexperiment in den Physikunterricht einbinden.

[1] Bei realen Anlagen werden auf diese Art und Weise verschiedene Eigenschaften der Münzen festgestellt: Größe, Masse, Material.

64. Münzgeldsortierer: piezoelektrisch

Klassenstufe	Oberthemen	Unterthemen	Anforderungs-niveau	Durchführungs-niveau	Vorlauf Vorbereitung Durchführung
SI, SII	Elektrik Mechanik	Piezoeffekt freier Fall Impuls	●●	■	1 Stunde ca. 10 min. ca. 5 min.

Die Funktionsweise eines piezoelektrischen Sensors als Bestandteil eines Münzgeldsortierers wird demonstriert.

Materialien

- Piezokristall in Kapsel (Seignettesalz, hier: Leybold)
- Meßverstärker
- Verbindungskabel
- Spannungsmesser passend zum Meßverstärker
- Metall-, Holz- oder Hartplastikplatten für Münzschacht und Piezokristall
- Stativmaterial
- verschiedene Münzen

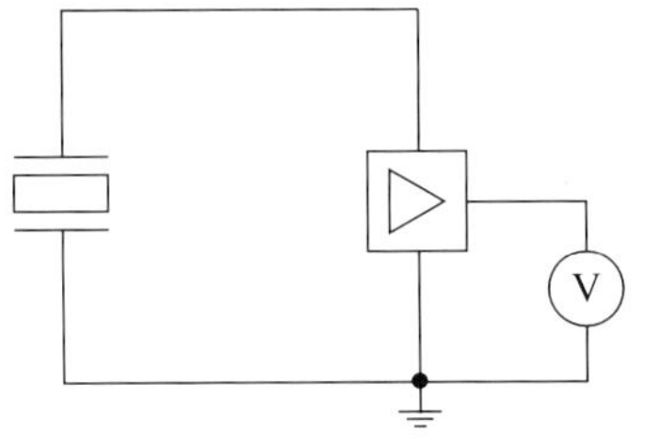

Abb. 1: Schaltskizze

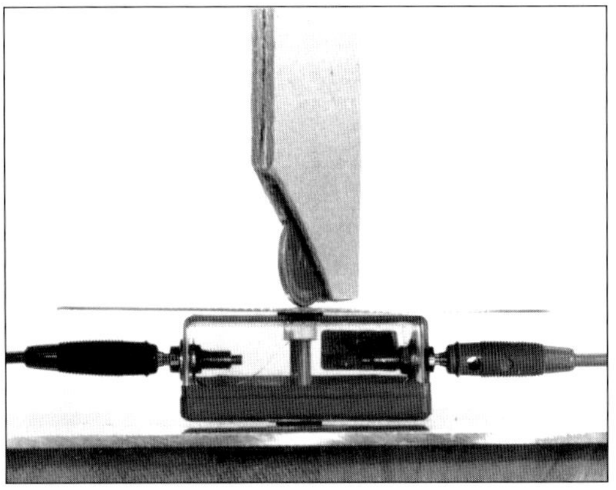

Abb. 2: Plastikbox mit Piezokristall und Anschlüssen sowie unteres Ende des Münzgeldschachtes

Vorbereitung

Man beginnt zunächst damit, aus Metall-, Holz- oder Kunststoffplatten (Dicke: 2-3 mm) einen ca. 20 cm langen Münzschacht zu bauen, der alle Münzen (0,01-5 DM) aufnehmen kann (Plattenabstand ca. 2,5 mm). An einem Ende des Schachtes sollte eine seitliche Münzführung auf ca. 4 cm ausgespart sein (ermöglicht Abrollen der Münze, s. Abb. 2). Diesen so gebauten Münzschacht baut man mit Hilfe eines Stativs vertikal auf.

Unter diesen Schacht bringt man den Piezokristall an, an dessen Flächen man mittels doppelseitigem Klebeband die Aufschlagplatte (Metallblech, ca. 4 x 4 cm) und die Unterlagplatte (Holz- oder Metallplatte beliebiger Größe) befestigt (Abstand Schachtende - Aufschlagplatte ca. 1 cm). Neigt man in geeigneter Weise die Unterlagsplatte und damit das gesamte Piezokristall-System in Richtung der offenen Seite der Münzführung des Schachtes, so kann eine eingeworfene Münze von der Aufschlagplatte abrollen und aufgefangen werden.

Zur Messung des Spannungssignals beim Aufschlag einer Münze auf den Piezokristall, verbindet man dessen Abgriffe mit einem Meßverstärker, an den ein Meßinstrument angeschlossen ist. Dabei muß zunächst geprüft werden, ob die gewählte Schachthöhe genügt, um mit den gegebenen Geräten (Güte des Piezokristalls, Verstärkungsfaktor) zwei unterschiedliche Münzen über den Zeigerausschlag zu unterscheiden (im Extremfall: 1 Pfennig- und 5 DM-Münze).

Durchführung/Ergebnis
Man läßt die Münzen jeweils 10 mal in den Münzschacht fallen und bildet die Mittelwerte der jeweiligen Spannungen. Mit steigender Masse der Münze nimmt die erzeugte Spannung zu:

Münze	1 Pf	2 Pf	5 Pf	10 Pf	50 Pf	1 DM	2 DM	5 DM
Signalhöhe	1,0	1,5-2,0	1,5-2,0	2,5	2,0	3,5	4,0-4,5	5-6

Funktionsweise/Erklärung
Münzen lassen sich über die Prüfkriterien Masse, Dicke, Durchmesser und Material (Leitfähigkeit, magn. Eigenschaften) unterscheiden. In modernen Münzgeldprüfern kommen für die Sortierung über diese Prüfkriterien optische Sensoren (Lichtschranken: Vermessen des Durchmessers), induktive Sensoren (Dicke, Durchmesser und Material; s. Versuch Nr. 63 "Münzgeldsortierer: induktiv") und piezoelektrische Sensoren (Masse) zum Einsatz.
Beim Aufschlag einer Münze auf einen Piezokristall übt die Münze eine Kraft auf ihn aus (Impulsübertrag). Diese Kraft bewirkt eine piezoelektrische Spannung, welche über einen Meßverstärker nachgewiesen werden kann. Die Spannungssignale sind für jede Münze (Masse) charakteristisch. Zur Münzprüfung werden die erhaltenen Spannungssignale mit programmierten Werten in einem Mikroprozessor verglichen. Die daraus erhaltenen Informationen führen zusammen mit anderen Sensorinformationen zur Entscheidung des Münzpüfersystems, d. h. eine Sortierung in Schächte.

Variation
Zur Demonstration einer "primitiven" Münzgeldunterscheidung zwischen einer 0,01 DM- und einer 5 DM-Münze (2 g/10 g) verbindet man die Abgriffe des Piezokristalls mit einem Leistungsverstärker, an dessen Ausgang eine Glühlampe angeschlossen ist. Man regelt den Verstärker so ein, daß die Lampe bei der 5 DM-Münze aufleuchtet und bei dem Pfennigstück nicht.
Will man Fragestellungen der Mechanik (s. u.) behandeln, so kann man den Versuch mit Münzschächten unterschiedlicher Länge durchführen.

Methodischer Einsatz
Der Versuch eignet sich in erster Linie zur Demonstration des piezoelektrischen Effektes.
Aufgrund der Fallstrecke der Münze bieten sich aber auch Einsatzmöglichkeiten im Bereich der Mechanik (z. B. freier Fall, Impuls).
Zudem kann man den Schülern und Schülerinnen einen qualitativen Einblick in die moderne Meß- und Regeltechnik geben.
Vor dem Hintergrund der Münzgeldsortierung ist es zweckmäßig, vorher die Münzen nach verschiedenen Prüfkriterien untersuchen zu lassen (vgl. Tabelle).

Wert/DM	Masse/g	Durchmesser/cm	Magn. Eigenschaft	Material[1]
0,01	2,00	1,65	+	Stahlkern mit Kupferauflage
0,02	2,90	1,93	+	Stahlkern mit Kupferauflage *
0,05	3,00	1,85	+	Stahlkern mit Messingauflage
0,10	4,00	2,15	+	Stahlkern mit Messingauflage
0,50	3,50	2,00	-	Cu-Ni-Legierung
1,00	5,50	2,35	-	Cu-Ni-Legierung
2,00	7,00	2,68	(+)	Ni-Kern mit Cu-Ni-Legierung
5,00	10,00	2,90	(+)	Ni-Kern mit Cu-Ni-Legierung

* seit 1968, vorher Cu-Sn-Zn-Legierung (m = 3,3
\+ = wird vom Stabmagneten angezogen
(+) = wird schwach von Stabmagneten angezogen
\- = wird nicht vom Stabmagneten angezogen

[1] Deutsche Bundesbank - Presse und Information (Hrsg.): Münzen der Bundesrepublik Deutschland, Postfach 10 06 02, D-60006 Frankfurt am Main, November 1991.

65. Ohrthermometer I: Wärmestrahlung

Klassenstufe	Oberthemen	Unterthemen	Anforderungsniveau	Durchführungsniveau	Vorlauf Vorbereitung Durchführung
SII	Elektrik Optik	Thermoelektrizität Thermosäule IR-Strahlung	●●	■	evtl. einige Tage ca. 10 min. ca. 15 min.

Das Infrarot-Ohrthermometer wird eingesetzt, um die unterschiedliche Wärmeabstrahlung von verschiedenen Oberflächen gleicher Temperatur nachzuweisen.

Materialien

- Infrarot-Ohrthermometer
- Flüssigkeitsthermometer
- Laborlift
- Leslie-Würfel (hohler Metallwürfel mit Seiten verschiedener Oberfläche)[1]
- Becherglas
- Trichter
- Heizplatte

Vorbereitung

Dazu zählt die Beschaffung (evtl. Ausleihe) eines IR-Ohrthermometers. Es muß jedoch beachtet werden, daß es sich dabei um ein Gerät mit einem Modus zur Oberflächenmessung[2] handelt, weil eine reine Ohrmessung in der Regel einen zu kleinen Meßbereich zuläßt.

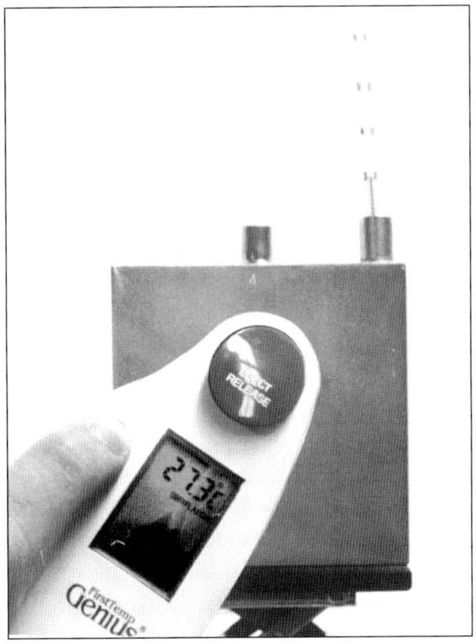

Abb. 1: Messung der scheinbaren Temperatur

Durchführung

In einem Becherglas wird Wasser mit der Heizplatte auf ca. 40°C erhitzt und mit Hilfe des Trichters in den Leslie-Würfel umgefüllt, welcher zuvor auf einem Laborlift plaziert wurde. Man nähert das auf Oberflächenmessung eingestellte IR-Ohrthermometer bis auf 2-3 cm einer Seitenfläche des Leslie-Würfels. (Es genügt, den Abstand mit dem Augenmaß abzuschätzen, kleine Abstandsveränderungen sind unkritisch für die Messung). Auf dem Display wird eine Temperatur angezeigt. Diesen Vorgang wiederholt man für alle vier Seitenflächen.

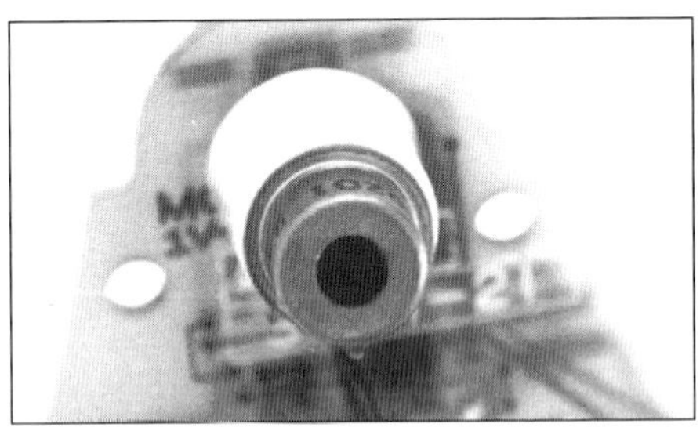
Abb. 2: Thermosäule (vgl. Abb. 5)

Ergebnis/Erklärung

Die Strahlungsmessung des IR-Ohrthermometers erfolgt mit einer Thermosäule und einer entsprechenden Auswertelektronik. Die Meßergebnisse sind in der Tabelle zusammengefaßt.

---

[1] Mit Hilfe eines Blechkanisters und Farbe sowie Schmirgelpapier kann ein solcher Würfel selbst gebaut werden.

[2] Z. B. "Genius" von Sherwood Medical GmbH, Postfach 2705, D-65820 Schwalbach oder "Omron IT 5" von OMRON Healthcare GmbH, Wendenstraße 35c, D-20097 Hamburg.

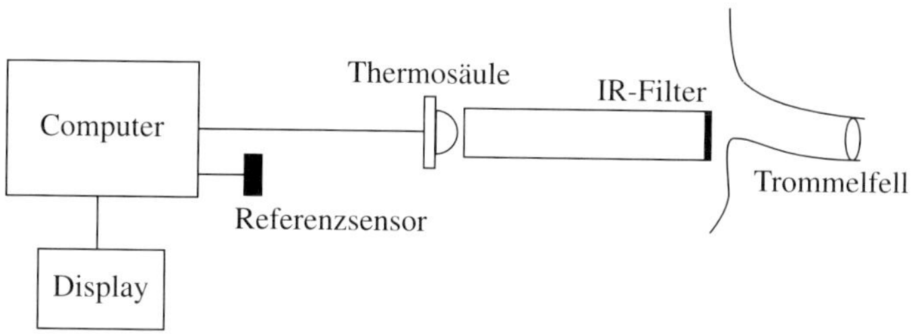

Abb. 3: Schematischer Versuchsaufbau zur Messung der Körpertemperatur

Oberfläche	**Emissionsgrad**	**"Temperatur" (Anzeige des IR-Thermometers) in °C**
metallisch matt	0,05-0,1	26,2
metallisch verspiegelt		26,1
schwarz	0,6-0,9	38,1
weiß		38,6

Man sieht deutlich, daß die Messung an den verschiedenen Oberflächen des Metallwürfels sehr unterschiedliche Ergebnisse liefert. Vor allem fällt eine signifikante Differenz zwischen den metallischen und den gefärbten Flächen auf. Dies liegt am unterschiedlichen Emissionsvermögen der verschiedenen Flächen. Für sichtbares Licht hat die schwarze Fläche maximale Absorption und Emission, jedoch sind für das längerwellige Infrarot sowohl die schwarze als auch die weiße Fläche "grau". So erklären sich die fast gleichen Ergebnisse der schwarzen und weißen Fläche. Auch die metallisch matte und metallisch verspiegelte Oberfläche haben etwa denselben Emissionsgrad, welcher jedoch deutlich kleiner ist, als derjenige der gefärbten Flächen.

An diesem Versuch wird deutlich, daß das IR-Ohrthermometer nicht direkt Temperaturen mißt, sondern lediglich auf IR-Strahlung reagiert. Die von verschiedenen Proben ausgesandte Strahlung ist jedoch nicht nur von deren Temperatur, sondern auch vom Emissionsgrad der jeweiligen Probe (grauer Strahler) abhängig. Das Ohrthermometer muß also auf die typische Oberfläche des Trommelfells bzw. der Haut kalibriert sein und kann daher nicht als universelles Thermometer eingesetzt werden.

Methodische Hinweise

Dieses Experiment kann als Experiment in Kleingruppen durchgeführt werden, wenn die Schüler und Schülerinnen selbst geeignete Ohrthermometer mitbringen.

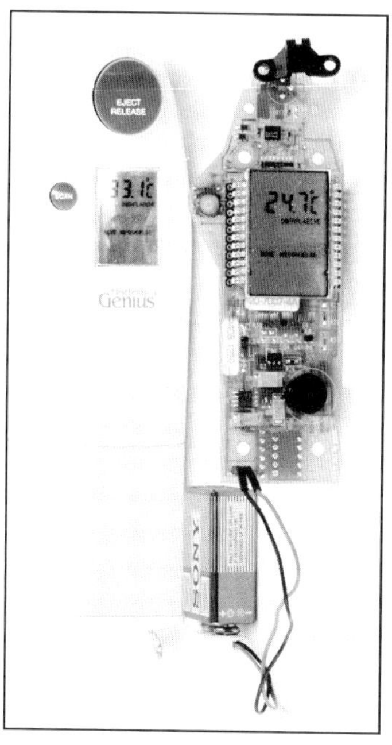

Abb. 4: Platine und Anzeigedisplay eines Ohrthermometers

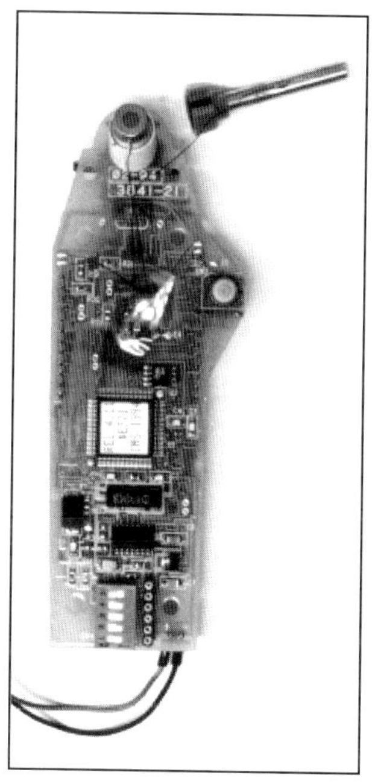

Abb. 5: Wie Abb. 4, nur umgedreht; die Thermosäule befindet sich oben

66. Ohrthermometer II: Modell

Klassenstufe	Oberthemen	Unterthemen	Anforderungs-niveau	Durchführungs-niveau	Vorlauf Vorbereitung Durchführung
SII	Elektrik Optik	Thermoelektrizität Thermosäule IR-Strahlung	●●	■	1 Stunde ca. 15 min. ca. 15 min.

Mit einer Thermosäule soll das Meßprinzip des Infrarot-Ohrthermometers dargestellt werden.

Materialien

- IR-Ohrthermometer (defekt)
- Thermosäule nach Moll[1]
- Mikrovoltmeter
- Becherglas
- Eiswasser
- Lampe, z. B. 60 W
- Tasse heißer Kaffee oder ähnliches
- Alufolie
- Stativfuß
- Verbindungskabel
- Flüssigkeitsthermometer

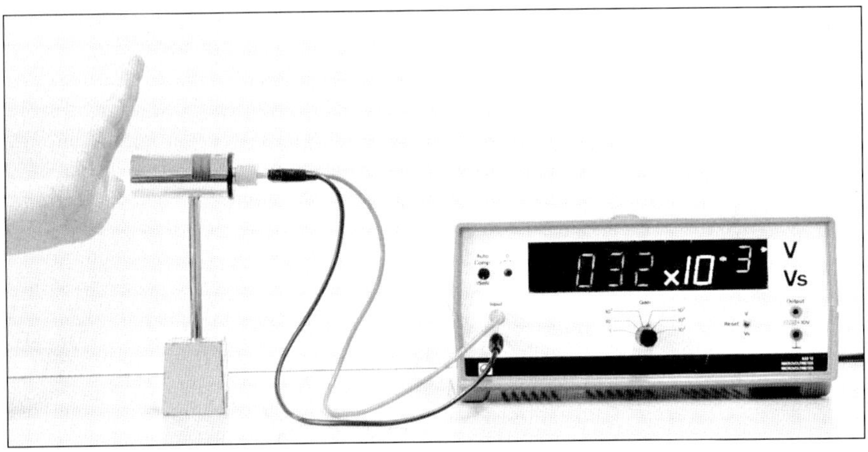

Abb. 1: Gesamtansicht des Versuchsaufbaus

Vorbereitung

Nach Möglichkeit besorgt man sich ein (defektes) Ohrthermometer, z. B. durch Nachfragen bei einer Herstellerfirma[2]. Wenn dies nicht gelingt, entfällt der erste Teil der Durchführung.
Die Thermosäule wird auf dem Stativfuß befestigt, und die Ausgangsspannung wird an das Mikrovoltmeter angelegt. Kurz vor der Versuchsdurchführung muß Eis bzw. Eiswasser besorgt werden.

Durchführung

Zuerst zerlegt man das Ohrthermometer und richtet seine Aufmerksamkeit in erster Linie auf das eigentliche Meßinstrument: die Thermosäule (vgl. Versuch Nr. 65 "Ohrthermometer I: Wärmestrahlung").

---

[1] Zur Funktionsweise einer Thermosäule vgl.: W. Kuhn (Hrsg.): Handbuch der experimentellen Physik, Sekundarbereich II - Band 4/I: Optik, Aulis Verlag Deubner, Köln 1992.
[2] Z. B.: Braun AG, Kendall GmbH, Sherwood Medical GmbH (Adressen im Anhang G).

Mit einer Thermosäule aus der Schulsammlung wird der Meßvorgang des IR-Ohrthermometers nun modellhaft an folgenden Gegenständen durchgeführt: Becherglas mit Eiswasser, Glühlampe 60 W, Becherglas mit Leitungswasser, mit Alufolie abgeschirmte Glühlampe, Hand, umgebender Raum, Tasse Kaffee. Die auftretende Thermospannung kann mit einem Mikrovoltmeter direkt gemessen werden.

Auswertung/Erklärung

In der Thermosäule erfolgt infolge der Wärmestrahlung, die von der Probe ausgeht, eine Veränderung der Thermospannung ΔU, die proportional zur Strahlungsleistung P der strahlenden Oberfläche ist. Der Zusammenhang zwischen P und der Temperatur T ist nach dem Stefan-Boltzmann-Gesetz: $P \sim T^4$, also gilt auch: $\Delta U \sim T^4$. Um aus den Spannungswerten die Temperatur zu bestimmen, werden zwei Kalibrierungsmessungen benötigt, bei denen die Probentemperatur mit dem Flüssigkeitsthermometer bestimmt wurde. Damit kann eine Gerade im T^4 - U - Diagramm eingezeichnet werden (Abb. 2).

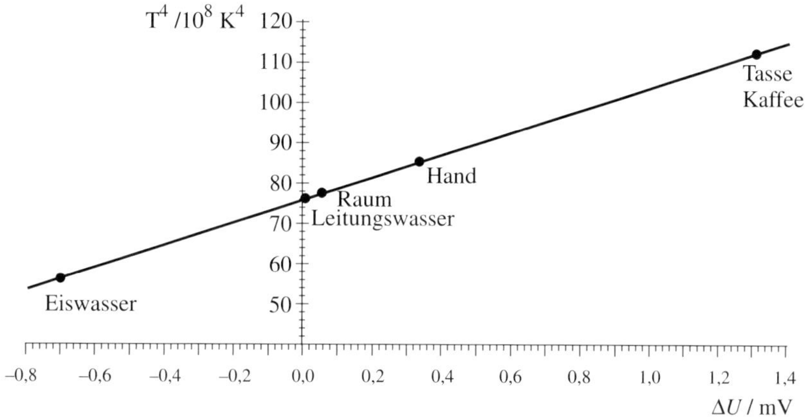

Abb. 2: Zusammenhang zwischen Temperatur und Thermospannung

Anhand der eingezeichneten Gerade können nun auch die anderen Temperaturwerte bestimmt werden:

Probe	**Eiswasser**	**Leitungs-wasser**	**Tasse Kaffee**	**Hand**	**Glühlampe 60 W**	**Glühlampe mit Alufolie**	**Raum**
***T* / °C**	0	22	53	30	232	23	23

Variation

Wenn man genauere Ergebnisse erhalten will, müssen die Probentemperaturen entsprechend dem jeweiligen Emissionsgrad der Oberfläche korrigiert werden (vgl. Versuch Nr. 65 "Ohrthermometer I: Wärmestrahlung").

Methodischer Einsatz

Die Schüler und Schülerinnen können selbst entscheiden, welche Proben zur Temperaturmessung verwendet werden und sie können nach Möglichkeit die Messung auch selbst durchführen.

67. Phototrope Gläser

Klassenstufe	Oberthemen	Unterthemen	Anforderungs-niveau	Durchführungs-niveau	Vorlauf Vorbereitung Durchführung
SII	Atome/Quanten	Absorption	●●●	■	1 Woche 10 Minuten ca. 30 min.

Phototrope Brillengläser sind Gläser, die sich bei Sonnenstrahlung verfärben.

Materialien

- Phototrope Brillengläser
- verschiedene Lampen (Infrarotlampe, UV-Lampe, starkes Blitzlicht, ...)

Abb. 1: Brille mit phototropen Gläsern, das rechte Glas wurde dem Sonnenlicht ausgesetzt, das linke verdeckt

Durchführung

Nacheinander wird die Brille mit den verschiedenen Lampen bestrahlt. Man erkennt, daß die Verfärbung von dem UV-Anteil der Lampen abhängig ist.

Erklärung

Phototrope Gläser[1] bestehen aus einer Glasbasismischung aus Boroxid, angereichert mit 0,1 bis 1 Masseprozent Silber, Chlor und Brom. Um die Reaktionsgeschwindigkeit des Farbwechsels zu erhöhen, können Kupferionen zugegeben werden. Das Silber und das Kupfer werden in Form von Nitraten oder Chloriden beigemengt.

Zur Herstellung werden die Bestandteile gemischt und auf 1200° C erhitzt, so daß eine sirupartige homogene Flüssigkeit entsteht. Beim Abkühlen lagert sich das Bor in der Glasstruktur anders an, d. h. die Löslichkeit der im Glas gelösten Halogenide verringert sich, sie treten aus der festen Lösung aus und reagieren mit den Edelmetallverbindungen. Es werden Silberhalogenid-Kristalle ausgeschieden, die in kleinen Mengen Kupfer enthalten. Die abgeschiedenen Kristallite haben einen Durchmesser von ungefähr 10 nm und sind deshalb zu klein, um sichtbares Licht zu streuen oder zu absorbieren. Das Glas bleibt nahezu transparent und farblos. Wird das Glas allerdings mit UV-Licht bestrahlt, so können die Kristallite dieses Licht absorbieren.

Bei UV-Bestrahlung wandern Elektronen der Kupferionen zu den Silberionen, die eine positive Ladung tragen und über Ionenbindung an negativen Halogenidionen gebunden sind. Mehrere hundert bis Tausend dieser nun neutralen Silberatome schließen sich zu kleinen Silbermetall-Körnchen zusammen. Diese sind zwar immer noch zu klein, um sichtbares Licht zu streuen, aber sie können es

[1] In der englischsprachigen Literatur auch photochrom genannt (vgl. Spektrum der Wissenschaft - Digest: Moderne Werkstoffe).

absorbieren. Die Absorptionswellenlänge ist abhängig von der Größe der Körnchen. Da die Körnchen unterschiedliche Größen und Formen besitzen, wird Licht aus einem breiten Wellenlängenbereich entsprechend gut absorbiert (Abb. 2 und 3 sowie 5).
Die Dunkelfärbung des Glases macht den beschriebenen Vorgang deutlich. Beim reversiblen Vorgang, ohne weitere Bestrahlung, wandern die Elektronen vom Silber wieder zurück zu den Kupferionen, d. h. metallische Silberkörnchen werden wieder zu Silberhalogeniden. Das Glas wird wieder transparenter. Dieser Vorgang ist beliebig oft wiederholbar (Abb. 4).

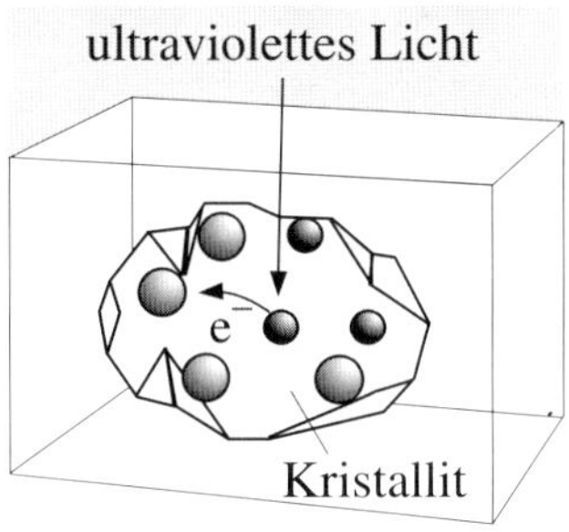

Abb. 2: Gleichmäßig im Glas verteilt befinden sich Kristalle aus mit Kupfer dotiertem Silberhalogenid; ein Silber-Ion nimmt das bei UV-Bestrahlung von einem Kupfer-Ion abgebene Elektron (e^-) auf

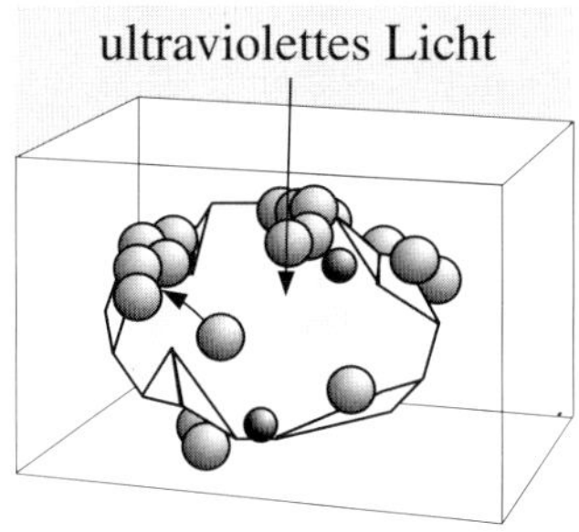

Abb. 3: Die durch Elektronenaufnahme neutralisierten Silberatome lagern sich zu Körnchen zusammen, die sichtbares Licht absorbieren und so das Glas dunkel färben

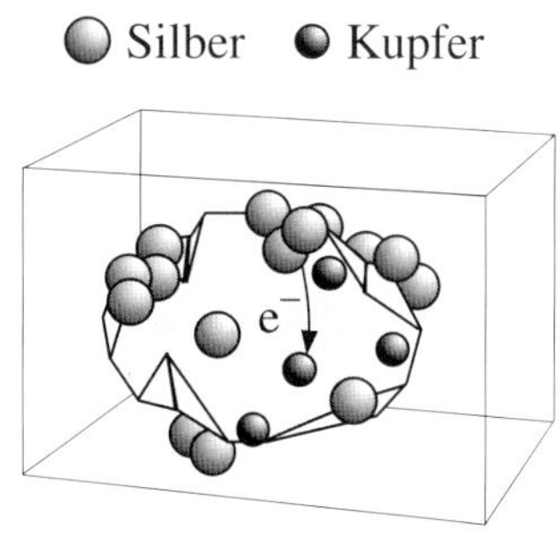

Abb. 4: Nach Ende der Bestrahlung erhält das Kupfer sein Elektron zurück, und die Silberkörnchen verwandeln sich wieder in nicht-absorbierende Silberhalogenid-Kristallite; das Glas wird klar

Variationen
An sonnigen Tagen ist bei direkter Sonnenbestrahlung die Dunkelfärbung der Gläser besonders eindrucksvoll zu erkennen. Zu Vergleichszwecken kann die Zimmerbeleuchtung zur Demonstration einer Lichtquelle geringeren UV-Anteils verwendet werden. Ferner sind Experimente an sonnigen Tagen mit diffusem Sonnenlicht, an nebligen oder an bewölkten Tagen denkbar.
In der Orientierungsstufe können Buchstaben oder Figuren aus Papier ausgeschnitten und auf die phototropen Brillengläser gelegt werden. Durch ein starkes Blitzlicht oder durch die Sonnenstrahlung färben sich die nicht abgedeckten Stellen des Glases. Um scharfe Ränder zwischen den getönten und nicht getönten Stellen des Glases zu erhalten, müssen die ausgeschnittenen Objekte gut haften.
Mißt man die durch das Brillenglas durchgelassene Lichtintensität mit Photodiode und angeschlossenem Interface, so kann die Aufhellung in Abhängigkeit von der Zeit registriert werden.

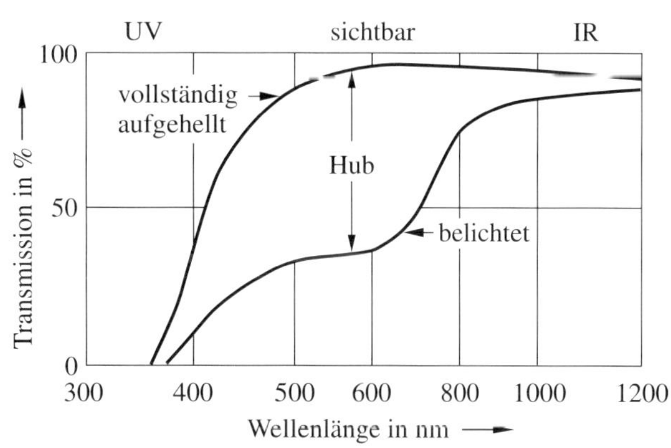

Abb. 5: Transmissionsverhalten von belichteten und aufgehellten phototropen Gläsern: der Hub entspricht der Verdunkelung durch Absorption[2]

Methodischer Einsatz
Im Schulunterricht gibt es wenige Versuche zur Atomphysik, bei denen die Schüler und Schülerinnen selbständig experimentieren können. Durch dieses Experiment werden Konsequenzen demonstriert, die sich aus den diskreten Energiezuständen innerhalb des Atoms ergeben.

[2] H. G. Pfaender: Schott-Glaslexikon, Moderne Verlags GmbH (mvg), München 1980.

68. Piezozünder

Klassenstufe	Oberthemen	Unterthemen	Anforderungs-niveau	Durchführungs-niveau	Vorlauf Vorbereitung Durchführung
SI, SII	Elektrik	Piezoeffekt Hochspannung	●●	■ !	1 Woche ca. 10 min. ca. 15 min.

Mittels eines Piezozünders soll der Funkenüberschlag gezeigt werden. Anschließend wird mittels eines eigens dafür geeichten Elektroskops die Spannung des beobachteten Phänomens gemessen.

Materialien

- Voltmeter
- Elektroskop
- 4 Kabel (20 cm lang)
- 2 Isolierhalterungen
- 2 Krokodilklemmen
- Piezozünder (z. B. aus Gasdurchlauferhitzer oder für 30-40 DM beim Sanitär-Heizungshändler), alternativ: piezokeramisches Zündelement 13 kV (Elektronik-Versandhandel)
- 2 Hochspannungskabel
- 2 Tonnenfüße
- Meßverstärker
- Schraubstock
- 2 Nägel (75 mm lang)

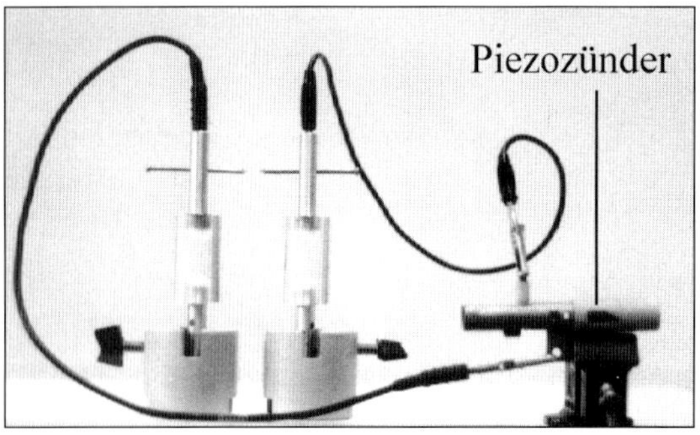

Abb. 1: Gesamtansicht des Versuchs

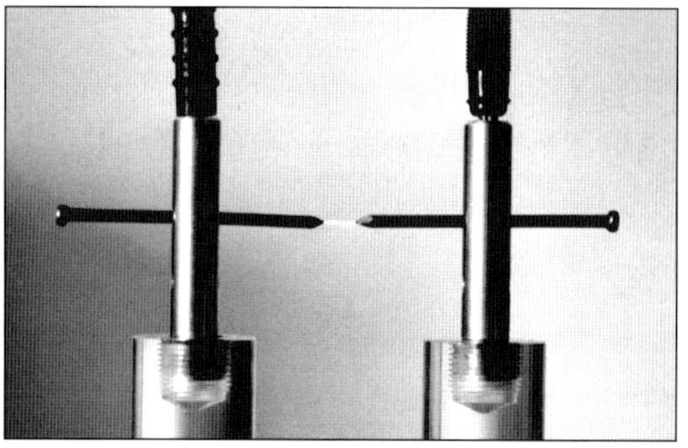

Abb. 2: Funkenüberschlag zwischen Nägeln

Vorbereitung

Der Piezozünder wird mittels eines Schraubstocks am Tisch so befestigt, daß man ihn noch betätigen kann. Danach verbindet man ihn über zwei Hochspannungskabel mit den Nägeln, die an den isolierten Stäben befestigt sind (Abb. 1). Mit den Krokodilklemmen kann man versuchen, die Kabel direkt am Piezozünder zu befestigen. Es sollte darauf geachtet werden, daß sich die Spitzen der Nägel auf gleicher Höhe gegenüberstehen (Abb. 2).
Bei der späteren Spannungs- bzw. Ladungsmessung verbindet man den Piezozünder anstelle der Nägel mit dem Elektroskop. Um die Eichung des Elektroskops zu realisieren, sollte man sich aus Papier einen ca. 1 cm breiten Kreisring ausschneiden, den man dann mit Tesafilm am Elektroskop befestigt (Abb. 3).

Durchführung

Ein Funke läßt sich erzeugen, indem man einfach den Piezozünder drückt. *Man sollte beim Drücken nicht abrutschen oder die Enden der Hochspannungskabel berühren.* Variiert man den Abstand der beiden Nagelspitzen, so kann man zeigen, daß der Überschlag ab einer bestimmten Strecke (hier ca. 9 mm) nicht mehr möglich ist.

Um die Spannungsmessung durchzuführen, muß man das Elektroskop mittels eines Hochspannungsnetzgerätes eichen. *Auch hier gilt es, den Kontakt mit nichtisolierten Teilen zu vermeiden.* Das Hochspannungsnetzgerät wird mit dem Elektroskop verbunden. Die Spannung wird in bestimmten Schritten bis ca. 5 kV erhöht. Die jeweils angezeigten Ausschläge des Elektroskops werden mit ihrem Wert auf dem Papierkreisring vermerkt.
Anschließend verbindet man wieder das Elektroskop mit dem Piezozünder und erzeugt durch Drücken einen Ausschlag. Dieser Ausschlag kann als Spannungswert abgelesen werden. Hier wurde eine Spannung von ca. 2 kV gemessen.

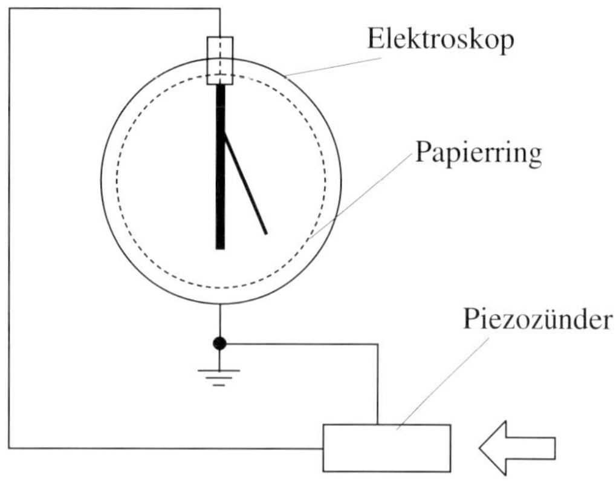

Abb. 3: Aufbau mit Elektroskop

Erklärung/Funktionsweise
Grundlegend gilt, daß man durch mechanische Deformation eines Piezokristalls eine Ladungsumverteilung erzielt. Der zeitliche Verlauf der Spannung kann mit einem Speicheroszilloskop sichtbar gemacht werden. Maximal wird die Spannung (der Spannungsausschlag) dann, wenn man einen kurzen, aber kräftigen Impuls auf den Piezokristall einwirken läßt.
Der Impuls oder Schlag auf den Piezokristall erfolgt im Piezozünder durch das Vorspannen einer Feder, die ab einem bestimmten Druck schnell entspannt wird und dann einen Bolzen auf den Kristall beschleunigt.

Variation
Der obige Versuch kann auch hinsichtlich der Ladungsmessung abgewandelt werden. Wie bei der Spannungsmessung, so wird auch hierbei das Elektroskop aufgeladen. Anschließend entlädt man es, indem man die Ladung über einen Meßverstärker abfließen läßt. Dieser registriert den Ausschlag ballistisch, im vorliegenden Beispiel wurden Ladungen von $0{,}15 \cdot 10^{-8}$ As bzw. C gemessen.

Abschätzung
Die Schüler und Schülerinnen sollten abschätzen, wieviele Elektronen an dem Spannungsüberschlag beteiligt sind. Bei einer Ladung von $0{,}15 \cdot 10^{-8}$ C handelt es sich um $9{,}36 \cdot 10^{9}$ Elektronen
($1\,\mathrm{C} \triangleq 6{,}24 \cdot 10^{18}\,e^{-}$).

Methodischer Einsatz
Dieser Versuch eignet sich wegen der Darstellung des Funkenüberschlags zur Motivation. Um die Analogie zum Feuerzeug herzustellen, kann ein Bunsenbrenner so zwischen den Nägeln plaziert werden, daß sich die Flamme beim Drücken des Piezozünders entzündet.
Desweiteren lassen sich Möglichkeiten der Spannungs- und Ladungsmessung anschaulich demonstrieren. Wichtige Hinweise, was den Umgang mit Hochspannungen betrifft, lassen sich vermitteln. Letztendlich ist es mit diesem Versuch auch möglich, den Schülern und Schülerinnen zu zeigen, wie man ein einfaches Gerät eichen kann, damit es als Meßinstrument dient. Auch Ablesefehler lassen sich in diesem Zusammenhang diskutieren.
Der Versuch sollte aus Sicherheitsgründen nur von Lehrer bzw. Lehrerin durchgeführt werden.

69. Polarisationsfilter

Klassenstufe	Oberthemen	Unterthemen	Anforderungsniveau	Durchführungsniveau	Vorlauf Vorbereitung Durchführung
SI, SII	Optik	Polarisation	●●●	■	1 Tag - ca. 10-20 min.

Mit Hilfe von Polarisationsfiltern soll unpolarisiertes Licht auf seine Polarisierbarkeit untersucht werden.

Materialien

- 2 Polarisationsfilter[1], z. B. in speziellen Sonnenbrillen

Abb. 1: Polarisationsfilter gekreuzt

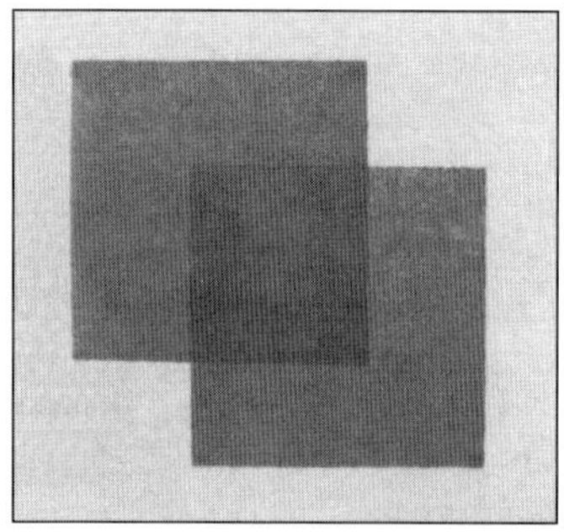

Abb. 2: Polarisationsfilter parallel

Durchführung

1. Teilexperiment

Versucht man, unter einem Winkel, der in der Nähe des Brewster-Winkels liegt, in die Fenster eines Hauses zu blicken, kann man vom Inneren des Raumes nichts mehr erkennen, weil sich die hellere Umgebung in dem Fensterglas spiegelt. Hält man jetzt ein Polarisationsfilter zwischen Auge und Fenster, so ändert sich je nach Stellung des Filters die Sicht durch die Glasscheibe. Bei einer bestimmten Stellung des Polarisationsfilters erkennt man keinen Unterschied, wird der Filter dann um 90 Grad in seiner Ebene gedreht, kann man in das Innere des Raumes blicken, ohne daß störende Reflexe die Sicht behindern. Eindrucksvoll läßt sich dies vor Schaufenstern demonstrieren. Genauso ist es möglich, mit Hilfe eines Polarisationsfilters auf den Grund einer Pfütze oder eines Sees zu schauen (Abb. 3).

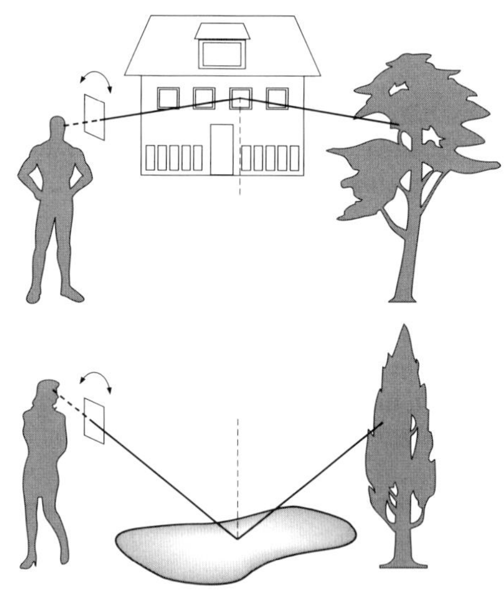

Abb. 3: Reflexion an Fensterscheibe und Wasseroberfläche

2. Teilexperiment

Den Schülern und Schülerinnen - durch ein Polarisationsfilter auf ein Objekt blickend - fällt auf, daß ihre Umgebung dunkler erscheint und je nach dessen

[1] Erhältlich bei Lehrmittelfirmen oder bei Stark-Verlag (Physik-Boutique), D-85318 Freising (http://www.stark-verlag.de).

Orientierung keine Spiegelungen auftreten. Bringt man einen zweiten Filter (Analysator) zwischen Auge und Objekt, so verschwindet, je nach Stellung der Filter zueinander, der zu beobachtenden Gegenstand; das Blickfeld wird vollkommen schwarz.

Beschreibung/Erklärung

Polarisationsfilter lassen nur diejenigen Komponenten des Schwingungsvektors $\vec{E}$ einer Lichtwelle hindurchtreten, die parallel zur Transmissionsrichtung des Filters verläuft. Polarisationsfolien bestehen i. w. aus langgezogenen, parallel angeordneten Kohlenstoffwasserstoffketten. Ein derartiger Polarisationsfilter kann mit einem Stabgitter verglichen werden. Fällt unpolarisiertes Licht auf ein solches Gitter, dann induziert der elektrische Feldvektor, der parallel zu den Ketten schwingt, Verschiebungen der Elektronendichte in den Ketten. Lichtenergie in dieser Richtung wird absorbiert, Licht senkrecht dazu wird transmittiert.

1. Teilexperiment
Bei diesem Experiment nutzt man den Effekt der Polarisation durch Reflexion (Brewster-Gesetz). Beim sog. Brewster-Winkel α sind reflektiertes und gebrochenes Licht senkrecht zueinander linear polarisiert. Der Winkel α hängt ab von den Brechungsindizes n der beteiligten Medien:

$$\tan\alpha = \frac{n_2}{n_1}$$

Blickt man unter dem Brewster-Winkel auf eine Glasscheibe oder eine Wasseroberfläche, so ist aufgrund der Helligkeitsverhältnisse praktisch nur das reflektierte Licht sichtbar. Das reflektierte Licht läßt sich wegen seiner Polarisation herausfiltern, so daß nun das Innere des Raumes hinter der Scheibe bzw. der Boden einer Pfütze sichtbar wird.

2. Teilexperiment
Sind Polarisator und Analysator (= der zweite Polarisationsfilter) senkrecht zueinander orientiert, so gelangt praktisch kein Licht mehr zum Beobachter: Der Polarisator filtert Licht einer Polarisationsebene heraus; je nach Stellung des Analysators gelangt von diesem Licht ein bestimmter Anteil durch diesen hindurch.

Variationsmöglichkeit

Die Abhängigkeit der Lichtintensität I von der Stellung zweier Polarisationsfilter zueinander wird mit einem Luxmeter gemessen. Sie verhält sich wegen $I \sim E^2$ wie $\cos^2 \varphi$, wenn φ der Winkel zwischen den Transmissionsrichtungen der beiden Filter darstellt (Abb. 4).[2]

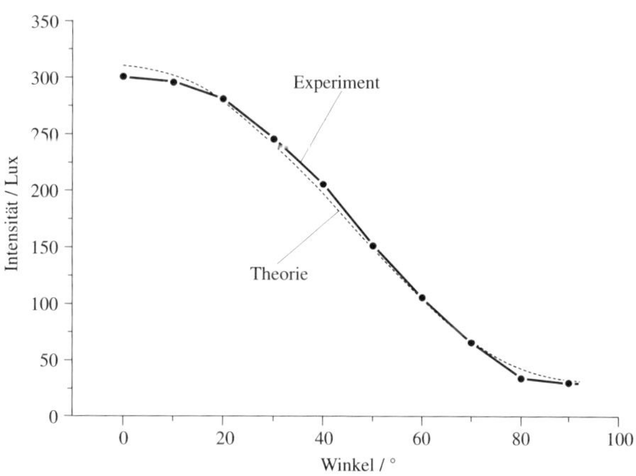

Abb. 4: Transmittierte Intensität als Funktion des Winkels zwischen zwei Transmissionsrichtungen

Ausblick

Der Hinweis, daß Bienen und Ameisen das durch die Atmosphäre polarisierte Licht der Sonne ausnutzen, um sich zu orientieren, schafft eine Verbindung zur Biologie.
Polarisationsfilter werden im Sport benutzt, wenn reflektierende Lichtstrahlen unterdrückt werden sollen. Aber auch in der Photographie, wenn Reflexionen an Gegenständen die Qualität des Photos beeinträchtigen, zur Schönung von Photos (Reisekataloge) und zum Hervorheben von Farben (Blätter, Meer).

[2] Vgl.: W. Kuhn (Hrsg.): Handbuch der experimentellen Physik - Sekundarbereich II, Band 4/I: Optik, Aulis Verlag Deubner, Köln 1992.

70. Pulsmesser: Reflexionsverfahren

Klassenstufe	Oberthemen	Unterthemen	Anforderungsniveau	Durchführungsniveau	Vorlauf Vorbereitung Durchführung
SI	Optik Elektronik	IR-Strahlung Reflexion Photohalbleiter	●●	■■	1 Woche ca. 30 min. ca. 5 min.

Es soll die Funktionsweise eines Pulsmessers nach dem Reflexionsverfahren[1] (Infrarotlicht) anhand des Nachbaus verständlich werden.

Materialien

- Infrarot-LED LD 242
- Phototransistor TIL 78
- Speicheroszilloskop (oder Interface mit PC)
- Widerstand 4,7 kΩ
- Spannungsverstärker
- Holzstück (ca. 8 cm x 2 cm x 2 cm)
- Batterieleiste 4,5 V
- Kondensator 1 µF
- Widerstand 220 Ω

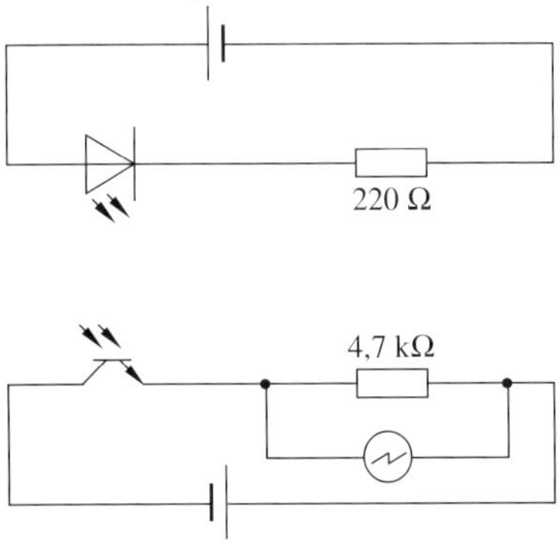

Abb. 1: Schaltskizze des Aufbaus

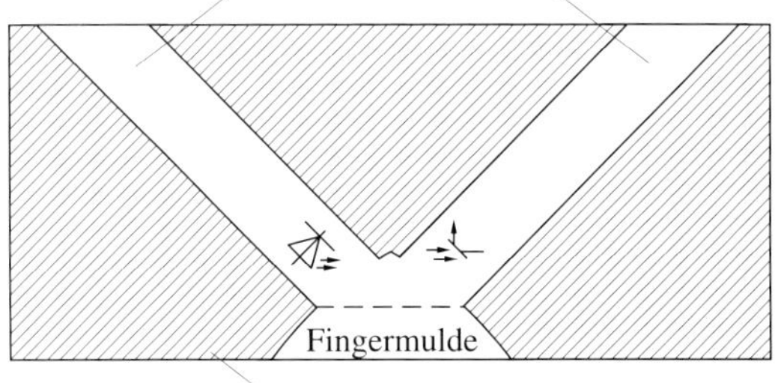

Abb. 2: Modell im Querschnitt

Vorbereitung

Zunächst wird das Gehäuse des Pulsmessers aus einem Holzstück erstellt. Das Holzstück sollte so groß sein, daß eine IR-Diode und ein Phototransistor darin untergebracht werden können. Holzabfälle, die dazu benötigt werden, sind in jeder Schreinerei erhältlich. Um eine feste Position des Fingers während der Pulsmessung zu ermöglichen, wird dort, wo später der Finger liegen soll, eine Mulde in das Holz gesägt (siehe Abb. 2). Die Fingermulde kann mit einer Laubsäge oder einer Stichsäge erstellt werden. An die IR-Diode und an den Phototransistor werden Kabel gelötet, die am anderen Ende mit Bananensteckern versehen werden, damit die Schaltung besser auf einem Steckbrett aufgebaut werden kann. Um die elektronischen Bauteile in das Holzstück einzufügen, werden zwei Löcher (hier für die IR-Diode d = 6 mm und für den Phototransistor d = 4 mm) in einem Winkel von etwa 45° gebohrt, in die dann die mit Klebeband umwickelten Bauteile hineingesteckt und mit Kleber fixiert werden. Wichtig ist hierbei, daß die Löcher mittig in der erstellten Fingermulde sind und sich in einem Abstand von ungefähr 3 mm befinden, damit die Strahlung möglichst gut im Finger reflektiert wird. Nun können die Bauteile wie in Abb. 1 geschaltet werden und der selbstge-

[1] Analog dem Pulsmesser der Firma Dynavit, Liebigstraße 13, D-67661 Kaiserslautern. Die Firma Dynavit hat uns freundlicherweise ein derartiges Gerät zu Testzwecken ausgeliehen.

baute Pulsmesser (siehe Abb. 3 unten) ist einsatzbereit. Um später ein besseres Signal am Oszilloskop zu erhalten, können noch ein Verstärker und zur Filterung ein Kondensator (100 µF), der parallel zum Widerstand geschaltet wird, verwendet werden.

Durchführung/Ergebnis

Es wird ein Finger in die Fingermulde des Pulsmessers gelegt. Die Spannung, die mit dem Oszilloskop gemessen wird, steigt zunächst stark an. Nun wird der Punkt auf dem Oszilloskop so eingestellt, daß er etwa in der Mitte des Schirms ist. Durch den Puls und der damit unterschiedlichen Reflexion der Strahlung treten periodische Schwankungen der Spannung auf, die bei genügend empfindlicher Einstellung am Oszilloskop beobachtet werden können. Mit Hilfe des Verstärkers und der Amplitudeneinstellung am Oszilloskop läßt sich ein deutliches Bild auf dem Schirm erzeugen. Es sind einzelne Spannungsspitzen (Peaks) zu sehen, die periodisch korreliert mit dem Pulsschlag auftreten (siehe Abb. 4). Um zu prüfen, ob die Peaks zur Zeit des Pulsschlags auftreten, kann der Puls gleichzeitig mit der Hand gefühlt werden.

Versuchserklärung/Auswertung

Bei der Systole befindet sich vermehrt Blut in den Adern, wodurch die Strahlung der IR-Diode (Wellenlänge ca. 950 nm) verstärkt reflektiert wird und am Widerstand, der in Reihe zum Phototransistor geschaltet ist, eine erhöhte Spannung gemessen wird. Zum Zeitpunkt der Diastole befindet sich weniger Blut in den Adern und es wird eine entsprechend geringere Spannung gemessen. In Abb. 4 ist der zeitliche Verlauf der Spannung von mehreren Pulsschlägen gezeigt.

Indem der mittlere Abstand der Maxima bestimmt wird, kann die Pulsfrequenz errechnet werden (hier etwa 64 Pulsschläge/Minute).

Bei der Messung ist allerdings zu beachten, daß der Puls des Menschen nicht konstant ist, sondern von der Aktivität des Körpers abhängt.

Abb. 3: Pulsmesser der Firma Dynavit (oben) und Modell (unten); jeweils mit Phototransistor (links) und Infrarotdiode (rechts)

Tip

Falls kein Signal auf dem Oszilloskop bei der Messung am Finger auftaucht, kann dies daran liegen, daß der Finger zu fest gegen das Holz gedrückt wird. Um ein möglichst starkes Signal zu erhalten, sollte sich der Finger, an dem der Puls gemessen wird, unterhalb des Herzens befinden, da er dann etwas stärker durchblutet wird (höherer Druck).

Variation

Es kann auch ein normales Oszilloskop benutzt werden, wobei bei diesem allerdings die Ausschläge des auf dem Bildschirm befindlichen Punktes pro Zeit gezählt werden oder photographisch aufgenommen werden müssen. Andererseits kann auch der Computer mit entsprechendem Interface als Speicheroszilloskop dienen.

Durch Messen des Pulses während Belastungsphasen, Ruhepausen oder Störungen kann dieses Experiment weiter variiert werden und mehr biologischen Fragestellungen nachgegangen werden.

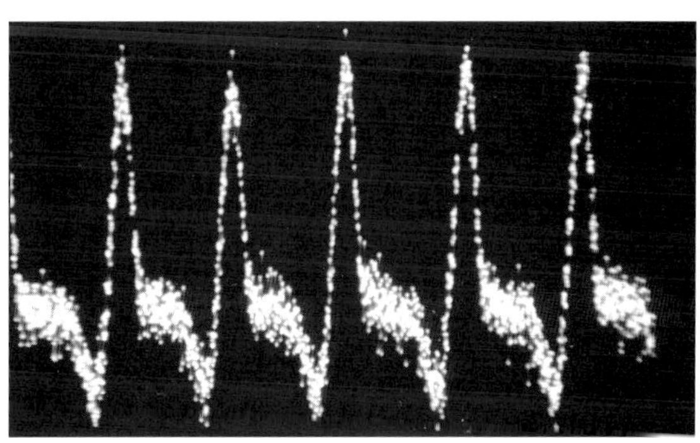

Abb. 4: Zeitlicher Verlauf der Spannung am Widerstand

71. Radarpistole

Klassenstufe	Oberthemen	Unterthemen	Anforderungs-niveau	Durchführungs-niveau	Vorlauf Vorbereitung Durchführung
SII	Schwingungen und Wellen	Dopplereffekt Ultraschall	●●	■	- ca. 10 min. ca. 15 min.

Am Modell einer Radarpistole wird die Geschwindigkeitsmessung mittels Dopplereffekt demonstriert.

Materialien

- Ultraschallsystem der Firma Conatex (Best.-Nr. CL 5004)
- PHYWE-Motorwagen (Nr. 11061.00)
- Metallplatte als Reflexionsfläche (ca. 10 cm x 15 cm)
- Netzgerät 0 ... 12 V – stabilisiert für Ultraschallempfänger
- Digitalzähler

Vorbereitung

Zur Durchführung dieses Experiments wird der "Ultraschallwandler für Schülerübungen" der Firma Conatex verwendet, da er den herkömmlichen Ultraschallgeräten der Schulsammlung in Meßgenauigkeit und Bedienungsfreundlichkeit deutlich überlegen ist.

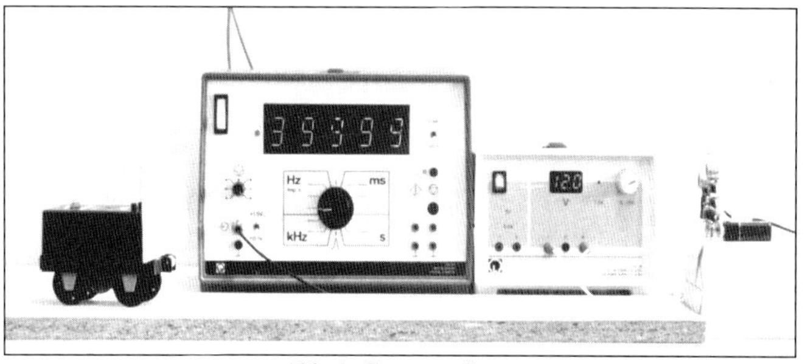
Abb. 1: Gesamtaufbau

Als zu messendes Objekt eignet sich der batteriebetriebene PHYWE-Motorwagen sehr gut, bei dem sich verschiedene, konstante Geschwindigkeiten einstellen lassen. An der Front dieses Wagens wird als Reflexionsfläche eine Metallplatte mittels doppelseitigem Klebeband angebracht.

Der verwendete Ultraschallsender wird durch eine 9 V Batterie betrieben, die einfach auf die auf der Platine angebrachten Anschlüsse gesteckt wird. Der Ultraschallempfänger wird zum Betrieb an eine 12 V Gleichspannungsquelle angeschlossen. Zur Messung der Frequenz muß der Ausgang an einen Digitalzähler gelegt werden.

Abb. 2: Sender (rechts) und Empfänger (links) von Conatex

Durchführung

Zu Beginn des Versuchs wird die Ultraschallfrequenz f_Q der verwendeten Quelle bestimmt. Diese beträgt $f_Q = 40000$ Hz $\pm$ 1 Hz. Nun stellt man eine Geschwindigkeit am Motorwagen ein und läßt den Wagen mit diesem konstanten Tempo auf das Ultraschallsystem zufahren, dabei wird die empfangene Frequenz mit dem Digitalzähler gemessen. Bewegt sich der Reflektor auf das Sender-Empfänger-System zu, kommt es zu einer Frequenzerhöhung. Diese läßt sich auf Grund der frequenzstabilen Ultraschallsensoren sehr genau bestimmen. Aus der gemessenen Frequenzverschiebung Δf und der Kenntnis der Schallgeschwindigkeit c läßt sich nun nach folgender Formel die Geschwindigkeit des Reflektors v_R bestimmen:

$$v_R = \frac{\Delta f \cdot c}{2 f_Q}$$

Funktionsweise
Es handelt sich hierbei um einen zweifachen Dopplereffekt, der im folgenden in vier Schritten formal gelöst werden soll. 1. Sendet eine ruhende Schallquelle Q eine Welle der Frequenz f_Q aus, so trifft auf einen Reflektor, der sich mit der Geschwindigkeit v_R auf die Quelle zubewegt, eine Welle der Frequenz

$$f_R = f_Q(1+\frac{v_R}{c})$$

auf. 2. Die reflektierte Welle erfährt ebenfalls eine Dopplerverschiebung, da der Reflektor für diese Welle als bewegte Quelle betrachtet werden kann. Ein ruhender Beobachter nimmt daher eine reflektierte Welle der Frequenz

$$f_B = \frac{f_R}{1-\frac{v_R}{c}}$$

war. Ersetzt man hierin f_R, so ergibt sich zwischen der vom Beobachter wahrgenommenen Frequenz f_B und der Frequenz der Quelle f_Q exakt folgender Zusammenhang

$$f_B = f_Q\frac{1+\frac{v_R}{c}}{1-\frac{v_R}{c}}.$$

3. Da sich diese Gleichung nicht einfach nach v_R auflösen läßt, führt man eine Reihenentwicklung durch:

$$f_B = f_Q\left[1+2\frac{v_R}{c}+2\left(\frac{v_R}{c}\right)^2+\ldots\right]$$

4. Da v_R deutlich kleiner ist als c, können höhere Terme in $\frac{v_R}{c}$ vernachlässigt werden, so daß die obige Gleichung durch

$$f_B = f_Q\left(1+\frac{2v_R}{c}\right)$$

sehr gut angenähert werden kann.

Hinweis
Beträgt der Abstand zwischen Ultraschallsender und Wagen mehr als 1 m, so kommt es durch Streuung oder Reflexion des Ultraschalls an Gegenständen der Umgebung zu scheinbaren Intensitätsverlusten und Frequenzverschiebungen, so daß das vom Empfänger wahrgenommene Signal nicht mehr der Dopplerverschiebung durch das Fahrzeug entspricht. Um derartige Fehlmessungen zu vermeiden, empfiehlt es sich, die Dopplerverschiebung für jede Geschwindigkeitsstufe mehrmals zu messen.

Methodischer Einsatz
Der Versuch kann sowohl als Demonstrationsexperiment und wegen seiner sicheren und einfacher Handhabung auch von Schülern und Schülerinnen durchgeführt werden. Es besteht die Möglichkeit, daß die Schüler und Schülerinnen motorgetriebene Spielzeugautos mitbringen, um deren Geschwindigkeit mit dem Modell der Radarpistole zu messen.
Führt man gleichzeitig Vergleichsmessungen nach der bekannten Weg-Zeit-Methode oder Dunkelzeitmessung durch, so läßt sich auch eine größere Schülerzahl aktiv integrieren.
Die Zusammenarbeit mit Obleuten der Verkehrserziehung an Schulen bietet sich an. Eventuell läßt sich über den ADAC oder den zuständigen Fachberater eine Radarpistole für Unterrichtszwecke ausleihen. Im Rahmen eines Projektes können verschiedene Geschwindigkeitsmeßverfahren[1] erörtert werden.

---

[1] Vgl. beispielsweise:
http://www.radarfalle.de/technik oder http://voss.fernuni-hagen.de/gebiete/thi2/mitarbeiter/speed/speed.html.
Ein weiteres interessantes Einsatzgebiet speziell des Ultraschall-Dopplereffektes ist auch die Messung der Blutfließgeschwindigkeit (Dopplersonographie)

72. Rauchmelder

Klassenstufe	Oberthemen	Unterthemen	Anforderungsniveau	Durchführungsniveau	Vorlauf Vorbereitung Durchführung
SI	Optik Elektronik	Reflexion Streuung Photohalbleiter	●●	■	1 Tag ca. 10 min. ca. 10 min.

Am Funktionsmodell eines optischen Rauchmelders[1] wird die technische Nutzung der Lichtstreuung demonstriert.

Materialien

- Holz- oder Kartonkiste
- Rauchmaterial (z. B. Räucherkerzen)
- Glühlampe mit Fassung
- Solarzelle (BPY 47) oder Photowiderstand (LDR 05)
- Multimeter (mV oder MΩ)
- Spannungsversorgung für die Lampe
- Kabel
- 2 oder 3 gleich hohe Klötze

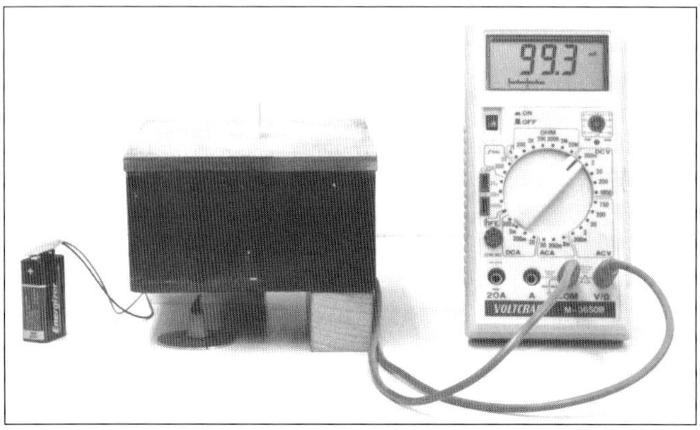

Abb. 1: Gesamtaufbau

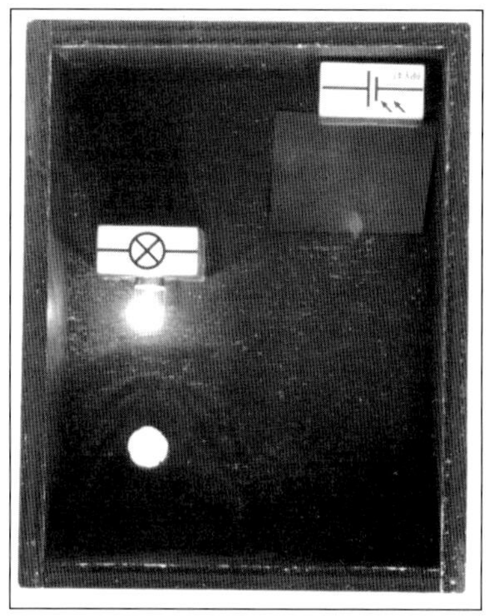

Abb. 2: Innenansicht der Kiste

Vorbereitung

Man benötigt zunächst eine kleine Kiste, die in etwa folgende Abmessungen haben sollte: l = 15 cm; b = 12 cm; h = 5 cm. Für den Fall, daß keine solche Kiste vorhanden ist, läßt sie sich sehr schnell aus Tonpapier herstellen. Dabei sollten die Seitenflächen aus Gründen der Stabilität mit Pappe verstärkt werden. Eine etwas aufwendigere Methode ist der Bau einer Kiste aus Sperrholz. Die Kiste sollte einen abnehmbaren Deckel haben und innen schwarz ausgekleidet sein, um Reflexionen durch die Wand zu minimieren. In den Boden der Kiste werden Löcher gebohrt, die zum Befestigen der Lichtquelle und des Lichtempfängers dienen. Desweiteren benötigt man eine Öffnung zum Rauch-einlaß. Zur Erzeugung des nötigen Rauchs eignen sich Räucherkerzen sehr gut. Diese sind in Drogerien oder Kaufhäusern erhältlich. Sind diese Vorarbeiten abgeschlossen, wird der Versuch wie

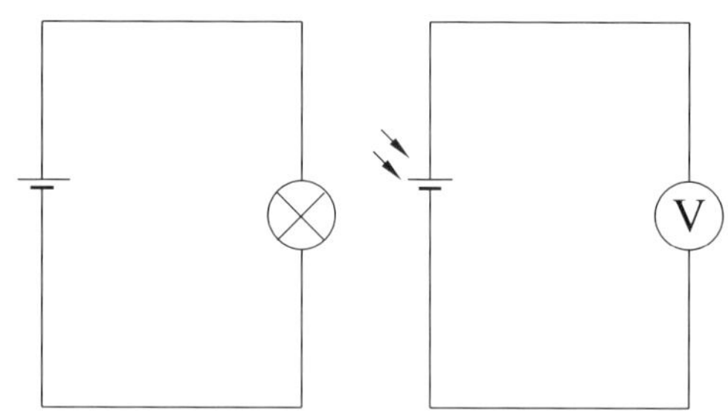

Abb. 3: Schaltskizze mit Solarzelle

[1] Nähere Informationen sind erhältlich z. B. bei Siemens AG, Martin Lutherstr. 25, D-66111 Saarbrücken, Gentex GmbH, Abtäckerstr. 40/1, D-74189 Weinsberg oder der örtlichen Feuerwehr.

folgt aufgebaut: Die Kiste wird auf Klötze gestellt, so daß das Rauchmaterial darunter Platz findet. Die Lampe und der Lichtempfänger werden in die dafür vorgesehenen Bohrungen gesteckt und an die Spannungsversorgung bzw. an das Multimeter angeschlossen. Bei Verwendung der Solarzelle als Lichtempfänger ist es ratsam, diese wegen der hohen Empfindlichkeit durch eine "Kappe" aus Tonpapier, in der sich lediglich einige Löcher befinden, vor allzuviel Lichteinfall am Beginn des Experiments zu schützen, da man sonst wegen der geringen Intensitätszunahme gegenüber der Ausgangsintensität keine überzeugenden Ergebnisse erhält.

Durchführung/Ergebnis

Je nach verwendetem Lichtempfänger liest man die Spannung bzw. den Widerstand am Multimeter ab. Anschließend wird das Rauchmaterial angezündet, und während der Rauch in die Kiste aufsteigt, beobachtet man die Multimeteranzeige. Bei Verwendung der Solarzelle erkennt man ein Anwachsen der Spannung bei Zunahme des Rauchs in der Kiste. Führt man den Versuch mit dem Photowiderstand durch, so ist ein Sinken des Widerstands zu beobachten.

Funktionsweise

Lichtquelle und Lichtempfänger sind so in der Kiste angebracht, daß nur ein geringer Anteil des Lichts der Glühlampe auf den Empfänger trifft. Gelangt nun Rauch in die Kiste, so wird das Licht an den Rauchteilchen gestreut und gelangt auf diesem Weg zum Empfänger. Deshalb erhöht sich der Lichteinfall am Empfänger bei steigendem Rauchanteil in der Kiste, und damit ändert sich das Signal des Lichtempfängers.

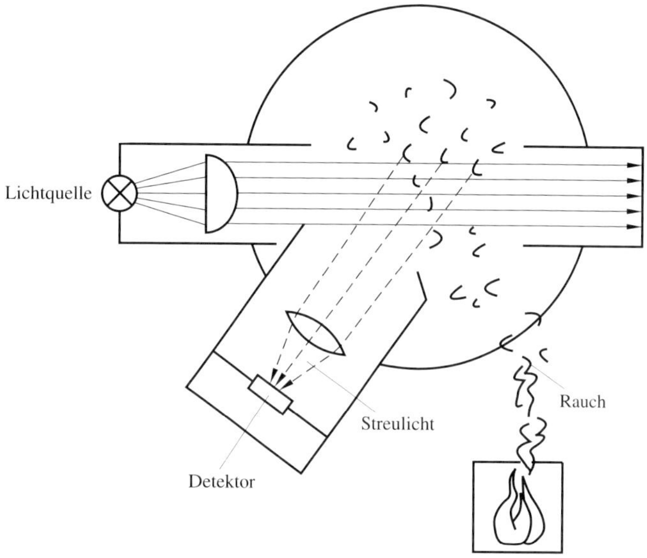

Abb. 4: Aufbau und Funktionsweise des optischen Rauchmelders

Variante

Eine interessante Variante ergibt sich, wenn man die Signalspannung der Solarzelle als Versorgungsspannung eines Stromkreises nutzt. Dieser Stromkreis sollte so aufgebaut sein, daß er bei einem bestimmten Schwellwert der Spannung ein optisches oder akustisches Signal gibt (Abb. 5). Damit kann die Alarmgebung ab einem gewissen Grenzwert demonstriert werden.

Methodischer Einsatz

Der Versuch bietet eine interessante Anwendung zum Thema Reflexion und Lichtstreuung im Optik-Unterricht. Darüber hinaus kann er auch bei der Behandlung von elektronischen Bauteilen wie Photowiderstand oder Solarzelle eingesetzt werden. In diesem Fall richtet sich das Augenmerk auf die Signalauswertung. Aufgrund der kostengünstigen Materialien, die verwendet werden, läßt sich der Versuch auch in Schülerselbsttätigkeit durchführen. Dabei besorgt der Lehrer bzw. die Lehrerin die nötigen Materialien (z. B. Elektronik-Versand), und die Schüler und Schülerinnen bauen sich ihren eigenen Rauchmelder.

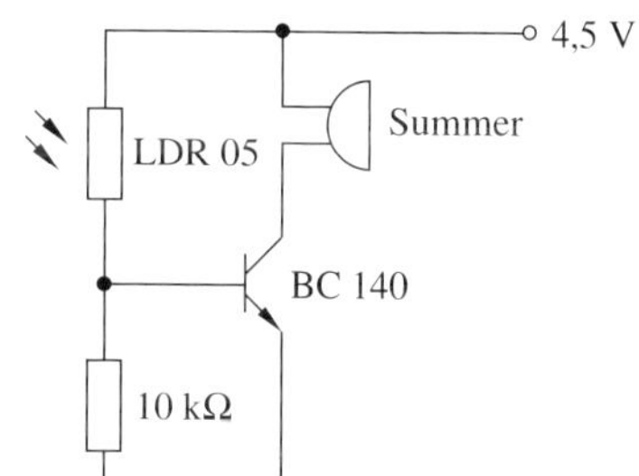

Abb. 5: Schaltskizze für Alarmauslösung mit Photowiderstand

73. Regensensor

Klassenstufe	Oberthemen	Unterthemen	Anforderungs-niveau	Durchführungs-niveau	Vorlauf Vorbereitung Durchführung
SI	Optik	Brechung Reflexion Totalreflexion	●●	■	- ca. 10 min. ca. 15 min.

Am Modell eines Regensensors soll die technische Nutzung der Totalreflexion bei der Steuerung eines Scheibenwischers gezeigt werden.

Materialien

- Magnettafel
- Lampe
- Halbkreiskörper
- Solarzelle (BPY 47) oder Phototransistor (SFH 300-III)
- Netzgerät 0 ... 12 V
- Spannungsmeßgerät
- Kabel
- Spritze oder Pipette und Wasser

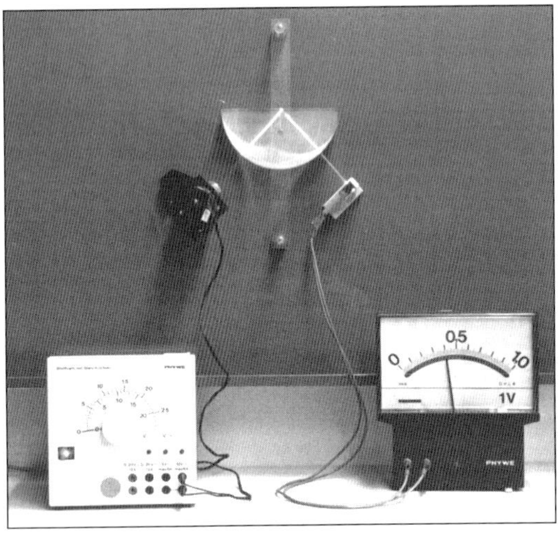

Abb. 1: Gesamtaufbau

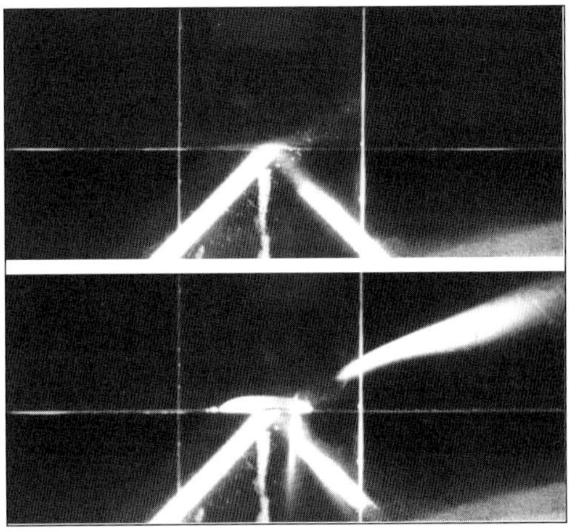
Abb. 2: Totalreflexion an der ebenen Fläche des Halbkreiskörpers (oben) und Störung der Totalreflexion durch einen Wassertropfen (unten)

Vorbereitung

Der Halbkreiskörper wird so an der Magnettafel angebracht, daß die flache Seite waagrecht liegt, so daß bei der Versuchsdurchführung hier das Wasser aufgebracht werden kann, ohne gleich abzulaufen. Anschließend wird die Lampe so an der Tafel befestigt, daß das von ihr ausgesendete Lichtbündel gerade unter dem Grenzwinkel der Totalreflexion auftrifft. Zum Schluß wird die Solarzelle zur Bestimmung der Lichtintensität des reflektierten Bündels z. B. mit doppelseitigem Klebeband an der Tafel befestigt und an ein Spannungsmeßgerät angeschlossen (Abb. 1). Zum Auftragen des Wassers eignet sich eine Plastikspritze oder eine Pipette.

Durchführung/Ergebnis

Für die Versuchsdurchführung wird der Raum abgedunkelt, damit die Solarzelle im wesentlichen die Intensität des reflektierten Lichtbündels empfängt. Die Lampe wird angeschaltet und so gewählt, daß der Strahlengang deutlich zu erkennen ist. Dann liest man die Photospannung ab. Anschließend werden an der Stelle des auftreffenden Lichtbündels einige Wassertropfen auf den Halbkreiskörper geträufelt, und man beobachtet dabei die Spannungsanzeige. Mit zunehmender Wassermenge stellt man eine Abnahme der Spannung fest. Durch Aufsaugen des Wassers mit einem Küchentuch läßt sich die Umkehrung, das Anwachsen der Spannung bei Abnahme der Wassermenge, demonstrieren. Mitunter gelingt es auch, das aus dem Wassertropfen austretende Lichtbündel darzustellen (Abb. 2 unten).

Funktionsweise

Solange sich kein Wasser auf dem Halbkreiskörper befindet, findet am Übergang Glas - Luft Totalreflexion statt (Abb. 2 und 3 oben), und somit trifft die gesamte Lichtintensität auf die Solarzelle. Da der Grenzwinkel der Totalreflexion vom Medienübergang (Brechungsindizes) abhängig ist, erhält man bei aufgetropftem Wasser keine Totalreflexion, sondern eine Aufspaltung in ein reflektiertes und ein gebrochenes Bündel (Abb. 2 und 3 unten). Da die Intensität des reflektierten Lichtbündels nur noch ein Teil der Gesamtintensität ist, sinkt die Spannung. Das schrittweise Absinken der Spannung erklärt sich durch die Breite des Lichtbündels. Erst wenn das Bündel mit der gesamten Breite auf Wasser trifft, ist das Minimum der reflektierten Intensität erreicht.
Der reale Regensensor wird innen an der Frontscheibe befestigt und arbeitet nach folgendem optoelektronischem Prinzip (Abb. 3):[1] Das Licht einer Leuchtdiode (Sendediode) wird über ein Prisma in die Scheibe eingekoppelt, darin weitergeleitet und über eine optische Ankopplung in eine Photodiode (Empfangsdiode) geführt. Die empfangene Lichtmenge hängt von der Regenintensität ab, weil Regentropfen die Totalreflexion an der Glasoberfläche zum Teil aufheben (Änderung des Brechungsindex). Ein Elektronikmodul erzeugt aus der Veränderung der Lichtmenge ein Signal zur Steuerung des Wischerbetriebs. Um Fehlinterpretationen durch Kondensationsfeuchte vorzubeugen, hält eine integrierte Heizung den Meßbereich von innen trocken.

Varianten

Abb. 4 zeigt eine Variante, bei der ein lichtabhängiger Widerstand zur Steuerung eines kleinen Solar-Motors genutzt wird.

Hinweis

Um an der Stelle, an der das Licht reflektiert wird, einen großen und gleichmäßigen Wassertropfen zu erhalten, klebt man links und rechts dieser Stelle je einen Klebestreifen auf den Halbkreiskörper auf. Das Wasser wird nun in den so entstandenen Kanal getropft. Auf Grund der Begrenzung wird ein Auseinanderlaufen des Wassers verhindert und es kann ein dicker gleichmäßiger Tropfen entstehen.

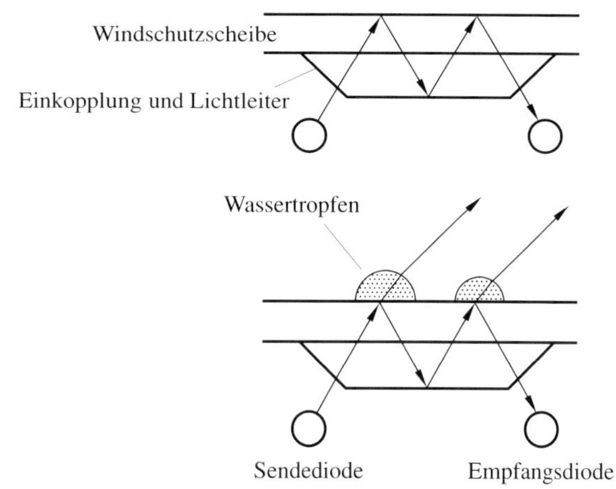

Abb. 3: Schema zur Funktionsweise des realen Sensors

Methodischer Einsatz

Der dargestellte Versuch ist vorwiegend als Demonstrationsexperiment vorgesehen. Unter Verwendung von Optik-Schülerübungskästen kann das physikalische Phänomen qualitativ durch die Schüler und Schülerinnen selbst erarbeitet werden. Die Materialien werden dabei nicht an einer Magnettafel befestigt, sondern flach auf den Tisch gelegt. Da man nun kein Wasser auf den Halbkreiskörper aufbringen kann, verwendet man eine plankonvexe Linse, die ihrer Form nach einen Wassertropfen simuliert. Um einen optischen Kontakt herzustellen, wird eine dünne Wasserschicht zwischen Linse und Halbkreiskörper gebracht.

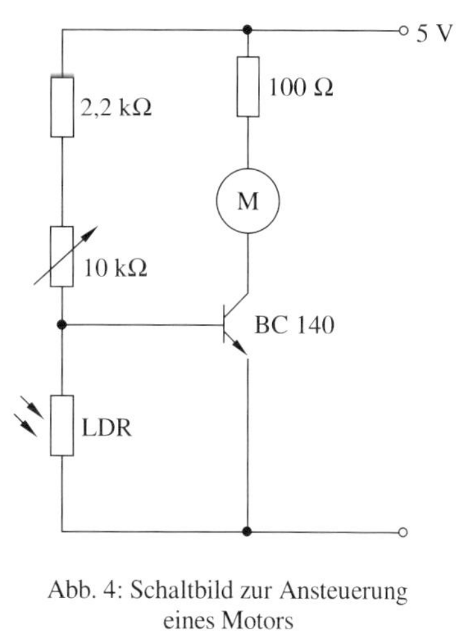

Abb. 4: Schaltbild zur Ansteuerung eines Motors

[1] Siehe: mot, 7/1996, S. 15-16.

74. Retarder: hydrodynamische Bremse

Klassenstufe	Oberthemen	Unterthemen	Anforderungs-niveau	Durchführungs-niveau	Vorlauf Vorbereitung Durchführung
SI	Arbeit und Energie	Energieumwandlung	●	■■■	Tage ca. 10 min. bis zu 45 min.

Die Funktionsweise einer hydrodynamischen Bremse (Retarder) soll anhand eines Modellversuchs demonstriert werden.

Materialien

- festes Klebeband
- Elektromotor 12 V –
- Voltmeter 0 ... 10 V –
- Digitalthermometer
- Gummiriemen
- Experimentierkabel
- 2 Lüfterräder eines Gebläses (z. B. eines Ölheizungsbrenners, ∅ 15 cm bzw. 11 cm)
- Plastikwanne zum Auffangen von Spritzwasser
- Plastikkanister (ca. 5 l)
- Aluminiumrohr (∅ 15 mm, ca. 50 cm lang)
- Stativ- und Klemmenmaterial
- Bohrmaschine mit einstellbarer Drehzahl
- Gummischlauch (∅ ca. 1 cm, ca. 1 m lang)

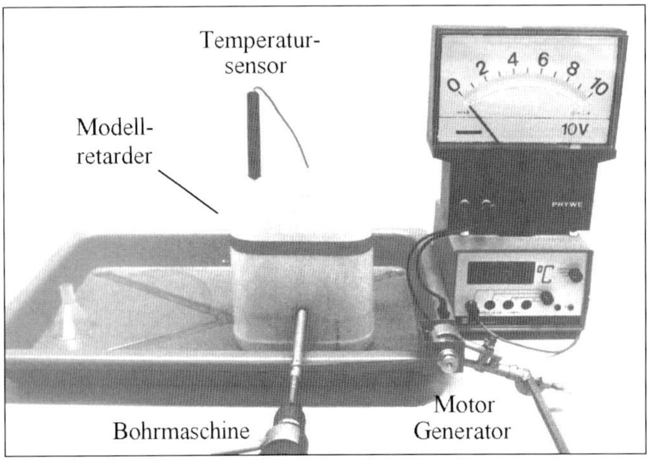

Abb. 1: Gesamtansicht des Versuchs

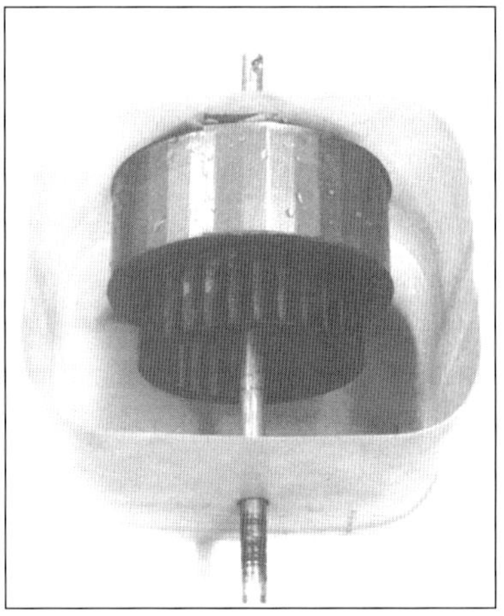

Abb. 2: Einblick in den Modellretarder, Lüfterräder auseinandergezogen (vgl. Abb. 5)

Vorbereitung

Die zentrale Komponente des Experiments, der "Modellretarder", muß zunächst hergestellt werden (Abb. 2). Dazu werden die beiden Lüfterräder im Inneren eines aufgeschnittenen Kanisters auf ein Aluminiumrohr geschoben. Das kleinere Lüfterrad wird auf der Achse fixiert, das Größere, welches vorher mit Hilfe von Klebeband radial verschlossen wurde, fest mit der Kanisterwand verbunden. Der Kanister wird nun mit einer "Füllstandsanzeige" versehen.

Dazu füllt man Wasser in den Kanister, bis das kleinere Lüfterrad den Wasserspiegel gerade noch nicht berührt. Dieser Wasserstand wird auf der Außenseite des Kanisters markiert. Danach zeichnet man darüber im Abstand von 0,5 cm bis in die Höhe der Achse weitere Markierungen ein. Zum eigentlichen Aufbau des Versuchs stellt man den Kanister in die Plastikwanne (Abb. 1). Anschließend wird das Aluminiumrohr waagrecht in das Bohrfutter der Bohrmaschine eingespannt. Experimentiermotoren können nicht eingesetzt werden, da diese häufig drehzahlstabilisiert sind oder ein zu großes Drehmoment entwickeln. Der Kanister wird nun gegen die fixierte Achse verschoben und auf dem Boden der Wanne festgeklebt, wenn die beiden Lüfterräder genau ineinander stehen. Der Elektromotor wird mit Hilfe eines Haushaltsgummis über die Achse angetrieben. Er dient also als

Generator und wird an das Voltmeter angeschlossen. Schließlich werden Ober- und Unterteil des Kanisters wieder zusammengefügt (Spritzwasser!).

Versuchsdurchführung/Ergebnis

Zunächst füllt man bis zur untersten Markierung Wasser in den Kanister. Danach läßt man die Bohrmaschine mit der kleinsten Drehzahl laufen. Der Generator erzeugt somit eine Spannung, die am Voltmeter abgelesen wird. Der Wasserstand wird nun bis zur nächsten Markierung erhöht und erneut der entsprechende Spannungswert abgelesen. Dieser Vorgang wird wiederholt, bis die oberste Markierung erreicht ist (Abb. 3). Anschließend wird die Bohrmaschine angehalten und die Temperatur des Wassers gemessen. Die Bohrmaschine wird nun wieder gestartet und nach 60 Sekunden erneut gestoppt, um die Wassertemperatur erneut zu messen. Dieser Vorgang wird wiederholt, bis sich die Temperatur des Wassers auch nach mehr als fünf aufeinanderfolgenden Messungen nicht mehr geändert hat (Abb. 4).

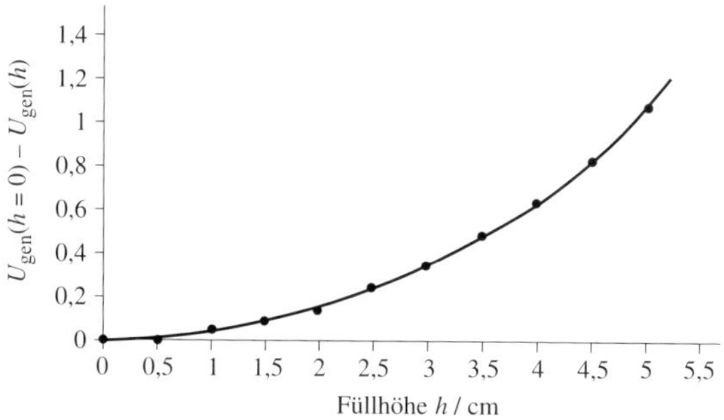

Abb. 3: Spannungsdifferenz ΔU_{gen} als Funktion der Füllhöhe

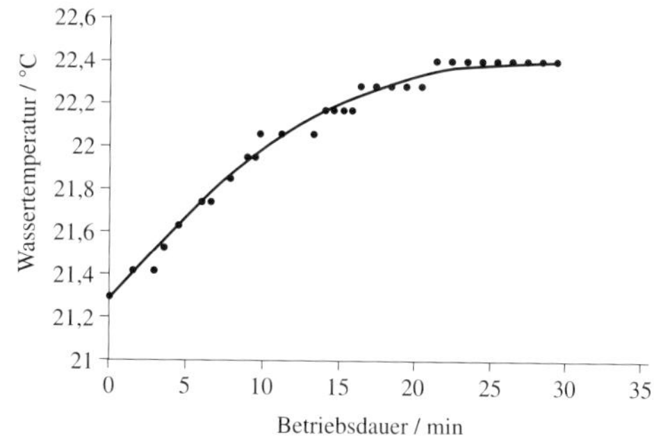

Abb. 4: Wassertemperatur als Funktion der Betriebsdauer

Erklärung/Funktionsweise

Beim Bremsen eines Fahrzeuges wandelt der Retarder Bewegungsenergie in Wärme um. Dazu wird über die Antriebswelle ein Rotor angetrieben, der die Gestalt eines Schaufelrades hat. Ihm unmittelbar gegenüber befindet sich der Stator, in den durch Lamellen getrennte Kammern eingelassen sind. Die zwischen Stator und Rotor eingebrachte Bremsflüssigkeit wird beim Bremsvorgang durch den drehenden Rotor beschleunigt und in die Statorkammern gepreßt, wobei sie verzögert und verwirbelt wird. Dazu muß der Rotor Arbeit verrichten; seine Bewegungsenergie verringert sich, das Fahrzeug wird somit abgebremst, die Betriebsflüssigkeit dabei erhitzt (Abb. 5).
Bei dem "Modellretarder" wird das in den Kanister eingefüllte Wasser durch den Rotor (kleines Lüfterrad) beschleunigt und in die Statorkammern (radial verschlossene Lamellen des großen Lüfterrads) gepreßt, wo sie verzögert und verwirbelt wird und sich dabei erwärmt. Die Verringerung der Rotationsenergie des Rotors läßt sich an der abnehmenden Drehzahl der Bohrmaschine und der entsprechend niedrigeren Generatorspannung nachvollziehen. Das Wasser wird nun durch Reibung in den Statorkammern erwärmt. Es wird letztendlich also Rotationsenergie in Wärme umgewandelt.

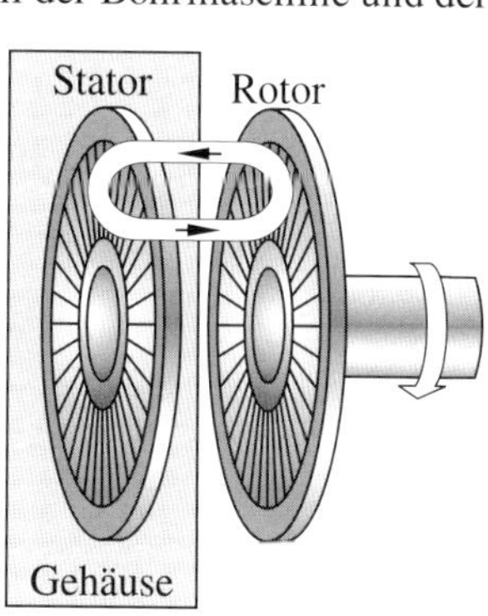

Abb. 5: Aufbau eines Retarders

Variation

Sofern man Wasser als "Betriebsflüssigkeit" einsetzt, läßt sich nur der Spannungsverlauf in Abhängigkeit vom Füllstand bei kleinster Drehzahl der Bohrmaschine messen, da die Bohrmaschine schon bei leicht schnellerem Lauf ein zu großes Drehmoment entwickelt und nicht mehr abgebremst werden kann. Um auch den Einfluß der Anfangsdrehzahl näher untersuchen zu können, bietet sich der Einsatz einer viskoseren Flüssigkeit, etwa Glyzerin oder Salatöl, an. Dabei kann auch gezeigt werden, daß die Viskosität temperaturabhängig ist.

75. Sicherungsetiketten

Klassenstufe	Oberthemen	Unterthemen	Anforderungs-niveau	Durchführungs-niveau	Vorlauf Vorbereitung Durchführung
SII	Elektromagnetismus	Induktion Schwingkreis	●●	■■	Wochen ca. 2 Std. ca. 10 min.

Die Funktionsweise einer elektronischen Diebstahlsicherung mittels Sicherungsetiketten soll simuliert werden.

Materialien

- Oszilloskop
- Anschlußleitungen
- 2 Spulen (200 Windungen, Radius r ≈ 5 cm)
- je ein geschlossener und ein offener Metallring[1]
- Verbindungsschraubzwinge
- Verbindungskabel
- Frequenzgenerator (f ≈ 0,2 MHz)

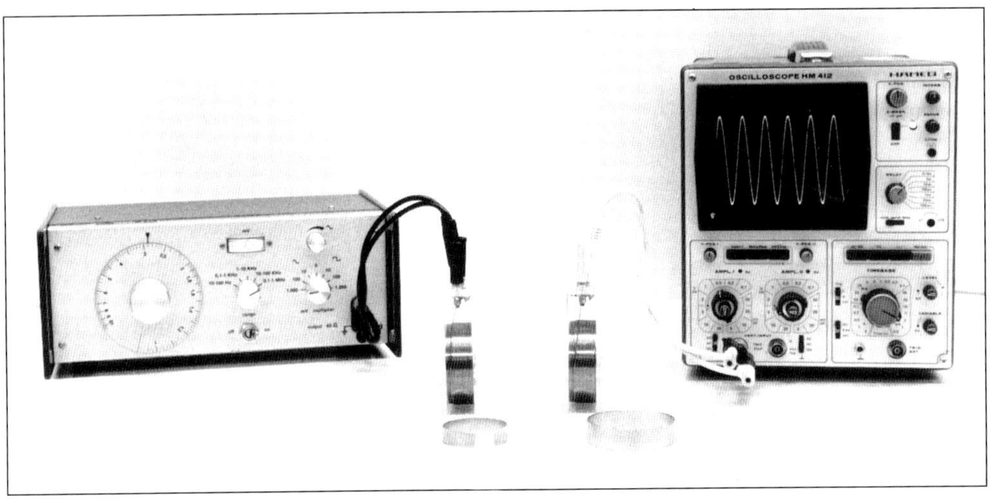

Abb. 1: Gesamtaufbau mit Frequenzgenerator und Senderspule (links) sowie Empfängerspule und Oszilloskop (rechts) vor den Spulen liegen ein offener und ein geschlossener Aluminiumring

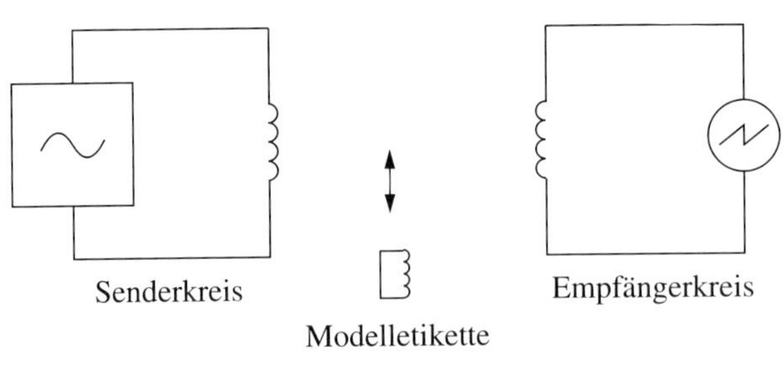

Abb. 2: Schematische Skizze des Versuchsaufbaus

[1] Alternativ sind auch ein kurzes Kabel bzw. eine weitere Spule möglich, wenn sie sich kurzschließen lassen.

Vorbereitung
Eine Spule wird an den Frequenzgenerator angeschlossen; sie dient als Senderspule. Die zweite Spule wird an ein Oszilloskop angeschlossen. Sie dient als Empfänger. Der Abstand der Spulen sollte etwa 5 bis 10 cm betragen, so daß man die Metallringe bequem zwischen beide Spulen einbringen kann. Die Frequenz wird auf maximale Amplitude am Oszilloskop eingestellt (Resonanz).

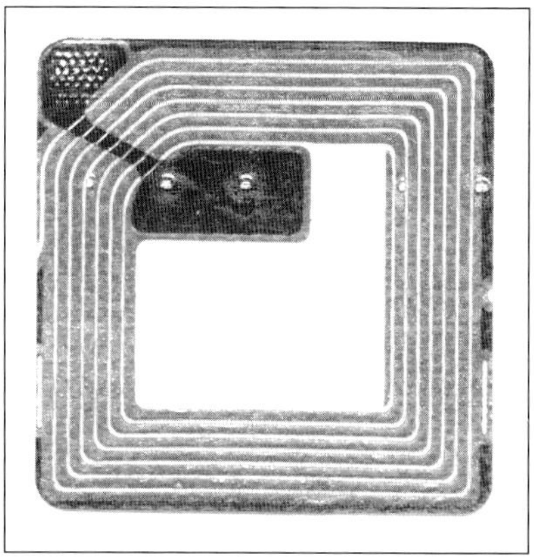

Abb. 3: Sicherungsetikette ohne Schutzhülle

Durchführung
Der geschlossene Ring stellt die Sicherungsetikette dar. Wird der Ring zwischen den beiden Spulen hindurchbewegt, so erkennt man eine starke Signaldämpfung auf dem Oszilloskop. Dabei ist die Dämpfung des Signals abhängig von der Entfernung zwischen "Sicherungsetikette" und Detektor. Diese Signaldämpfung würde nun im Kaufhaus einen Alarm auslösen da eine Ware, ohne vorher zu zahlen, durch die Sicherheitsschranken befördert wurde.

Funktionsweise/Erklärung
Der Wechselstrom, der durch die Sendespule fließt, erzeugt in dieser ein magnetisches Wechselfeld in axialer Richtung. Dieses magnetische Feld erzeugt in zweiten Spule eine Induktionsspannung, die auf dem Oszilloskop sichtbar gemacht wird. Nähert man sich nun mit dem kurzgeschlossenen Ring, so beobachtet man ein Herabsinken der Induktionsspannung. Der Grund hierfür ist die zusätzlich induzierte Spannung in dem Ring, welche ihrerseits wieder ein magnetisches Feld zur Folge hat. Dieses zusätzliche magnetische Feld ist dem Ursprungsfeld entgegengerichtet und schwächt dieses als Folge ab. Hierdurch sinkt die induzierte Spannung in der Empfängerspule.
In professionellen Sicherheitssystemen wird diese Feldänderung von einem Empfänger erkannt und über eine Auswertelogik als Alarm interpretiert. Die hier eingesetzten Sicherungsetiketten bestehen aus planar aufgebrachten Metallwindungen, die an ihren Enden miteinander verbunden und somit kurzgeschlossen sind (vgl. Abb. 3). Passieren solche Etiketten das von der Senderantenne erzeugte Wechselfeld, werden diese, durch den induzierten Strom, selbst zu einem Sender und verändern das Ursprungsfeld.
Diese Radiofrequenz-Systeme werden von neueren Systemen langsam ersetzt.[2]

Variation
Grundsätzlich läßt sich die erzeugte Spannungsabschwächung über eine Auswahllogik direkt erkennbar machen. Jedoch ist der im Empfänger fließende Strom sehr klein, so daß nur eine in C-MOS Technik[3] aufgebaute Logik in Frage kommt.

Abschätzung
Wodurch kann im Kaufhaus ein Fehlalarm entstehen? Diese Frage sollte die Schüler und Schülerinnen dazu sensibilisieren, über Gegenstände des täglichen Gebrauches nachzudenken, die einen solchen Fehlalarm erzeugen könnten, z. B. Armreifen, Ohrringe, Gürtelschnallen usw. In der Praxis jedoch sind die Alarmsysteme und die jeweiligen Etiketten genau aufeinander abgestimmt, so daß ein Fehlalarm möglichst vermieden wird.

Methodischer Einsatz
Dieser Versuch eignet sich besonders zur Veranschaulichung der Erzeugung einer Induktionsspannung sowie der konstruktiven und destruktiven Überlagerung zweier Magnetfelder.

---

[2] Siemens AG (Hrsg.), Forschung und Innovation, Heft 1/1999 (http://www.siemens.de/FuI/de/).
[3] C-MOS steht für Komplementär-MOS-Feldeffekttransistor (MOS = Metall-Oxid-Silicium).

76. Sonnenbrille I: UV-Schutz (qualitativ)

Klassenstufe	Oberthemen	Unterthemen	Anforderungsniveau	Durchführungsniveau	Vorlauf Vorbereitung Durchführung
SI, SII	Optik Atomphysik	Farbenlehre UV-Licht Fluoreszenz	●●	■■	- ca. 10 min. ca. 15 min.

Verschiedene Materialien, denen ein UV-Schutz nachgesagt wird, werden mit Hilfe eines UV-Teststreifens aus der Apotheke bzw. Fluoreszenzfarben auf ihre UV-Durchlässigkeit hin überprüft.

Materialien

- UV-Lichtquellen (Schwarzlichtröhre, Schwarzlichtglühbirne, Hg-Dampflampe mit Abschirmung)
- Testmaterialien, z. B. (Sonnenbrillen, Diskettenscheiben, Sonnenfilter wie z. B. in Sonnenfinsternisbrillen)[1]

Teil a)
- UV-Teststreifen (Abb. 2)

Teil b)
- schwarzer Bastelkarton (10 cm x 10 cm)
- fluoreszierende Textmarkerstifte, Malfarben etc.
- Stativmaterial
- UV-Filter

Teil a)

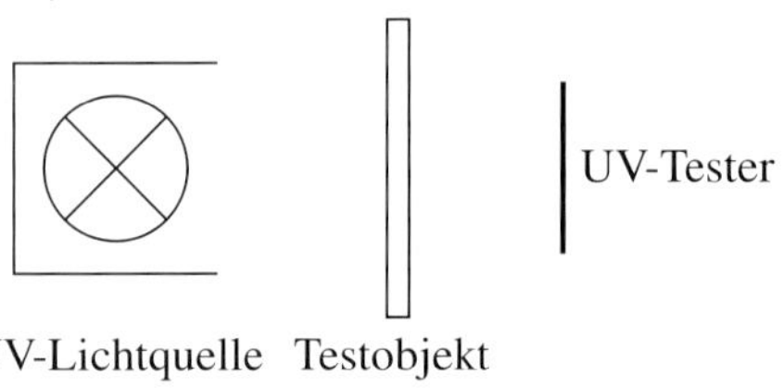

Abb. 1: Schematischer Versuchsaufbau Teil a)

Abb. 2: UV-Intensitätstest aus der Apotheke

Vorbereitung/Aufbau

Der UV-Intensitätstest muß im Vorfeld aus einer Apotheke besorgt werden. Abb. 1 zeigt die Anordnung der Materialien.

Durchführung

Das Testmaterial wird direkt auf den Teststreifen gelegt. Sonnenfilter und Diskettenscheibe können bei Bedarf mit Büroklammern fixiert werden. Andere Testmaterialien werden einfach festgehalten. Laut Beschreibung der Testkarte wird der Streifen 20 Sekunden in das Licht der UV-Lichtquelle gehalten. Nun wird das Testmaterial entfernt und die Farbe des Teststreifens mit den Farben der Skala verglichen. Die Ergebnisse werden in eine Tabelle übertragen.

Ergebnisse

Lichtquelle	Sonnenbrille	Diskette	Sonnenfilter	ohne Schutz
Schwarzlichtröhre	-	-	-	M (t = 10 s) H (t = 20 s)
Schwarzlichtglühbirne	-	-		-
Hg-Dampflampe	-	-	-	E

Erklärung: E = extrem hoch, H = hoch, M = mittel, N = niedrig, - nicht nachweisbar

[1] Erhältlich bei Stark Verlag, Postfach 1852, D-85318 Freising, (http://www.stark-verlag.de/).

Erklärung

Das UV-Licht löst auf dem UV-Teststreifen eine reversible Farbreaktion hervor. Die Reaktion ist proportional zur Intensität der einfallenden UV-Strahlung.

Die Hg-Lampe hat eine starke UV-Emission, die Schwarzlichtröhre etwas weniger und die Schwarzlichtglühlampe deutlich geringe Intensität. Alle drei Materialien filtern UV-Strahlung.

Teil b)

Vorbereitung/Aufbau

Auf den schwarzen Bastelkarton werden mit den fluoreszierenden Textmarkerstiften 1 cm breite und 8 cm hohe Balken aufgemalt. Der präparierte Karton wird in eine optische Halterung eingespannt und hinter den UV-Filter positioniert (Abb. 3).

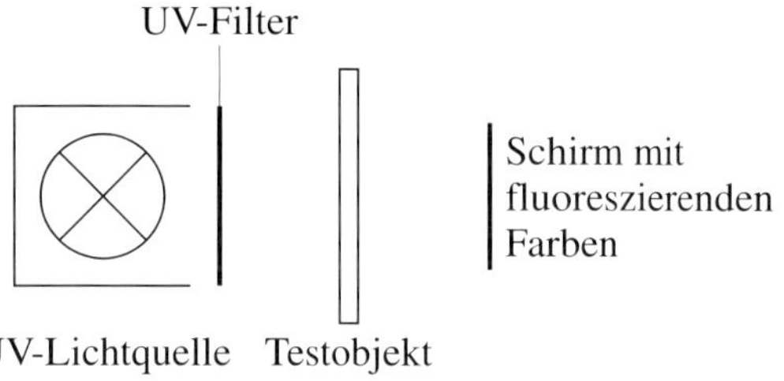

Abb. 3: Schematischer Versuchsaufbau Teil b)

Durchführung

Im etwas abgedunkelten Raum wird der Karton durch den UV-Filter beleuchtet. Die Farbmarkierungen, die im Tageslicht kaum zu sehen sind, leuchten auf. Nun werden in den Strahlengang die Testmaterialien gestellt. Die zu untersuchenden Materialien sollten möglichst dicht an den UV-Filter gestellt oder einfach per Hand gehalten werden, um Streulicht der UV-Lichtquellen auf den Detektor zu vermeiden. Das Leuchten der Farbe ist nicht mehr zu erkennen. Die Ergebnisse werden in eine Tabelle übertragen.

Ergebnisse

Lichtquelle	Sonnenbrille	Diskette	Sonnenfilter	ohne Schutz
Schwarzlichtröhre	-	-	-	+
Schwarzlichtglühbirne	-	-	-	+
Hg-Dampflampe	-	-	-	+

Erklärung: - = Farbe leuchtet nicht, + = Farbe leuchtet

Erklärung

Das UV-Licht regt die Fluoreszenz der Textmarkerfarbe verstärkt an. Die Fluoreszenz ist im UV-Licht auch auf dunkler Unterfläche zu erkennen.

Auch hier zeigt sich, daß alle drei Materialien UV-Licht filtern.

Variation

Neben den genannten Materialien können auch z. B. Aluminiumfolie, unbelichtete, "schwarze" Diafilme, Compactdiscs oder eine berußte Glasplatte untersucht werden.

Methodischer Einsatz

Die Experimente eignen sich gut zur arbeitsteiligen Gruppenarbeit, wobei jeder Gruppe verschiedene Materialien zur Verfügung gestellt werden können. Ein Vergleich der Ergebnisse der einzelnen Gruppen mit anschließender Diskussion, in der die Konsequenzen z. B. für eine Sonnenbeobachtung gezogen werden können, sollten sich anschließen.

Der Intensitätstester kann nur etwa 1000 mal benutzt werden. Die "Aggressivität" der UV-Strahlung könnte somit problematisiert und in Zusammenhang mit dem Ausbleichen von Farben, Hautschäden oder Schutzpigmenten bei Pflanzen diskutiert werden.

77. Sonnenbrille II: UV-Schutz (quantitativ)

Klassenstufe	Oberthemen	Unterthemen	Anforderungs-niveau	Durchführungs-niveau	Vorlauf Vorbereitung Durchführung
SII	Optik Elektrik	Photohalbleiter Spektrum UV-Licht	●●	■■ !	- ca. 10 min. ca. 15 min.

Die UV-Durchlässigkeit einer Sonnenbrille wird mit einem Photowiderstand gemessen und mit anderen Materialien verglichen.

Materialien

- Netzgerät 0 ... 12 V –
- Amperemeter 10 mA –
- Elektronik Steckbrett
- Photowiderstand (LDR 05)
- Sonnenbrille
- Schutzwiderstand (R_s = 100 Ω ... 10 kΩ, je nach Stromstärke)
- Kabel
- Laborlift
- UV-Filter mit Stativmaterial
- Sonnenfilter[1]
- Diskettenscheibe
- UV-Lichtquelle (Hg-Dampflampe, Schwarzlichtglühlampe, Schwarzlichtröhre)

für Hg-Dampflampe zusätzlich:

- optische Bank
- Vorschaltgerät
- Stativmaterial für Hg-Dampflampe

für Schwarzlichtlampen zusätzlich:

- schwarzer Bastelkarton zum Abschatten
- Laborlift
- Aluminiumfolie

Aufbau

Je nach UV-Lichtquelle muß der Aufbau den geometrischen Gegebenheiten der UV-Quelle angepaßt sein. Mit Hilfe von Laborliften oder Unterstellklötzen muß der Photowiderstand auf die gleiche Höhe wie die UV-Lichtquelle gebracht werden.

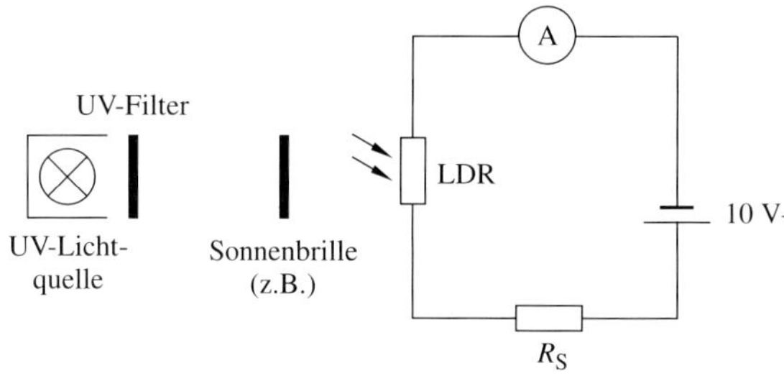

Abb. 1: Schema des Versuchsaufbaus

Vorbereitung

Der Versuch wird entsprechend Abb. 1 aufgebaut. Der UV-Filter muß so aufgestellt werden, daß nur UV-Strahlung auf den Photowiderstand fällt. Die Lichtquelle sollte deshalb mit Hilfe von schwarzer Pappe und/oder Aluminiumfolie entsprechend abgeblendet werden.
Die Diskettenscheibe (Träger- und Informationsspeicherschicht) muß aus der Hülle entfernt werden.

Durchführung

Die Stromstärke wird jeweils gemessen bei Beleuchtung mit UV-Schutz und Beleuchtung ohne UV-Schutz (Referenzwert für jeweilige UV-Lichtquelle).
Die Messung sollte in dieser Reihenfolge durchgeführt werden, da durch die starke Beleuchtung ohne UV-Schutz der Photowiderstand geblendet wird und nachfolgende Messungen beeinträchtigt werden könnten (Wartezeit!).
Eine mögliche Schädigung der Augen, v. a. durch die Hg-Dampflampe, muß vermieden werden!

[1] Stark Verlag, Postfach 1852, D-85318 Freising (http://www.stark-verlag.de).

Ergebnisse
Die Ergebnisse für verschiedene UV-Lichtquellen und Schutzmaterialien sind in der folgenden Tabelle zusammengestellt:

Lichtquelle	Sonnenbrille	Diskette	Sonnenfilter	ohne UV-Schutz
Hg-Dampflampe	0,58 mA	0,02 mA	0,01 mA	3,5 mA
Schwarzlichtleuchtstoffröhre	8 µA	2 µA	5 µA	0,18 mA
Schwarzlichtglühlampe, 75 W	4,0 mA	92 µA	16 µA	5,0 mA
Glühbirne 60 W, ohne UV-Filter	6 µA	4 µA	10 µA	23 µA

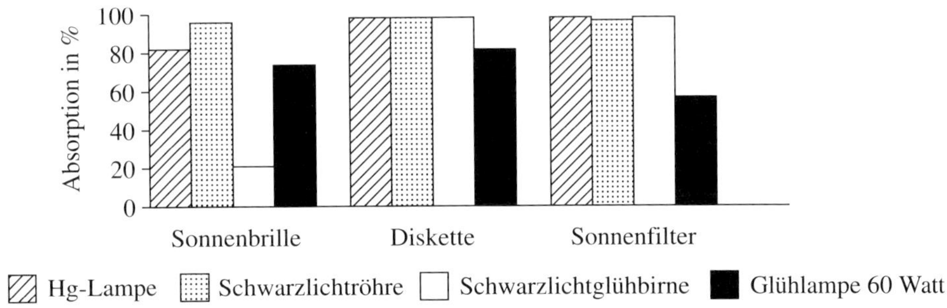

Abb. 2: UV-Absorption verschiedener Lichtquellen durch verschiedene Materialien im Überblick

Diskussion
Die gemessene Stromstärke ist in erster Näherung proportional zur Intensität der durch die Testmaterialien tretenden UV-Strahlung.
Abb. 2 faßt die Ergebnisse der Einzeluntersuchungen zusammen. Die Ergebnisse der Untersuchung sind von der Art der UV-Lichtquelle (spektrale Charakteristik) relativ unabhängig. Die Sonnenbrille zeigt die geringste Absorption, während die Diskette und der Sonnenfilter eine sehr hohe Absorption der UV-Strahlung aufweisen.
Zur Sonnenbeobachtung sind einfache Sonnenbrillen demnach eher nicht geeignet.

Variation
Neben der UV-Strahlung ist auch IR-Strahlung für das Auge schädlich. Daher wäre eine vergleichbare Anordnung des Versuchs mit IR-Lichtquellen, IR-Filtern und IR-Detektor denkbar.

Abschätzung
In diesem Zusammenhang ist es sinnvoll, eine Abschätzung über die Strahlungsverdichtung durch die abbildende Augenlinse vorzunehmen. Die Strahlungsleistung der Sonne beträgt am Erdboden etwa 1 kW/m^2. Bei einem Pupillendurchmesser von ca. 2 mm beträgt der Fokusdurchmesser auf der Netzhaut etwa 10 µm. Das ergibt eine Leistungsdichte von 40 000 kW/m^2 !

Methodischer Einsatz
Dieses Experiment eignet sich gut zur arbeitsteiligen Gruppenarbeit. Ein Vergleich der Ergebnisse der einzelnen Gruppen mit einer Diskussion der Konsequenzen für eine Sonnenbeobachtung könnte sich anschließen.
Im Rahmen einer Facharbeit könnten auch verschiedene Sonnenbrillen auf deren spektrale Durchlässigkeit getestet werden.
Man vergleiche auch die Hinweise bei dem Versuch 76 "Sonnenbrille I".

78. Teflon: Reibung

Klassenstufe	Oberthemen	Unterthemen	Anforderungs-niveau	Durchführungs-niveau	Vorlauf Vorbereitung Durchführung
O, SI	Mechanik	Haft- und Gleitreibung	●●	■	1 Tag (1 Woche) ca. 15 min. ca. 45 min.

Anhand unterschiedlich rauher Oberflächen können das Phänomen und die Bedeutung der Reibung erarbeitet werden.

Materialien

- Kraftmesser (bis 1 N)
- Gwaggli[1]
- stabile, ebene Unterlage (ca. 60 cm x 30 cm)
- 4 Streifen (ca. 5 cm x 30 cm) aus Schmirgelpapier, Tonpapier, Teflon[2], andere Kunststoffe, ...)
- 5 gleichgroße Holzklötzchen (ca. 3 cm x 3 cm x 7 cm), eines auf Stirnseite mit Haken oder Öse

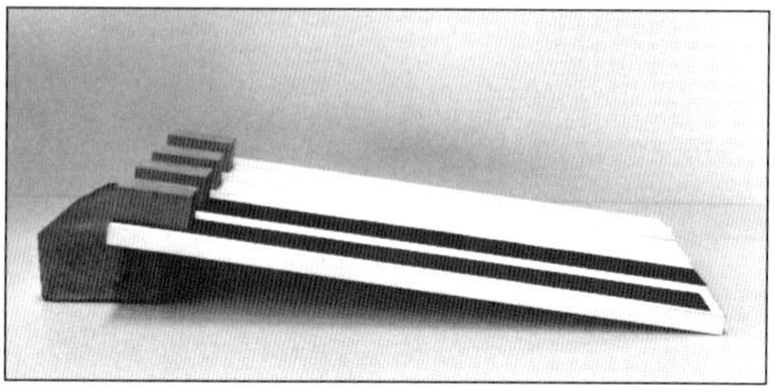

Abb. 1: Schiefe Ebene zur Bestimmung des Gleitwinkels

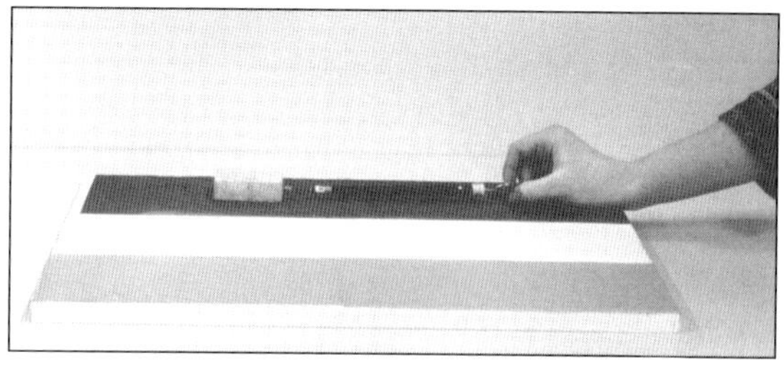

Abb. 2: Bestimmung der Gleitreibung

Vorbereitung

Streifen unterschiedlich rauher Oberfläche aber gleicher Größe werden parallel zueinander auf eine feste Unterlage geklebt ("Rennbahnen"). Es ist darauf zu achten, daß keine Unebenheiten, etwa durch Verschmutzungen oder Kratzer, auf den Materialien entstehen. Insbesondere ist mit dem empfindlichen Teflon sorgfältig umzugehen.
Aus einer Holzleiste werden für jede "Rennbahn" je ein gleich großer Quader gesägt. Die Kanten werden mit Schmirgelpapier behandelt. Rauhe Flächen werden glatter, wenn man sie mit Stearinwachs abreibt und anschließend mit einem Stofftuch poliert.

Abb. 3: Gwagglis auf Schmirgelpapier; auf Teflon (mitte) können sie nicht "laufen"

Durchführung/Beobachtung

1. Teilexperiment (qualitativ)
Die "Rennschlitten" (Holzklötzchen) werden nebeneinander auf gleicher Höhe auf den einzelnen "Rennbahnen" angeordnet. Es sollte auf gleiche Versuchsbedingungen geachtet werden (z. B. alle Unterseiten mit Wachs behandelt).

---

[1] Schaukelmännchen aus Holz, erhältlich bei: Stark Verlag; Postfach 1852, D-85318 Freising (http://www.stark-verlag.de).
[2] Polytetrafluorethylen (PTFE), deutscher Handelsname auch Hostaflon.

Die Unterlage, auf der die "Rennbahnen" aufgeklebt sind, wird anschließend an dem Ende vorsichtig hochgehoben, an dem die Holzklötzchen aufgereiht sind. Man beobachtet, daß sich die Holzklötzchen bei unterschiedlichen Neigungswinkeln in Bewegung setzen. Das Klötzchen auf der Teflonbahn beginnt bereits sehr früh abzugleiten, während das auf der Schmirgelpapierbahn erst bei einem großen Neigungswinkel zu rutschen beginnt.

2. Teilexperiment (quantitativ)
Das Holzklötzchen mit Haken wird langsam und gleichmäßig mit dem Kraftmesser über die verschiedenen Oberflächen gezogen. Auf der Teflonbahn sind Haft-und Gleitreibung am geringsten.

	Schmirgelpapier	**Zeichenkarton**	**Teflon**
Haftreibung	22 mN	8 mN	2 mN
Gleitreibung	16 mN	5 mN	2 mN

3. Teilexperiment
Der "Gwaggli" benötigt eine eher rauhe Oberfläche, um sich fortzubewegen.

Erklärung
Obwohl Oberflächen auf den ersten Blick glatt erscheinen, sind sie unter dem Mikroskop betrachtet eher rauh. Bewegt man zwei Gegenstände übereinander, so verhaken sich die winzig kleinen Unebenheiten miteinander und blockieren die Bewegung der "Rennschlitten" (Haftreibung). Ein bekanntes Analogexperiment besteht darin, zwei Bürsten oder Handbesen mit ihren Borstenseiten gegeneinander zu bewegen.
Hat man die Haftreibung überwunden, so gerät der Körper in Bewegung (gleitet). Die Reibungskraft beim Gleiten ist geringer.
Die "Gwagglis" benötigen Reibung, um sich fortzubewegen.
Ohne die Haftreibungskraft wäre eine Fortbewegung nicht möglich, und kein Nagel würde in einer Wand stecken bleiben. Andererseits ist sie bei vielen Maschinen unerwünscht, denn sie führt zum Materialverschleiß und einer Energieumwandlung in Wärme.
Da Teflon eine sehr glatte Oberfläche besitzt und deshalb der Reibungskoeffizient mit anderen Materialien gering ist, wird Teflon in vielfältiger Weise in Haushalt und Technik benutzt. Zu nennen ist der Einsatz als Lager bei der Verschiebung von Brücken, ersatzweises "Schmieren" zwischen Bauteilen anstelle von Öl, die Beschichtung in Bratpfannen oder als Dichtung bei Rohrverbindungen.
Wegen der völlig glatten Oberfläche des Teflons können weder Asche noch Staub auf ihr haften, was besonders in der Technik und im Haushalt von Vorteil sein kann (z. B. bei der Reinigung von Bratpfannen). Beispiele aus der Botanik für ähnliche Phänomene sind die Blätter der Kapuzinerkresse und der Lotus-Pflanze.

Methodischer Einsatz
Nicht nur die Reibung kann mit diesem Versuch diskutiert werden, sondern auch die Entstehung der Hangabtriebskraft, der vektorielle Charakter der Kräfte, die den Holzklotz nach unten bewegen sowie ergänzend die Rollreibungskraft.
Alle Versuche können von den Schülern und Schülerinnen selbst durchgeführt werden; typische Fragestellungen im Zusammenhang mit Reibung sind: Abhängigkeit der Haftreibung von der Größe der Oberfläche des bewegten Körpers, seiner Gewichtskraft und den Oberflächenbeschaffenheiten beider Körper, die sich relativ zueinander bewegen.

79. Textmarker: Fluoreszenz

Klassenstufe	Oberthemen	Unterthemen	Anforderungs-niveau	Durchführungs-niveau	Vorlauf Vorbereitung Durchführung
SII	Quanten/Atome	Fluoreszenz Phosphoreszenz Energieniveaus	●●	■■	1 Tag ca. 10 min. ca. 10 min.

Mit Hilfe eines Stroboskops und eines Experimentiermotors soll die Nachleuchtdauer fluoreszierender Materialien abgeschätzt werden.

Materialien

- Stroboskop
- UV-Filter mit Halterung
- schwarzer Pappkarton, kreisförmig geschnitten, ∅ 10-15 cm
- Experimentiermotor oder Bohrmaschine mit Drehzahlfeinregulierung
- Drehteller
- Standfuß
- fluoreszierendes Material (z. B. Textmarker, Tesa-Post-Notes)

Abb. 1: Gesamtaufbau des Versuchs: Stroboskop mit Abschirmung und UV-Filter (links), Drehteller mit Streifen auf Pappe und Motor (rechts)

Vorbereitung/Aufbau

Beim Aufbau des Experiments ist darauf zu achten, daß vor dem Stroboskop der UV-Filter so aufgestellt wird, daß nach Möglichkeit Streulicht des Stroboskops nicht auf den Drehteller gelangen kann. Eventuell muß man mit Hilfe der schwarzen Pappe eine Abschirmung bauen (siehe Abb. 1). Aus der schwarzen Pappe wird ein Kreis ausgeschnitten. Anschließend wird ein etwa 1 cm breiter Streifen des fluoreszierenden Materials radial auf der Pappe befestigt.

Durchführung

Im abgedunkelten Raum arbeiten!
Die maximal mögliche Drehfrequenz des Experimentiermotors einstellen. Nun wird die Blitzfrequenz des Stroboskops so reguliert, daß sich ein stehendes Bild ergibt.

Beobachtung

Je nach Frequenz kann man auf dem Drehteller einzelne Streifen unterscheiden.
Bei der Verwendung obiger Geräte erhält man eine Blitzfrequenz f von 80-100 Hz. Je nach Verhältnis Blitzfrequenz zu Motorfrequenz läßt sich der Streifen n-fach beobachten (Abb. 2 und 3).

Abb. 2: Neunfaches Verhältnis

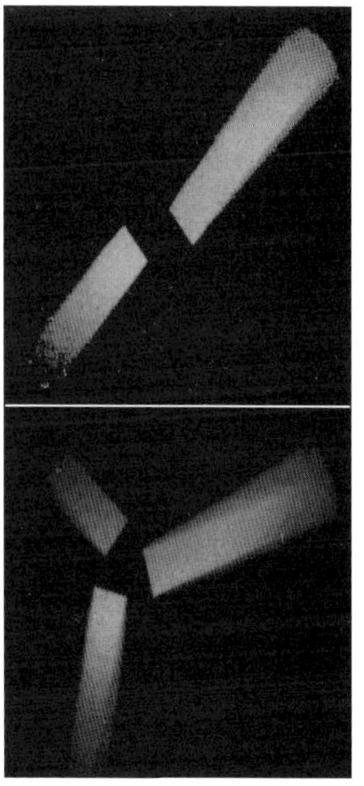

Abb. 3: Zweifaches und dreifaches Frequenzverhältnis

Erklärung

Da die Streifen deutlich zu trennen sind, kann man schließen, daß die Nachleuchtdauer τ der Fluoreszenz geringer ist als die zeitliche Differenz zwischen zwei Lichtblitzen T: mit typischen Werten f = 80 Hz ergibt sich eine Nachleuchtdauer, die geringer ist als $\tau < T = 1/f = 0{,}0125\,\text{s}$. Die tatsächliche Nachleuchtdauer der Fluoreszenz liegt bei 10^{-7} s, was mit schulüblichen Mitteln nicht mehr nachzuweisen ist.

Variation

Statt fluoreszierender Materialien können auch phosphoreszierende Materialien verwendet werden. Der Versuchsaufbau kann ohne Veränderung übernommen werden. Statt deutlich getrennter Streifen scheint die ganze Scheibe verschwommen zu leuchten (Abb. 4). Die Nachleuchtdauer ist also größer als die zeitliche Differenz zweier Lichtblitze, sie liegt – je nach Material – im Bereich von Sekunden und Minuten bis zu Stunden.

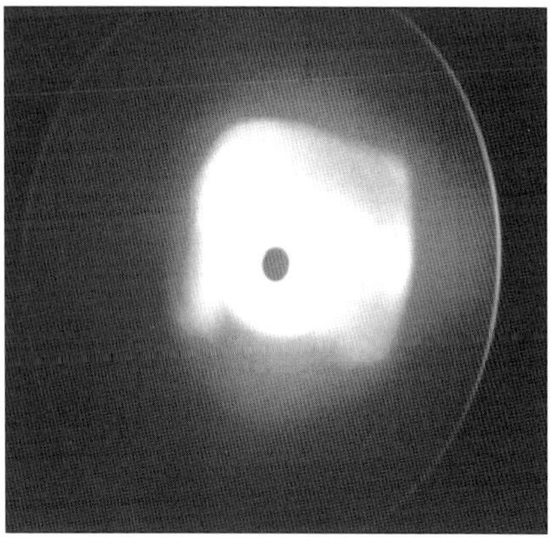

Abb. 4: Im Gegensatz zur Fluoreszenz zeigen phosphoreszierende Materialien eine lange Nachleuchtdauer

Methodischer Einsatz

Der Versuch soll helfen, den Schülern und Schülerinnen den Unterschied zwischen Fluoreszenz und Phosphoreszenz deutlich zu machen. In Leistungskursen kann anschließend auf die Lebensdauer angeregter Zustände eingegangen werden.

Probleme

Der Versuch, die Nachleuchtdauer der Floureszenz zu bestimmen, zeigt deutlich die Grenzen der schulüblichen Geräte. Zeitspannen im Bereich von 10^{-7} s sind mit einfachsten Geräten und der Trägheit des menschlichen Auges nicht mehr wahrnehmbar.

80. Toaster: Bräunungsgrad

Klassenstufe	Oberthemen	Unterthemen	Anforderungs-niveau	Durchführungs-niveau	Vorlauf Vorbereitung Durchführung
SI, SII	Wärme Elektronik	Wärmestrahlung IR-Sensor	●●	■■ !	1 Woche ca. 1 Std. ca. 15 min.

Das Funktionsprinzip eines Toasters mit Sensortechnik zur Bestimmung des Bräunungsgrades wird demonstriert.

Materialien

- 20 cm Konstantandraht (hier ∅ 1,2 mm)
- Netzgerät 18 V
- ca. 50 cm 3-adriges Kabel
- Voltmeter, Meßbereich 20 V
- 3 Stativstangen (ca. 20 cm lang)
- 1 Spannzange
- Rastersteckplatte
- Toaster mit Sensortechnik (bzw. als Einzelteil bestellte Toasterelektronik)[1]
- handelsübliche Aluminiumfolie
- 2 Krokodilklemmen, nicht isoliert
- Netzgerät 10 V / 8 A (für Drahtheizung)
- Amperemeter, Meßbereich 10 A
- 3 Stativfüße
- 1 Muffe
- 3 Bananenstecker
- digitales Temperaturmeßgerät mit Temperaturfühler

Vorbereitung

Zunächst muß der Infrarotsensor, welcher mit zugehöriger Elektronik auf eine Platine aufgelötet ist, aus dem Toaster ausgebaut werden (vgl. Abb. 2 von Versuch Nr. 81 "Toaster: Regelung").
Die Platine ist mittels eines 3-adrigen Kabels nebst Stecker mit dem Rest der Toasterelektronik verbunden. Um für den folgenden Versuchsaufbau die Platine mit der Spannungsquelle und dem Voltmeter zu verbinden, ist es am einfachsten, den vorhandenen Stecker abzuknipsen und durch drei Bananenstecker zu ersetzen.
Die Anschlußbelegung der Platine ermittelt man am einfachsten durch Ausprobieren. Beim genaueren hinsehen läßt sich auf der Platinenrückseite eine breite und kreisförmige Leiterbahn erkennen, die auf eine Massebelegung hindeutet.

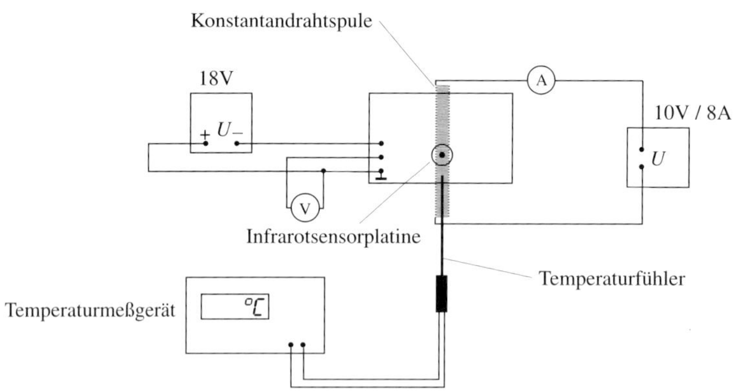

Abb. 1: Schemaskizze zur elektrischen Verschaltung

[1] Bestellnummer für die Elektronik des hier verwendeten und uns freundlicherweise zur Verfügung gestellten Krups Toasters (Typ 154): 58 35 980 (Preis ca. 26.- DM zuzügl. Versandkosten). Robert Krups GmbH & Co KG, Heresbachstr. 29, D-42719 Solingen oder Fachhandel. Ein Photo der Sensorplatine findet sich auf S. 189.

Die beiden übrigbleibenden Anschlüsse werden dann durch Probieren so zugeordnet, daß nach Verschaltung gemäß Abb. 1 die Spannung am Voltmeter zunimmt, wenn ein heißer Gegenstand, wie zum Beispiel eine Feuerzeugflamme, vor den Sensor gebracht wird.
Um die Platine vor Beschädigungen infolge der heißen Konstantandrahtspule zu schützen, wird diese, bis auf den Infrarotsensor, mit Aluminiumfolie bedeckt.
Der weitere Aufbau erfolgt dann gemäß Abb. 1, wobei der Konstantandraht mit Hilfe eines runden Gegenstandes (∅ ca. 5 mm), wie zum Beispiel einem Bleistift, zu einer Spule gewickelt wird. Anschließend wird diese mit zwei Krokodilklemmen eingespannt, unter Verwendung der Stativstangen auf einen Abstand von ca. 5 mm über dem Infrarotsensor angeordnet und mit dem Netzgerät verbunden. Der Temperaturfühler des digitalen Temperaturmeßgerätes wird in die Konstantandrahtspule gebracht. Nachdem die Versorgungsspannung der Platine eingeschaltet wurde, ist am Voltmeter ein Ausschlag zu beobachten. Die Versorgungsspannung kann nun in gewissen Grenzen (ca. 15 V ± 5 V) variiert werden, um den Ausschlag des Voltmeters auf eine bestimmte Position zu bringen. Für die folgenden Messungen wurde die Versorgungsspannung auf 18 V eingestellt.

Durchführung/Beobachtung
Bei langsamer Erhöhung der Stromstärke *I*, die durch den Konstantandraht fließt, beobachtet man eine entsprechende Spannungserhöhung am Voltmeter. Wird die Stromstärke wieder verringert, geht der Ausschlag des Voltmeters dementsprechend zurück.
Um eine Temperatur-Spannungskurve der verwendeten Schaltung zu erhalten, wird der Strom *I*, der durch die Konstantandrahtspule fließt, in 0,5 A-Schritten erhöht und mit dem Digitalthermometer die Temperatur *T* in der Spule gemessen. Die sich ergebende Ausgangspannung *U* der Sensorschaltung in Abhängigkeit von der Temperatur *T* wird am Voltmeter abgelesen (Abb. 2).

Erklärung
Mit zunehmender Stromstärke des durch die Konstantandrahtspule fließenden Stromes erhöht sich dessen Temperatur und somit die abgegebene Strahlungsleistung. Der Sensor reagiert auf diese Strahlung mit der Zunahme seiner Ausgangsspannung, welche am Voltmeter ablesbar ist. Analog verhält es sich bei Verringerung der Stromstärke, wobei der Draht nun langsam abkühlt, die abgestrahlte Leistung und daraufhin die Sensorausgangsspannung geringer werden.

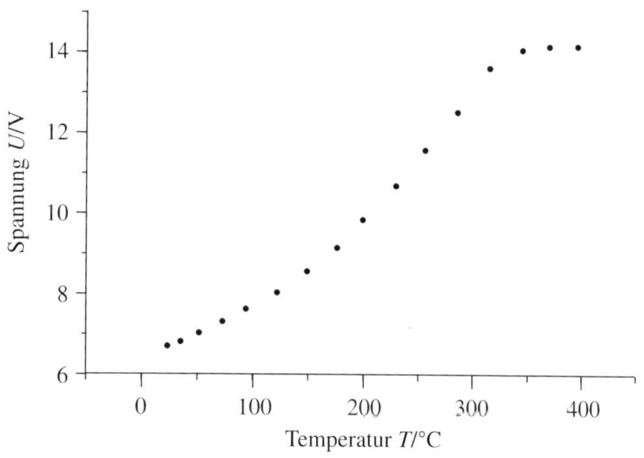

Abb. 2: Ausgangsspannung der Elektronik als Funktion der Temperatur

Variation
Um zu demonstrieren, daß der hier verwendete Sensor im wesentlichen auf Wärmestrahlung reagiert und für die übrigen Wellenlängen eine geringere Empfindlichkeit besitzt, wird ein Infrarotfilter (Wärmefilter) und eine UV-Lampe (alternativ auch eine im Alltag gebräuchliche 230 V Glühlampe) benötigt. Die Lampe wird in ca. 20 cm Entfernung auf den Sensor gerichtet, daraufhin steigt die Spannung am Voltmeter langsam bis zu einem bestimmten Wert an.
Wird nun der Infrarotfilter vor den Sensor gebracht, so fällt die Spannung am Voltmeter wieder auf ihren Ausgangswert ab.

Methodische Hinweise
Das beschriebene Experiment kann von Schülern und Schülerinnen durchgeführt werden. *Bei der Durchführung ist auf die Verbrennungsgefahr, welche von der erhitzten Konstantandrahtspule ausgeht, aufmerksam zu machen.*

81. Toaster: Regelung der Heizung

Klassenstufe	Oberthemen	Unterthemen	Anforderungs-niveau	Durchführungs-niveau	Vorlauf Vorbereitung Durchführung
SI, SII	Elektrik Wärme	Wärmestrahlung Thermoelektrizität Regelkreis	●●	■	- ca. 30 min. ca. 15 min.

Im folgenden wird ein Modell vorgestellt, wie sich die Toasterheizung (hier durch eine Glühlampe symbolisiert) beim Erreichen einer bestimmten Strahlungsleistung selbständig abschaltet.

Materialien

- Thermosäule nach Moll (mit Stativfuß)
- Leistungsverstärker (z. B. Leybold 52261)
- npn-Transistor (hier Typ BD 441)
- Glühlampe 3,7 V / 0,3 A
- Widerstand 10 Ω, 2 W
- Netzgerät 10 V –
- Rastersteckplatte
- 8 Verbindungskabel

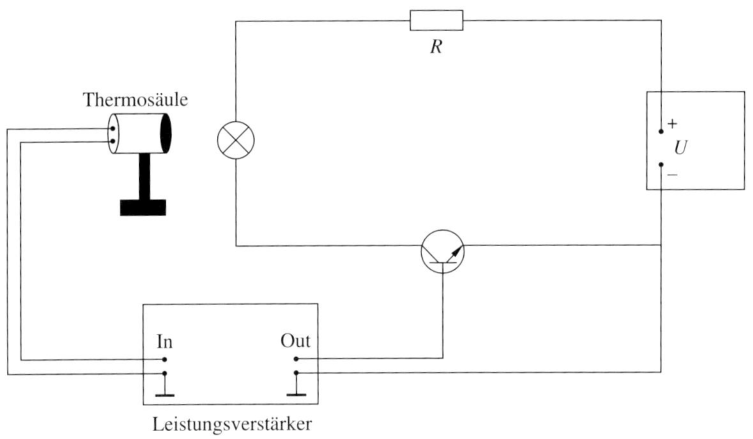

Abb. 1: Die elektrische Verschaltung der Komponenten

Vorbereitung

Die Glühlampe soll in diesem Experiment die Heizung und die Thermosäule den Sensor, welcher in einem realen Toaster verwendet wird, darstellen.

Die elektrische Verschaltung der einzelnen Komponenten erfolgt gemäß Abb. 1, wobei die Thermosäule in einem Abstand von etwa 2 cm gegenüber der Glühlampe angeordnet wird und so mit dem Eingang des Leistungsverstärkers verbunden wird, daß die Ausgangsspannung mit zunehmender Wärmestrahlung negativ verstärkt, d. h. kleiner wird.

Durchführung/Beobachtung

Zunächst wird, zwecks der Abschirmung von Wärmestrahlung, ein Buch oder ähnliches zwischen die Thermosäule und Glühlampe gebracht.

Nach dem Einschalten des Verstärkers wird dessen Offset so eingeregelt, daß die Glühlampe zu leuchten beginnt.

Entfernt man das Buch zwischen Thermosäule und der Glühlampe, so leuchtet die Glühlampe sichtbar schwächer als vorher bzw. erlischt nach kurzer Zeit.
Durch verschiedene Einstellungen des Offset lassen sich unterschiedliche Schwellenwerte (d. h. Temperaturen) festlegen, bei denen die Glühlampe erlischt.

Erklärung
Zu Beginn des Versuches wurde der Offset des Verstärkers so eingeregelt, daß der Transistor gerade durchschaltet und die Glühlampe leuchtet.
Entfernt man das Buch zwischen Thermosäule und Glühlampe, so kann die Wärmestrahlung der Glühlampe nahezu ungehindert zur Thermosäule gelangen.
Die Ausgangsspannung der Thermosäule wird dann zwar größer, aber wegen der negativen Verstärkung wird die am Transistor anliegende Schaltspannung kleiner. Unterschreitet diese Schaltspannung einen für den Transistor typischen Wert, so schaltet dieser nicht mehr durch, und die Glühlampe erlischt.
Mit Hilfe des regelbaren Offset lassen sich somit, wie beim realen Toaster, verschiedene Schwellenwerte, d. h. Temperaturen realisieren, bei denen die Glühlampe (die Toasterheizung), abgeschaltet wird.

Variation
Im Anschluß an das Experiment sind weitere Versuche mit der Thermosäule denkbar, so können die Temperaturen von verschiedenen Körpern, wie zum Beispiel Handfläche, Kerze, heißes Wasser, etc. anhand deren emittierten Wärmestrahlungen bestimmt werden und mit einer direkten Temperaturmessung, wie zum Beispiel mit einem Digitalthermometer, verglichen werden (vgl. Versuch 66 "Ohrthermometer: Modell").
Desweiteren könnte die Abhängigkeit der Thermosäulenspannung vom Abstand zwischen Thermosäule und Körper für verschiedene Körper mit unterschiedlichen Temperaturen untersucht werden.
Statt der Thermosäule könnte auch die Platine mit Infrarotsensor (siehe Experiment Nr. 80 "Toaster: Bräunungsgrad" sowie Abb. 2) verwendet werden, wobei in diesem Fall eine Glühlampe mit größerer Wärmestrahlung (230 V-Lampe) verwendet werden müßte.

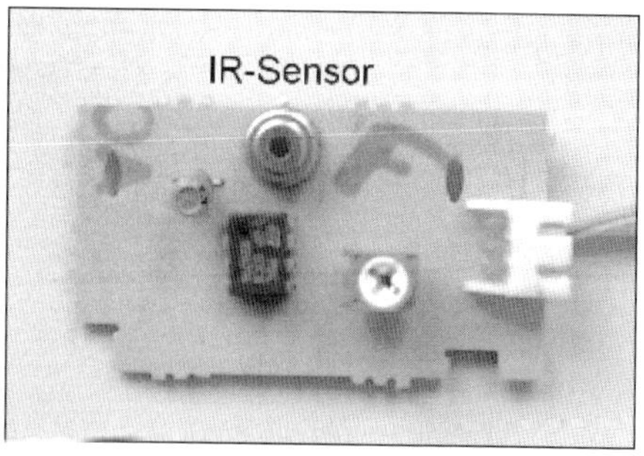

Abb. 2: Platine mit IR-Sensor aus dem Krups-Toaster Typ 154

Methodischer Einsatz
Die Experimente können auch von Schülern und Schülerinnen durchgeführt werden. Es sollte darauf hingewiesen werden, daß der im realen Toaster verwendete Sensor nicht auf dem gleichen physikalischen Prinzip beruht, wie die in diesem Experiment genutzte Thermosäule, sondern vermutlich pyroelektrisch.

82. Tonabnehmer: elektromagnetisch

Klassenstufe	Oberthemen	Unterthemen	Anforderungs-niveau	Durchführungs-niveau	Vorlauf Vorbereitung Durchführung
SI, SII	Elektromagnetismus Akustik	Induktion Saitenschwingungen	●●	■■■	1 Tag ca. 20 min. ca. 20 min.

Am Modell des Tonabnehmers einer E-Gitarre wird die Tonübertragung mit Hilfe elektromagnetischer Induktion demonstriert.

Materialien

- 2 Hufeisenmagnete mit Abschlußbügel
- 3 Spulen (z. B. 300/600/900 Wdg.)
- Niederfrequenzverstärker
- Spannungsmeßgerät
- Lautsprecher
- Plektrum
- Gitarrensaite aus Stahl
- Saitenspanner (Lehrmittel oder Eigenbau)
- Anschlagsvorrichtung (Eigenbau)
- Kabel
- Stativmaterial

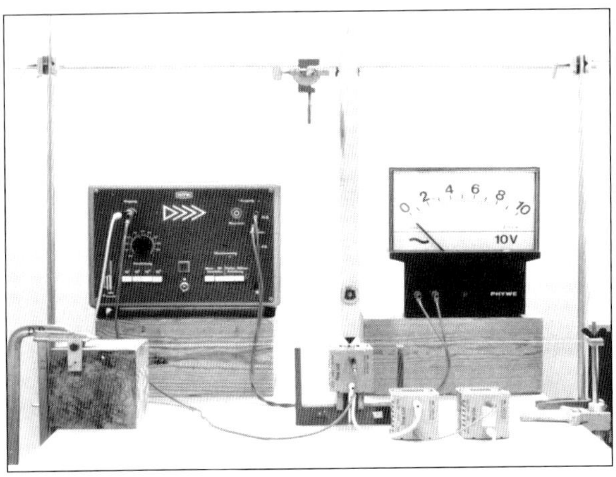

Abb. 1: Gesamtaufbau des Versuchs

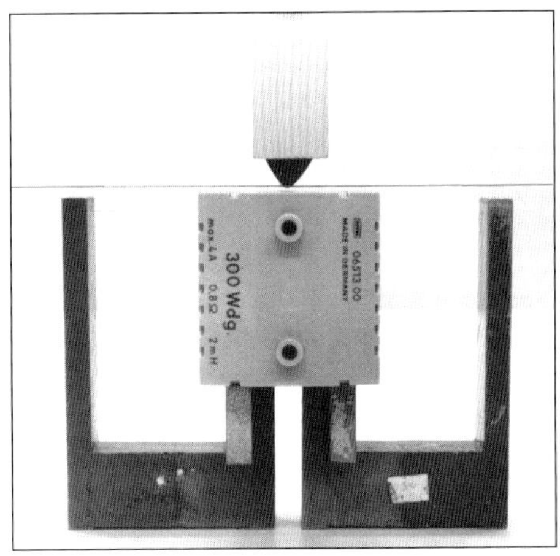

Abb. 2: Detailansicht des Modell-Tonabnehmers mit Anschlagvorrichtung, Saite, Magneten und Spule

Vorbereitung

Für den vorliegenden Versuch benötigt man eine E-Gitarrensaite und ein Plektrum sowie eine Spannvorrichtung für die Saite. Ein solcher Saitenspanner kann leicht selbst hergestellt werden.[1] Er wird jedoch auch von Lehrmittelfirmen angeboten.

Um für die quantitative Messung einen jeweils gleichen Anschlag der Saite zu gewährleisten, muß eine Anschlagsvorrichtung gebaut werden. Dazu benötigt man eine Holzlatte, in die an einem Ende ein Schlitz gesägt wird, um das Plektrum hineinzustecken. Am anderen Ende wird ein Loch zur Aufhängung gebohrt. Ein weiteres Loch auf der Seite des Plektrums kann zum Anbringen von Massestücken genutzt werden, um die Anschlagsenergie zu erhöhen.

---

[1] Für den Eigenbau eines Saitenspanners benötigt man eine möglichst lange Schraube, in deren Mitte man senkrecht zur Achse ein Loch zum Einhängen der Saite bohrt. Links und rechts dieser Bohrung wird je eine Mutter aufgeschraubt. Diese Muttern werden mit Schraubzwingen auf einer Unterlage befestigt, damit unter der Saite die Spulen Platz haben. Das Spannen der Saite erfolgt durch drehen der Schraube. Um ein Entspannen der Saite zu verhindern, wird ein Sicherungsblech über die Schraube geschoben, mittels einer Kontermutter festgeklemmt und an der Unterlage befestigt (z. B. durch Nagel oder Schraube).

Aufbau
Die jeweilige Spule wird so über zwei gleiche Pole der Hufeisenmagnete gesteckt, daß die Enden der Magnete genau mit der Spule abschließen und nicht aus ihr herausragen (Abb. 2). Dies kann z. B. durch Unterlegen der Abschlußbügel der Magnete unter die Spule erfolgen. Die Gitarrensaite wird so angebracht, daß der Abstand zu den darunter befindlichen Hufeisenmagneten wenige Millimeter beträgt. Die Anschlagsvorrichtung sollte so aufgehängt sein, daß das Plektrum die Saite beim Vorbeischwingen gerade noch berührt.

Durchführung/Ergebnis
Zur Untersuchung des Induktionsgesetzes werden nun die 3 Spulen in Reihe geschaltet (Eigenwiderstand!) und an den Meßverstärker angeschlossen. Nacheinander werden die Spulen auf die Magnete gesteckt und unter der gespannten Gitarrensaite plaziert. Dabei wird jeweils die Induktionsspannung gemessen, die entsteht, wenn die Saite durch die Anschlagsvorrichtung in Schwingung versetzt wird. Um reproduzierbare Ergebnisse zu erhalten, läßt man die Saite immer aus der gleichen Höhe anschlagen, so daß das Plektrum die Gitarrensaite immer mit der gleichen Geschwindigkeit trifft.

Funktionsweise
Die Gitarrensaite besteht aus ferromagnetischem Material (z. B. Stahl) oder enthält einen ferromagnetischen Kern. Die schwingende Saite ändert das Magnetfeld vor dem Magneten des Tonabnehmers periodisch. Dieses sich ändernde Magnetfeld induziert in der Spule eine Wechselspannung gleicher Frequenz.

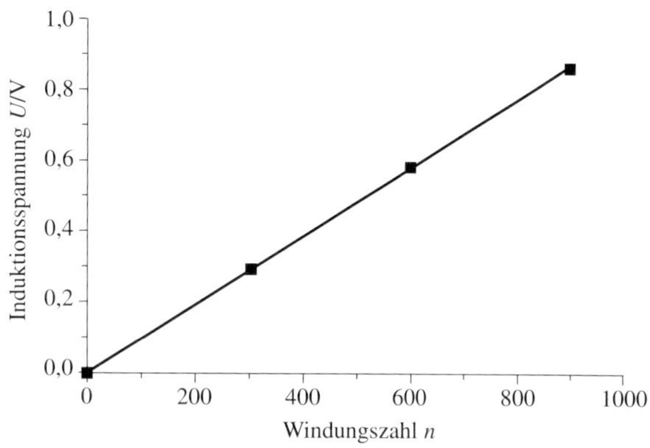

Abb. 3: Abhängigkeit der Induktionsspannung von der Windungszahl

Variante
Durch den Anschluß eines Oszilloskopes an den Ausgang des Verstärkers lassen sich die Schwingungen der Saite darstellen. Dabei stellt man fest, daß sich keine reine Sinuskurve einstellt. Dies liegt daran, daß neben der Grundschwingung auch verschiedene Oberschwingungen angeregt werden.

Abschätzung
Bestimmt man Länge, Masse und Frequenz der schwingenden Saite, so läßt sich daraus die Spannkraft der Saite abschätzen. Zur Messung der Frequenz schließt man an den Ausgang des Verstärkers einen Digitalzähler an. Für den Zusammenhang zwischen Frequenz f und Spannkraft F gilt:[2]

$$f = \frac{1}{2l} \cdot \sqrt{\frac{F}{\mu}} \Rightarrow F = 4\mu l^2 f^2 .$$

Dabei ist $\mu = \frac{m_{\text{ges}}}{l_{\text{ges}}}$ die eindimensionale Dichte, d. h. die auf die Gesamtlänge der Saite bezogene Gesamtmasse der Saite. Für $\mu = 1{,}1$ g/m, $l = 0{,}7$ m und $f = 450$ Hz erhält man als Spannkraft: $F \approx 437$ N, das entspricht etwa der Gewichtskraft eines Jugendlichen.

Methodischer Einsatz
Aufgrund des umfangreichen Versuchsaufbaus ist der Versuch hauptsächlich als Demonstrationsexperiment geeignet.
Desweiteren läßt sich der Versuch als Ausgangspunkt für ein fächerübergreifendes Projekt "Physik und Musik" oder als Facharbeitsthema "Selbstbau einer E-Gitarre" verwenden.

---

[2] K. Heidemann: Die Physik in Versuchen – Akustik, PHYWE-Schriftenreihe, Industrie-Druck GmbH Verlag, Göttingen 1971.

83. Tonbandgerät: elektromagnetische Tonaufzeichnung

Klassenstufe	Oberthemen	Unterthemen	Anforderungs-niveau	Durchführungs-niveau	Vorlauf Vorbereitung Durchführung
SI	Elektromagnetismus	Induktion Magnetfeld	●●	■■■	1 Tag ca. 15 min. ca. 15 min.

Das Prinzip der magnetischen Tonaufzeichnung[1] wird mittels eines nachgebauten Tonbandgerätes demonstriert.

Materialien

- Sinusgenerator mit Leistungsausgang
- 2 Spulen (je 600 Windungen)
- Joch für die Spulen
- 5 Kabel (30-50 cm lang)
- Experimentiermotor
- leere Tonbandspule
- Stahlplättchen (1 mm dick, Maße wie Querschnittsfläche des Jochs)
- Kugellager
- Stativ
- 2 Stativstangen (30 cm lang)
- Laborlift
- beidseitiges Klebeband
- Tonbandgerät
- Tonband auf einer Spule

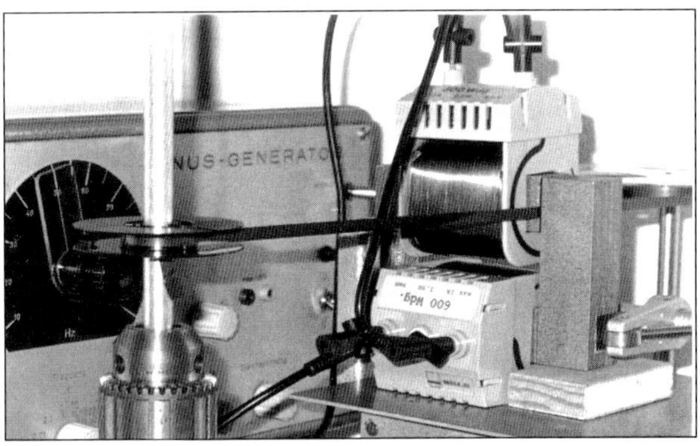

Abb. 1: Ansicht des Modell-Tonkopfes

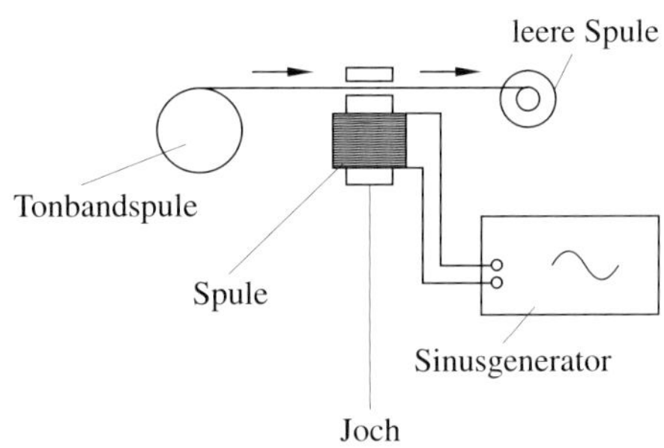

Abb. 2: Schemaszkizze des Versuchs

Vorbereitung

Die leere Tonbandspule, die zum späteren Aufwickeln des Tonbandes dient, wird mittels einer Stativstange am Experimentiermotor angebracht. Die Spule mit dem Tonband wird mit dem Klebeband zentrisch auf ein Kugellager geklebt. Danach richtet man die Spulen so aus, daß sie waagrecht in einer Ebene liegen.

Die Spulen werden durch das Joch induktiv gekoppelt. Beim Verbinden des Jochs legt man das Stahlplättchen auf eine Fläche des Jochs, so daß beim Aufdrücken des Verbindungsstücks auf der einen Seite ein Spalt von 1 mm Dicke auf der anderen Seite entsteht (Abb. 1).

Um den magnetischen Fluß zu verbessern, kann man die Flächen des Jochs mit feinem Schleifpapier etwas polieren.

Es sollte auch darauf geachtet werden, daß die Kanten des Stahlplättchens entgratet sind, da ansonsten die Gefahr besteht, sich zu schneiden.

[1] R. Götz, H. Dahncke, F. Langensiepen (Hrsg.): Handbuch des Physikunterrichts SI, Band 6: Elektrizitätslehre II/Elektronik, Aulis Verlag Deubner & Co KG, Köln 1996.

Der Elektromagnet wird mit einem Laborlift so zwischen der leeren Spule und der Tonbandspule positioniert, daß man das Band durch den Spalt ziehen kann, um die beiden Tonbandspulen zu verbinden. Danach wird der Elektromagnet mit dem Sinusgenerator verbunden.

Durchführung

Die Umdrehungsgeschwindigkeit (hier im Bereich von einigen cm/s) des Experimentiermotors wird so eingestellt, daß er das Band gestrafft durch den Spalt ziehen kann. Durch Auflegen der Hand auf der Tonbandspule kann ebenfalls verhindert werden, daß das Band durchhängt. Am Sinusgenerator wird eine Frequenz von 1-10 Hz eingestellt. (1,5-2 Hz und maximale Amplitude am Sinusgenerator ergeben bei der Anordnung hier gute Ergebnisse).

Wenn das Band ungefähr einen Meter abgespult ist, kann man es aus der Vorrichtung entfernen. Mit einem Tonbandgerät (z. B. aus der Musiksammlung) läßt sich das 'bespielte' Tonband nun abhören (man hört die zuvor eingestellte Frequenz als Impulse). Nachdem dies geschehen ist, sollte das Tonband wieder zurückgespult und erneut in die Vorrichtung gelegt werden. Es sei angemerkt, daß sich Kammertöne aufgrund der relativ langen Verweilzeit des Bandes im Magnetfeld nicht realisieren lassen.

Funktionsweise/Erklärung

Durch die angelegte Wechselspannung bzw. durch den dann fließenden Strom in der Spule wird im Spalt ein magnetisches Wechselfeld erzeugt. Dieses richtet die magnetisierbaren Partikel auf dem Band entsprechend der angelegten Frequenz aus.[2]

Abschätzung

Wird der Motor mit einer anderen Drehzahl betrieben und läuft das Band schneller oder langsamer durch den Spalt, so wird die eingestellte Frequenz auf der Aufzeichnung verzerrt. Eine Abhängigkeit der Frequenz von der Bandgeschwindigkeit kann man so demonstrieren, besonders eindrucksvoll kann dies auch mit einem Speicheroszilloskop vermittelt werden. Durch das sich ändernde Magnetfeld des Bandes wird eine Spannung induziert, die man mittels Verstärker hörbar (mittels Oszilloskop sichtbar) machen kann.

Variation

Mit einem Stabmagneten kann man eine Aufzeichnung auf einer Tonbandkassette stören. Drückt man den Magneten an einer bestimmten Stelle auf das Band, so hört man später an dieser Stelle, daß die Aufnahme gedämpft oder sogar gelöscht ist.

Eine weitere Variante ist das Abhören der Wechselspannungsfrequenz eines Elektromagneten mittels eines Walkmans (*Vorsicht: Tonkopf des Walkmans kann magnetisiert werden*). Liegt der Walkman ohne Kassette auf dem Magneten und ist in Betrieb, so hört man z. B. bei eingestellten 440 Hz am Sinusgenerator mit dem Walkman den Ton a sehr gut, was sich auch mit einem Digitalzähler und einem Mikrophon am Lautsprecher des Walkmans gut nachweisen läßt.

Ferner bietet es sich an, den zeitlichen Verlauf des gespeicherten Signals an einem Speicheroszilloskop (oder PC mit Interface) aufzuzeichnen und zu diskutieren.

Methodischer Einsatz

Mit diesem Versuch läßt sich die Ausrichtung magnetischer Teilchen in einem magnetischen Wechselfeld sowie deren technische Anwendung demonstrieren. Begriffe wie Hysteresis können in diesem Zusammenhang erläutert werden. Auch das Prinzip der elektromagnetischen Induktion, des magnetischen Flusses und des Trafos lassen sich darstellen.

---

[2] H. Ritter: Einführung in Speichermedien und Datentechnik, BASF AG, Ludwigshafen 1988.

84. Touchscreen: Drahtgittermodell

Klassenstufe	Oberthemen	Unterthemen	Anforderungs-niveau	Durchführungs-niveau	Vorlauf Vorbereitung Durchführung
SI, SII	Elektrik	Stromkreise Dioden	●●	■	- ca. 1 Std. ca. 10 min.

Mit Hilfe einer elektrischen Schaltung sollen der prinzipielle Aufbau und die Funktionsweise eines Touchscreens, d. h. einer elektrischen Ortserfassung, demonstriert werden.

Materialien

- Rastersteckplatte (etwa DIN A4)
- 4 Leuchtdioden mit eingebautem Vorwiderstand[1]
- 2 Batterieleisten oder Netzgeräte (bei denen der negative Pol nicht geerdet ist) zu je 4,5 V
- 16 Bananenstecker (ohne Isolation)
- 6 Verbindungskabel (ca. 30 cm lang)
- 4 Kurzschlußsteckbrücken
- unlackierter Kupferdraht (ca. 80 cm lang, 0,5 mm Querschnitt)

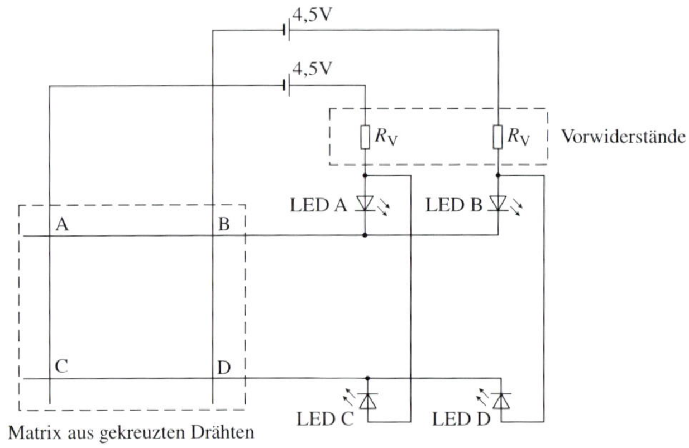

Abb. 1: Schaltskizze

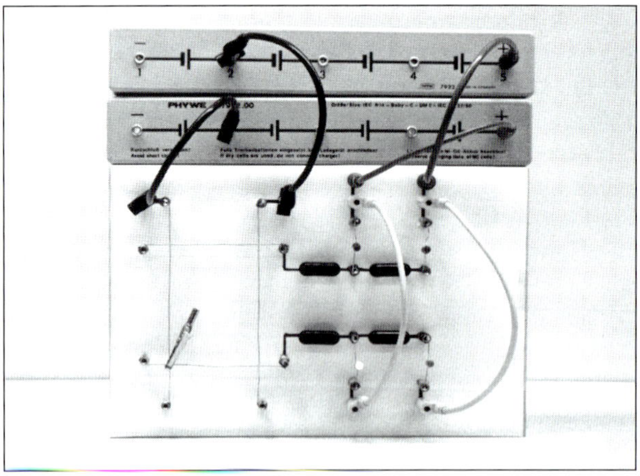

Abb. 2: Aufgebautes Modell (in Punkt C simuliert eine Klemme eine Berührung der Drähte)

[1] Falls "normale" LEDs eingesetzt werden, sind noch zwei Vorwiderstände (R = 180 Ω) erforderlich.

Vorbereitung
Zunächst wird der Kupferdraht in vier Stücke von je 20 cm unterteilt, die acht Enden werden dann mit Bananensteckern verlötet.
Die restlichen Bananenstecker werden an die Anschlüsse der Leuchtdioden angelötet, wobei man auf kurze Lötzeiten achten sollte, um das Bauteil nicht zu beschädigen.
Der weitere Aufbau erfolgt im Anschluß daran gemäß Abb. 1 (siehe auch Abb. 2) auf dem Steckbrett, wobei man jeweils zwei Drähte senkrecht und waagrecht aufspannt.
Dabei sollten sich die Kreuzungspunkte A bis D nicht berühren, sondern ca. 5 mm Abstand voneinander haben. Dies läßt sich im übrigen leicht durch unterschiedlich tiefes Einstecken der Bananenstecker in die Steckbrettlöcher realisieren. Die Drähte sollten ferner etwas vorgespannt sein, so daß diese nach dem späteren Zusammendrücken wieder die Ausgangslage einnehmen. Diese Vorspannung erreicht man durch das Aufwickeln der Drähte auf die oberen Enden der jeweiligen Bananenstecker.

Durchführung/Beobachtung
Beim Zusammendrücken der Drähte an den Kreuzungspunkten A, B, C oder D leuchtet die entsprechende Leuchtdiode A, B, C oder D auf.

Erklärung
Die Kreuzungspunkte A bis D lassen sich als geöffnete Schalter auffassen, welche beim Zusammendrücken geschlossen werden und somit einen Stromfluß im jeweiligen Zweig ermöglichen.
Der Aufbau und die Verschaltung der Bauteile sind so gewählt, daß beim Kurzschließen des Punktes A ein Strom in dem Zweig fließt, in welchem sich die LED A befindet, die dann aufleuchtet.
Beim Kurzschließen des Punktes B fließt in dem Zweig Strom, in welchem sich die LED B befindet, die in diesem Fall dann aufleuchtet, und so weiter.
Unter Verwendung der hier dargestellten Drahtmatrix und den entsprechend angeordneten Leuchtdioden, läßt sich somit eine relativ einfache elektrische Ortserfassung realisieren.

Variation
Falls keine speziellen Leuchtdioden mit bereits integrierten Vorwiderständen verwendet werden, wäre eine Dimensionierung der erforderlichen Vorwiderstände, abhängig vom verwendeten LED-Typ, sowie den vorhandenen Spannungsquellen, mit Hilfe des Ohmschen Gesetzes denkbar.
Ebenso könnten die Schwächen des hier dargestellten Modells aufgezeigt werden, indem man z. B. zwei Kreuzungspunkte gleichzeitig drückt und versucht, die gemachten Beobachtungen[2] zu erklären. In gleicher Weise könnte auf die Problematik bei der Verwendung von Glühbirnen statt Leuchtdioden näher eingegangen werden, da in diesem Fall die übrigen drei Glühbirnen, bei denen die entsprechende Drahtkreuzung nicht gedrückt wurde, schwach mitleuchten, weil durch deren Glühwendel ein Stromfluß stattfindet. Hierdurch können die Schüler und Schülerinnen auf die Funktion der Leuchtdioden als Gleichrichter aufmerksam gemacht werden.

Methodischer Einsatz
Dieser Versuch könnte in der SI zur Einführung in das Thema Stromkreise dienen, in der SII bietet sich der Versuch bei der Behandlung von Dioden an. Die Variation mit der Berechnung von eventuell erforderlichen Vorwiderständen ist im Rahmen des Ohmschen Gesetzes denkbar.
Da bei diesem Versuch nicht unbedingt Lötkenntnisse erforderlich sind und außerdem unbedenkliche Spannungen verwendet werden, können auch Schüler und Schülerinnen den Versuch vorbereiten, durchführen und auswerten.

---

[2] In diesem Fall leuchten, je nach Wahl der beiden Kreuzungspunkte, z. B. alle vier LED, statt der erwarteten zwei LED.

85. Touchscreen: resistive Technik

Klassenstufe	Oberthemen	Unterthemen	Anforderungs-niveau	Durchführungs-niveau	Vorlauf Vorbereitung Durchführung
SI	Elektrik	Ohmsches Gesetz Potentiometer	●	■■	- ca. 1 Std. ca. 10 min.

Das Funktionsprinzip der resistiven Touchscreen–Technologie (Widerstandstechnik) soll in einem Modell demonstriert werden.

Materialien

- Zweikanal – Oszilloskop (Einstellung Hor.ext.)
- stabilisiertes Netzgerät 10 V = / 1 A
- 4 Blätter Papier, DIN A3
- 14 Krokodilklemmen
- 2 Blätter Leitfähigkeitspapier, DIN A3 (z. B. von PASCO: Conductive Paper PK 9026)
- 1 m handelsübliche Alufolie
- Verbindungskabel in verschiedenen Längen

Vorbereitung

Aus drei Bögen Papier werden zunächst Matrizen hergestellt, indem jeweils neun quadratische Löcher (ca. 1 cm x 1 cm Abmessungen) aus diesen ausgeschnitten werden (Abb. 1). Zwecks Arbeitserleichterung empfiehlt es sich, die drei Blätter übereinanderzulegen. Die Löcher müssen untereinander in horizontaler und vertikaler Richtung den gleichen Abstand aufweisen, damit bei der späteren Drehung einer Matrize um 90° die Löcher noch deckungsgleich sind.

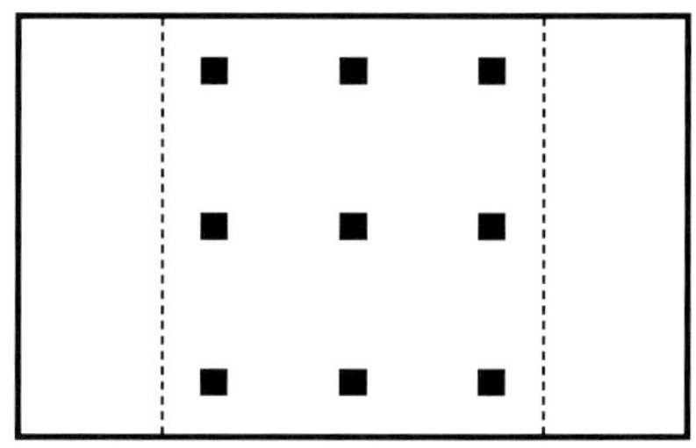

Abb .1: Papiermatrize

An die beiden kürzeren Ränder des Leitfähigkeitspapiers wird ein ca. 1 cm breiter Streifen Aluminiumfolie mittels drei Krokodilklemmen pro Rand befestigt, um später einen möglichst linearen Widerstandsverlauf über die Länge des Papiers zu erreichen.

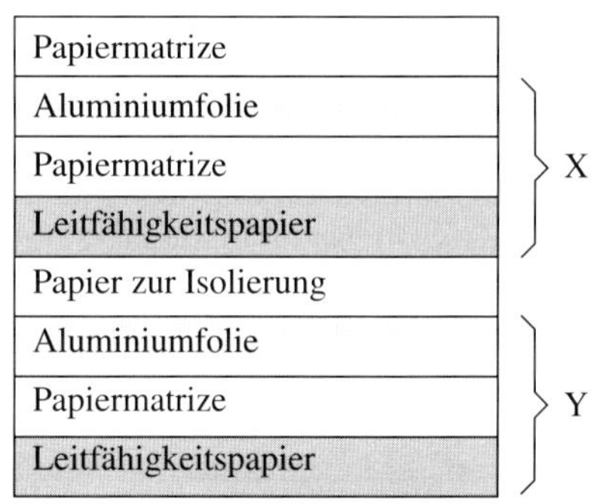

Abb. 2: Die verschiedenen Schichten

Von der restlichen Aluminiumfolie werden zwei quadratische Stücke in der Größe geschnitten, so daß die Löcher der quadratischen Matrize alle bedeckt sind.

Um eine Positionsbestimmung für die X- und Y-Richtung zu erhalten, werden zwei Schichten, welche jeweils aus Leitfähigkeitspapier, Matrize und Aluminiumfolie bestehen, gemäß Abb. 2 übereinander angeordnet und um 90° gegeneinander verdreht (siehe Abb. 3). Beim Aufbau ist darauf zu achten, daß die Aluminiumfolie und das Leitfähigkeitspapier an keiner Stelle unbeabsichtigt Kontakt haben, desweiteren müssen die Löcher der drei Papiermatrizen deckungsgleich sein. Um ein versehentliches Verschieben der verschiedenen Lagen zu verhindern, empfiehlt es sich, jede Lage nach der genauen Positionierung mit Klebestreifen auf dem Tisch bzw. der darunterliegenden Lage zu fixieren.

Der elektrische Anschluß erfolgt dann gemäß Abb. 3. Nach dem Anlegen der 10 V-Spannung werden zunächst das Oszilloskop und die Matrize aufeinander abgestimmt, indem man zum Beispiel auf das mittlere Loch in der quadratischen Matrize drückt und das Oszilloskop so einregelt, daß der Leuchtpunkt auf dem Bildschirm ebenfalls in etwa der Mitte erscheint. Dann wird zum Beispiel auf das Loch links neben dem Mittelloch gedrückt und das Oszilloskop wieder entsprechend so eingestellt, daß der Punkt dann am linken Bildschirmrand erscheint, analog geht man bei den anderen Löchern vor.

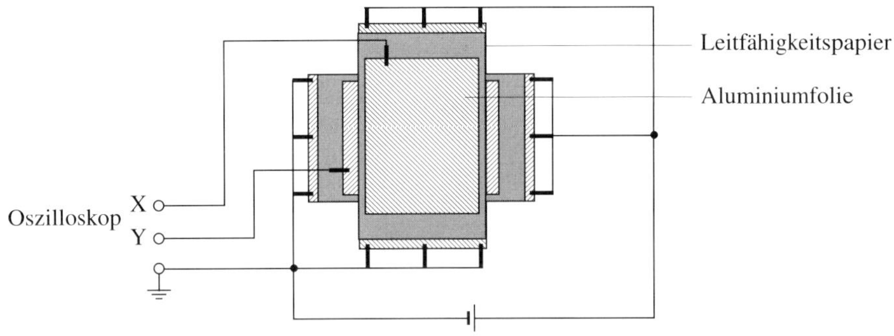

Abb. 3: Anordnung der Matrizen und elektrische Verschaltung der einzelnen Komponenten

Durchführung/Beobachtung

Beim Drücken auf eines der ausgeschnittenen Quadrate auf der Matrize erscheint der Leuchtpunkt in etwa auf der gleichen Position auf dem Bildschirm des Oszilloskops, d. h. beim Drücken in die Mitte (bzw. links, rechts, oben, unten, etc.) erscheint der Leuchtpunkt in der Mitte (bzw. links, rechts, oben, unten, etc.) des Bildschirms.

Beim Drücken ist darauf zu achten, daß so fest gedrückt werden muß, daß die Aluminiumfolien auf beiden Schichten (X und Y) Kontakt zu dem jeweiligen Leitfähigkeitspapier bekommen, und daß man auf jedes Quadrat in etwa mit der gleichen Kraft drückt, um druckabhängige Widerstandsschwankungen möglichst gering zu halten.

Erklärung

Die beiden Lagen aus Leitfähigkeitspapier und Aluminiumfolie sind im Grunde nichts anderes als zwei Potentiometer. Je nach der momentanen Druckposition fallen unterschiedliche Spannungen entlang des Leitfähigkeitspapiers ab. Diese Spannungsabfälle werden mit Hilfe des Zweikanal–Oszilloskops gemessen und auf dem Bildschirm dargestellt. Die Schaltung ist so aufgebaut, daß der Leuchtpunkt des Oszilloskops sich in etwa analog zur Druckposition einstellt.

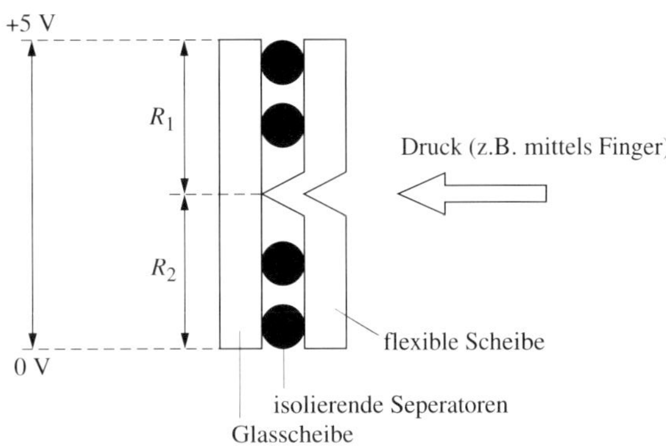

Abb. 4: Schema zur Funktionsweise eines resistiven Touchscreens

Variation

Falls kein Leitfähigkeitspapier kurzfristig zu beschaffen ist, kann alternativ dazu ein selbst hergestelltes Material als Ersatz dienen. Hierzu besprüht man eine Plastikfolie (z. B. Overheadfolie) oder auch "normales" Papier mit Graphitspray[1]. Dieses Material ist allerdings nur bedingt für diesen Versuch geeignet, da sich aufgrund der möglichen ungleichmäßigen Sprühdicke der Widerstand längs des Materials nicht so linear wie beim kommerziellen Leitfähigkeitspapier verhält.

Methodischer Einsatz

Das Experiment ist auch für Schüler und Schülerinnen geeignet, und da es viel Freiraum für kreatives und handwerkliches Geschick läßt, bietet es sich an, dieses eventuell als Projekt, an das einführende Experiment "Touchscreen: Drahtgittermodell" anzuschließen.

---

[1] Elektronik-Fachhandel.

86. Transparente Wärmedämmstoffe: Energiegewinnung

Klassenstufe	Oberthemen	Unterthemen	Anforderungsniveau	Durchführungsniveau	Vorlauf Vorbereitung Durchführung
SI, SII	Optik Wärme	Energieumwandlung Brechung Absorption	●●●	■■	2 Wochen ca. 20 min. ca. 30-45 min.

Die Energiegewinnung durch einen "transparenten Wärmedämmstoff" wird untersucht.

Materialien

- schwarze Pappe (ca. 15 cm x 9 cm)
- digitales Thermometer
- Dämmaterial, als Unterlage für die Fliesen
- Videolampe (650 W), besser Sonnenstrahlung
- 2 Fliesen aus Steinzeug (ca. 15 cm x 9 cm)
- transparenter Wärmedämmstoff[1] (ca. 15 cm x 9 cm)

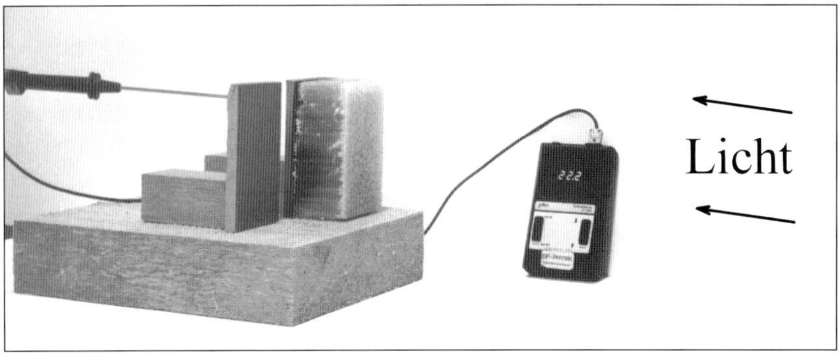

Abb. 1: Gesamtansicht des Versuchs

Vorbereitung

Auf eine mit schwarzer Farbe (Absorber) angestrichenen bzw. mit schwarzer Pappe beklebten Fliese wird der "transparente Wärmedämmstoff" aufgeklebt. An den Rückseiten beider Fliesen sollte man je ein Holzklötzchen zur Stabilisierung anbringen.

Durchführung

Die beiden Steinzeugplatten (eine Fliese trägt die schwarze Farbe sowie den Wärmedämmstoff, die andere bleibt frei) werden aus ca. 50 cm Entfernung gleichmäßig mit der Lampe angestrahlt. Um zu vermeiden, daß Wärme in die Tischplatte abgeführt wird, sollten beide Platten auf thermisch isolierendem Material stehen. Bereits nach wenigen Minuten mißt man auf den Rückseiten der beiden Fliesen einen Temperaturunterschied von ein bis zwei Grad Celsius.
An Sommertagen sollte der Versuch, aufgrund der Praxisnähe und der eindrucksvollen Ergebnisse, unbedingt mit der natürlichen Sonnenstrahlung durchgeführt werden. Verwendet man dünne Steinzeugplatten zur Nachbildung der Hauswand, so erhält man bereits nach einer halben Stunde Bestrahlung einen beträchtlichen Temperaturunterschied, der leicht mit der Hand erfühlbar ist.
Beim Auskühlen der beiden Platten nach der Bestrahlung stellt man weiter fest, daß die mit dem Dämmstoff beschichtete Platte ihre Wärme wesentlich länger speichert.

[1] Erhältlich bei: Sto AG, Postfach, D-79778 Stühlingen.

Erklärung
Beim "transparenten Wärmedämmstoff" sind Kapillaren aus lichtdurchlässigen Polycarbonat zur Vermeidung von Konvektionsströmungen senkrecht zur Fliesenoberfläche angeordnet (Abb. 2 und Abb. 3). Über dieser 5 cm hohen Kapillarschicht befindet sich eine transparente Abdeckung aus einem Glasputz. Der Glasputz setzt sich aus Glaskügelchen von ca. zwei bis drei Millimeter Durchmesser zusammen. An der Oberfläche dieser Kügelchen wird in Abhängigkeit vom Einfallswinkel des Sonnenlichts ein Teil der Strahlung reflektiert, der andere Teil dringt durch die Kügelchen in die Kapillare ein. Ein höherer Sonnenstand (Sommer) bedeutet größere Einfallswinkel, was somit einen größeren Reflexionsgrad zur Folge hat. (Es ist evident, daß im Sommer weniger Wärme an das Mauerwerk abgegeben werden soll).

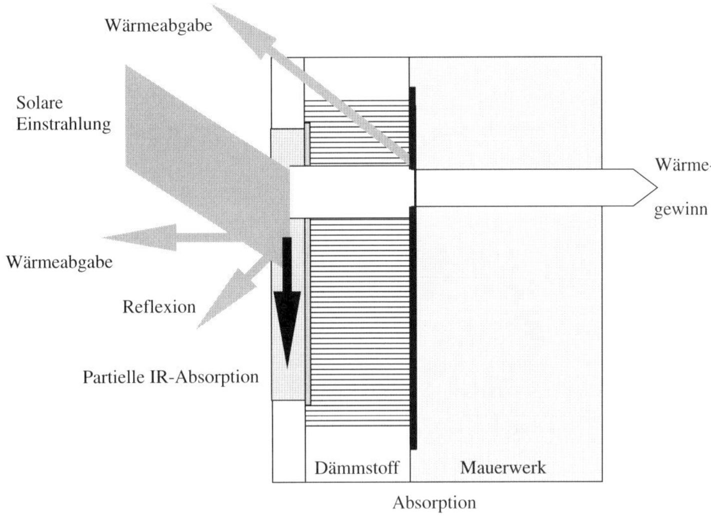

Abb. 2: Schema zur Funktionsweise des transparenten Wärmedämmstoffs

Von der schwarzen Fläche (auf der der Dämmstoff aufgebracht ist) wird die Sonnenstrahlung schließlich absorbiert und in Wärme umgewandelt. Auf einem Mauerwerk angebracht, wird durch die Art der Konstruktion erreicht, daß die Wärme nach sechs bis acht Stunden in den Innenraum abgegeben wird. Zusätzlich sorgt die in den Kapillaren eingeschlossene Luft für eine Wärmeisolation.

Variation
Die Abhängigkeit der Erwärmung vom Einfallswinkel (Jahreszeit!) sowie Messungen des reflektierten Lichts wären weitere experimentelle Möglichkeiten. Es bietet sich auch an, ein Hausmodell zu basteln und dessen Erwärmungs- und Wärmespeicherverhalten im Zusammenhang mit verschiedenen Dämmstoffen zu untersuchen.

Methodischer Einsatz
Der Hinweis, daß Eisbären die Wärme nach dem gleichen Prinzip speichern (weißes, feines Fell auf schwarzer Haut), erlaubt eine fächerübergreifende Betrachtung.

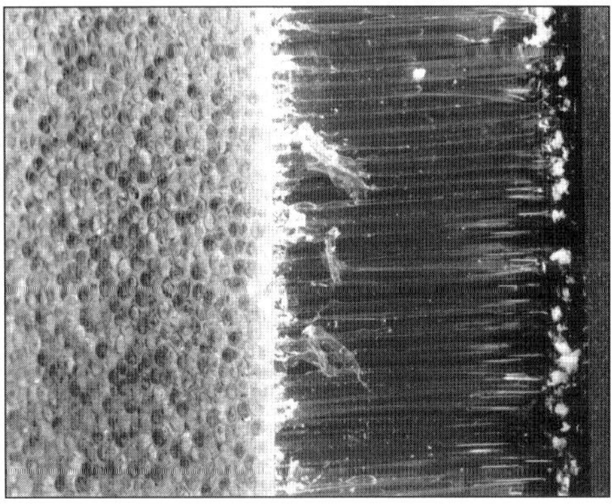
Abb. 3: Detailansicht des transparenten Wärmedämmstoffs, bestehend aus Glaskügelchen (links) und Kapillaren auf geschwärztem Untergrund (rechts)

87. Ultraviolett-Detektor

Klassenstufe	Oberthemen	Unterthemen	Anforderungs-niveau	Durchführungs-niveau	Vorlauf Vorbereitung Durchführung
SI	Quanten/Atome Optik	Energieniveaus UV-Strahlung Fluoreszenz	●	■	- ca. 30 min. ca. 5 min.

Mit UV-Filter und einem fluoreszierenden Gegenstand wird ein Detektor gebaut, mit dem man Lampen auf UV-Strahlung untersuchen kann.

Materialien

- UV-Lampe
- Glühlampe
- Lampenhalterung und Netzanschluß
- verschiedene Briefmarken, alternativ: Geldschein, Personalausweis o. ä.
- Kompaktleuchtstofflampe
- UV-Kantenfilter
- schwarze Pappe (DIN A4 Bogen)
- Klebstoff und Schere

Abb. 1: Der selbstgebaute UV-Detektor

Vorbereitung

Man bastelt eine Schachtel nach der Bastelvorlage auf der folgenden Seite. Die Größe der Schachtel richtet sich nach der Größe des Filters, üblicherweise 5 cm x 5 cm, andernfalls muß die Bastelvorlage vergrößert oder verkleinert werden. In die Fensteröffnung der Schachtel wird der UV-Filter geschoben. Auf die schräge Fläche legt man eine Briefmarke. Alternativ eignet sich auch ein Personalausweis oder ein Geldschein als Detektorfläche. Die Lampen werden aufgestellt und eingeschaltet. Die Raumbeleuchtung wird ausgeschaltet und der Raum eventuell atwas abgedunkelt.

Durchführung

Die Fensterseite des Kartons wird nun möglichst dicht an eine der Lampen gehalten und man schaut von oben auf die Detektorfläche. *Um Augen- und Hautschäden bei der Verwendung von Spektrallampen mit hohem UV-Anteil auszuschließen, ist das Licht unmittelbar vor und nach der Anwendung des UV-Detektors in geeigneter Weise zu filtern bzw. Sicherheitsabstand zu halten.* Dies wird mit jeder der vorhandenen Lampen wiederholt. Die Detektorfläche fluoresziert bei der UV-Lampe am stärksten, bei der Glühlampe fast gar nicht.

Erklärung

Geldschein und Ausweispapiere enthalten ca. 5 mm lange Fasern, die bei der Bestrahlung mit UV-Licht in verschiedenen Farben fluoreszieren. Briefmarken sind häufig mit fluoreszierender Farbe bedruckt.

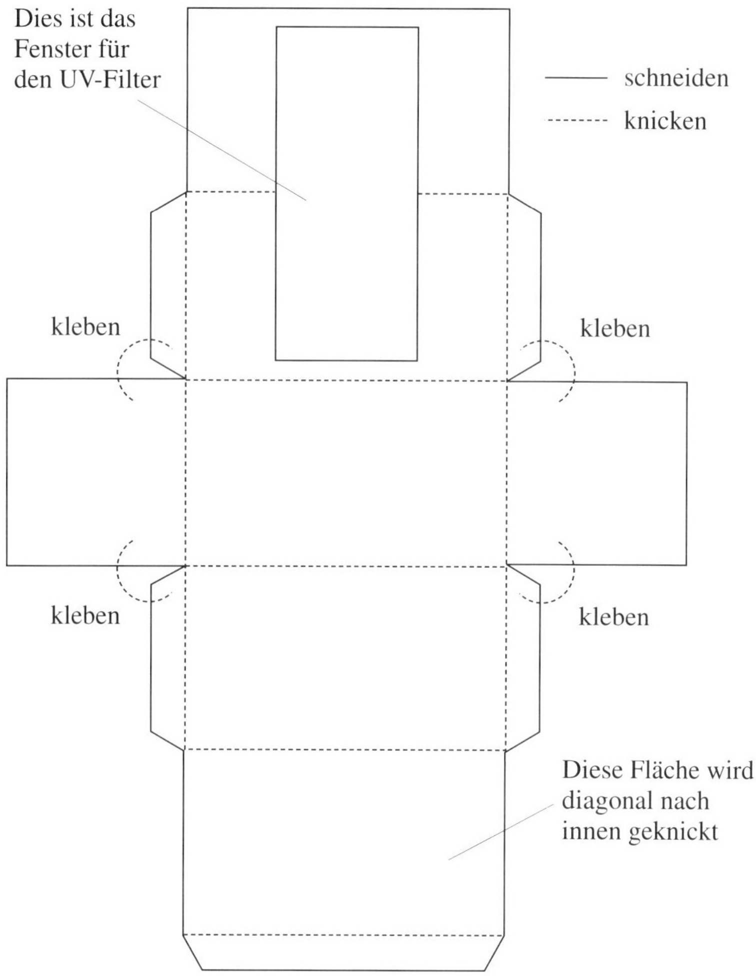

Abb. 2: Bastelvorlage (evtl. passend zum UV-Filter vergrößern)

Auf beiden Seiten des Personalausweises sind mit fluoreszierender Farbe stilisierte Adler aufgedruckt, die ebenfalls erst bei Bestrahlung mit UV-Licht sichtbar werden. Werden diese Zeichen sichtbar während man den Detektor vor eine Lampe hält, so strahlt diese Licht im UV-Bereich aus.

Variationen

Mit der UV-Detektionsschachtel kann man verschiedene Materialien auf Fluoreszenz untersuchen. Die Dimension der Schachtel schränkt die Auswahl der Materialien und Gegenstände allerdings stark ein. Mit einer Schwarzlichtröhre können auch größere Gegenstände untersucht werden.
Einen anderen einfachen UV-Detektor erhält man, wenn man einen UV-Kantenfilter mit Haushaltsgummi an einem mit Tonic Water gefüllten Reagenzglas befestigt. Auch mit diesem Detektor können Lampen auf UV-Emission hin überprüft werden.
Mittlerweile gibt es batteriebetriebene UV-Lampen als Geldscheinprüfer im Taschenformat für relativ wenig Geld im Elektronik-Fachhandel.

Methodische Hinweise

Sind mehrere Filter vorhanden, bietet es sich an, den Versuch in Kleingruppen durchzuführen. Bei Vorhandensein eines einzigen Filters können nur wenige Personen gleichzeitig den Effekt beobachten, was das Experiment als Demonstrationsversuch bei großer Klassenstärke ausschließt.

88. Vitrinenschutzmelder: Helmholtzresonanz

Klassenstufe	Oberthemen	Unterthemen	Anforderungs-niveau	Durchführungs-niveau	Vorlauf Vorbereitung Durchführung
SII	Akustik	Helmholtzresonanz Schwingungen	●●●	■	1 Tag ca. 30 min. ca. 15 min.

Mit einem einfachen Modell wird die Funktion des Vitrinenschutzmelders auf der Basis der Helmholtzresonanz gezeigt (siehe auch Versuch Nr. 38 "Helmholtzresonanz in der Glasflasche").

Materialien

- Pappkiste (Volumen ca. 22 $cm^3 \approx 0{,}01\ m^3$)
- Breitbandlautsprecher[1] (mit passender Impedanz)
- Stativ dazu
- Sinusgenerator mit Leistungsausgang (z. B. Elwe)
- Mikrophon[1]
- Oszilloskop
- Laborlift

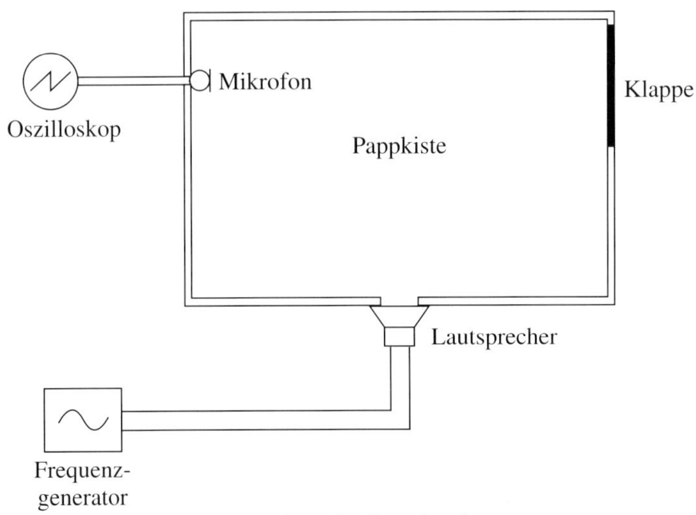

Abb. 1: Schema des Versuchsaufbaus

Vorbereitung

Die Pappschachtel muß folgendermaßen präpariert werden: In eine Seite wird ein Loch in der Größe des Lautsprechers geschnitten (Radius R, hier ca. 3,8 cm). In eine andere Seite wird ein Loch in der Größe des Mikrophons geschnitten. In eine dritte Seite wird eine Klappe geschnitten und mit einem Streifen Klebeband versehen, so daß man sie problemlos öffnen kann. Ansonsten darf es keine Öffnung geben, die Kiste muß gegebenenfalls mit Hilfe von Klebeband abgedichtet werden.

Die Kiste wird auf den Laborlift gestellt und so positioniert, daß der Lautsprecher in die vorgesehene Öffnung paßt, um in die Kiste hinein abzustrahlen. Der Ausgang des Frequenzgenerators wird mit dem Lautsprecher verbunden. In die andere Öffnung wird das Mikrophon gesteckt und mit dem Oszilloskop verbunden, um das Signal beobachten zu können.

[1] Effektiver Frequenzbereich bis herunter auf 50-100 Hz.

Durchführung

Man regelt am Frequenzgenerator die Frequenz ab 100 Hz aufwärts (mindestens bis 200 Hz) und beobachtet am Oszilloskop die Amplitude des vom Mikrofon empfangenen Signals. Dann stellt man die Frequenz ein, bei der die Amplitude ein Maximum hat (Resonanzfrequenz) und öffnet die Klappe der Pappkiste. Wieder achtet man auf die Amplitude am Oszilloskop.

Beobachtung/Erklärung

Für ein Volumen V von ca. $0{,}01\ \mathrm{m}^3$ erhält man eine Resonanzfrequenz f von ca. 150 Hz. Die Amplitude des empfangenen Signals sinkt beim Öffnen der Klappe um mehr als 50 %. Es handelt sich hier um die sogenannte Helmholtzresonanz, bei der das kompressible Luftvolumen in der Kiste wie eine Feder schwingt. Die Eigenfrequenz dieser Schwingung ist vom Volumen abhängig. Wenn der Lautsprecher (Radius R) in der Resonanzfrequenz betrieben wird, und dann die Klappe geöffnet wird, verändert sich das kompressible Luftvolumen V, und der Resonanzfall ist nicht mehr gegeben. Deshalb fällt die Amplitude des empfangenen Signals ab.[2] Die Resonanzfrequenz kann auch theoretisch nach folgender Formel berechnet werden:

$$f = \frac{c}{2\pi} \cdot \sqrt{\frac{2R}{V}},$$

wobei c die Schallgeschwindigkeit in Luft (344 m/s) ist. Man findet eine gute Übereinstimmung zwischen experimentellem und theoretischem Wert (Abb. 2).

Nach demselben Prinzip funktionieren Alarm-Meldesysteme für Vitrinen: Das kompressible Luftvolumen der Vitrine wird ständig durch einen Lautsprecher in dessen Helmholtzresonanz angeregt. Für Vitrinen mit einem Volumen zwischen $0{,}1\ \mathrm{m}^3$ und $2\ \mathrm{m}^3$ liegen die Resonanzfrequenzen im Infraschallbereich (0 bis 20 Hz) und werden deshalb vom menschlichen Ohr nicht wahrgenommen. Ein Mikrophon nimmt das Signal auf und leitet es an eine Elektronik weiter. Wird nun das Luftvolumen in irgendeiner Weise verändert (z. B. durch Bohren eines Loches), so ist der Resonanzfall nicht mehr gegeben - die Elektronik registriert den Amplitudenabfall des empfangenen Signals und meldet Alarm.

Variation

Da kommerzielle Vitrinenschutzmelder im Infraschallbereich arbeiten, kann auch das Experiment für diesen Frequenzbereich geplant werden. Dazu benötigt man aber eine wesentlich größere Kiste (vgl. obige Formel). Außerdem müssen Lautsprecher, Mikrophon und Frequenzgeber benutzt werden, die in diesem Bereich arbeiten.

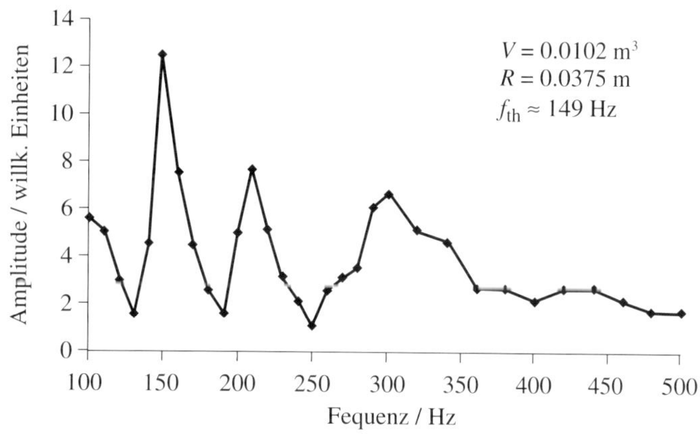

Abb. 2: Amplitude als Funktion der Frequenz (nicht frequenzgangkorrigiert)

Methodische Hinweise

Der Bau eines Vitrinenschutzmelders kann als Projektthema angeboten werden. In diesem Fall kann evtl. sogar ein kommerzieller Melder für Vitrinen oder für Autos angeschafft bzw. geliehen werden, und die Pappkiste kann durch einen Holz- oder Glaskasten ersetzt werden.

Im regulären Physikunterricht bietet sich das Experiment als Analogiebetrachtung zur Feder-Masse-Schwingung an.

---

[2] Durch Berechnung der Eigenfrequenzen der Kiste als Hohlraumresonator läßt sich zeigen, daß die Resonanzen der stehenden Wellen oberhalb der Helmholtzresonanz liegen, hier bei etwa 573, 782 und 1110 Hz. Vgl. z. B.: E. Meyer, E.-G. Neumann: Physikalische und Technische Akustik, Vieweg, Braunschweig 1979.

89. Wärmedämmstoffe

Klassenstufe	Oberthemen	Unterthemen	Anforderungsniveau	Durchführungsniveau	Vorlauf Vorbereitung Durchführung
SI	Wärmelehre	Wärmeleitung Energiesparen	●●	■■	1 Woche ca. 20 min. ca. 50 min.

Die Wärmeleitfähigkeit verschiedener Dämm- und Baustoffe soll untersucht werden.

Materialien

- Tauchsieder (ca. 50 W)
- digitales Thermometer
- viereckige Blechdose (z. B. eine Teedose, ca. 8 cm x 8 cm x 11 cm)
- Stativmaterial
- Draht, zum Befestigen der Dämmstoffe
- Isolierplatte
- verschiedene Dämmaterialien (z. B. Styropor, Mineralwolle, Ziegelstein, ...)

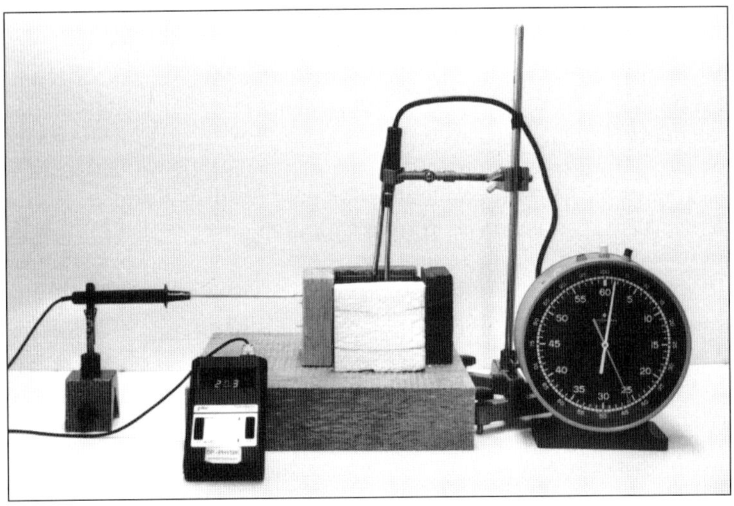

Abb. 1: Gesamtansicht des Versuchs

Vorbereitung

Zunächst werden der Schamottestein und die Isolierstoffe auf dieselbe Dicke gesägt, damit sich in allen Baustoffen ein Temperaturgefälle über eine gleichlange Strecke einstellen kann. Die anderen Maße paßt man den Seitenflächen der Dose an.

Damit keine Wärme über die Tischplatte abgeführt wird, wird das Experiment auf einer Isolierplatte aufgebaut. An der Blechdose befestigt man mit Draht die Dämmstoffe. Mit Hilfe des Stativmaterials wird ein Tauchsieder im Inneren der Dose aufgehängt. Er soll das vor der Versuchsdurchführung zum Sieden gebrachte und anschließend in die Blechdose eingefüllte Wasser auf konstanter Temperatur (Siedetemperatur) halten. Das Wasser spielt die Rolle eines Wärmebades.

Durchführung/Ergebnis

Nachdem das siedende Wasser in die Blechdose eingefüllt ist (Zeitpunkt $t = 0$), mißt man auf der Oberfläche der Baustoffe in Zeitabständen von einigen Minuten die Temperatur. Der stationäre Zustand ist für die Dämmstoffe nach $t \approx 40$ min erreicht (Abb. 2).

Für das Experiment wurden folgende Baustoffe auf ihre Wärmeleitfähigkeit hin überprüft: ein Ziegelstein, eine Styroporplatte, eine Estrichdämmplatte der Firma 'G+H Isover' und eine Estrichdämmplatte der Firma 'Rockwool'[1]. Estrichdämmplatten bestehen typischerweise aus Mineral- oder Glaswolle, daneben auch aus Holzfaserprodukten.
Während sich die Isolierstoffe auf der Außenseite nur um etwa 5°C erwärmt haben, beträgt die Temperaturerhöhung ΔT beim Ziegelstein etwa 25°C. Der lineare Anstieg des Graphen in Abb. 2 repräsentiert praktisch die Erwärmung der Materialien entsprechend der zugeführten Wärmemenge $\Delta Q \sim \Delta T$. Der horizontale Verlauf der Kurven entspricht einem Gleichgewichtszustand, in dem die Wärmeleitung bzw. der Wärmestrom $\frac{\Delta Q}{\Delta t}$ konstant sind: $\frac{\Delta Q}{\Delta t} \sim \lambda \cdot \Delta T$, mit λ als Wärmeleitungskoeffizient.

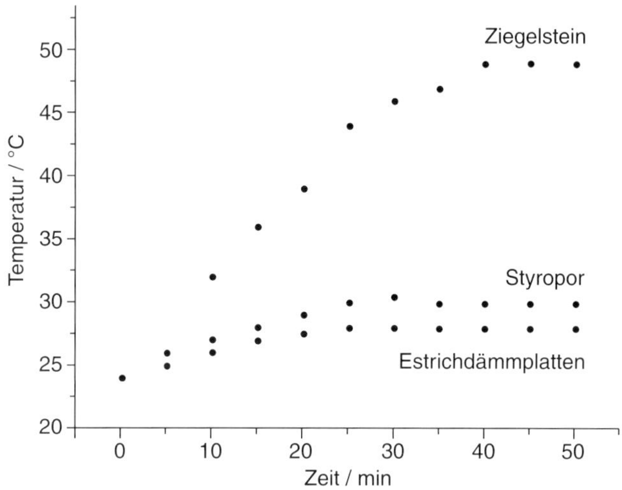

Abb. 2: Außentemperatur verschiedener Materialien als Funktion der Zeit

Funktionsweise von Dämmstoffen

Dämmstoffe nutzen die Eigenschaft der Luft, ein schlechter Wärmeleiter zu sein. Sie bestehen aus winzigen aneinandergereihten Fasern oder Kammern, die Luft enthalten. Um in ihnen Konvektion zu vermeiden, werden sie auf ein Minimum reduziert. Styropor besteht beispielsweise aus winzig kleinen Bläschen von wenigen Zehntel Millimetern Durchmesser. Dagegen besteht Mineralwolle aus vielen dünnen Fasern, zwischen denen ebenso eine Konvektion verhindert wird. Außerdem sind die Stoffe selbst schlechte Wärmeleiter.

Methodischer Einsatz

Der Versuch eignet sich zur Einführung in das Thema der "Wärmelehre". Der Unterschied zwischen Wärme und Temperatur kann durch diesen Versuch geklärt werden. Die qualitativen Ergebnisse werden den Schülern und Schülerinnen bereits aus ihrer Erfahrung her bekannt sein.
Sowohl bei der Diskussion der Energieeinsparung im Haushalt, als auch in der Biologie (Kleidung, Fell) lassen sich Bezüge zum Prinzip der Wärmedämmung herstellen (siehe auch Versuch Nr. 86 "Transparente Wärmedämmung").

[1] G+H Isover, Ferdinand Porsche Str. 16, D-60386 Frankfurt; Deutsche Rockwool Mineralwolle GmbH, Postfach 207, D-45952 Gladbeck.

90. Wasserkocher: Temperaturregelung

Klassenstufe	Oberthemen	Unterthemen	Anforderungs-niveau	Durchführungs-niveau	Vorlauf Vorbereitung Durchführung
O, SI	Elektrik Wärme	Regelkreis Bimetall Wärmemenge	●●	■■ !	Tage ca. 15 min. ca. 10 min.

Die Funktionsweise eines selbstabschaltenden Wasserkochers soll demonstriert werden.

Materialien

- Bimetallstreifen mit Stecker (Kröncke)
- 2 Isolierhalterungen
- Thermometer
- Klemme für Thermometer
- 2 isolierte Krokodilklemmen
- 3 Kabel (30 cm lang)
- 2 Kabel (50 cm lang)
- Metalltopf (h = 20 cm, D = 15 cm)
- Tauchsieder 300 W
- Korkplatte als Unterlage (h = 3 cm)
- 4 V Glühbirne mit Fassung
- Batterie 4,5 V
- Stativmaterial
- Experimentiersteckdose

Vorbereitung

Zuerst muß der Bimetallstreifen so justiert werden, daß er später zum richtigen Zeitpunkt den Tauchsieder abschaltet. Dazu wird er zunächst mit einer Glühlampe und einer Batterie zu einem geschlossenen Stromkreis geschaltet (siehe Abb. 1 oben). Zur gleichen Zeit erhitzt man mit dem Tauchsieder das Wasser im Metalltopf.

Ab diesem Zeitpunkt muß darauf geachtet werden, daß man sich mit dem heißen Wasser nicht verbrüht.

Die Temperatur des Wassers wird mittels des Thermometers überwacht. Den Bimetallstreifen nähert man dem Topf an. Erreicht das Wasser im Topf eine bestimmte Temperatur, so öffnet sich durch das sich krümmende Bimetall der Stromkreis und die Lampe erlischt. Der Bimetallstreifen wird also so positioniert, daß er den Stromkreis dann unterbricht, wenn das Wasser zu sieden beginnt (ca. 100°C). Der Abstand sollte mittels eines geeigneten Stativs fest fixiert werden, damit er sich während der gesamten Versuchsdauer nicht mehr verändert.

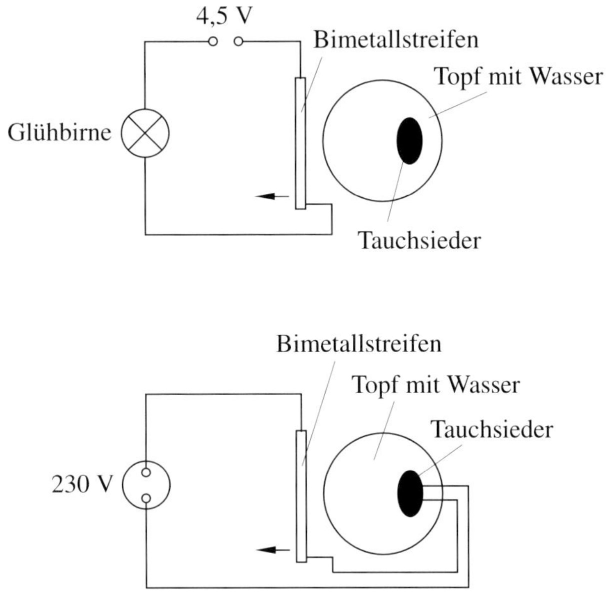

Abb. 1: Schema des Vorexperiments zur Ermittlung eines optimalen Abstandes Bimetall – Topf (oben); Schema des eigentlichen Experiments (unten)

Durchführung
Im folgenden wird der Stromkreis so abgewandelt, daß die Batterie durch den Netzanschluß und die Glühbirne durch den Tauchsieder ersetzt wird (siehe Abb. 1 unten).
Da eventuell ein kleiner Teil der Zuleitungen nur unzureichend isoliert werden kann, sollte man vorsichtig hantieren, da es sich um hohe Spannungen (230 V) und Ströme (1,3 A) handelt. Es empfiehlt sich die Verwendung einer Experimentiersteckdose.

Der Tauchsieder erhitzt nun das Wasser bis zur gewünschten Temperatur und wird dann durch den sich verbiegenden Bimetallschalter abgeschaltet. Das Wasser im Topf kühlt langsam ab, so daß das Bimetall schon bei einer Temperaturdifferenz von ca. 1°C den Schalter wieder schließt und der Tauchsieder wieder zu arbeiten beginnt. Die Temperatur kann auf diese Weise nahezu konstant gehalten werden.

Erklärung/Funktionsweise
Ein Bimetallstreifen besteht aus zwei miteinander verklebten oder verschweißten Metallschichten mit unterschiedlich starkem Koeffizienten der Wärmedehnung. Im Experiment wird dieser Bimetallstreifen der Wärmestrahlung des Metalltopfes mit dem kochenden Wasser ausgesetzt. Beim Erwärmen krümmt sich der Bimetallstreifen zur Seite derjenigen Metallschicht, die den kleineren Ausdehnungskoeffizienten besitzt, beim Abkühlen in die umgekehrte Richtung.

Variation
Anstatt des Tauchsieders kann man auch eine kleine Kochplatte mit entsprechender Leistung in den Stromkreis integrieren und so das Wasser zum Sieden bringen. Ein eventueller Leistungsvergleich würde sich anbieten.
Durch Variation des Abstandes Bimetallstreifen-Metalltopf läßt sich zeigen, daß das Wasser bei beliebigen Temperaturen konstant gehalten werden kann.
Mit Hilfe eines kommerziellen, kleinen Bimetallschalters (75°C, 230 V) aus dem Elektronikfachhandel und einer parallel zum Tauchsieder geschalteten Glühlampe oder Glimmlampe (230 V) als Anzeige läßt sich ein Wasserkocher realistisch nachbauen.
Ferner läßt sich die Temperatur als Funktion der Zeit registrieren, wobei Parameter des Regelkreises, wie Leistung des Tauchsieders, Abstand Bimetall – Topf, verschiedene Bimetalle usw., variiert werden können.

Methodischer Einsatz
Aufgrund des nicht ganz ungefährlichen Aufbaus eignet sich der Versuch in dieser Form prinzipiell nur als Lehrerversuch. Die Gefahrenquellen können allerdings mit den Schülern und Schülerinnen diskutiert werden. Benutzt man entsprechende Geräte aus Schülerübungsbausätzen, dann kann der Versuch auch Thema eines Projektes sein. Das Phänomen der Wärmeausdehnung und die Wirkungsweise des Bimetalls lassen sich mit diesem Versuch darstellen. Die Bedeutung des Bimetalls beim Einsatz in Thermostaten, z. B. zur Aufrechterhaltung der Raumtemperatur, und in einfachen Geräten, wie dem Wasserkocher, läßt sich anschaulich demonstrieren.
Auch die Begriffe Absorption und Emulsion lassen sich ebenso wie die Wärmetransportmöglichkeiten und die Wärmeleitkoeffizienten einführen.

91. Zaubertafel

Klassenstufe	Oberthemen	Unterthemen	Anforderungs-niveau	Durchführungs-niveau	Vorlauf Vorbereitung Durchführung
O	Optik	Reflexion, optischer Kontakt Brechungsindex	●	■	Tage ca. 1 Std. ca. 5 min.

Die Funktionsweise einer wiederbeschreibbaren Folientafel (Zaubertafel) soll demonstriert werden.

Materialien

- Holzbrett (ca. 10 cm x 10 cm)
- 1 Bogen Pergamentpapier
- schwarzer Knetgummi
- Klebestreifen (ca. 10 cm lang)

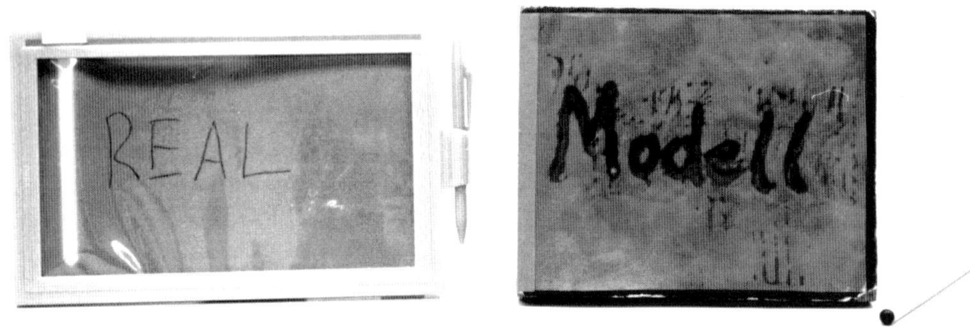

Abb. 1: Reale Zaubertafel aus dem Kaufhaus (links) und Nachbau (rechts)

Vorbereitung

Schwarzer Knetgummi wird in der Hand kurz durchgeknetet, damit dieser sich etwas erwärmt. Nun muß der ganze Knetgummi flächendeckend auf dem Holzbrett verteilt werden. Hierzu eignet sich z. B. ein stumpfes Küchenmesser. Das Ergebnis sollte eine möglichst glatte Oberfläche sein.
Jetzt wird ein Streifen Pergamentpapier auf die Größe des Holzbrettes zugeschnitten, vorsichtig ohne anzudrücken über die Knetmasse gelegt und auf einer Seite mit einem Klebestreifen an der entsprechenden Holzkante befestigt.

Durchführung
Die Pergamentfolie sollte möglichst lose über der Knetmasse liegen. Fährt man nun mit einem stumpfen, abgerundeten Gegenstand, z. B. das rundliche Ende eines Stiftes, über das Pergamentpapier, so zeichnet sich der Verlauf ab.
Soll die "Tafel" gelöscht werden und somit wieder neu beschreibbar sein, muß nur die Pergamentfolie kurz von der Knetmasse gelöst werden.

Funktionsweise/Erklärung
Ist das Pergamentpapier nicht mit der Knetmasse in Kontakt, d. h. befindet sich Luft zwischen Papier und Knetmasse, so erscheint es grau. Das Licht wird vom Pergamentpapier diffus reflektiert. Durch das Andrücken des stumpfen Gegenstandes auf das Pergamentpapier, gelangt dieses mit der Knetmasse in Kontakt. Dadurch wird die dunklere Knetmasse sichtbar, das Papier erscheint jetzt dunkelgrau und hebt sich vom übrigen grauen Papier ohne Kontakt ab.

Variation
Ein ähnliches Phänomen läßt sich beobachten, wenn man eine Glasscheibe, die auf einer Seite angerauht ist, auf einen ebenen Untergrund legt. Erst, wenn man etwas Wasser (optisches Kontaktmittel) zwischen Scheibe und Untergrund bringt, kann man letzteres deutlicher erkennen. Der Brechungsindex von Wasser (ca. 1,3) ist näher an dem Wert von Glas (ca. 1,5) als Luft (ca. 1,0), Wasser fungiert daher als optisches Kontaktmittel.

Methodischer Einsatz
Dieser Versuch eignet sich hervorragend zum Einstieg in die Optik und für praktisches Arbeiten der jüngeren Schüler und Schülerinnen.

92. Zentralverriegelung

Klassenstufe	Oberthemen	Unterthemen	Anforderungs-niveau	Durchführungs-niveau	Vorlauf Vorbereitung Durchführung
SI	Mechanik	Druck	●	■	Tage ca. 30 min. ca. 10 min.

Die Funktionsweise einer pneumatischen Zentralverriegelung soll durch einen Modellversuch demonstriert werden.

Materialien

- Doppelschalter
- Kolbenprober, ∅ 25 mm
- 3 Kolbenprober, ∅ 20 mm
- Verschlußpfropfen für Rohrverzweigung, Gummi
- 3 Rohrverzweigungen, Glas, z. B. aus Chemie-Sammlung
- Zahnstange, z. B. Fischer-Technik, ca. 5 cm, auf Rohrklemme für Glaskolben
- Stativ- und Klemmenmaterial
- Stabmagnet
- Netzgerät 0 ... 25 V –
- Expermentierkabel
- Elektromotor, 12 V –, mit zur Zahnstange passendem Zahnrad

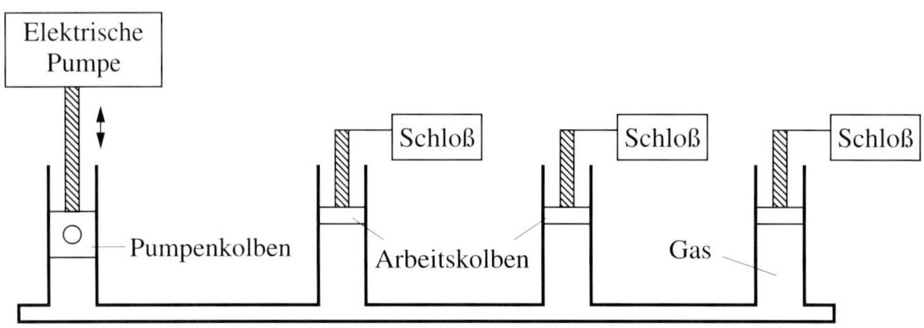

Abb. 1: Schema des Versuchs

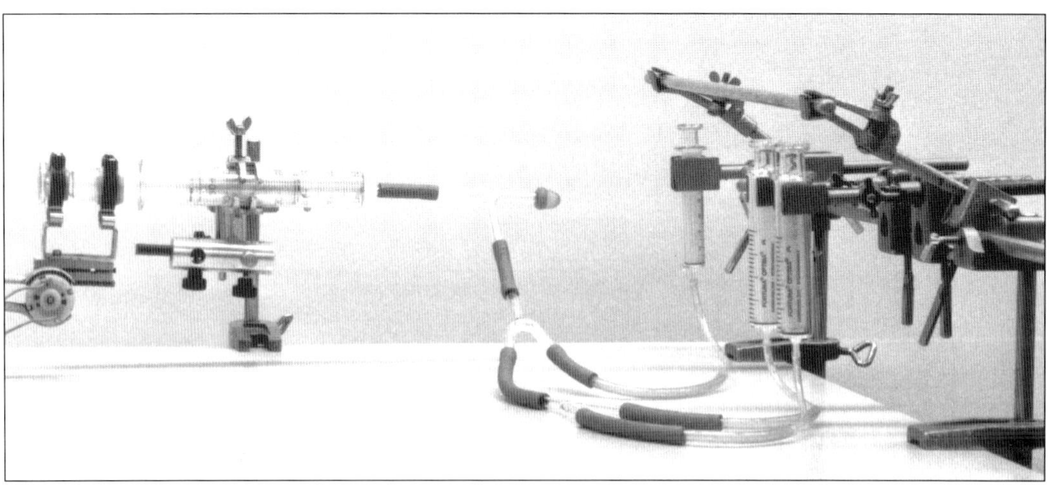

Abb. 2: Gesamtansicht des Versuchs

Vorbereitung

Zunächst werden die einzelnen Bestandteile der Experimentieranordnung entsprechend Abb. 1 und 2 auf der Arbeitsfläche angebracht. Der Hub der drei kleinen Kolbenprober sollte durch eine Experimentierstange auf etwa 5 cm begrenzt werden (Abb. 3). Über die Spitzen dieser drei Kolbenprober werden nun Schläuche geschoben, die anschließend über die Rohrverzweigungen in einem Schlauch zusammengeführt werden. Dieser wird dann mit einer weiteren Verzweigung verbunden, die einerseits zur Spitze des größeren Kolbenprobers führt und auf der anderen Seite durch einen Gummipfropf verschlossen ist. Am Stempel des großen Kolbenprobers wird nun die Rohrklemme angebracht, auf deren Unterseite man zuvor die Zahnstange klebt. Der Elektromotor ist mit einem Zahnrad versehen, das in die Zahnstange greift (Abb. 4 und Abb. 5).

Vor der Durchführung muß die Ausgangsposition des "Pumpenkolbens" festgelegt werden. Dazu entfernt man zunächst den Verschlußpfropfen an der Verzweigung. Anschließend wird der "Pumpenkolben" so verschoben, daß sich das Zahnrad an dem Ende der Zahnstange befindet, das dem Kolbenprober zugewandt ist. Danach verschließt man die Rohrverzweigung mit Hilfe des Gummipfropfens wieder. Der Pumpenkolben wird nun so weit in den Glaszylinder geschoben, bis die Arbeitskolben an die Begrenzungsstange stoßen. Der Stabmagnet soll den Pumpenkolben über die Rohrklemme in dieser Position festhalten und wird entsprechend justiert. Schließlich wird der große Kolbenprober wieder in seine Ausgangsposition zurückgebracht.

Der Stromkreis zur Ansteuerung des Elektromotors wird nach dem Schaltbild in Abb. 6 aufgebaut. Die Stellung des Doppelschalters entscheidet über die Drehrichtung des Motors.

Abschließend regelt man am Netzgerät die Spannung so ein, daß der Elektromotor den Pumpenkolben in Bewegung versetzen kann. In der vorgestellten Versuchsanordnung liegt der Wert dieser Spannung bei ca. 8 V.

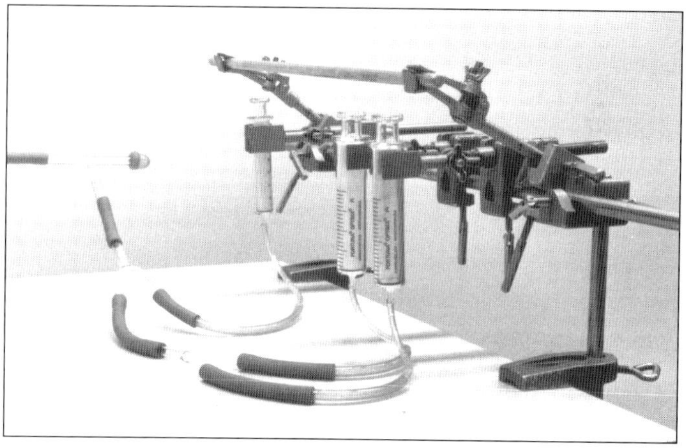

Abb. 3: Kolbenprober als Modell der Arbeitskolben an den Schlössern

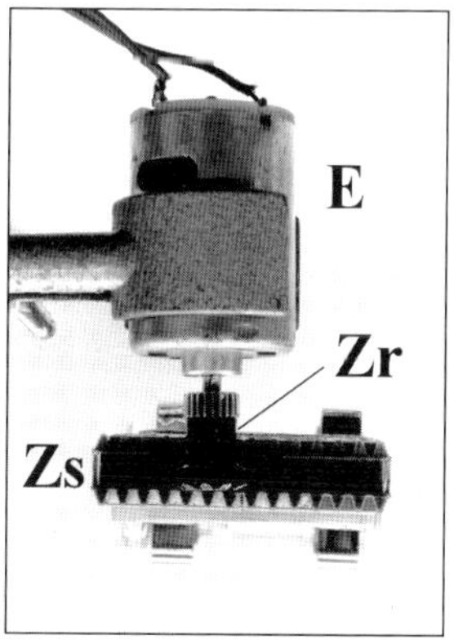

Abb. 4: Elektromotor E mit Zahnrad Zr an Zahnstange Zs (wie Abb. 5 von unten)

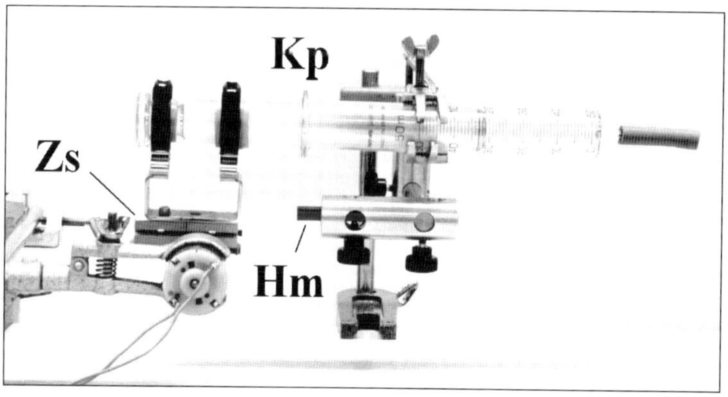

Abb. 5: Kolbenprober Kp befestigt an Zahnstange Zs und Haltemagnet Hm

Durchführung

Über den Doppelschalter wird nun der Stromkreis geschlossen. Der Elektromotor treibt den Pumpenkolben an, die Arbeitskolben heben sich und stoßen schließlich an die Begrenzungsstange.

Um eine Beschädigung des Elektromotors zu vermeiden, sollte der Stromkreis nicht länger als nötig geschlossen bleiben.

Der Stromkreis wird nun durch Umlegen des Doppelschalters in die andere Richtung erneut geschlossen. Der Motor dreht sich in entgegengesetzter Richtung, die Arbeitskolben bewegen sich in ihre Ausgangsposition zurück (Abb. 7 und 8).

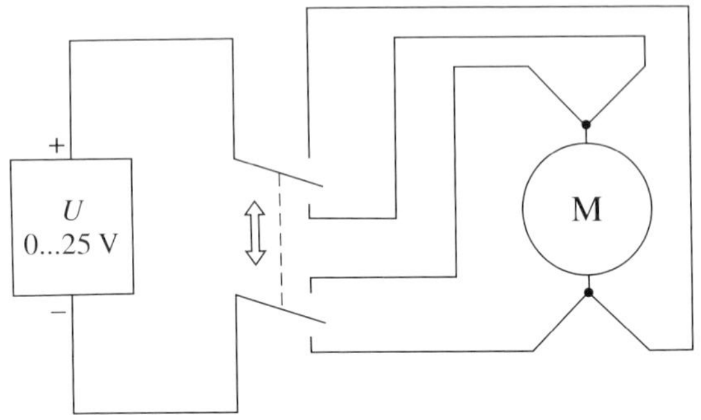

Abb. 6: Schaltskizze zur Motorsteuerung

Funktionsweise/Erklärung

Der Elektromotor versetzt den Pumpenkolben in Bewegung, der somit über seine Fläche eine Kraft auf das eingeschlossene Gas ausübt. Dadurch erhöht sich der Druck des Gases. Es wirkt nun eine Kraft auf jeden der drei gleichen Arbeitskolben. Dabei gilt:

$$\frac{F_{\text{Pumpe}}}{A_{\text{Pumpe}}} = \frac{F_{\text{Kolben}}}{A_{\text{Kolben}}}.$$

Wenn nun der Druck der Pumpe größer ist als der durch das Kolbengewicht bedingte Druck (unter Vernachlässigung der Reibung), so heben sich die Arbeitskolben und stoßen schließlich an die Begrenzungsstange. Dies symbolisiert das Entriegeln der Schlösser, was im Auto durch die "Türknöpfe" angezeigt wird.

Bei entgegengesetzter Drehrichtung wird das Gasvolumen durch den Pumpenkolben vergrößert. Dadurch entsteht ein Unterdruck. Der äußere Luftdruck übt auf die Arbeitskolben eine Kraft aus, so daß sich diese wieder in ihre Ausgangsposition zurück bewegen.

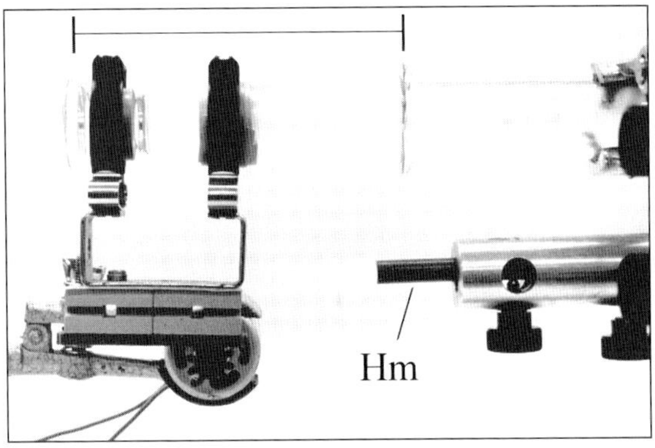

Abb. 7: Ausgangsposition des Kolbens

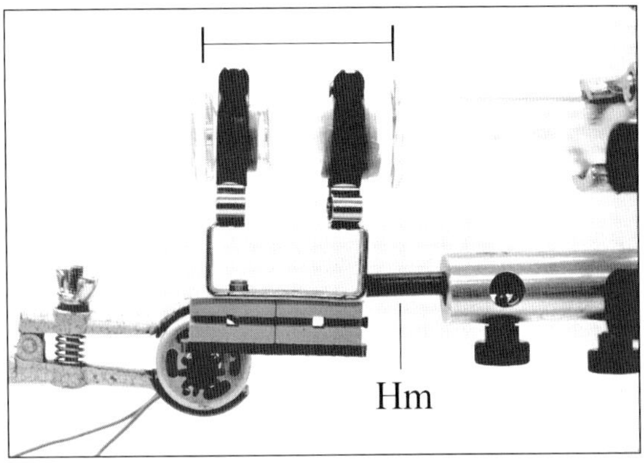

Abb. 8: Endposition des Kolbens

Methodischer Einsatz

Das Experiment eignet sich vor allem, um qualitativ die Kraftübertragung durch Gase zu untersuchen. Daneben lassen sich auch die Gemeinsamkeiten und Unterschiede zwischen einer Pneumatik und einer Hydraulik näher untersuchen.

V. Schlußwort

Mit den vorgestellten Low Cost – High Tech – Freihandversuchen wollen wir eine bestehende Lükke schließen: Einerseits wollen wir den Lehrenden eine Zusammenstellung von gut dokumentierten und funktionierenden Low Cost – High Tech – Experimenten an die Hand geben. Andererseits wollen wir damit eine mit dem Namen Martin Wagenschein eng verbundene Methode – Motivation durch Betrachtung des Alltags und Selbsttätigkeit – für den Physikunterricht inhaltlich aktualisieren. Neu geordnet wird dabei auch das Verhältnis zwischen Physik und Technik. Wohl werden im Physikunterricht seit jeher technische Sachverhalte behandelt, allerdings vorwiegend unter dem Aspekt der Anwendung physikalischer Erkenntnisse, so wählen wir hier den umgekehrten Weg. Fragestellungen werden nicht nur durch Lehrplan und Lehrbuch impliziert. Lehrer und Lehrerinnen sehen die Alltagswelt auch durch die Brille der Jugendlichen und rücken näher mit Schülern und Schülerinnen zusammen. Spontane, eigenständige und kreative Arbeit von Schülern und Schülerinnen kommt stärker zum Ausdruck. Die Distanz zwischen Nichtphysiker und Physiker wird verringert, vielleicht sogar ganz abgebaut. Auch auf die Schülerfrage "Warum Physik?" wird eine lebenspraktische(re) Antwort geben.

In der Erarbeitungs- und Evaluationsphase zeigte sich, daß Low Cost - High Tech – Freihandversuche

- eine Fülle von **direkten Bezügen** zur modernen, hochtechnisierten Lebenswelt der Schüler und Schülerinnen haben (**High Tech**),
- hohe Motivation und breitgefächertes Lernen durch **Alltagsbezug** bieten,
- **kostengünstig** zu realisieren sind (**Low Cost**),
- je nach Bedarf **methodisch breit einsetzbar** sind (hinsichtlich Einsatz des Experimentes und der Aktions-/Sozialformen: Demonstrationsversuch, Schüler- und Schülerinnenexperiment, Freiarbeit, Projektarbeit, Hausaufgabe auch experimenteller Art; hinsichtlich Unterrichtsverfahren: analytisch-synthetisch, Lernen am Modell, forschendes Lernen),
- sowohl **schulart-** als auch **stufenübergreifend** eingesetzt werden können (je nach Grad der Mathematisierung, des physikalischen Zusammenhangs der erarbeiteten Phänomene),
- geeignet sind, Alltagsphänomene und moderne Alltagsgegenstände auf ihre **elementaren physikalischen** Grundlagen zurückzuführen,
- alle Ebenen physikalischen Denkens ansprechen,
- **verknüpfendes Element** von Physik, Technik und Arbeitslehre sein können, der Physikunterricht aber nicht in einen Technikunterricht umgewandelt wird,
- **interdisziplinäre Ansätze** im Physikunterricht bieten können.

Lernziele, die sich auf physikalische Inhalte beziehen, brauchen an dieser Stelle nicht weiter diskutiert zu werden. Weit bedeutsamer sind übergeordnete Lernziele, die sich mit Hilfe von Low Cost – High Tech-Experimenten realisieren lassen:

Aspekt der physikalischen Betrachtungsweise: Diese Art von Versuchen ermöglicht das Erlernen eines pragmatischen Umgangs mit und eines physikalischen Verständnisses für neue Materialien und Geräte. Selbst hochkomplizierte Geräte basieren auf ganz elementaren physikalischen Prinzipien (zum Beispiel Massenträgheit beim Airbag-Sensor). Die Black Box bleibt nicht weiter geheimnisvoll, ihre Funktion wird im wesentlichen (im physikalischen Sinne) deutlich und – je nach Einsatz im Unterricht – direkt oder am Modell erfahrbar.

Sicherheitsaspekt: Neue Technologien bergen neue Risiken. Durch Einbeziehung in den Physikunterricht kann auch der verantwortungsbewußte Umgang mit solchen Geräten (z. B. Mikrowelle, Handy) eingeübt und die Gefahren diskutiert werden.

Aspekt der Zukunftsorientierung: Low Cost – High Tech-Experimente können, neben einer erhofften stärkeren Motivation für das Fach Physik und Aufzeigen von Anwendungen der Physik im Alltag, dazu beitragen, Angst zu nehmen vor der Beschäftigung mit neuen Techniken und Materialien. Schließlich bringen diese Versuche Transparenz in die oft kompliziert formulierten Geräteanleitungen. Der Benutzer ist nicht mehr länger nur Bediener, der sich von Hochglanzbroschüren beeindrucken läßt. Er fordert von der Industrie mehr Informationen für zukünftige Produkte – entwickelt vielleicht sogar eine bewußtere, kritischere Haltung beim Kaufen. Man fördert so Sensibilität und Verantwortungsbereitschaft (z. B. Umweltverträglichkeit neuer Materialien), Kritikfähigkeit und Urteilsvermögen im Umgang mit widersprüchlichen Informationen (z. B. beim Vergleich der Wirkungsgrade von Tauchsieder und Mikrowelle). Da die Entwicklung neuer Techniken und Materialien nicht stehenbleibt, erlangen die Low Cost – High Tech-Experimente im Hinblick auf die Zukunft der Schüler und Schülerinnen eine wichtige didaktische Funktion. Sie werden schließlich in einer noch viel mehr als heute durch Wissenschaft und Technik bestimmten Welt leben.

Aspekt der Interdisziplinarität: Low Cost – High Tech-Experimente bieten primär einen direkten Zugang zu technischen und elektronischen Problemstellungen. Weit wichtiger können aber gesellschaftliche Fragestellungen sein: Einblicke in die Entwicklung und Verwertung neuer Techniken können gewonnen werden (z. B. beim Thema Airbag über Kontakte zur Automobilindustrie). Eine Diskussion der Datensicherheit ("gläserner Mensch") könnte geführt werden (z. B. beim Thema Chipkarten); ebenso können neue Fragen des Strahlenschutzes (z. B. bei den Themen Mikrowelle, Handy) angesprochen werden. Die Verknüpfung mit Fragestellungen aus anderen Schulfächern liegt oft direkt auf der Hand: man braucht keineswegs immer nur auf das Standardmodell "Auge" zu verweisen. (Anhang A: Beispiele von Low Cost – High Tech-Freihandversuchen mit fächerübergreifendem bzw. fächerverbindendem Charakter).
Der Alltags- und fächerübergreifende Bezug bzw. die verstärkt ganzheitliche Betrachtung bietet auch Schülern und Schülerinnen die Möglichkeit, umfassender ihre eigenen Erfahrungen und Eindrücke sowie Interessen in den Unterricht einzubringen. Unterschiedliche Leistungsvoraussetzungen wirken sich nicht trennend sondern integrierend aus: kooperatives Lernen wird gefördert. Durch entsprechend ausgewählte Themen und Aufgabenstellungen lassen sich auch zusätzliche Lernorte schaffen.

Eine nicht zu unterschätzende Rolle könnte eine fächerübergreifende bzw. interdisziplinär angelegte Betrachtung bei der Förderung von Mädchen in naturwissenschaftlichen Fächern spielen. So lassen sich Mädchen eher durch biologische, medizinische und soziale Fragestellungen motivieren als durch die meist eher technische Motivation, die Jungen besser anspricht. Der überproportional starken Abnahme des Frauenanteils am naturwissenschaftlichen Unterricht könnte so kreativ entgegengetreten werden.

Aspekt der Methodenkompetenz: Bei der **Informations-** und **Materialbeschaffung** durch Schüler und Schülerinnen kann Selbständigkeit erlernt werden. Da die Themen kaum in der Schulbuchliteratur zu finden sind, sind die Methoden der Informationsbeschaffung wesentlich vielfältiger als bei sonst schulüblichen Experimenten. Beim Selbstbau (z. B. im Rahmen eines Projektes) können **manuelle Fertigkeiten** und **Problemlösungsstrategien** (z. B. bei der Müllsortierung) trainiert werden. Integriert in geeignete Sozialformen des Unterrichts tragen die Experimente zur Erlangung von **Schlüsselqualifikationen**, wie kooperatives Lernen (Teamwork), Planen und Organisieren, Vortragen und Zuhören usw. bei. So ist beispielsweise bei der Projektarbeit nicht mehr die individuelle Lernleistung das Maß aller Dinge. Man muß bereit sein, von Mitschülern und Mitschülerinnen zu lernen bzw. sein Teilwissen anderen mitteilen zu können.

Exemplarisch betrachten wir dazu im Anhang B ein für den traditionell ausgerichteten Schulunterricht übliches Experiment zum Thema "Einführung in die elektromagnetische Induktion" mit einem möglichen Low Cost – High Tech-Freihandversuch zum gleichen Thema in bezug auf mögliches Methodentraining.

Low Cost – High Tech-Freihandversuche leisten einen herausragenden Beitrag zur Persönlichkeitsentwicklung der Schüler und Schülerinnen. Im so erweiterten Physikunterricht werden nicht nur akademische Denkmuster eingeübt. Direkte persönliche Erfahrungen prägen eine so gestaltete Physikstunde. Wir kommen damit dem Wunsch nach handlungsorientiertem, offenen Unterricht mit originären Erfahrungen im Fach Physik einen großen Schritt näher und stärken damit eine Unterrichtsform, von der höchste Motivation für Schüler und Schülerinnen ausgeht. Traditionelle Fachstrukturen werden durch Inhalte mit konkretem Alltagsbezug neu belebt. Begriffsbildungen finden nicht nur im Schulsaal statt. Bei Projektarbeiten steht die von Schülern und Schülerinnen selbst gesteuerte Auseinandersetzung mit physikalischen Phänomenen und Problemen im Vordergrund, und Arbeitsergebnisse werden – wie in der realen Welt – im Team erreicht. Passives und rezeptives Lernen werden durch aktives und konstruktives Lernen ersetzt: Schüler und Schülerinnen können sich aktiv mit den Lerninhalten und den Lernsituationen auseinandersetzen und ihr eigenes Wissen mit Unterstützung der Lehrenden konstruktiv aufbauen und ergänzen. Nebenbei werden Strategien zur praktischen Nutzung des Wissens und Kompetenzen zum permanenten selbständigen Lernen angeeignet. Unterricht in Physik wird wieder verstärkt Teil der Allgemeinbildung. Schüler und Schülerinnen erfahren eine realistische Einschätzung ihrer eigenen Tätigkeit.

Low Cost – High Tech-Freihandversuche bewirken eine Trennung der Lern- und Leistungssituation im Bewußtsein der Schüler und Schülerinnen. In der Klasse bzw. im Kurs entsteht dadurch sowohl ein produktives Lernverhalten als auch eine effizientere Leistungsatmosphäre.

Low Cost – High Tech-Freihandversuche ermöglichen schließlich eine – mindestens in Teilen – Neugestaltung des Unterrichts im Fach Physik, ohne die solide fachliche Grundausbildung in Frage zu stellen. Physikwissen wird nicht mehr länger fade erscheinen: man kann es anwenden, es besitzt Alltagswert. Schülern und Schülerinnen bleibt nicht mehr das Gefühl, Physik existiert nur im Physiksaal, und spätestens wenn man das Schulgebäude verlassen hat, hat man auch die Physik hinter sich gelassen.

Es verringert sich auch die – durch die Organisation des traditionellen Lernens geprägte – Abschottung der Schule gegenüber der auf Innovationsfähigkeit und Innovationsbereitschaft angelegten Entwicklungen in Wirschafts- und Arbeitswelt.

Wir hoffen, mit den vorliegenden Versuchen einen Beitrag zur Modernisierung des Physikunterrichts zu leisten: eine Modernisierung sowohl im Inhalt, als auch in den Versuchen; ein Beitrag, der nicht theoretische Konzepte diskutiert, sondern den Lehrern und Lehrerinnen praktische Vorschläge an die Hand gibt.

Anhang A: Low Cost – High Tech-Experimente mit fächerübergreifendem Charakter

Die Vorschläge und aufgezeigten Bezüge verschiedener Fächer zum jeweiligen Experiment stellen nur eine Auswahl dar. Sie sollen anregen und ermuntern, fächerübergreifende und fächerverbindende Unterrichtseinheiten zu planen und zu erproben und Erfahrungen zu sammeln. Umfang und Komplexität werden sich dabei an der zur Verfügung stehenden Zeit und der Möglichkeit der Realisierung orientieren.

Themen der Low Cost – High Tech-Freihandversuche	***Disziplinen und Themen, die sich durch das jeweilige Experiment mit dem Physikunterricht verknüpfen lassen***
Airbag	***Automobilbau:*** Insassenschutz ***Verkehrssicherheit:*** Straßenverkehrsordnung
Barcodeleser	***Informatik:*** Codierung elektronischer Information ***Mathematik:*** Dualsystem ***Sozialkunde:*** Verlust von Arbeitsplätzen
Blutdruckmessung	***Biologie:*** Herz und Kreislauf, krankhafte Veränderung des Blutdrucks
Chipkartenleser	***Informatik:*** Programmierung, Datenaustausch ***Sozialkunde:*** Datenschutz
Computertomographie	***Biologie:*** Diagnose von Krankheiten ***Mathematik:*** Lösen von Gleichungssystemen ***Informatik:*** Programmierung eines Algorithmus
Dehnungsmeßstreifen	***Sport:*** Ab-/Aufsprungtechnik ***Werkstoffkunde:*** Biegen, Brechen, Dehnen
Edelsteine – Kristalle	***Erdkunde:*** Fundorte, Altersbestimmung, geologische Schichten ***Chemie:*** Zusammensetzung ***Geschichte:*** Bedeutung der Edelsteine z. B. als Zahlungsmittel
Energiesparlampen	***Umweltschutz:*** Energieeinsparung
Erdbeben	***Erdkunde:*** Entstehung von Erdbeben ***Werken:*** Basteln eines Hausmodells

Feuchtesensor	***Erdkunde:*** Klima, Wetter ***Biologie:*** Lebensbedingungen
Fußabdruck	***Kriminalistik:*** Arbeit der Polizei ***Juristik:*** Strafrecht
Katzenaugen/Reflektorfolie	***Verkehrssicherheit:*** Besondere Gefährdung junger Verkehrsteilnehmer
Kontaktlinse	***Biologie:*** Auge, Sehfehler
Laserabhöranlage	***Sozialkunde:*** Datenschutz ***Kriminalistik:*** Arbeit von Polizei und Geheimdienst ***Juristik:*** Strafrecht, Schutz der Privatsphäre
Müllsortierung	***Chemie:*** Kunststoffe
Ohrthermometer	***Biologie:*** Ohr, Körpertemperatur, Energieumsatz
Phototrope Gläser	***Biologie:*** Sonne, Sonnenschutz
Polarisationsfilter	***Biologie:*** Orientierung der Bienen
Pulsmessung	***Biologie:*** Blut und Kreislauf ***Sport:*** Kontrolle der Pulsfrequenz
Quellungsdruck	***Biologie:*** Keimung, Quellung ***Geschichte:*** Pyramidenbau
Radarpistole	***Verkehrserziehung:*** Geschwindigkeitsvorschriften, Verkehrssicherheit
Rauchmelder	***Brandschutz:*** Gebäudesicherheit, Meldesysteme, Arbeit der Feuerwehr ***Informatik:*** Automatisierungstechnik, Fuzzy-Logik ***Werken:*** Konstruktion einer Kiste
Sicherheitsetikette	***Sozialkunde:*** Jugendkriminalität ***Juristik:*** Strafrecht
Tonabnehmer	***Musik:*** Musikinstrumente, Töne, Musikaufzeichnung
Transparente Wärmedämmstoffe	***Biologie:*** Bionik, Energiesparen, Umweltschutz ***Erdkunde:*** Energiequellen

Anhang B: Vergleich zwischen traditionellem Schulexperiment und Low Cost – High Tech Experiment am Beispiel "Einführung in die elektromagnetische Induktion"

Es handelt sich bei dem Schulexperiment um den akademischen Standardversuch mittels Spule, Stabmagnet und Drehspulinstrument, womit man traditionell die elektromagnetische Induktion einführt. Bei dem Low Cost – High Tech-Freihandversuch handelt es sich um den "Fahrradtacho" (Versuch Nr. 28 auf den Seiten 78-79).

Traditionelles Experiment		**Low Cost – High Tech-Freihandexperiment**	
Tätigkeit der Schüler und Schülerinnen	***Trainierte Methoden***	***Tätigkeit der Schüler und Schülerinnen***	***Trainierte Methoden***
Informationsbeschaffung: i. d. R. auf Schulbuch beschränkt	Markieren, Exzerpieren, Archivieren	Informationssuche: - Internet - Fachbücher - Zeitschriften - Herstellerprospekte	Nutzung von modernen Medien; diagonales, rasches Lesen; Bibliothekserkundung, in Büchern nachschlagen; Markieren, Exzerpieren
		Materialbeschaffung: Fahrradtacho besorgen	Förderung von Selbsttätigkeit und Eigeninitiative
Beobachtung der Versuchsdurchführung	Beobachtungs- und Wahrnehmungstraining	Gerät (Fahrradtacho) wird geöffnet	handwerkliche Grundtechniken
Deutung/Erklärung des Versuchs	Begründungstraining, Problemlösungsstrategien	Bauteile und Baugruppen werden lokalisiert und deren Funktionsweise nachvollzogen	Beobachtungs- und Wahrnehmungstraining, Begründungstraining, Problemlösen
Ergebnissicherung	Symbolisieren, klar und verständlich schreiben, Archivieren	wesentliches physikalisches Prinzip (hier: elektromagnetische Induktion) herausstellen,	Reduzieren, Strukturieren
		Versuchsplanung (Analogie herstellen): Wie kann ein Nachbau eines Modells mit leicht zu beschaffenden Materialien erfolgen?	Planen und Entscheiden, Organisieren, Problemlösungsstrategien, Reduzieren, Strukturieren
		Versuchsvorbereitung: Nachbau/Aufbau des Modells	handwerkliche, experimentelle Fähigkeiten, Visualisieren
		Versuchsdurchführung: Vorstellung und Erläuterung des Nachbaus, Experiment durchführen	Präsentieren, Moderieren
		Ergebnissicherung: Tafelbild mit Skizze, Referat, Protokoll, etc.	Symbolisieren, klar und verständlich schreiben, Archivieren

Anhang C: Computerprogramm zur Computertomographie Berechnung der Massenabsorptionskoeffizienten (Turbo Pascal)

Der Computeralgorithmus errechnet zunächst aus den Meßwerten der Substanzen eins und zwei einen mittleren Absorptionskoeffizienten und ordnet jeder Substanz die Hälfte dieses Wertes als Absorptionskoeffizient zu. Gleiches geschieht mit dem Meßergebnis von den Substanzen drei und vier. So ergeben sich als erstes vier näherungsweise errechnete Absorptionskoeffizienten *M1* bis *M4*. Solange die Summe je zweier so bestimmter Werte von dem gemessenen Absorptionskoeffizient in der jeweiligen Richtung mehr als ein Maß, wie genau das Programm arbeiten soll, abweicht, werden die Werte nach folgender Schleife korrigiert.

Die Korrektur wird durchgeführt, indem nach dem gleichen Verfahren, wie für die Meßwerte eins und zwei bzw. drei und vier, für die Messung von den Substanzen eins und vier ein neuer Näherungswert für *M1* und *M4* errechnet, die Abweichung der neuen Näherungswerte in den unterschiedlichen Richtungen von den gemessenen halbiert, und zu *M1* und *M4* addiert wird.

Gleiches Korrekturverfahren wird für die Absorptionskoeffizienten *M1* und *M3* mit den Meßwerten von eins und drei durchgeführt.

Nun beginnt erneut die Schleife, falls die Bedingung (*) im nachfolgenden Programm noch erfüllt ist.

Das Programm ist aus Platzgründen in Form von zwei Spalten abgedruckt. Die Lesart ist folgende: Der Beginn ist in der linken Spalte auf dieser Seite, die Fortsetzung ist in der linken Spalte auf der nächsten Seite. Für die Fortsetzung in der rechten Spalte gilt das Analoge.

```
program Computertomographie;
 var I,O,U,D,L,X,E,M1,M2,M3,M4,O1,O2,L1,L2,U1,U2,D1,D2 : real;

begin
writeln('Intensität mit leeren Behältern:');
readln(I);
writeln('Horizontale oben (eins und zwei):');
readln(O);
writeln('Horizontale unten (zwei und vier):');
readln(U);
writeln('Diagonale (eins und vier):');
readln(D);
writeln('Vertikale links (eins und drei):');
readln(L);
writeln('Schichtdicke');
readln(X);
writeln('Relativer Fehler');
readln(E);

O:=(-ln(O/I)/X);
U:=(-ln(U/I)/X);
D:=(-ln(D/I)/X);
L:=(-ln(L/I)/X);
M1 := O/2;
M2 := O/2;
M3 := U/2;
```

```
O2:=(O-O1)/2;
U2:=(U-U1)/2;
M1:=M1+O2;
M2:=M2+O2;
M3:=M3+U2;
M4:=M4+U2;
If O2<-M1 then M1:=0;
If O2<-M2 then M2:=0;
If U2<-M3 then M3:=0;
If U2<-M4 then M4:=0;
D1:=M1+M4;
D2:=(D-D1)/2;
M1:=M1+D2;
M4:=M4+D2;
If D2<-M1 then M1:=0;
If D2<-M4 then M4:=0;
L1:=M1+M3;
L2:=(L-L1)/2;
M1:=M1+L2;
M3:=M3+L2;
If L2<-M1 then M1:=0;
If L2<-M3 then M3:=0;
```

```
M4 := U/2;


O1 := M1+M2;
U1 := M3+M4;
D1 := M1+M4;


writeln('My1=',M1);
writeln('My2=',M2);
writeln('My3=',M3);
writeln('My4=',M4);


writeln;


(*)while NOT( (abs(O-O1)/O<E) and
   (abs(U-U1)/U<E) and (abs(D-D1)/D<E) and
   (abs(L-L1)/L<E) ) do
   begin

O1 := M1+M2;
U1 := M3+M4;
D1 := M1+M4;


writeln('My1=',M1);
writeln('My2=',M2);
writeln('My3=',M3);
writeln('My4=',M4);


writeln;


end;

writeln;
readln;


end.
```

Startet man das Programm mit den Werten aus dem Versuch (CT mit Röntgenstrahlen), so ergeben sich folgende Absorptionskoeffizienten (My entspricht dem in der Versuchsbeschreibung angebenen Koeffizienten α):

My1 = 0,663 cm^{-1}
My2 = 0,593 cm^{-1}
My3 = 1,963 cm^{-1}
My4 = 0,847 cm^{-1}

Anhang D: Computerprogramm zur IR-Fernbedienung (Turbo Pascal)

Der Mittelteil des Programms ist eine Funktion, die in einer in Turbo Pascal 6.0 implementierten Assembler-Routine geschrieben ist (Autoren: M. Vetter, H. Siebert, Studenten eines der erwähnten Seminare). Es wird der aktuelle Wert aus dem AD-Wandler ausgelesen, daher ist dieser Programmteil spezifisch für die verwendete Wandlerkarte. Die Daten werden (in diesem Beispiel) auf Laufwerk C:\ in eine Datei "mute.dat" geschrieben. Dieses Programm ist ebenfalls aus Platzgründen in zwei Spalten geteilt.

```
program IR_Fernbedienung;
uses crt,dos;

var h_,m_,s_,s100_:word;
        h,m,s:longint;
        hundertstel:word;

const channel:word = 0;
var f:text;
        w:word;
        i:word;
        text:string;
        feld1:array[1..30000] of word;

{********************************}
procedure nop_;
assembler;
asm
nop
nop
nop
nop
end;

function lesen:word;
assembler;
asm
mov ax,channel
mov dx,659d
out dx,al
mov dx,656d
out dx,al
mov dx,660d
in ax,dx
call nop_
in ax,dx
call nop_
in ax,dx
call nop_
in ax,dx
call nop_
in ax,dx
call nop_
in ax,dx
call nop_
in ax,dx
mov dx,658d
in al,dx
mov ah,al
mov dx,657d
in al,dx
and ah,00001111b
end;
{********************************}

begin
        clrscr;
        assign(f,'c:\mute.dat');
        rewrite(f);
        while keypressed do readkey;
        repeat until keypressed;
        sound(400);
        delay(50);
        nosound;
        GetTime(h_,m_,s_,s100_);
        writeln(h_,':',m_,':',s_,':',s100_);
        for i:=1 to 30000 do feld1[i]:=lesen;
        GetTime(h_,m_,s_,s100_);
        writeln(h_,':',m_,':',s_,':',s100_);
        sound(400);
        delay(50);
        nosound;
        for i:=1 to 30000 do if feld1[i]>100
            then feld1[i]:=1 else feld1[i]:=0;
        for i:=1 to 30000 do
            begin
                Str(feld1[i],text);
                writeln(f,text);
            end;
        close(f);
end.
```

Anhang E: Liste weiterer Versuchsthemen

Neben den rund 90 bearbeiteten Themen fallen einem sehr schnell weitere Themen ein; man braucht nur mit offenen Augen durch den Alltag zu gehen.
Wie man solche Themen experimentell für den Unterricht aufbereitet, wird nach der folgenden Tabelle an einem Beispiel "Selbstdimmender Rückspiegel" gezeigt.

Neue Techniken

- Alkoholtester
- Autofocuskamera
- Atomuhr/Quarzuhr
- Blitzlicht
- Bremsanlage
  - Wirbelströme
  - Generatorbremse
- CCD, Digitale Kamera
- CD-Walkman
- DFÜ
- Füllstandsanzeige
  - Ultraschall/Mikrowelle
- Geldautomat
- Geschwindigkeitsmessung
  - Hall-Sensor
- induktives Kochen
- Kontaktschleife (Ampel)
- Kopierer
- Küchen-/Haushaltsgeräte
  - Espresso-Maschine
  - Staubsauger (versch. Techniken)
- Laserpointer
- Lautsprecher
  - piezoelektrisch/elektrostatisch (singende Postkarten)
- LCD
- LED
- Magnetkarten
- Masseflußsensor (Mähdräscher)
- Metalldetektor (Schatzsuche)
- Mini-Disc/CD
- Müllsortierung (Wirbelstrom)
- Nachtsichtgerät
- Scanner
- Sensortasten
- Soundkarte im PC
- Taschenrechner
- Ultraschall
  - Ultraschallbad
  - Echolot/Doppler-Sonographie
- Unterschriftenleser
- Werkzeuge
  - magnetische Werkzeuge
  - Glasschneider
- Wilddetektor

Neue Materialien

- Alu-Büchsen
- Autoreifen
  - Winter-/Sommerreifen/asymmetrisch
- Autorückspiegel (selbstdimmend)
- Baumaterial
- Bremsleuchten
- Dämmaterial
  - akustisch
  - thermisch
- Edelsteine
  - Farben/Absorption/Interferenz/Polarisation
- Flüssigkristalle
  - elektrosensitiv/thermosensitiv
- Glasfaser
- Gläser, Brillen
  - verspiegelt/entspiegelt
  - vergütet
  - Gleitsichtgläser
  - 2-3-fach Glasfenster
- Haifischhaut
- High Tc Supraleiter
- Hochsprungstäbe
- Inline-Skates
- IR-Sensorfolie
- Katalysator
- Keramiken
- Lampen
  - Energiesparlampen
  - neue Pkw-Lampen
- Latentwärmespeicher
- Lavalampe
- magnetische Flüssigkeiten
- magnetoelastisches Material
- Memory-Metalle
- Metallbeschichtung
- Mix-Drinks/Cocktails
- Rasierklinge
  - Druck
  - Wellen-Optik
- Schrumpfschläuche
- Silvesterknaller
- Teflon (Eigenschaften)
- Verpackungs-/Isoliermaterial
  - Styroporflocken/Holzwolle/Luftbläschenfolie

Vielleicht möchten Sie gleich beginnen? Lassen Sie uns gemeinsam starten:

Jetzt auch in Deutschland: Blendfreie Rückspiegel
Auch Sie haben sich schon darüber geärgert, daß Ihnen nachts auf der Autobahn ein Auto mit aufgeblendetem Licht folgte. Sie klappten dann nach einiger Zeit sichtlich genervt den Rückspiegel in die zweite mögliche Stellung. Dazu mußten Sie die Hand vom Lenkrad nehmen; Unachtsamkeit war die Folge. Vielleicht haben Sie sich auch den Rückspiegel verstellt? Spätestens bei der nächsten Fahrt dasselbe in umgekehrter Reihenfolge.
Das alles muß aber nicht sein.
Die Firma GENTEX bietet Ihnen die Lösung. Unser Rückspiegel ist absolut blendfrei. Schon hunderttausendfach in Autos eingebaut. Alle Besitzer sind begeistert.

So oder ähnlich könnte es im Werbeprospekt einer Firma zu lesen sein. Was steckt aber dahinter? Also wenden wir uns an die Firma. Parallel dazu informieren wir uns über das Internet.[1] Dort findet man folgende Seite:

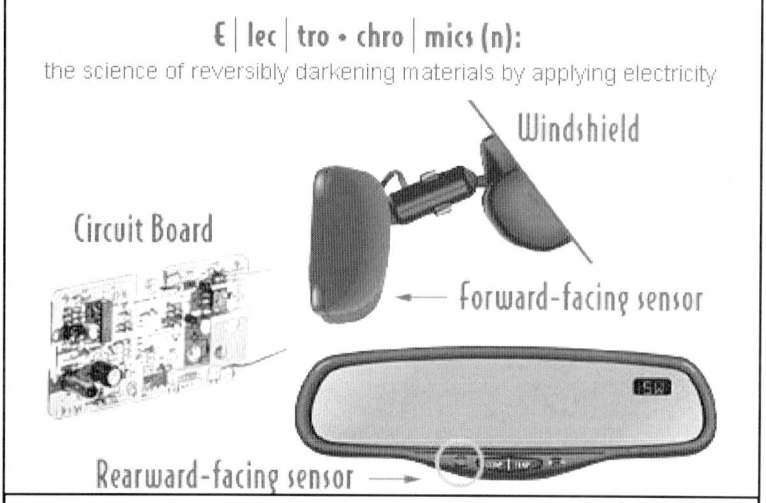

Gentex uses its proprietary, solution-phase electrochromic technology. We sandwich an elektrochromic gel between two pieces of glass, each of which has been treated with a transparent, electrically conductive coating, and one with a reflector.

1. A forward-facing sensor recognizes low ambient light levels and signals the mirror to begin looking for glare.
2. A rearward-facing sensor then detects glare from the vehicles traveling behind you, sending voltage to the mirror's EC gel in proportion to the amount of glare detected.
3. The mirror dims in proportion to the glare and then clears when the glare is no longer detected.
4. The interior mirror´s sensors and electronics control the dimming of both interior and exterior mirrors.

Nach einem freundlichen Anschreiben an die Firma Gentex erhielten wir ein funktionsfähiges Demonstrationsmodell. Dieses besteht aus einer elektrochromen Substanz, die zwischen zwei Glasscheiben eingebracht und am Rand mit Elektroden verbunden ist.

[1] http://www.gentex.com.

Damit können wir nun erste Experimente durchführen:

Vor einem Modellauto mit Lampen aus Miniaturleuchtdioden (OSRAM) wird das Demonstrationsmodell gebracht. Liegt keine Spannung an, so ist die Substanz transparent, mit angelegter Spannung verändert die elektrochrome Substanz ihre Struktur und absorbiert.

Jetzt sind wir in der Lage, das Funktionsmodell (Regelkreis) eines abblendbaren Autorückspiegels nachzubauen:

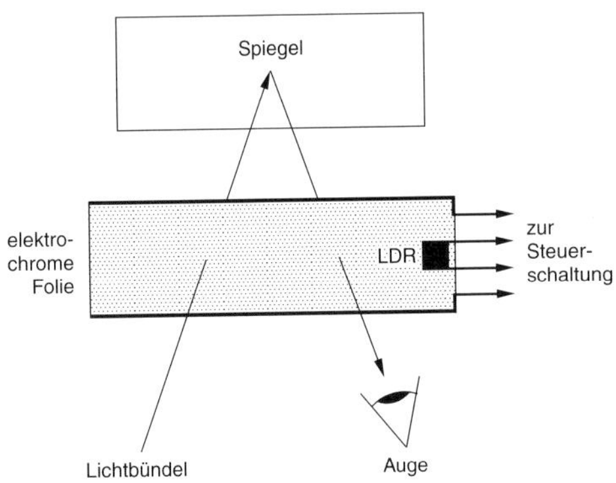

Versuchsaufbau

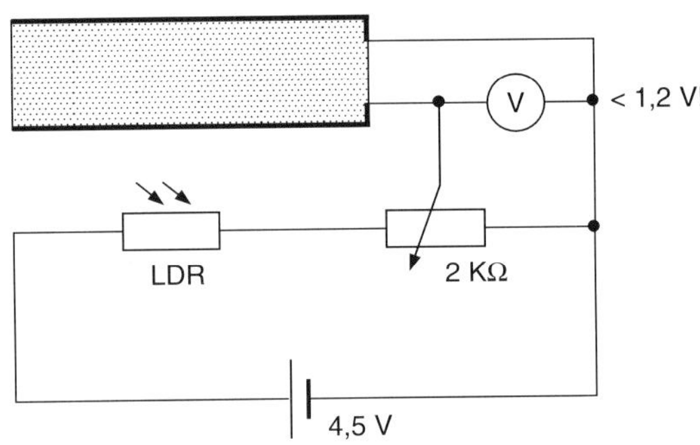

Steuerschaltung

Damit hätten wir ein elektrisches Funktionsmodell des selbstdimmenden Rückspiegels hergestellt. In den nächsten Schritten würde man herausfinden, wie durch Anlegen einer Spannung die Struktur und damit das optische Verhalten der elektrochromen Substanz verändert wird. Im Internet wird man weitere Anwendungsbeispiele und andere Realisierungen der elektrochromen Eigenschaft finden.[2]

[2] http://www.ict.fhg.de/deutsch/presse/elektrochrom.html (Fraunhofer-Institut für Chemische Technologie ICT, Joseph-Fraunhofer-Str. 7, D-76327 Pfinztal, Tel: 0721/4640, Fax: 0721/4640-111). http://www.refr-spd.com/ (Research Frontiers Incorporated).

Anhang F: Literatur zu Freihandversuchen

Low Cost – High Tech

Staatsexamensarbeiten

1. C. Backes: *Low Cost – High Tech-Freihandversuche – Neue Materialien*, Staatsexamensarbeit, FB Physik, Universität Kaiserslautern 1997.
2. M. Dieringer: *Low Cost – High Tech-Freihandversuche unter Berücksichtigung von Mädchen im Physikunterricht und neuer Materialien*, Staatsexamensarbeit, FB Physik, Universität Kaiserslautern 1998.
3. Chr. Emrich: *Low Cost - High Tech-Freihandexperimente unter Berücksichtigung neuer Materialien und Methodentraining im Physikunterricht*, Staatsexamensarbeit, FB Physik, Universität Kaiserslautern 1998.
4. C. Hübl: *Low Cost – High Tech-Freihandversuche unter Berücksichtigung neuer Techniken und der Motivationsförderung durch Alltagsbezug*, Staatsexamensarbeit, FB Physik, Universität Kaiserslautern 1998.
5. Th. Körner: *Low Cost – High Tech-Freihandversuche unter Berücksichtigung neuer Techniken und der Stellung der Technik in der Schulbildung*, Staatsexamensarbeit, FB Physik, Universität Kaiserslautern 1998.
6. K. Kunz: *Low Cost – High Tech-Freihandversuche – Neue Techniken*, Staatsexamensarbeit, FB Physik, Universität Kaiserslautern 1997.
7. A. Lenz: *Low Cost – High Tech-Freihandexperimente unter Berücksichtigung neuer Techniken und fächerübergreifendem Unterricht*, Staatsexamensarbeit, FB Physik, Universität Kaiserslautern 1998.
8. S. Scheffler-Hausbrandt: *Low Cost – High Tech-Freihandversuche – Traditionelle Freihandversuche*, Staatsexamensarbeit, FB Physik, Universität Kaiserslautern 1998.
9. H. Siebert: *Low Cost – High Tech-Freihandversuche unter Berücksichtigung neuer Techniken und der Projektmethode*, Staatsexamensarbeit, FB Physik, Universität Kaiserslautern 1998.
10. K. Weiss: *Low Cost – High Tech-Freihandversuche – Didaktische Analyse*, Staatsexamensarbeit, FB Physik, Universität Kaiserslautern 1997.

Weiteres (Auswahl)

1. C. Backes, B. Eckert, H.-J. Jodl, K. Kunz, S. Scheffler, W. Stetzenbach, K. Weiss: *Low Cost – High Tech – Moderne Freihandversuche für den Physikunterricht*, (a) Praxis der Naturwissenschaften – Physik 6/46 Jg. 1997, (b) Plus Lucis 2/1997. (http://www.physik.uni-kl.de/w_jodl/lc-ht-de.pdf)
2. H.-J. Jodl, B. Eckert: *Low-cost, high-tech experiments for educational physics*, Physics Education **33**(4) July 1998. (http://www.physik.uni-kl.de/w_jodl/lc-ht-en.pdf)

Traditionelle Freihandversuche

deutschsprachig

1. H. Backe: *Physik selbst erlebt*, Aulis Verlag Deubner, Köln 1967, NICHT MEHR VERZEICHNET.
2. Alfred Becker: *Schulphysik und Spielzeug*, Praxis Schriftenreihe Physik, Aulis Verlag Deubner, Köln 1974, NICHT MEHR VERZEICHNET.

3. Joachim Bublath: *Physik Zirkus*, Neue Darmstädter Verlagsanstalt, Rheinbreitbach 1977, NICHT MEHR VERZEICHNET.
4. Joachim Bublath: *Verblüffende Experimente aus der Naturwissenschaft*, Wilhelm Heyne Verlag 1995.
5. Joachim Bublath: *100 x knoff-hoff*, Wilhelm Heyne Verlag, München 1995.
6. Joachim Bublath: *knoff-hoff – Die neuen Experimente*, Wilhelm Heyne Verlag, München 1997.
7. Wolfgang Bürger: *Der paradoxe Eierkocher – Physikalische Spielereien aus Professor Bürgers Kabinett*, Birkhäuser Verlag, Basel 1995.
8. Francois Cherrier: *Physik macht Spaß*, Verlag J. F. Schreiber, Esslingen 1978, NICHT MEHR VERZEICHNET.
9. G. Dussler: *Spiel und Spielzeug im Physikunterricht*, Verlag Otto Salle, Frankfurt a. M. 1933 (Nachdruck 1995, Physik-Boutique, Stark-Verlag, Freising).
10. Kevin Goldstein-Jackson: *Experimente spielend leicht – 88 Versuche mit alltäglichen Dingen*, Herder, Freiburg i. Br. 1978, VERGRIFFEN.
11. Michael Gressmann, Wolfang Mathea: *Die Fundgrube für den Physik-Unterricht*, Cornelsen Scriptor, Berlin 1996.
12. Dieter Lehmann, Konrad Hasse: *Nanos Physikabenteuer*, Urania, Leipzig 1991, VERGRIFFEN.
13. Herrmann Hahn: *Physikalische Freihandversuche – I. Teil: Nützliche Winke, Mass und Messen, Mechanik fester Körper*, Verlag Otto Salle, Berlin 1926, (2. Auflage), NICHT MEHR VERZEICHNET.
14. Herrmann Hahn: *Physikalische Freihandversuche – II. Teil: Eigenschaften der Flüssigkeiten und Gase*, Verlag Otto Salle, Berlin 1916, (2. Auflage), NICHT MEHR VERZEICHNET.
15. Herrmann Hahn: *Physikalische Freihandversuche – III. Teil: Licht*, Verlag Otto Salle, Berlin 1926, NICHT MEHR VERZEICHNET.
16. Hans Kern: *Abenteuer Physik – eine Zusammenstellung bemerkenswerter Versuche und Begebenheiten rund um die Schulphysik*, Schriftliche Hausarbeit, Pädagogisches Seminar für Mathematik und Physik, Freising 1983.
17. Richard Kluge: *Spielzeuge als Zugang zur Physik*, Verlag Moritz Diesterweg, Frankfurt a. M. 1973, NICHT MEHR VERZEICHNET.
18. Hans Peter Kübler: *Korridorexperimente – eine ansprechender Zugang zur Physik*, Zulassungsarbeit, Didaktik der Physik, München 1983.
19. Peter Labudde: *Alltags-Physik in Schülerversuchen*, Ferd. Dümmlers Verlag, Bonn 1996.
20. Michael Lichtfeldt, Hans-Dieter Kolwig: *Low-Cost-Experimente für den Physikunterricht*, Ernst Klett Verlag, Stuttgart 1997.
21. Hartmut Melenk, Udo Runge und Paul Dräger: *Verblüffende physikalische Experimente*, Aulis Verlag Deubner, Köln 1998.
22. Reinhold Nobbe: *Energetik des Fahrradfahrens: Experimentelle und theoretische Untersuchungen mit einfachen Mitteln*, Schriftliche Hausarbeit LAG, Universität Osnabrück, Georgsmarienhütte 1983.
23. Ulrich Noll: *Freihandversuche von Schülern zusammengetragen*, Stuttgart 1991.
24. Gerd Oberdorfer: *Das springende Ei und andere Experimente für die fünf Sinne*, Zytglogge Verlag, Bonn 1991.
25. Leopold Pfaundler: *Die Physik des Täglichen Lebens*, Deutsche Verlagsanstalt, Stuttgart 1906, NICHT MEHR VERZEICHNET.
26. Hans-Jürgen Press: *Spiel das Wissen schafft*, Ravensburger Buchverlag, 1995.
27. Werner Rentzsch: *Experimente mit Spaß*, 5 Bände, Aulis Verlag Deubner, Köln 1998.
28. Theodor Rulemann: *Die Wunder der Physik*, Verlag W. Herlet, Berlin ca. 1910, NICHT MEHR VERZEICHNET.
29. Wolfgang Scholl, Robert Müller-Fonfara: *Physikalische Denkspiele - Aufgaben und Lösungen ausgefallener Probleme*, Bechtermünz, Eltville 1993, VERGRIFFEN, keine NA.
30. Susanne Schwandt, Almuth Bartel: *Tolle Experimente mit Pfiff*, Benziger Edition im Arena Verlag, Würzburg 1994, (2. Auflage).

31. Norbert Treitz: *Spiele mit Physik, Ein Buch zum Basteln, Probieren und Verstehen*, Verlag Harri Deutsch, Frankfurt a. M. 1981.
32. Jearl Walker: *Der Fliegende Zirkus der Physik*, R. Oldenbourg Verlag, München 1977, (Neuauflage 1996).
33. Josef Wittmann: *Trickkiste 1-Experimente, wie sie nicht im Physikbuch stehen*, Bayerischer Schulbuchverlag, München 1983.
34. Josef Wittmann: *Trickkiste 2-Experimente, wie sie nicht im Physikbuch stehen*, Bayerischer Schulbuchverlag, München 1993.
35. Ernst Zeier: *Kurzweil durch Physik*, Aulis Verlag Deubner, Köln 1984, (2. Auflage).
36. Ernst Zeier: *Physikalische Freihandversuche – Kleine Experimente*, Aulis Verlag Deubner, Köln 1994, (3. Auflage).

englischsprachig

1. G. Born, H. Harreis, M. Litschke, N. Treitz (Hrsg.): *Hands on-Experiments in Physics Education – Proceedings*, CD-ROM, ISBN 3-00-004410-8.
2. R. D. Edge: *String and Sticky Tape Experiments*, American Association of Physics Teachers, 1994.
3. Robert Ehrlich: *Why Toast Lands Jelly-Side Down - ZEN and the Art of Physics Demonstrations*, Princeton University Press, Princeton 1997.
4. J. Jardin: *Physics is Fun*, Heinemann Educational Books Ltd., London 1969-1975.
5. Jearl Walker: *The Flying Circus of Physics*, John Wiley & Sons Inc., New York 1977.
6. Valerie Wyatt: *The Science Book for Girls*, Kids Can Press Ltd., Toronto/Ontario 1993.

Moderne Technik, Alltag und Physik (Auswahl)

1. Louis A. Bloomfield: *How Things Work – The Physics of Everyday Life*, John Wiley & Sons, Inc., New York 1997.
2. Joachim Bublath: *100 x knoff-hoff*, Wilhelm Heyne Verlag, München 1995.
3. Joachim Bublath: *knoff-hoff – Die neuen Experimente*, Wilhelm Heyne Verlag, München 1997.
4. Don Glass (Hrsg.): *Wo ist das Ende des Regenbogens? Naturwissenschaft leicht erklärt*, Bechtermünz Verlag, Augsburg 1997.
5. James E. Kettler: *The Compact Disc as a Diffraction Grating*, American Journal of Physics, **59** (April 1991) 367f.
6. Hansjörg Kunze: *Technik im Alltag*, Verlag Hölder-Pichler-Tempsky 1997.
7. Eckhard Lück: *Alltagsphysik – oder: Warum ist der Himel blau?*, Freiarbeit-Verlag, Lichtenau o. J.
8. Christian Nöldeke: *Compact Disc Diffraction*, The Physics Teacher, (October 1990) 484f.
9. Herbert Pientka (Hrsg.): *Funktionsweise technischer Geräte*, Praxis der Naturwissenschaften - Physik 6/1999.
10. Thomas D. Rossing: *The Compact Disc Digital Audio System*, The Physics Teacher, (1987) 556-562.
11. Helmut Schmidt: *Moderne Technologien im Physikunterricht*, Aulis Verlag Deubner, Köln 1986.
12. Walter Stein: *Versuche mit der Soundkarte*, Ernst Klett Verlag, Stuttgart 1999.
13. Josef Wittmann: *Physik in Wald und Flur*, Aulis Verlag Deubner, Köln 1998.

Web Sites

1. *Physikalische Freihandexperimente* (Didaktik der Physik/Universität Augsburg), Traditionelle Versuche, CD-ROM
   http://www.physik.uni-augsburg.de/did/did.html
2. *MAPHYS* – Materialien für den Physikunterricht (Emmy-Noether-Gymnasium/Erlangen), Unterrichtsmaterial zu Physikspielzeug (v. a. aus dem Stark-Verlag)
   http://emmy.nettec.de/maphys/
3. *Literatur und Datenbanken* (Emmy-Noether-Gymnasium/Erlangen), Bücher, Zeitschriften, Datenbanken zu Spielzeugphysik, Freihandversuchen, physikalischen Rätseln
   http://emmy.nettec.de/maphys/lit/frlit.htm
4. *Physikalisches Spielzeug und verwandte Themen im WWW* (Ucke/TU München), Sammlung von Links
   http://www.e20.physik.tu-muenchen.de/~cucke/toylink.htm
5. *Hands-on Science: A Teacher's Guide* (The Exploratorium/USA)
   http://www.exploratrorium.edu/books/hands_on_science.html
6. *The Little Shop of Physics* (Colorado State University/USA), mit on-line Experimenten
   http://littleshop.physics.colostate.edu/
7. *How Things Work* (Louis A. Bloomfield, University of Virginia/USA), ein Buch; Fragen, Antworten zur Alltagsphysik
   http://rabi.phys.virginia.edu/HTW/
8. *How Things Work* (Complete Computer Solutions – CCS), created just for fun
   http://www.iao.com/howthing/
9. *How Stuff Works* (Howstuffworks.com, Inc./USA)
   http://www.howstuffworks.com
10. *Recherche in deutschen Physikdidaktischen Zeitschriften* (Fachdidaktik Physik/Ruhr Universität Bochum)
    http://www.dp.ruhr-uni-bochum.de/db/PDZ.htm
11. *PhysDat* (Schindlmeyer/Universität Wuppertal) – offline (zum download)
    http://www.uni-wuppertal.de/FB8/didaktik/physdat.htm
12. *AAPT-Datenbank* "American Journal of Physics" und "The Physics Teacher"
    http://www.phy.nau.edu/~danmac/AAPTDB/
13. *Literaturdatenbank zu physikalischem Spielzeug* (Ucke/TU München)
    http://www.e20.physik.tu-muenchen.de/~cucke/toylit.htm
14. *Stark-Verlag*
    http://www.stark-verlag.de/
15. *Science & Fun Shop* (Spektrum der Wissenschaft)
    http://www.spektrum.de/science-fun-shop.html
16. *Quarks & Co* (WDR)
    http://www.quarks.de/
17. *Kopfball* (WDR)
    http://www.kopfball-online.de/
18. *WDR Netzschule* (Sammlung von Graphiken und Experimenten aus *Quarks & Co* und *Kopfball*)
    http://schule.quarks.de/
19. *Low Cost – High Tech-Projekt* – Homepage
    http://www.physik.uni-kl.de/w_jodl/lc-ht.html

Anhang G: Firmenanschriften

- Active X Barcode, Schenk & Horn, Gorch-Fock-Str. 39, D-23669 Timmerdorfer Strand, Fax: 04503/87413, Internet: http://www.sharedirect.de/barcode/
- Adam Opel AG, D-65423 Rüsselsheim
- Advanced Products & Technologies GmbH, Postfach 1264, D-72602 Nürtingen, Tel.: 07022/92700, Fax: 07022/927010
- Arbeitsgemeinschaft Deutsche Kunststoffindustrie/Verband Kunststofferzeugende Industrie e. V., Karlsstr. 21, D-60329 Frankfurt
- Astra SES, Chateau de Betzdorf, L-6815 Betzdorf, Tel.: 00352/710725325
- Audi AG, D-85045 Ingolstadt
- August Bünger Bob-Textilwerk KG GmbH & Co., Wichlinghauser Str. 38, D-42277 Wuppertal, Tel.: 0202/647970, Fax: 0202/6479780
- BASF AG, Carl-Bosch-Str. 38, D-67056 Ludwigshafen, Internet: http://www.basf.de
- BASF Magnetics GmbH, Postfach 210169, D-67001 Ludwigshafen, Tel.: 0621/59200, Fax: 0621/5920395
- Blend-A-Med Forschung, Blendax GmbH, D-55118 Mainz
- Boeder Deutschland GmbH, Support-Center Hardware, Postfach 1373, D-65434 Flörsheim, Tel.: 06145/5020
- Dr. Hans Boshels GmbH & Co., Postfach 847, D-52070 Aachen
- Braun AG, Westerbachstr. 23, D-61476 Kronberg im Taunus, Internet: http://www.braun-ag.de
- Burosch Electronic, Sigmaringer Str.20, D-70567 Stuttgart, Internet: http://www.barosch.de
- Cerberus AG, CH-8708 Männedorf, Schweiz, Tel.: 0041 1/9226111, Fax: 0041 1/9226450
- Checkpoint Systems Deutschland GmbH, Forumstr. 2, D-41468 Neuss, Tel.: 02131/93190, Fax: 02131/33303
- Conrad Electronic, Klaus-Conrad-Str. D-92240 Hirschau, Tel.: 0180/5312111, Fax: 0180/5312110, Internet: http://www.conrad.de
- Daimler Chrysler Corporate Communications, D-70546 Stuttgart, Tel.: 0711/170, Fax: 0711/1722244 + 1795222
- Deutsche Renault AG, Kölner Weg 6-10, D-50321 Brühl
- Deutsche Telekom AG, Allensberger Straße 130, D-90461 Nürnberg, Tel.: 0911/4322603, Fax: 0911/4322029
- EAB Elektroanlagenbau Reinhausen GmbH, Ketzhagen 8, D-37130 Klein-Lengden
- ebro electronic GmbH, Peringerstr. 10, D-85055 Ingolstadt, Tel.: 0841/954780, Fax: 0841/9547880
- Endress & Hauser, Meßtechnik GmbH. Postfach 2222, D-Weil, Tel. 07621/9721/97501, Fax: 07621/975555
- ELMED Metallsuchtechnik, Dr. Mense GmbH, Weilenburgstraße 39, D-42579 Heiligenhaus
- Ericsson GmbH Unternehmensbereich Mobiltelefone, Fritz-Vomfeldestraße 14-18, D-40547 Düsseldorf, Tel.: 0211/5340, Fax: 0211/534100
- ESOC, Robert-Bosch-Straße 5, D-64293 Darmstadt, Tel.: 06151/900
- Fiat Automobil AG, Postfach 1710, D-74007 Heilbronn
- Fissler GmbH, Postfach 122320, D-55715 Idar-Oberstein, Tel.: 06781/403288
- Fuji Magnetics GmbH, Fujistraße 1, D-47533 Kleve, Tel.: 02821/509154, Fax: 02821/509184
- GENTEX GmbH, Abtsäckerstr. 40/1, D-74189 Weinsberg, Tel.: 07134/98830, Fax: 07134/988330, e-mail: info@gentex.de, Internet: http://www.gentex.com
- Grundig Professional Electronics GmbH, Postfach 1653, D-90706 Fürth, Tel.: 0911/7030, Fax: 0911/7034479
- Hama GmbH & Co., Dresdner Str. 9, D-86651 Monheim, Tel.: 09091/5020
- Hecht Contactlinsen GmbH, Dorfstr. 2-4, D-79280 Au, Tel.: 0761/401050

- Inotec Barcode Security GmbH, Oderstr. 3, D-24539 Neumünster, Tel.: 04321/87090, Fax: 04321/870930
- In-pro.,Bramkoppel 5, D-24558 Henstedt-Ulzburg, Tel.: 041/9399990
- Junghans Uhren GmbH, Postfach 100, D-78701 Schramberg, Tel.: 07422/180, Fax: 074422/18666
- Keiper Dynavit GmbH & Co., Liebigstr. 13, D-67661 Kaiserslautern
- Kendall GmbH, Postfach 1157, D-93327 Neustadt, Tel.: 09445/9590, Fax: 09445/959155
- G. Lufft, Meß- und Regeltechnik GmbH, Gutenbergstr. 20, D-70736 Feldbach, Tel.: 0711/518220, Fax: 0711/5182241
- Mannesmann Mobilfunk GmbH, Am Seestern 1, D-40547 Düsseldorf, Tel.: 0172/4992747
- Meinberg Funkuhren, Auf der Landwehr 22, D-31812 Bad Pyrmont, Tel.: 05281/93090, Fax: 05281/930930, Internet: http://www.meinberg.de
- Mercedes Benz AG, D-70322 Stuttgart, Tel.: 0711/170, Fax: 0711/1722244
- Micro Touch Systems GmbH, Schieß-Str. 55, D-40549 Düsseldorf, Tel.: 0211/599070
- Nissan Motor Deutschland GmbH, Nissanstraße 1, D-41468 Neuss
- Optische Werke G. Rodenstock, Isartalstr. 43, D-80469 München, Tel.: 089/72020
- Optovision, Postfach 1508, D-63225 Langen, Tel.: 06103/7570, Fax: 06103/75255
- Osram GmbH, Hellabrunner Str. 1, 81543 München, Internet: http://www.osram.de
- Peacock AG, Graf Zeppelin Straße 14, D-33181 Wünneberg-Haareen, Tel.: 02957/790, Fax: 02957/799291
- Perlite-Dämmstoff GmbH & Co., Postfach 103064, D-44030 Dortmund, Tel.: 0231/998002
- Philips GmbH, Steindamm 24, D-20099 Hamburg
- Phönix Airbag GmbH, Bergmühlenstraße 10, D-31137 Hildesheim, Tel.: 05121/403128, Fax: 05121/403140
- Physikalisch-Technische Bundesanstalt, Postfach 3345, D-38023 Braunscheig, Tel.: 0531/5920, Fax: 0531/5929292, Internet: http://www.ptb.de
- Polar Elektronik GmbH, Herzfrequenz-Meßgeräte, Hessenring 24, D-64572 Büttelborn
- Polizeipräsidium Westpfalz, Logenstr. 5, D-67653 Kaiserslautern
- Poly-Gram Manufacturing & Distribution Centre GmbH, CD-Mastering/Galvanik, Emil-Berner-Straße 13, D-30851 Lagenhagen
- Prof. Dr. H. Metzger, Fachhochschule Koblenz, Amtlich Prüfstelle für Schallschutz, Finkenherd 4, D-56075 Koblenz, Tel.: 0261/55931, Fax: 0261/56953
- Promat GmbH, Postfach 101564, D-Ratingen, Internet: http://www.promat.de
- Robert Bosch GmbH, Geschäftsbereich KH, Postfach 410960, D-76225 Karlsruhe
- Robert Bosch Hausgeräte GmbH, Presse und Information, Hochstr. 17, D-81669 München, Tel.: 089/4590-2808 (-2697), Fax: 089/4590-2957
- Robert Bosch GmbH, Abt. RtW/FIV1, Postfach 1342, D-72703 Reutlingen, Tel.: 07121/35-2281, Fax: 07121/35-1794
- Robert Krups GmbH & Co KG, Heresbachstr. 29, D-42719 Solingen, Tel.: 0212/3871, Fax: 0212/387555
- Satarius AG, D-37070 Göttingen, Tel.: 0551/3080, Fax: 0551/308289
- Sennheiser Electronic GmbH, Am Labor 1, D-30900 Wedemark, Tel.:05130/6000, Fax: 05130/600300
- Sensormatic GmbH, Am Schimmersfeld 7, D-40880 Ratingen, Tel.: 02102/4310, Fax: 02102/431250
- Sherwood Medical GmbH, Postfach 2705, D-65820 Schwalbach
- Siemens AG, Martin-Luther-Straße 25, D-66111 Saarbrücken, Tel.: 0681/3860
- Siemens AG, Vertrieb Kommunikationssysteme und –netze, Dynamostr. 4, D-68165 Mannheim, Tel.: 0621/4563423, Fax: 0621/4562570
- Sigma Sport-Cycle Computer, Dr. Julius-Leber-Straße 15, D-67433 Neustadt, Tel.: 06321/91200, Fax: 06321/912034

- Sonopress, Produktionsgesellschaft für Ton- und Informationsträger, Carl-Bertelsmann-Straße 161 F, Postfach 300, D-33311 Güterloh, Tel.: 05241/805200, Fax: 05241/73543
- Spectris Messtechnik GmbH, Heinrich-Hertz-Straße 26, D-63226 Langen, Tel.: 06103/908-663, Fax: 06103/908-776, e-mail: hbmdms@smg.sectris.de
- Stark Verlag, Physik-Boutique, Postfach 1852, D-85318 Freising, Tel.: 08161/1790, Fax: 08161/17951, Internet: http://www.stark-verlag.de
- Sto AG, Postfach, D-79778 Stühlingen, Tel.: 07744/570, Fax: 07744/572178
- SWR3, Tel.: 07221/92399, Internet: http://www.swr3.de
- TDK Recording Media Europe, Z. I. Bommelscheuer, L-4902 Bascharage, Tel.: 00352/505011, Fax: 00352/50501450, Internet: http://www.tdk.com, http://www.tdk-europe.com
- Vallon GmbH, Im Grund 3, D-72800 Eningen
- Voit Turbo GmbH, Produktgruppe Retarder, Postfach 1555, D-74555 Crailsheim
- Volkswagen AG, D-38436 Wolfsburg, Tel.: 05361/926820, Fax: 05361/928340
- WH Münzprüfer Diter Trenner GmbH, Postfach 3702, D-14132 Berlin
- W. L. Gore & Associates GmbH, Wernher-von-Braun-Straße 18, D-84640 Putzbrunn, Tel.: 089/46122341; bzw.: Aidlinger Str. 60, D-83620 Feldkirchen/Westerham, Tel.: 08063/8010, Fax: 08063/801850
- WES-Electronic GmbH, Philipp-Reiß-Straße 10, D-61130 Nidderau, Tel.: 06187/21021, Internet: http://www.wes-electronic.de
- Xerox Business Services, Emanuel-Leutze-Straße 20, D-40547 Düsseldorf, Tel.: 0211/9900

Stichwortregister